高职高专电子信息类系列教材

电子技术

主编　吴　泳　孔凡凤

西安电子科技大学出版社

内 容 简 介

本书根据高等职业教育的特点编写而成。全书共有 11 个模块，内容包括半导体二极管及其应用、三极管及其放大电路、模拟集成电路基础、数字电路基础、逻辑门电路及其应用、组合逻辑电路、时序逻辑电路、数/模转换器和模/数转换器、555 定时器、电子技术仿真软件简介和电子技术实验。另外，依据各知识点并结合实际应用，书中设有大量的例题和习题，以供读者思考和练习。

本书将理论与实践紧密结合，可作为高等职业院校电子电工类专业或相近专业的教材，也可供相关专业工程技术人员参考。

图书在版编目(CIP)数据

电子技术 / 吴泳，孔凡凤主编. --西安：西安电子科技大学出版社，2023.7
ISBN 978 - 7 - 5606 - 6858 - 1

Ⅰ. ①电… Ⅱ. ①吴… ②孔… Ⅲ. ①电子技术—高等职业教育—教材 Ⅳ. ①TN

中国国家版本馆 CIP 数据核字(2023)第 061216 号

策　　划　黄薇谚　刘　杰
责任编辑　黄薇谚　孟秋黎
出版发行　西安电子科技大学出版社(西安市太白南路 2 号)
电　　话　(029)88202421　88201467　　邮　　编　710071
网　　址　www.xduph.com　　电子邮箱　xdupfxb001@163.com
经　　销　新华书店
印刷单位　陕西天意印务有限责任公司
版　　次　2023 年 7 月第 1 版　2023 年 7 月第 1 次印刷
开　　本　787 毫米×1092 毫米　1/16　印张 17
字　　数　402 千字
印　　数　1～3000 册
定　　价　47.00 元
ISBN 978 - 7 - 5606 - 6858 - 1/TN

XDUP 7160001 - 1

前　言 Preface

高等职业教育以培养生产、建设、服务、管理第一线的高端技能型专门人才为主要任务，在建设人力资源强国和高等教育强国的伟大进程中发挥着不可替代的作用。要加快高等职业教育改革和发展的步伐、全面提高人才培养质量，就必须对课程体系等进行深入探索。在课程体系建设过程中，教材无疑起着至关重要的作用。

"电子技术"是高等职业院校电子信息大类相关专业的一门专业基础课，这门课对于后续专业课程的学习起着重要的支撑作用。为了适应电子信息大类相关专业对"电子技术"课程的教学需求，我们将模拟电子技术和数字电子技术有机结合。这种合二为一的编写方式有利于学生系统性和连贯性地学习这门课程。

本书具有以下特点：

(1) 根据高等职业教育的教学规律和特点，以培养学生的工程思维、工作方法及实践能力为目的，合理构建专业知识的结构，将"实用、够用、好用"的教学理念贯穿于全书。

(2) 书中语言准确、简练、深入浅出，突出重点知识，将问题分析化繁为简，易于理解。

(3) 与电子装联职业技能等级的考试内容、电子产品设计赛项的比赛标准紧密结合，并依据电子产品设计各环节由小到大、由简到繁的学习规律，本书构建了 11 个模块。本书将各模块中的理论知识与实践技能有机融合，旨在夯实学生的理论基础，提升学生的实际应用水平，培养学生将理论知识转化为实际应用的设计与操作能力，真正体现教、学、仿、做一体化的理念。

(4) 本书增加了新技术、新标准，既介绍了实际电路的设计与仿真，又重点突出了应用性分析与设计、芯片的外围电路介绍及其实际应用，紧跟行业发展。

为更好地配合教学改革，我们在编写本书的同时还制作了配套的电子教案、视频资源、习题等电子教学资源，读者可通过登录西安电子科技大学出版社官方网站获取相关资源。

本书是在总结湖南邮电职业技术学院电子技术教学组多年教学经验的基础上编写完成的。其中，模块 1 由周子杰编写，模块 2 由张效民编写，模块 3、4 由周小莉编写，模块 5 由唐琪琪编写，模块 6、7 由吴泳编写，模块 8、9 由孔凡凤编写，模块 10 由郭金宇编写，模块

11由李聪编写。与本书相关的学习通网站视频资源由汪英制作。本书由吴泳和孔凡凤担任主编，吴泳负责全书的组织和统稿工作。

本书得到了许多老师的关注和支持，特别是得到了兄弟院校的认可，在此，对一直关心和使用本书的老师、学生及兄弟院校表示衷心的感谢，希望大家多提宝贵意见，使本书更加适合高职教育教学改革的需要，方便教师教学、利于学生学习。本书在编写过程中还参考了一些文献，在此一并表达深深的谢意。

由于编者水平有限，书中难免有不妥之处，敬请读者指正。

编　者

2023年2月

目 录
Contents

模块一　半导体二极管及其应用 …………… 1
任务 1　半导体基础 ……………………………… 1
1.1.1　半导体的特性及应用 ………………… 1
1.1.2　半导体的导电机理 …………………… 2
1.1.3　杂质半导体 …………………………… 2
1.1.4　PN 结 ………………………………… 3
任务 2　二极管的认识与测试 ………………… 5
1.2.1　初识二极管 …………………………… 5
1.2.2　普通二极管的开关等效电路 ……… 7
1.2.3　特殊二极管 …………………………… 10
任务 3　二极管的实用电路 …………………… 11
1.3.1　整流电路 ……………………………… 11
1.3.2　硅稳压管稳压电路 …………………… 12
1.3.3　限幅电路 ……………………………… 14
1.3.4　钳位电路 ……………………………… 14
任务 4　二极管的选择和测试 ………………… 15
1.4.1　二极管的选择 ………………………… 15
1.4.2　二极管的识别与简单测试 ………… 16
模块小结 ……………………………………… 16
过关训练 ……………………………………… 17
模块二　三极管及其放大电路 ……………… 18
任务 1　三极管的认识与测试 ………………… 18
2.1.1　三极管概述 …………………………… 18
2.1.2　三极管的工作状态 …………………… 20
2.1.3　三极管的放大原理 …………………… 21
2.1.4　三极管共发射极电路的特性曲线 …………………………… 23
2.1.5　三极管的选择 ………………………… 25
2.1.6　场效应管 ……………………………… 27
任务 2　认识放大电路 ………………………… 33
2.2.1　放大器的组成电路 …………………… 33
2.2.2　放大器的工作原理 …………………… 34
任务 3　共发射极放大电路的分析及计算 …… 36
2.3.1　共发射极放大电路的静态分析 …… 36
2.3.2　放大电路的动态图解分析 ………… 38
2.3.3　放大电路的偏置电路 ……………… 41
2.3.4　放大器的主要性能指标 …………… 43
2.3.5　微变等效电路法 ……………………… 45
任务 4　放大电路的级联 ……………………… 48
任务 5　低频功率放大电路 …………………… 51
任务 6　带负反馈的放大电路 ………………… 58
2.6.1　反馈的基本概念 ……………………… 58
2.6.2　负反馈放大电路的分析方法 ……… 60
2.6.3　负反馈对放大电路性能的影响 …… 65
模块小结 ……………………………………… 67
过关训练 ……………………………………… 68
模块三　模拟集成电路基础 ………………… 71
任务 1　集成运算放大器概述 ………………… 71
3.1.1　集成运算放大器的基本组成 ……… 71
3.1.2　集成运算放大器的主要参数 ……… 72
3.1.3　集成运算放大器的简化电路模型及传输特性 ……………………………… 72
3.1.4　理想集成运算放大器 ……………… 74
任务 2　基本线性运放电路 …………………… 74
3.2.1　反相比例电路 ………………………… 74
3.2.2　同相比例电路 ………………………… 76

3.2.3 混合加减电路 …………………………… 77
3.2.4 微分电路 ………………………………… 78
3.2.5 积分电路 ………………………………… 79
任务三 集成运放的其他应用 ………………… 79
3.3.1 单限比较器 ……………………………… 79
3.3.2 迟滞比较器 ……………………………… 80
3.3.3 取样-保持电路 ………………………… 80
模块小结 ……………………………………… 81
过关训练 ……………………………………… 82
模块四 数字电路基础 ……………………… 83
任务1 数制与编码 ………………………… 83
4.1.1 数制 ……………………………………… 83
4.1.2 二进制数与十进制数之间的转换 ……………………………………… 85
4.1.3 二进制数的四则运算 ………………… 87
4.1.4 二-十进制编码 ………………………… 88
任务2 逻辑函数基础 ……………………… 89
4.2.1 基本逻辑运算 ………………………… 89
4.2.2 逻辑代数的基本定律 ………………… 92
任务3 逻辑函数的卡诺图化简 …………… 94
4.3.1 逻辑函数的最小项表达式 …………… 94
4.3.2 逻辑函数的卡诺图表示法 …………… 96
4.3.3 卡诺图化简逻辑函数 ………………… 98
模块小结 ……………………………………… 102
过关训练 ……………………………………… 103
模块五 逻辑门电路及其应用 ……………… 104
任务1 二极管、三极管的开关特性 ……… 104
5.1.1 二极管的开关特性 …………………… 104
5.1.2 三极管的开关特性 …………………… 105
任务2 分立元件门电路 …………………… 106
5.2.1 二极管“与门” ………………………… 106
5.2.2 二极管“或门” ………………………… 107
5.2.3 三极管“非门” ………………………… 108
任务3 集成逻辑门电路及其应用 ………… 109
5.3.1 TTL集成门电路及其应用 …………… 109
5.3.2 MOS集成门电路 ……………………… 116
5.3.3 集成电路芯片简介 …………………… 119
5.3.4 TTL集成电路使用规则 ……………… 120
任务4 集成逻辑门的使用 ………………… 120
5.4.1 集成电路的认识 ……………………… 120
5.4.2 集成逻辑门电路的使用 ……………… 124
模块小结 ……………………………………… 127
过关训练 ……………………………………… 127
模块六 组合逻辑电路 ……………………… 130
任务1 组合逻辑电路的分析 ……………… 130
6.1.1 组合逻辑电路的基本概念 …………… 130
6.1.2 组合逻辑电路的分析 ………………… 131
任务2 加法器 ……………………………… 132
6.2.1 半加器 ………………………………… 132
6.2.2 全加器 ………………………………… 133
6.2.3 多位加法器 …………………………… 134
任务3 编码器 ……………………………… 134
6.3.1 二进制编码器 ………………………… 134
6.3.2 优先编码器 …………………………… 135
任务4 译码器 ……………………………… 136
6.4.1 二进制译码器 ………………………… 136
6.4.2 非二进制译码器 ……………………… 139
6.4.3 显示译码器 …………………………… 139
任务5 数据选择器和数据分配器 ………… 141
6.5.1 数据选择器 …………………………… 141
6.5.2 数据分配器 …………………………… 143
6.5.3 数值比较器 …………………………… 143
任务6 组合逻辑电路的设计 ……………… 144
6.6.1 使用小规模集成门电路设计 ………… 144
6.6.2 使用中规模集成芯片设计 …………… 145
模块小结 ……………………………………… 147
过关训练 ……………………………………… 147
模块七 时序逻辑电路 ……………………… 150
任务1 触发器 ……………………………… 150
7.1.1 基本RS触发器 ………………………… 151
7.1.2 同步触发器 …………………………… 153
7.1.3 边沿触发器 …………………………… 156
7.1.4 维持阻塞D触发器 …………………… 158
7.1.5 触发器的相互转换 …………………… 159
任务2 时序逻辑电路 ……………………… 160
7.2.1 时序逻辑电路的分析方法 …………… 161
7.2.2 同步计数器 …………………………… 163
7.2.3 同步非二进制计数器 ………………… 165

7.2.4 集成同步计数器 …………………… 166
7.2.5 集成异步计数器 …………………… 170
任务3 寄存器 ………………………………… 173
7.3.1 寄存器的定义及分类 ……………… 173
7.3.2 寄存器应用举例 …………………… 174
任务4 综合应用举例 ……………………… 176
7.4.1 简单交通灯电路设计及调测 …… 176
7.4.2 四人抢答器电路设计 …………… 179
模块小结 ……………………………………… 180
过关训练 ……………………………………… 180
模块八 数/模转换器和模/数转换器 …… 183
任务1 数/模(D/A)转换器………………… 183
8.1.1 数/模转换器的基本概念 ………… 184
8.1.2 权电阻网络 D/A 转换器 ………… 184
8.1.3 倒 T 形电阻网络 D/A 转换器 …… 185
8.1.4 D/A 转换器的主要技术指标 …… 186
任务2 模/数(A/D)转换器………………… 187
8.2.1 概述 ……………………………… 187
8.2.2 分类及基本组成 ………………… 187
8.2.3 并联比较型 A/D 转换器 ………… 189
8.2.4 逐次逼近型 A/D 转换器 ………… 190
8.2.5 A/D 转换器的主要技术指标 …… 192
模块小结 ……………………………………… 192
过关训练 ……………………………………… 192
模块九 555定时器 ………………………… 194
任务1 555定时器定义及原理 …………… 194
9.1.1 555定时器定义 ………………… 194
9.1.2 555定时器原理 ………………… 194
任务2 555定时器应用 …………………… 196
9.2.1 555定时器单稳态触发器 ……… 196
9.2.2 555定时器构成施密特触发器 … 197
9.2.3 555定时器构成多谐振荡器 …… 197
9.2.4 555定时器构成占空比可调的多谐振荡器 ………………………… 198
9.2.5 555定时器在现实生活中的应用实例 ………………………… 199
模块小结 ……………………………………… 199
过关训练 ……………………………………… 199
模块十 电子技术仿真软件简介 ………… 201
任务1 Multisim 8 简介 ………………… 201
10.1.1 Multisim 8 的基本元素 ……… 201
10.1.2 Multisim 8 主菜单 …………… 202
10.1.3 Multisim 8 主工具栏 ………… 206
10.1.4 Multisim 8 仪器工具栏 ……… 207
10.1.5 Multisim 8 元器件库工具栏 …… 207
10.1.6 Multisim 8 创建仿真电路 …… 213
10.1.7 Multisim 8 仪器仪表的使用 …… 214
任务2 计数器及其仿真 ………………… 218
10.2.1 概述 ……………………………… 218
10.2.2 仿真内容及步骤 ………………… 220
模块小结 ……………………………………… 222
过关训练 ……………………………………… 222
模块十一 电子技术实验 ………………… 223
任务1 常用电子仪器的使用 …………… 223
11.1.1 实验目的 ……………………… 223
11.1.2 实验原理 ……………………… 223
11.1.3 实验设备与器件 ……………… 225
11.1.4 实验内容 ……………………… 225
11.1.5 实验总结 ……………………… 228
任务2 分压式偏置放大电路测试 ……… 228
11.2.1 实验目的 ……………………… 228
11.2.2 实验原理 ……………………… 228
11.2.3 实验设备与器件 ……………… 230
11.2.4 实验内容 ……………………… 230
11.2.5 实验总结 ……………………… 233
任务3 TTL集电极开路门与三态输出门的应用 …………………………… 233
11.3.1 实验目的 ……………………… 233
11.3.2 实验原理 ……………………… 233
11.3.3 实验设备与器件 ……………… 235
11.3.4 实验内容 ……………………… 235
11.3.5 实验总结 ……………………… 237
任务4 组合逻辑电路的设计与测试 …… 237
11.4.1 实验目的 ……………………… 237
11.4.2 实验原理 ……………………… 237
11.4.3 实验设备与器件 ……………… 239
11.4.4 实验内容 ……………………… 240

11.4.5 实验总结 …………………………… 240
任务5 数据选择器及其应用 ……………… 240
11.5.1 实验目的 …………………………… 240
11.5.2 实验原理 …………………………… 240
11.5.3 实验设备与器件 …………………… 243
11.5.4 实验内容 …………………………… 244
11.5.5 实验总结 …………………………… 245
任务6 计数器及其应用 …………………… 245
11.6.1 实验目的 …………………………… 245
11.6.2 实验原理 …………………………… 245
11.6.3 实验设备与器件 …………………… 248
11.6.4 实验内容 …………………………… 249
11.6.5 实验总结 …………………………… 250
任务7 手工焊接技术训练 ………………… 251
11.7.1 实验目的 …………………………… 251
11.7.2 实验原理 …………………………… 251
11.7.3 实验设备、器件及材料 …………… 258
11.7.4 实验内容 …………………………… 258
11.7.5 实验总结 …………………………… 259
附录 ……………………………………… 260
附录1 常用逻辑符号新旧对照表 ………… 260
附录2 电阻的标称阻值和颜色编码 ……… 262
参考文献 ………………………………… 264

模块一

半导体二极管及其应用

【问题引入】 半导体器件是近代电子学的重大发明，是电子电路的核心器件。那么半导体二极管的结构如何？它都有哪些特点和性能？它又是怎么工作的呢？我们该如何合理选择和使用半导体二极管？这是本模块要解决的问题。

【主要内容】 半导体的导电特性和作用、PN结的形成和特性；半导体二极管的结构、主要参数、外部特性和简单的应用电路；二极管的选择和使用。

【学习目标】 了解基本概念；掌握二极管的外特性、实际应用和等效电路的分析方法；会合理选择和使用二极管。

任务1　半导体基础

半导体器件在电子电路中的应用很广泛，为了能较容易地掌握它们的性质和用途，先简单了解一下关于半导体的基础知识。

1.1.1　半导体的特性及应用

自然界中的物质按导电能力的不同可分为导体、半导体和绝缘体。半导体是指导电能力介于导体和绝缘体之间的一类物质，如硅(Si)、锗(Ge)等。

半导体为什么能成为制作各种电子器件的材料？因为它具有以下独特的性质。

1. 热敏特性及其应用

大多数半导体对温度的变化很敏感，其导电能力会随温度的升高而明显增强。利用该特性可以将某些半导体制成各种热敏元器件，如热敏电阻器、温度传感器等，这些热敏元器件被广泛地应用于各种自动温控和保温产品中。

2. 光敏特性及其应用

许多半导体在受到光的照射后，其导电性能也会发生明显变化。利用该特性可制造各种光敏元器件，如光敏电阻、光电二极管、光电探测器等。此外，半导体还具有被光照射后产生电动势的性质，太阳能电池就是其应用实例。

3. 掺杂特性及其应用

在纯净的半导体中掺入微量的某种物质(通常称为杂质)时，半导体的导电能力就可能提高几十万乃至几百万倍。利用该特性可制造具有各种性能和用途的半导体器件，如二极管、三极管、场效应管和晶闸管等。

半导体为什么会具有这些特性呢? 因为其内部结构和导电机理很特别。

1.1.2 半导体的导电机理

半导体按材料划分，用得最多的有硅(Si)半导体和锗(Ge)半导体，它们都是4价元素；如果按是否掺杂，半导体又可分为本征半导体和杂质半导体。

本征半导体，是指完全纯净的、具有晶体结构的半导体。

1. 电子-空穴对

当本征半导体在室温下或受到光照等其他外界能量的激发时，会产生一定数量的可移动的、带负电的自由电子和可移动的、带正电的空穴，如图1.1.1所示。

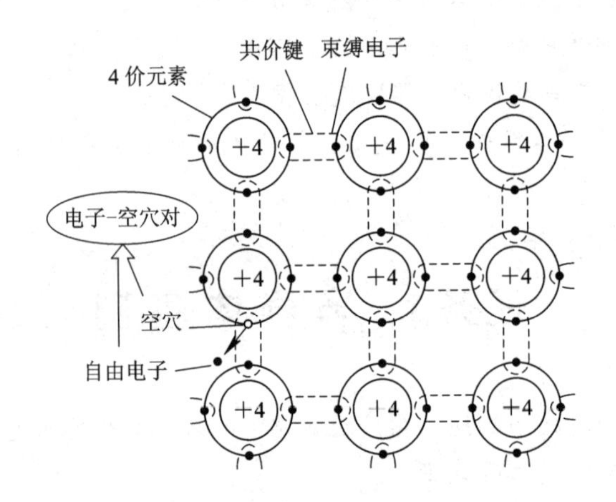

图1.1.1 本征半导体的结构示意图

在本征半导体中，自由电子和空穴是成对出现的，称为电子-空穴对。

2. 两种载流子

当有外电场作用时，自由电子和空穴均能做定向移动而形成电流，它们都属于载流子。因此，在半导体中，有自由电子和空穴两种载流子参与导电；半导体的导电能力取决于自由电子和空穴数目的多少。常温下，电子-空穴对很少，因而本征半导体的导电能力很差。

如果在本征半导体中掺入某些微量的其他元素，半导体的导电性能又会怎样呢?

1.1.3 杂质半导体

在本征半导体中，人为地掺入极其微量的其他元素(称为杂质)，可以制成杂质半导体。根据掺入杂质的不同，可分为电子型(N型)半导体和空穴型(P型)半导体。

1. N型半导体

在本征半导体中掺入少量的5价元素(如磷)，常温下，少量的5价元素能释放出很多自由电子，而半导体中原来的电子-空穴对很少，所以此时自由电子数远多于空穴数，以自由电子导电为主，这种半导体称为电子型半导体，如图 1.1.2 所示。因为电子带负电(Negative)，所以又称为 N 型半导体。

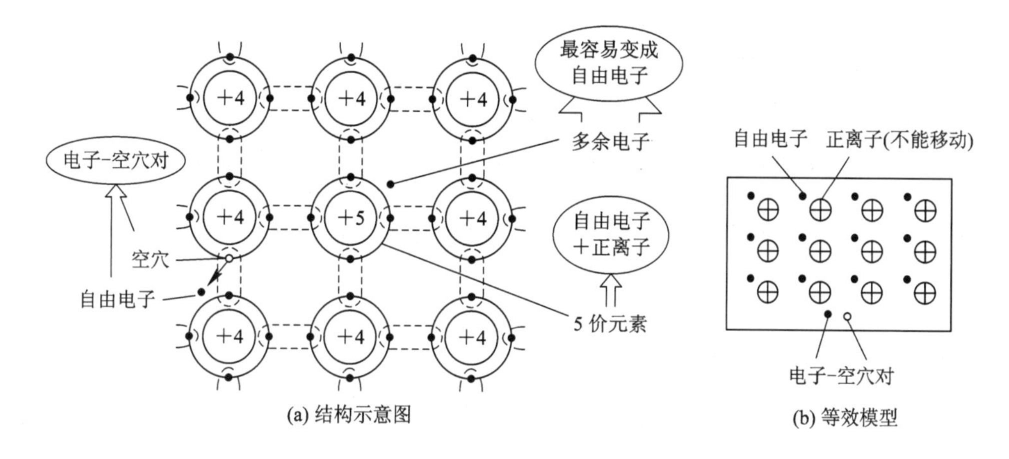

图 1.1.2 N 型半导体

自由电子在这里是多数载流子，称为多子；空穴是少数载流子，称为少子。

2. P 型半导体

在本征半导体中掺入微量的 3 价元素(如硼)，常温下，少量的 3 价元素就能提供很多空穴，而半导体中原来的空穴-电子对很少，所以此时空穴数远多于自由电子数，以空穴导电为主，这种半导体称为空穴型半导体，如图 1.1.3 所示。因为空穴带正电(Positive)，所以又称为 P 型半导体。空穴在这里是多子，自由电子是少子。

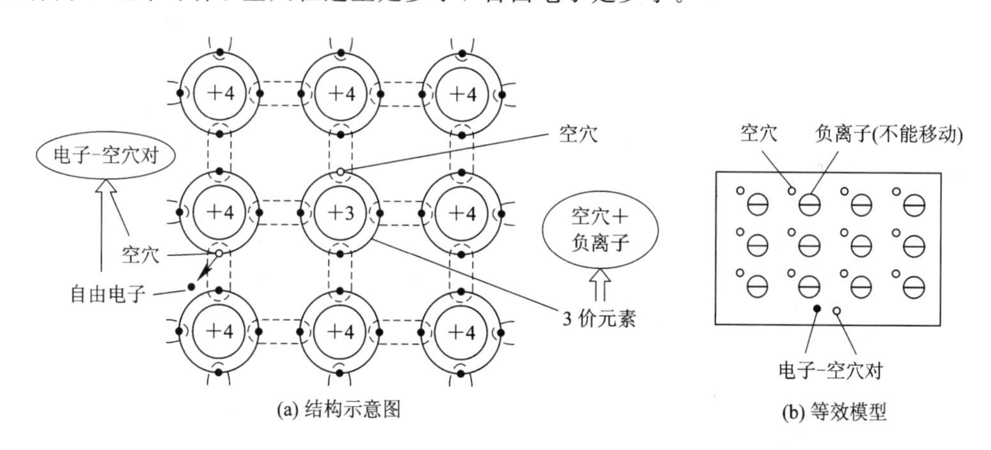

图 1.1.3 P 型半导体

如果把 N 型半导体和 P 型半导体放在一起，又会得到什么结果呢？

1.1.4 PN 结

1. PN 结的形成

利用特殊的掺杂工艺，使同一块单晶硅(或锗)片的一边形成 P 型半导体(即 P 区)，另一边形成N型半导体(即N区)。这样，在两种杂质半导体的交界处存在自由电子和空穴的运动：N区失掉自由电子，留下不能移动的正离子；P区失掉空穴，留下不能移动的负离子。于是，在交界面形成了一个很薄的、相对稳定的正负离子区，称为PN结，如图1.1.4所示。

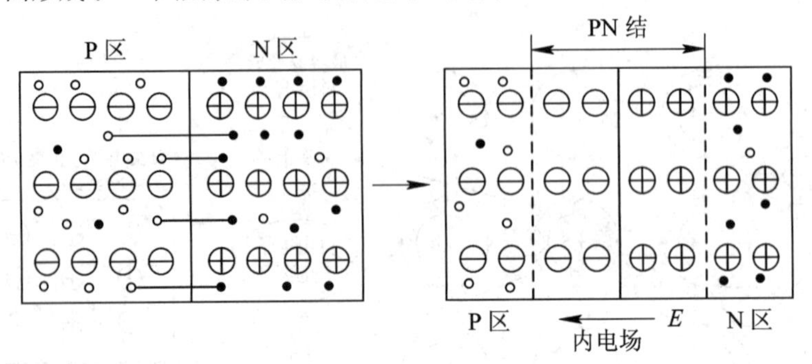

图1.1.4 PN结的形成示意图

在PN结内，固定的正、负离子间必然会产生一个空间电场E，这个电场称为内电场。

2. PN结的特性

1）单向导电性

(1) 正偏导通。如果给PN结加上正向电压，即P区接高电位、N区接低电位，则称PN结正向偏置，简称正偏。如图1.1.5所示，此时外电场与内电场的方向相反，当外电场大于内电场时，外电场抵消内电场而使多子定向移动，形成正向电流I_F。I_F随着正向电压的增加而增大；相应地，PN结的等效电阻很小，此时称PN结导通。

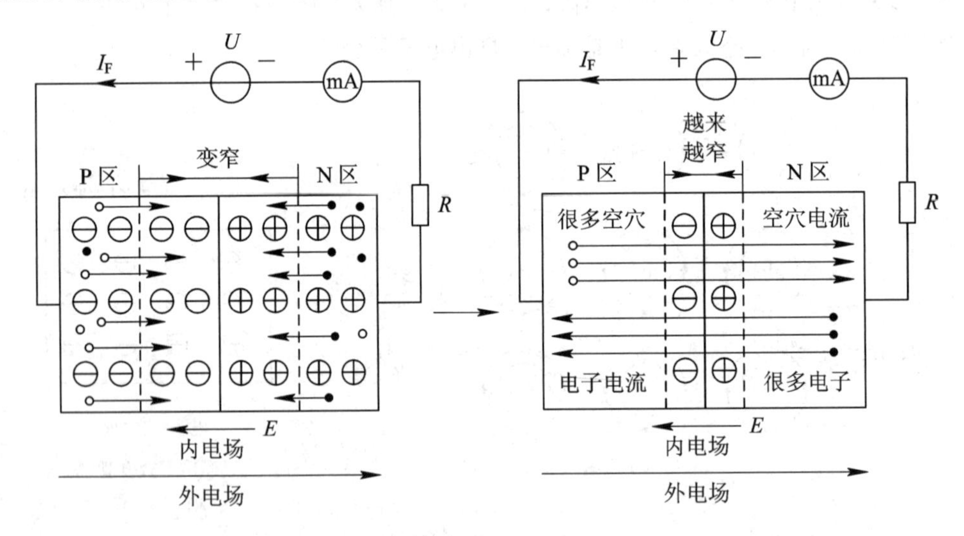

图1.1.5 PN结正偏导通示意图

(2) 反偏截止。如果给PN结加上反向电压，即P区接低电位、N区接高电位，则称PN结反向偏置，简称反偏。如图1.1.6所示，此时外电场与内电场的方向相同，从而使内电场的作用增强，同时使少子定向移动形成反向电流I_R(通常I_R的大小不随反向电压的变化而改变，故又称为反向饱和电流I_S)。常温下，少子的数目很少，所以I_R很小，接近于零；相应地，PN结的等效电阻很大，此时称PN结截止。

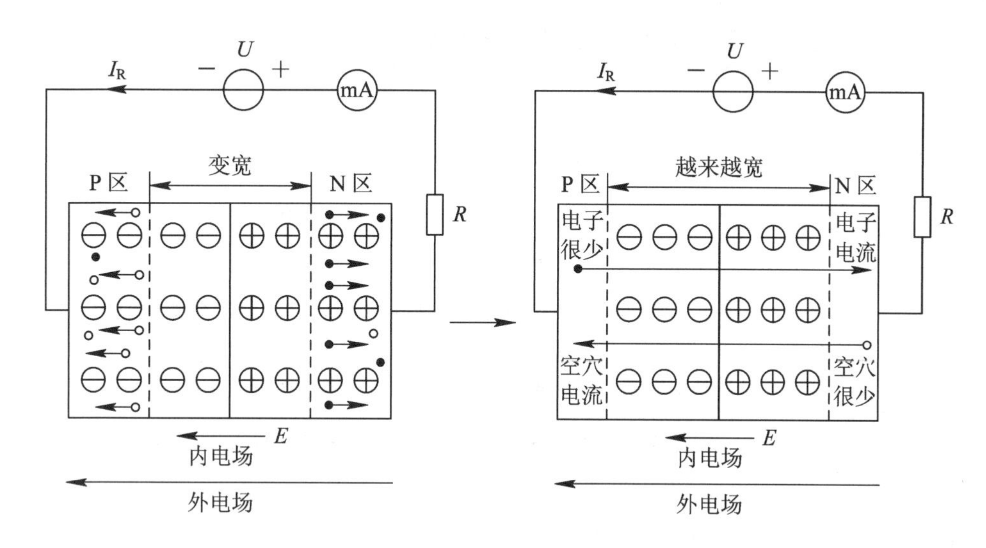

图 1.1.6 PN结反偏截止示意图

综上所述，PN结具有单向导电性：正偏导通，形成很大的正向电流，呈现很小的电阻；反偏截止，反向电流近似为零，呈现高阻态。

2) 反向击穿特性

在PN结反偏情况下，当外加的反向电压增大到一定数值时，反向电流会突然增加，这种现象称为PN结的反向击穿特性，发生击穿时所需要的电压称为反向击穿电压 U_{BR}。利用此特性可制成一类特殊二极管——稳压二极管。

PN结还有一些其他特性，例如它具有电容效应等。

任务2 二极管的认识与测试

1.2.1 初识二极管

半导体二极管简称为二极管，是半导体器件中最普通、最简单的一种，其种类很多，应用较广泛。

1. 二极管的类型

常用二极管实物图如图1.2.1所示。

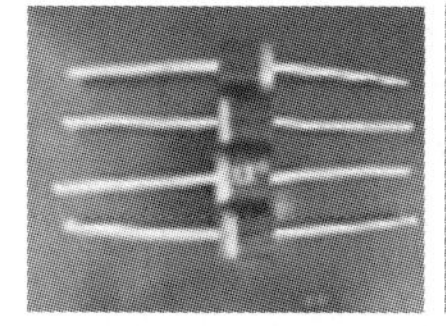

(a) 普通二极管

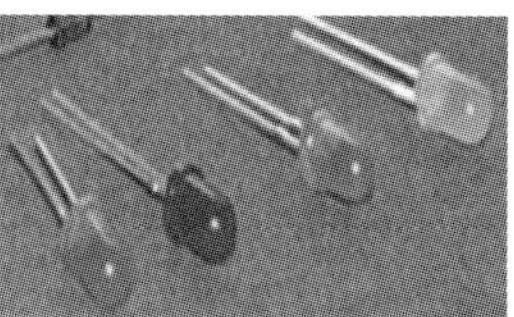

(b) 发光二极管

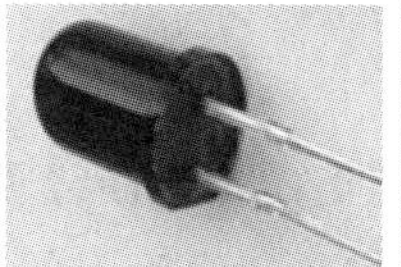

(c) 光敏二极管

(d) 稳压二极管

(e) 贴片二极管

图 1.2.1 常用二极管实物图

二极管的常见分类方法和类型如表1.2.1所示。

表 1.2.1　二极管的常见分类方法和类型

分类标准	类型及说明
按半导体材料不同	二极管可分为硅(Si)二极管、锗(Ge)二极管以及砷化镓(GaAs)二极管等
按用途不同	二极管可分为整流二极管、检波二极管、稳压二极管、开关二极管、发光二极管、光敏二极管以及磁敏二极管等
按外壳封装材料不同	二极管可分为塑料封装二极管、玻璃封装二极管和金属封装二极管等。其中普通二极管多采用塑料封装；大功率整流二极管多采用金属封装，并且有个螺帽以便固定在散热器上；检波二极管多采用玻璃封装等
按二极管的内部结构不同	二极管可分为点接触型二极管、面接触型二极管和平面型二极管等
按是否有引脚	二极管可分为有引脚的插件式二极管、无引脚的贴片式二极管(为适应小型化的发展，也为了降低成本，较新的设计都采用体积小的表面贴片式二极管)

2. 二极管的结构和符号

顾名思义，二极管有两个极，如图 1.2.2(a)所示。在 1 个 PN 结的两端各加上相应的电极引线，并用管壳封装起来(集成电路则不单独封装)，就构成了 1 个二极管。由 P 区引出的电极称为正极，由 N 区引出的电极称为负极。

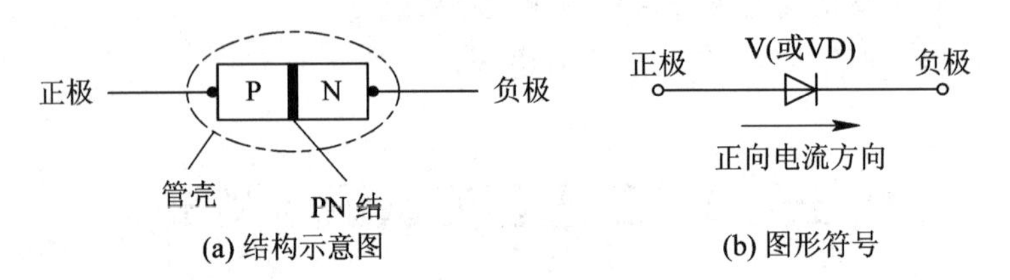

图 1.2.2　二极管的结构和符号

因为二极管是由 1 个 PN 结构成的，所以它具有单向导电性。其图形符号如图 1.2.2(b)所示，图中的三角箭头表示二极管正偏导通时正向电流的流通方向。

常用文字符号 VD(Diode)表示二极管。

3. 二极管的伏安特性

二极管的伏安特性通常用其两端的电压降 u_D 作横坐标、流过管子的电流 i_D 作纵坐标的关系线来形象地描述，如图 1.2.3 所示。

1) 正向特性

当二极管加上正向电压时，其正向特性曲线见图 1.2.3 的 *OB* 段。

OA 段称为死区。在 *OA* 段，加在二极管上的正向电压较小，此时的正向电流很小，二极管的等效电阻还很大。通常，硅二极管的死区电压约为 0.5 V，锗二极管的约为 0.1 V。

AB 段称为导通区。当正向电压升高到大于死区电压时，正向电流随着正向电压的微增而猛增，二极管两端的电压几乎恒定，二极管完全导通了，其正向电阻变得很小。

此恒定电压称为正向导通电压 $U_{D(on)}$。一般硅二极管的导通电压取 0.7 V，锗二极管的取 0.3 V。

正向特性曲线说明：当二极管外加正向电压时，二极管并不一定能导通；当正向电压达到或超过正向导通电压 $U_{D(on)}$ 时，二极管才真正导通。

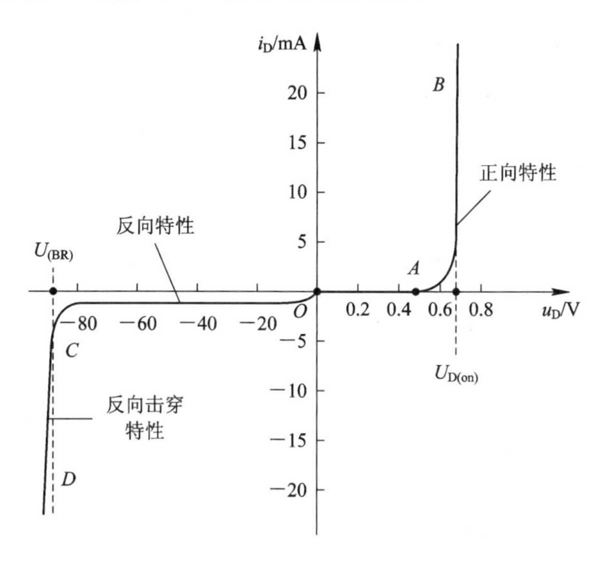

图 1.2.3　硅二极管的伏安特性曲线示意图

2）反向特性

当二极管加上反向电压时，其反向特性曲线见图 1.2.3 的 *OD* 段。

OC 段称为截止区。此时，二极管内只形成很小的反向电流（如小功率硅二极管的反向电流小于 0.1 μA，锗二极管为几十微安），可忽略不计，二极管的等效电阻很大，称为二极管截止。

当加在二极管上的反向电压增加到某一数值时，反向电流剧增，二极管反向导通，这种现象称为二极管的反向击穿特性，如图 1.2.3 中 *CD* 段所示。发生击穿时的电压叫作反向击穿电压 $U_{(BR)}$。反向击穿电压一般很高，低的为几十伏，高的为几千伏。一般二极管被反向击穿后就报废了。所以，在实际应用中，应将外加的反向电压限制在一定范围内（$\leqslant U_{(BR)}$），同时须限制反向电流，避免二极管出现反向击穿而被烧坏。但稳压二极管却是利用反向击穿特性制成的。

反向特性曲线说明：当二极管外加反向电压时，二极管是截止的，不能导通；但当反向电压达到反向击穿电压 $U_{(BR)}$ 时，二极管会被反向击穿而被烧坏。

结论：通常，二极管有两种工作状态——导通和截止。通过二极管的电流与加在其两端的电压不呈线性关系，所以二极管是非线性器件。

二极管是一个非线性器件，那么，如何对其电路进行定量分析和计算呢？

1.2.2　普通二极管的开关等效电路

在工程实际应用中，通常用一定条件下相应的等效电路（或电路模型）来代替二极管，从而简化计算。通常二极管有导通和截止两种工作状态，很像我们熟悉的开关，下面讨论一下二极管的开关等效模型。

1. 二极管的理想开关模型

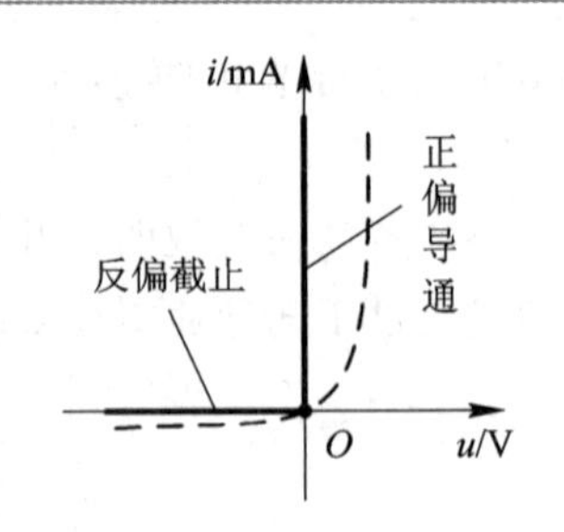

图 1.2.4 理想二极管的伏安特性曲线示意图

理想二极管的伏安特性曲线如图 1.2.4 所示(虚线为二极管的实际伏安特性曲线)。由图可知，二极管正偏导通，管压降为 0，等效电阻为 0，二极管相当于开关闭合，其等效电路如图 1.2.5(a)所示；二极管反偏截止，其反向电流为 0，等效电阻为无穷大，二极管相当于开关断开，如图 1.2.5(b)所示。

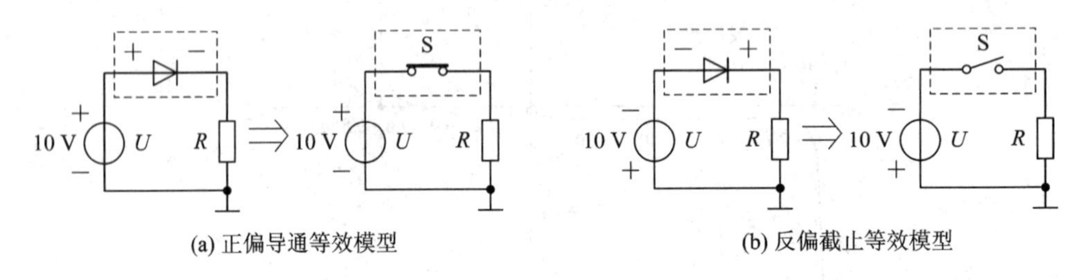

图 1.2.5 二极管的理想开关模型等效示意图

2. 二极管的普通开关模型——恒压降模型

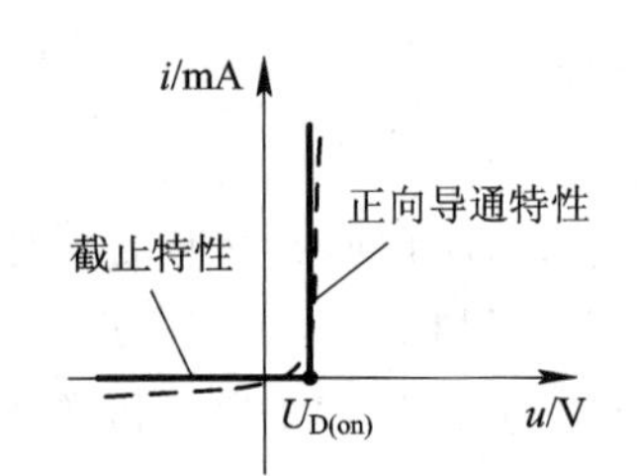

图 1.2.6 普通二极管的伏安特性曲线示意图

普通二极管的伏安特性曲线可近似为图 1.2.6 中的粗实线。当二极管外加正向电压等于或大于其导通电压 $U_{D(on)}$ 后，二极管导通，等效电阻为 0，其两端的电压恒等于 $U_{D(on)}$，相当于 1 个闭合的开关和 1 个电压源 $U_{D(on)}$ 相串联，如图 1.2.7(a)所示；当外加电压小于 $U_{D(on)}$ 时，二极管截止，电阻为无穷大，电流为零，相当于开关断开，如图 1.2.7(b)所示。此即为二极管的普通开关模型，也称恒压降模型。

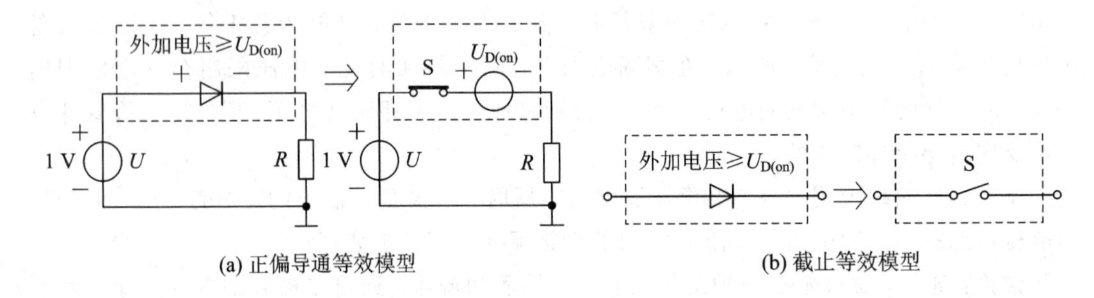

图 1.2.7 二极管的恒压降模型等效示意图

以上分析的二极管的开关等效电路模型是一种工程近似的思想，到底在什么情况下用什么模型，这要视具体情况而定。当外加电源电压远大于二极管的管压降时，可采用理想二极管模型，将二极管的管压降略去进行计算，所得结果与实际值误差不大；如果电源电压较低，那么采用恒压降模型较为合理。另外，在数字电路中的二极管，通常是作为理想开关使用的。

【例 1.2.1】 图 1.2.8(a)为接有二极管(当没有特别说明时，一般认为二极管为硅管，全书同)的电路，试回答以下问题。

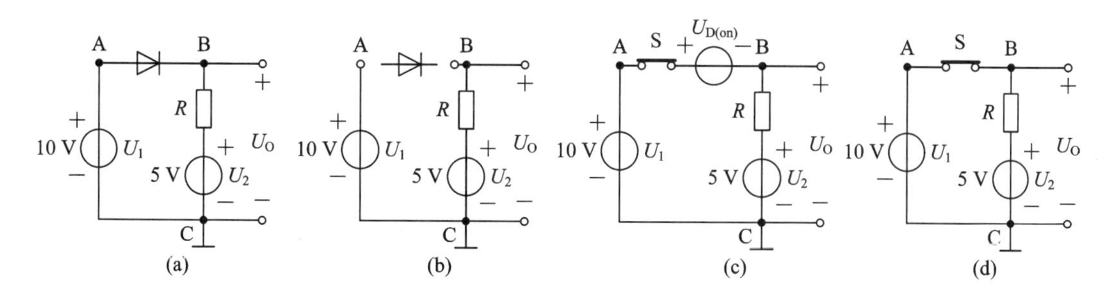

图 1.2.8　例 1.2.1 用图

(1) 分析二极管处于何种状态，并分别用二极管的恒压降模型和理想模型来求电路中的输出电压 U_O值。

(2) 若 U_1和 U_2分别换成 3 V 和 1 V 呢？

(3) 若 U_1和 U_2的极性都换成上负下正，结果会怎样？

解　(1) 先假设将二极管不接入电路中，即 A、B 两点断开，如图 1.2.8(b)所示，则有 $U_A=10$ V，$U_B=5$ V；重新接入二极管后，二极管的外加电压等于正极电位减去负极电位，即 $U_O=U_A-U_B=10\text{ V}-5\text{ V}=5$ V，所以，二极管处于正向导通状态。

当二极管为恒压降模型时，原电路的等效电路如图 1.2.8(c)所示，此时 $U_{AB}=U_{D(on)}=0.7$ V，所以

$$U_O=U_1-U_{AB}=10\text{ V}-0.7\text{ V}=9.3\text{ V}$$

当二极管为理想模型时，原电路的等效电路如图 1.2.8(d)所示，此时 $U_{AB}=0$ V，所以

$$U_O=U_1-U_{AB}=10\text{ V}-0\text{ V}=10\text{ V}$$

结论：10 V 和 9.3 V 数值很接近，说明当外加电源电压 U_1(=10 V)远大于二极管的管压降 $U_{D(on)}$(=0.7 V)时，可采用理想二极管模型，将二极管的管压降略去进行计算，所得结果与实际值相差不大。

(2) 当 $U_1=3$ V、$U_2=1$ V 时，同样先不接二极管，则 $U_A=3$ V，$U_B=1$ V，重新接入二极管后，二极管外加的正向电压$=U_A-U_B=3\text{ V}-1\text{ V}=2$ V，二极管仍处于正向导通状态。

当二极管为恒压降模型时，则实际 $U_{AB}=U_{D(on)}=0.7$ V，所以

$$U_O=U_1-U_{AB}=3\text{ V}-0.7\text{ V}=2.3\text{ V}$$

当二极管为理想模型时，实际 $U_{AB}=0$ V，所以

$$U_O=U_1-U_{AB}=3\text{ V}-0\text{ V}=3\text{ V}$$

结论：当外加电源电压 U_1(=3 V)与二极管的管压降接近时，采用恒压降模型较合理。

(3) 若 U_1 和 U_2 的极性都换成上负下正，二极管的正极电位将低于负极电位，处于反向截止状态，电路中电流为 0，所以电阻 R 上的压降为 0，有 $U_O=U_2$。

温馨提示：在分析含有二极管的电路时，首先要确定二极管的工作状态，然后用相应的电路模型取代二极管，画出原电路的等效电路，再用电路知识进行分析计算。

1.2.3 特殊二极管

普通二极管是指利用二极管的单向导电性制成的二极管，如整流二极管、检波二极管等。除了普通二极管，还有一些特殊用途的二极管，如稳压二极管、发光二极管、光电二极管和变容二极管等。

1. 稳压二极管

稳压二极管简称稳压管，它与普通二极管的最大区别是在制造工艺上采取了一些措施，使其能在击穿区内安全工作。稳压二极管的伏安特性及图形符号如图 1.2.9 所示。

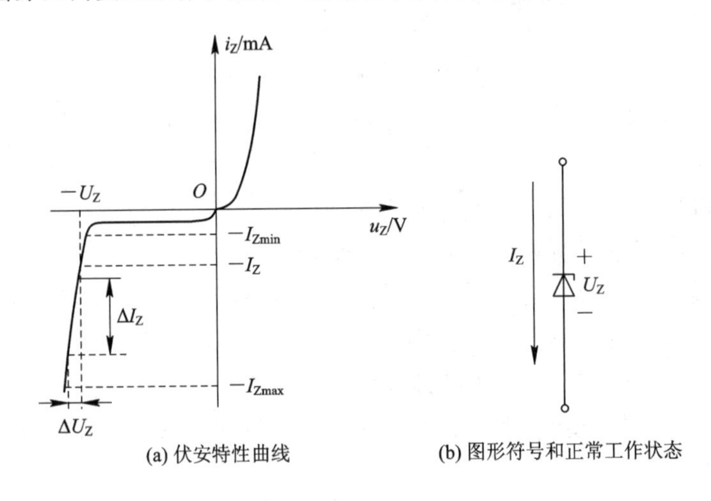

图 1.2.9 稳压管的特性曲线和符号

从特性曲线可看出：当 I_Z 在较大范围内(I_{Zmin}～I_{Zmax})变化时，稳压管两端的电压 U_Z 几乎不变，具有恒压特性。利用这种特性能达到稳压的目的，从而可使用稳压管制作稳压电路等。

稳压管的正常工作状态是反偏稳压。在选择和使用稳压管时，要注意它的一些主要参数。

(1) 稳定电压 U_Z。U_Z 是稳压管在起稳压作用时，其两端的反向电压值。如 2CW14 (2CW55)的 $U_Z=6\sim7.5$ V。不同规格稳压二极管的稳压值是不连续分布的。

(2) 最大工作电流 I_{ZM}。I_{ZM} 是指稳压管长时间工作时，允许通过的最大反向电流值。在使用稳压管时，其工作电流不应超过此值，否则管子将被烧坏。

(3) 额定功率 P_{ZM}。P_{ZM} 是指稳压管不产生热击穿的最大损耗功率，它等于 U_Z 与 I_{ZM} 的乘积，即 $P_{ZM}=U_Z\cdot I_{ZM}$。

(4) 稳定电流 I_Z。I_Z 是稳压管稳压时的工作电流，在 I_{Zmin}～I_{Zmax} 之间，通常取 $I_Z=(1/4\sim1/2)I_{ZM}$，有时手册上不给出 I_{ZM} 的值，而是给出 P_M、U_Z 的值，此时可用公式 $I_{ZM}=P_M/U_Z$ 来确定。

2. 发光二极管

发光二极管是利用正偏导通的性质，依赖 PN 结内的电光效应，将电能(或电信号)直接转换成光能(光信号)。当发光二极管正向偏置时，它能发出红、黄、绿等鲜艳的光来，其亮度随电流的增大而提高，是一种电流控制器件。发光二极管工作时只需加 1.5～3 V 的正向电压和几毫安的电流就能正常发光，它的工作电源既可以是直流的，也可以是交流的。发光二极管常用字母 LED(Light Emitting Diode)表示，图形符号如图 1.2.10 所示。

发光二极管具有节能(相同照明效果下，比传统光源节能 80%以上)、环保(电光功率转换接近 100%)、寿命长(使用寿命可达 6 万～10 万 h)、体积小等特点。发光二极管的用途很广，例如，被制成电源通断指示电路，即指示灯，在任何电子仪器或仪表上都可以看到它；还可用来制作数码显示管，如常用的七段数字显示器；因为环保和节能的需求，它还被越来越广泛地应用于照明中，被称为第四代照明光源或绿色光源，如用于照明的路灯、交通灯、手电筒、汽车上的刹车灯及指挥灯等。由于发光二极管在发射波长、功率以及调制频率等若干指标上均能与光通信系统相匹配，满足系统的要求，因此它与激光二极管一同被认为是光通信最理想的光源。

3. 光电二极管

光电二极管又称作光敏二极管，它是利用半导体的光敏特性制造而成的。它的结构与普通二极管类似，但其管壳上有一个玻璃窗口，以便于接受光照，图形符号如图 1.2.11 所示。使用时，光电二极管的 PN 结工作在反向偏置状态。无光照时，流过光电二极管的电流(称为暗电流)很小；有光照射时，流过光电二极管的反向电流(称为光电流)随光照强度的增加而上升。如 2DUIB 光电二极管的暗电流小于 0.1 μA，而光电流达 20 μA。所以，光电二极管是一种能将光信号转化为电信号的二极管。光电二极管用于光电检测、光谱分析、热释成像等领域，如安检、照相机自动曝光和复印机等。大面积的光敏二极管可作为一种绿色能源——光电池。

图 1.2.10　发光二极管的图形符号和正常工作状态　　图 1.2.11　光电二极管的图形符号和正常工作状态

如果把发光二极管和光电二极管组合，则可构成二极管型光电耦合器件，其用途很广泛。

任务 3　二极管的实用电路

二极管的用途很广泛，可广泛用于整流、稳压、限幅和钳位等电路。

1.3.1　整流电路

整流电路是小功率(200 W 以下)直流稳压电源的组成部分，其主要功能是利用二极管的单向导电性，将市电电网的单相正弦交流电转变成单向的脉动直流电。

1. 电路组成

图 1.3.1(a)所示是一种常见的整流电路，该图中 4 个二极管 VD_1～VD_4 接成电桥形式，电桥的一条对角线顶点接变压器次级电压 u_2，另一条对角线顶点接负载 R_L，此种电路称为桥式整流电路。4 个二极管接成的电桥通常被封装起来，称为整流桥，如图 1.3.1(b)所示。

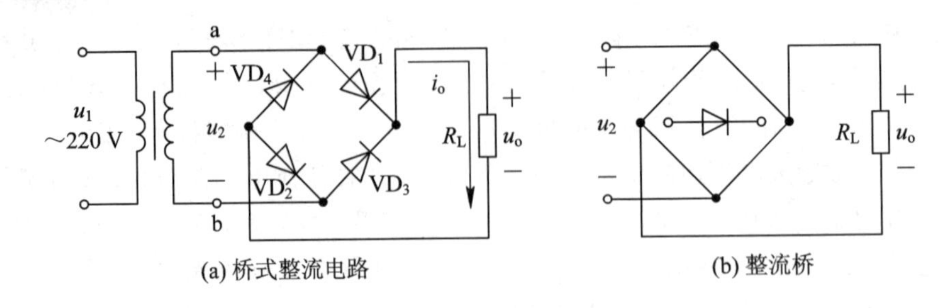

图 1.3.1　单相桥式整流电路

2. 工作原理

在交流电压 u_2 的正半周，变压器次级 a 点电位高于 b 点电位，因此二极管 VD_1 和 VD_2 导通，二极管 VD_3 和 VD_4 因承受反向电压而截止，如图 1.3.2(a)所示。电流的通路是 a→VD_1→R_L→VD_2→b，于是在负载电阻 R_L 上得到了上正下负的电压 u_o。

在交流电压 u_2 的负半周，变压器次级 b 点电位高于 a 点电位，因此二极管 VD_1 和 VD_2 截止，二极管 VD_3 和 VD_4 导通，如图 1.3.2(b)所示。电流的通路是 b→VD_3→R_L→VD_4→a，同样在负载电阻 R_L 上得到了上正下负的电压 u_o。

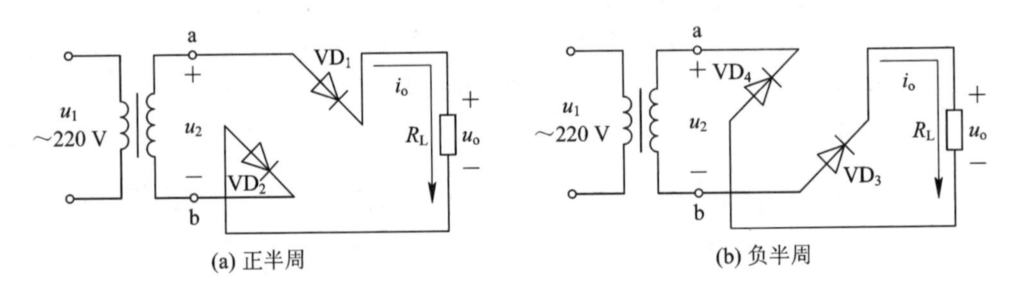

图 1.3.2　单相桥式整流电路的工作原理示意图

由此可见，4 个二极管两两为一组，交替导电。无论在 u_2 的正半周还是负半周，u_o 都有正的脉动电压输出，所以这是一个全波整流。单相桥式整流电路的工作波形如图 1.3.3 所示。

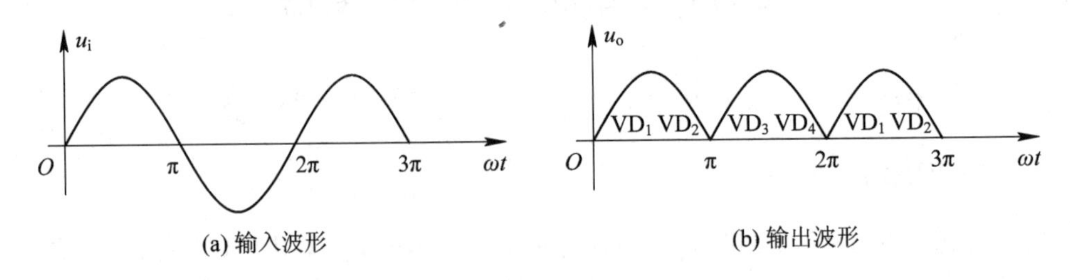

图 1.3.3　单相桥式整流电路的输入、输出波形

1.3.2　硅稳压管稳压电路

整流滤波电路虽然可以把交流电变为平滑的直流电，但当交流电网电压和负载电路变化时，输出电压仍会随之变动。为此，通常在整流滤波后接稳压电路，使输出电压稳定。最简单的稳压电路是稳压管的单管稳压电路。

1. 工作原理

硅稳压管的单管稳压电路如图 1.3.4 所示。整流滤波后的直流电压作为稳压电路的输入电压 U_i，稳压管 VD_Z的稳定电压 U_Z作为稳压电路的输出电压 U_O，R 为限流电阻。由图 1.3.4 可见，电路中的电压和电流有如下关系式：

$$\begin{cases} U_O = U_Z = U_i - I \times R = U_i - U_R \\ I = I_O + I_Z \end{cases}$$

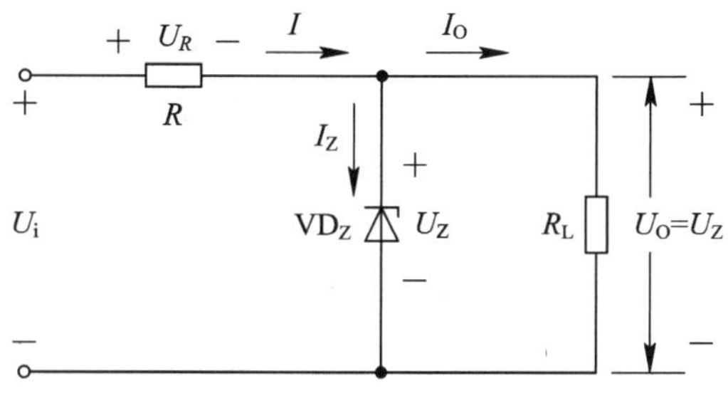

图 1.3.4　硅稳压管的稳压电路

（1）当交流电网波动而负载电阻 R_L未变动时，若电网电压上升，即 U_i升高时，稳压管的 U_Z将随之增大。由稳压管的伏安特性曲线(图 1.2.9)可知，U_Z的微小增加，会引起工作电流 I_Z的显著增加，从而使流过限流电阻的电流 I 增大，R 上的压降 U_R(=$I \times R$)增加。使得 U_i的增量绝大部分降落在 R 上，以保持 U_O稳定。即

$$U_i\uparrow \rightarrow U_Z\uparrow \rightarrow I_Z\uparrow \rightarrow I\uparrow \rightarrow U_R\uparrow$$

$$\rightarrow U_O(=U_i - U_R)\text{保持稳定}$$

同理，当 U_i降低时，也会使得 U_i的降低量绝大部分降落在 R 上，以使 U_O保持稳定。

（2）当交流电网未波动，即 U_i不变，而负载电阻 R_L变动时，假设负载电阻 R_L变小，则 I_O增大，使总电流 I 增大，而造成稳压管的 U_Z下降。但由于稳压管的端电压 U_Z略有下降而使流过稳压管的电流 I_Z大大减小，I_O增大的部分几乎和 I_Z减小的部分相等，使总电流 I 几乎不变，因而保持了输出电压 U_O的稳定。即

$$R_L\downarrow \rightarrow I_O\uparrow \rightarrow I\uparrow \rightarrow U_Z\downarrow \rightarrow I_Z\downarrow$$

$$\rightarrow I\text{不变} \rightarrow U_R\text{不变} \rightarrow U_O(=U_i - U_R)\text{保持稳定}$$

同理可分析 R_L增大时的情况。

由此可见，稳压管的稳压功能是利用稳压管端电压 U_Z的微小变化引起电流 I_Z较大的变化，再通过限流电阻 R 的电压调节作用来实现输出电压基本恒定的。

由于在电路中起控制作用的元件 VD_Z 与负载电阻 R_L 是并联的，故这种电路叫作并联式稳压电路。并联式稳压电路的结构简单，但受稳压管最大电流限制，又不能任意调节输出电压，所以只适用于输出电压不需调节、负载电流小、要求不太高的场合。

2. 稳压管的选择

选择稳压管时，一般可按以下公式进行估算。

$$\begin{cases} U_Z = U_O \\ I_{Zmax} = (1.5 \sim 3) I_{Omax} \\ U_i = (2 \sim 3) U_Z \end{cases}$$

在工作中，当 U_i 和 R_L 变化时，必须要保证稳压管电流 I_Z 在最小允许电流 I_{Zmin} 和最大允许电流 I_{Zmax} 的范围内。因此，必须合理选择限流电阻 R。为了提高稳压性能，应选动态电阻较小的稳压管，或者在允许范围内加大限流电阻 R 的值。

1.3.3 限幅电路

为了保护某些元器件或电路不受大的电压信号的作用而损坏，可利用二极管正偏导通后其两端电压很小且基本不变的特性来构成各种限幅电路，使输出电压限制在某一幅度内。

图 1.3.5(a)为一个简单的上限幅电路。可采用二极管的理想模型对该电路进行分析。由电路可知：

当 $u_i > E$ 时，二极管 VD 导通，相当于短路，$u_o = E = 3$ V，将 u_o 的最大电压限制在 3 V；

当 $u_i < E$ 时，二极管 VD 截止，二极管支路开路，$u_o = u_i$。

图 1.3.5(b)为当输入 $u_i = U_m \sin\omega t$(V)时($U_m > 3$ V)，该电路的输出波形。由图可知，输出波形要限制在多大幅度内，是由 E 的大小决定的。

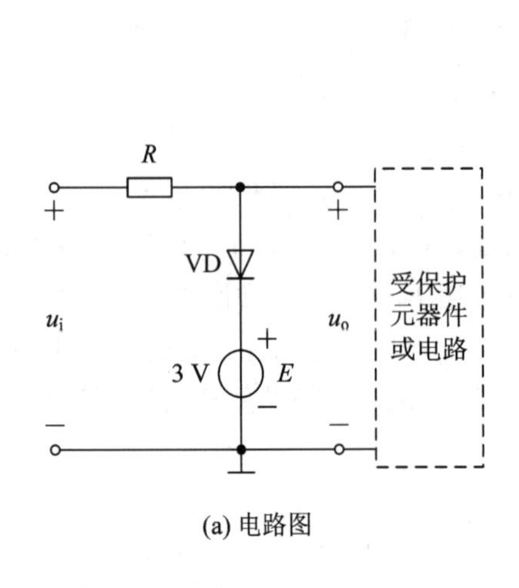

(a) 电路图

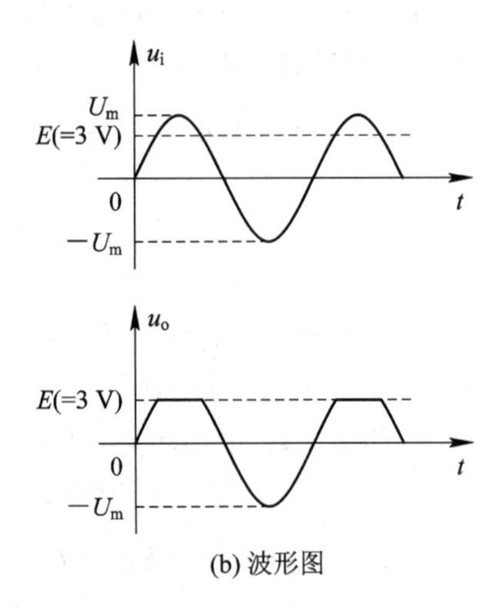

(b) 波形图

图 1.3.5 上限幅电路

在实际应用中，限幅电路不但有上限幅电路，还有下限幅电路和上下限幅电路等，可根据实际需要进行选择和设计。

1.3.4 钳位电路

钳位电路是使输出电位钳制在某一数值上保持不变的电路。设二极管 VD_1、VD_2 为理想二极管，如图 1.3.6 所示。

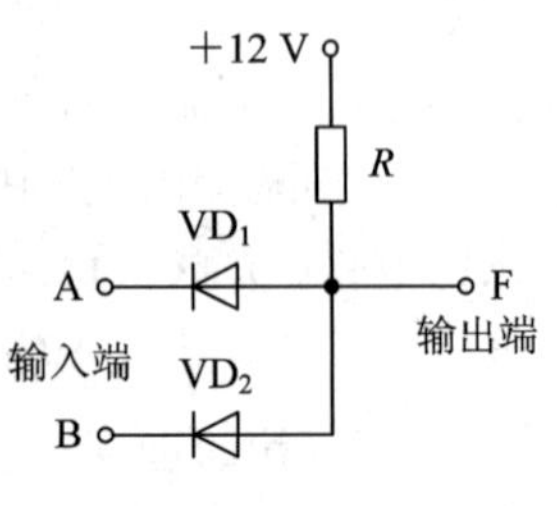

图 1.3.6 钳位电路

当输入 $U_A = U_B = 0$ V 时，二极管 VD_1、VD_2 均"正偏导通钳位"，钳制输出端 F 点的电位，使 $U_F = U_A = U_B = 0$ V；

当 $U_A=0$ V、$U_B=3$ V 时，VD_1、VD_2 都可能正偏导通，但 VD_1 会“优先导通钳位”，使输出 $U_F=U_A=0$ V，同时使 VD_2 反偏截止；

当 $U_A=3$ V、$U_B=0$ V 时，VD_1、VD_2 都可能正偏导通，但 VD_2 会“优先导通钳位”，使输出 $U_F=U_B=0$ V，同时使 VD_1 反偏截止；

当输入 $U_A=U_B=3$ V 时，二极管 VD_1、VD_2 均“正偏导通钳位”，使 $U_F=U_A=U_B=3$ V。

这也是后面数字电路中要学的与门电路：只要有“0”输入，就输出“0”。

总之，二极管的应用很广泛，除以上例子之外，二极管还可以用来作检波电路(检波电路就是把信号从已调波中检出来的电路)等，这里不再赘述。

任务 4　二极管的选择和测试

1.4.1　二极管的选择

描述二极管、三极管的性能优劣和适用范围是有定量指标的，这些定量指标即它们的主要参数，是合理选用管子、正确使用和测试管子及进行相关电路分析、设计电路的依据。当然，这些参数一般可以从手册中查到，也可从特性曲线上求解出，或直接测量得到。

应当指出，由于制造工艺的限制，即使同一型号的器件，其参数的分散性也很大。选用器件时，既要了解其参数的意义和数值，又必须弄清各参数的测试条件。

选择二极管的主要参数依据有以下几点。

(1) 最大整流电流 I_{FM}：是指二极管长期运行时允许承受的最大正向平均电流，其大小由 PN 结的面积和散热条件决定。在选用二极管时，工作电流应限制在 I_{FM} 以下，若超过此值，将因过流导致结温过高而烧毁二极管。

(2) 最高反向工作电压 U_{RM}：是指二极管运行时允许承受的最大反向峰值电压值。若超过此值，二极管就有被反向击穿的危险。为避免二极管被反向击穿，通常将二极管的反向击穿电压 U_{BR} 的一半定为 U_{RM}，而器件手册中给出的 $U_{RM}=(1/2\sim2/3)U_{BR}$。

(3) 反向电流 I_R：是指二极管在未击穿时反向电流的数值。I_R 值越小，管子的单向导电性越好，工作越稳定。温度对 I_R 的影响很大，在使用时应注意环境温度不宜过高。

(4) 最高允许工作频率 f_M：是指保证二极管单向导电作用的工作频率的上限值。f_M 主要由 PN 结的结电容大小决定，PN 结的结电容越大，f_M 就越小。如点接触型的锗二极管，由于其 PN 结面积较小，故其 PN 结的结电容很小，其 f_M 可达数百兆赫兹；而面接触型的硅整流管，其 f_M 只有 3 kHz。使用时，如果工作频率超过 f_M，结电容的容抗($X_C=1/(\omega C)$)将变小，使二极管在反向偏置下的等效阻抗值变小，反向电流增大，二极管的单向导电性能变差，甚至失去单向导电性。

(5) 二极管的等效电阻：指二极管端电压与流过的电流之比。二极管是一个非线性器件，不同的端电压会有不同的等效电阻，在不同工作状态下的等效电阻也不同。二极管的等效电阻通常分为直流电阻(又称为静态电阻)R_D 和交流电阻(又称为动态或微变电阻)r_d。

特殊用途的二极管有其不同的参数。

1.4.2 二极管的识别与简单测试

1. 二极管的极性判别

由于二极管有正负极之分，在电路中不能随意连接，因此在使用时一定要先判别极性。

1）目测法

如图 1.2.1 所示，有些二极管会在管壳上做标记用以区分正负极，如在管壳上印有二极管的符号、色环或色点等，其中带色点的一端为正极，带色环的一端为负极；有些同向引线的二极管则用管脚的长短来区分正负极，较长的管脚表示正极（+），较短的为负极（－）。

2）借助万用表测量

若管壳上的标识已不清晰或不存在了，则可借助万用表进行测试。利用二极管正向导通电阻值小，反向截止电阻值很大的原理来简单地确定二极管的极性。通常将万用表置于 $R\times100$ 或 $R\times1$ k 挡，测量二极管两引脚之间的阻值，正、反各测一次，会出现阻值一大一小的情况，以阻值大的一次为准。红表笔接的为二极管的正极，黑表笔接的为二极管的负极。（万用表的正端（+）为红表笔接表内电池的负极，而万用表的负端（－）为黑表笔接表内电池的正极）。

2. 二极管的性能检测

二极管的常见故障有开路、短路和性能不良。

在检测二极管时，常将万用表置于 $R\times100$ 或 $R\times1$ k 挡（对于面接触型的大电流整流管可用 $R\times1$ 或 $R\times10$ 挡）来测二极管的正、反向电阻。当黑表笔接二极管正极，红表笔接二极管负极时，正向电阻值应在几十欧到几百欧之间。当红、黑表笔对调后，反向电阻值应在几百千欧以上。若测量结果如符合上述情况，则可初步判定该被测管子是好的。若正、反向测量结果均很小（接近 0 Ω），则说明该被测管子内 PN 结被击穿或短路；若正、反向测量结果均很大（接近∞），则说明该被测管子内部已断路；若正、反向电阻值差距小，则说明二极管性能不良。此 3 种结果均说明该被测管子不能再使用。

必须注意：用万用表测量二极管时不能用 $R\times10$ k 挡。因为在高阻挡中，使用的电池电压比较高（一般大于 9 V，有的表中用 22.5 V），而这个电压超过了某些检波二极管的最大反向电压，所以会将二极管击穿。测量时一般也不用 $R\times1$ 或 $R\times10$ 挡，因为使用 $R\times1$ 挡时，欧姆表的内电阻只有 12～24 Ω，当欧姆表跟二极管正向相接时，电流很大，容易把二极管烧坏。故一般测量二极管时最好用 $R\times100$ 或 $R\times1$ k 挡。

模块小结

1. 半导体有光敏、热敏和掺杂特性。当在本征半导体中掺入微量的 5 价元素时，可形成 N 型半导体；当在本征半导体中掺入微量的 3 价元素时，可形成 P 型半导体。

2. 当 PN 结的 P 区接外电源的正极，N 区接负极时，能形成较大的正向电流，这时

PN 结如同短路导通；当 P 区接外电源的负极，N 区接正极时，只能形成很小的反向电流，这时 PN 结如同开路截止，这就是 PN 结的单向导电性。

3. PN 结是组成一切半导体器件的基础。

4. 二极管的内部就是一个 PN 结，所以二极管的最大特性是单向导电性，即正向偏置导通，反向偏置截止。利用其单向导电性可制成整流二极管、开关二极管等。

5. 二极管具有反向击穿特性，可制成稳压二极管，还可以采取特殊工艺制成发光二极管和光电二极管等。

过关训练

1.1　填空。

(1) PN 结的单向导电性是指(　　)。

(2) 稳压管的稳压区是其工作在(　　)。

(3) 在本征半导体中掺入(　　)价元素可形成 N 型半导体，掺入(　　)价元素可形成 P 型半导体。

(4) 当温度升高时，二极管的反向饱和电流将(　　)。

(5) N 型半导体中少数载流子为(　　)。

1.2　求题 1.2 图所示各电路的输出电压值，设二极管导通电压 $U_{D(on)}=0.7$ V。

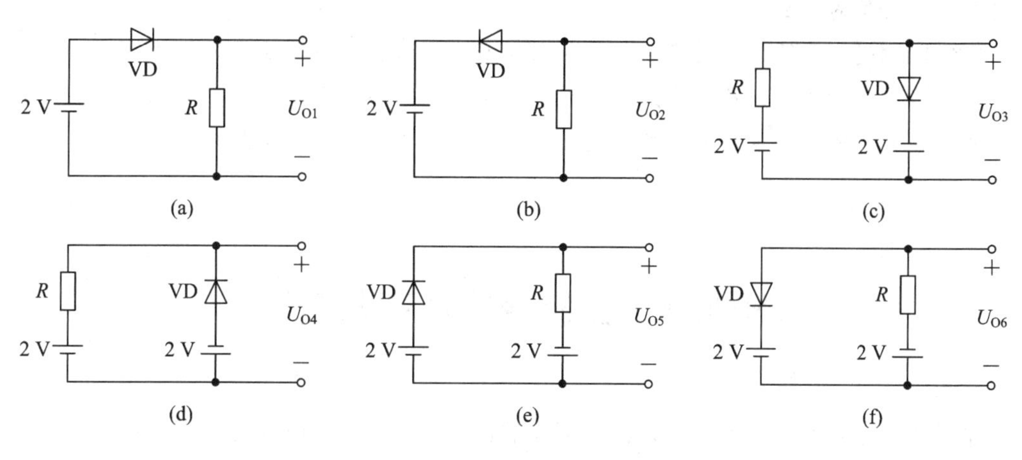

题 1.2 图

1.3　能否将 1.5 V 的干电池用正向接法直接接到二极管两端？为什么？

1.4　查阅资料：查阅有关半导体的热敏和光敏元器件实际应用的最新技术动态。

1.5　拓展：至少搜集 1 种特殊二极管的相关知识，如发光二极管、变容二极管等。

模块二

三极管及其放大电路

【问题引入】 三极管是电子电路的核心器件。三极管的结构如何？它们又是怎么工作的呢？如何合理选择和使用三极管来构成实用放大电路？基本放大电路的工作原理怎样？基本放大电路的电压放大倍数是多大？多级放大器的结构如何？增益有多大？这些是本模块要回答的问题。

【主要内容】 本模块介绍了三极管的结构、外部特性和一些实用电路。重点介绍共发射极基本放大电路的工作原理和放大电路的基本分析方法。通过放大电路的静态分析、动态图解分析、微变等效电路分析，阐述了静态工作点的设置、稳定静态工作点的方法、放大电路波形失真的原因等。

【学习目标】 了解放大电路静态工作点等基本概念；掌握三极管的外特性、实际应用和等效电路的分析方法；能求解共发射极基本放大电路的静态工作点；能用微变等效电路分析法求解共发射极基本放大电路的电压放大倍数、输入电阻、输出电阻；会合理选择和使用三极管。

任务1　三极管的认识与测试

半导体三极管在电子电路中是必不可少的器件。半导体三极管在工作过程中，电子和空穴都参与导电，故又称为双极型晶体管(BJT)，简称晶体管或三极管。三极管的最大特点是具有电流放大作用。它为什么会有电流放大作用呢？这得从三极管的结构、内部载流子的运动过程以及三极管的特性曲线等方面来解释和描述。

2.1.1　三极管概述

1. 认识三极管

三极管的实物外形很多，图2.1.1给出了部分三极管的常见外形。

图 2.1.1　三极管的实物图

三极管的种类很多，常见分类方法和类型见表 2.1.1。

表 2.1.1　三极管的常见分类方法和类型

分类标准	类型及说明
按内部结构不同	三极管可分为 NPN 型和 PNP 型三极管
按制造材料不同	三极管可分为硅管和锗管。因为硅管受温度影响较小，工作较稳定，应用更广泛，而目前我国生产的硅管多为 NPN 型，锗管多为 PNP 型，所以 NPN 型管的应用也较广泛
按用途不同	三极管可分为放大管和开关管等
按工作频率不同	三极管可分为高频管和低频管等。以 3 MHz 为分界线
按功率不同	三极管可分为小功率管、中功率管和大功率管

2. 三极管的结构

三极管中有 3 块杂质半导体，这 3 块杂质半导体的排列可以是 N－P－N，也可以是 P－N－P。因此，三极管在结构上有两种类型：NPN 型和 PNP 型。这 3 块杂质半导体分别称为集电区、基区和发射区。从 3 个区各自引出 3 个电极，对应的称为集电极 C(Collector)、基极 B(Base)和发射极 E(Emitter)。把集电区与基区之间形成的 PN 结称为集电结，发射区与基区之间的 PN 结称为发射结，三极管的结构示意图如图 2.1.2 所示。

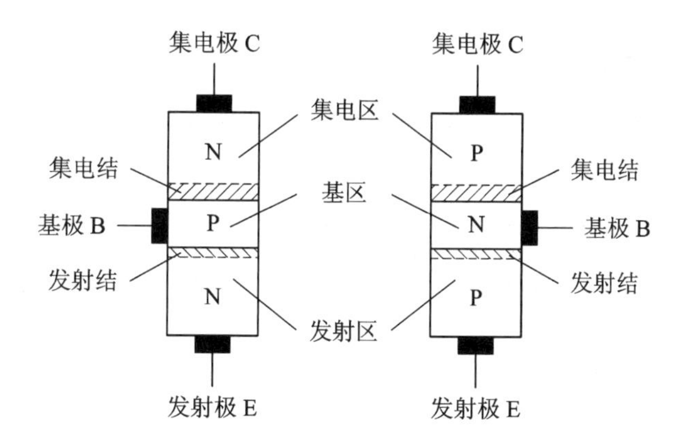

图 2.1.2　三极管的结构

需要指出，三极管绝不是两个 PN 结的简单组合，它是在一块纯净的硅或锗的晶片上制成 3 个掺杂区，形成有内在联系的两个 PN 结。

3. 三极管的制造工艺要求

为保证三极管有电流放大作用，3个掺杂区应满足如下工艺要求。

(1) 发射区：掺杂浓度最高，以利于发射多数载流子而形成一个大电流。

(2) 集电区：几何尺寸最大、结面积也更大、掺杂浓度小于发射区，其作用是收集发射区发出的多数载流子。

(3) 基区：即中间的区域，掺杂浓度很低且做得很薄(几微米至几十微米)，其作用是传输和控制发射区的多数载流子。

因此，虽然发射区和集电区的半导体类型相同，但它们并不是对称的，在应用时，C极和E极是不能交换的。

4. 三极管的图形符号

为了方便区分，在发射极上加了方向不同的箭头，箭头方向表示发射结正偏时，发射极上正向电流的方向。箭头向外的是NPN型管，箭头向里的是PNP型管。由符号还可区分3个电极：带箭头的是发射极，和发射极在同一边的是集电极，单独在一边的是基极。三极管的两种图形符号如图2.1.3所示。

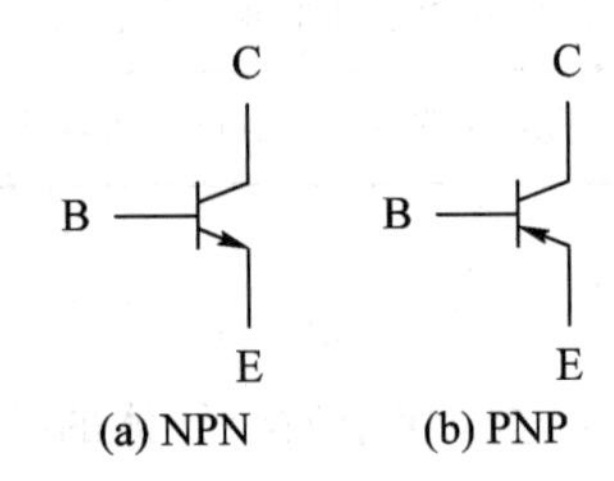

图2.1.3 三极管的图形符号

三极管通常用文字符号VT(Triode或Three electrode tube)表示。

2.1.2 三极管的工作状态

1. 三极管的4种工作状态

三极管的发射结和集电结可以加4种不同组合的偏置电压，对应有4种工作状态，如表2.1.2所示。

表2.1.2 三极管的4种工作状态

序号	工作状态	发射结	集电结
1	饱和	正偏	正偏
2	截止	反偏	反偏
3	放大	正偏	反偏
4	倒置	反偏	正偏

2. 三极管工作状态的判断

【例 2.1.1】 如果测得如图 2.1.4 中所示的三极管的各管脚对地电位值，请判断各三极管的工作状态。

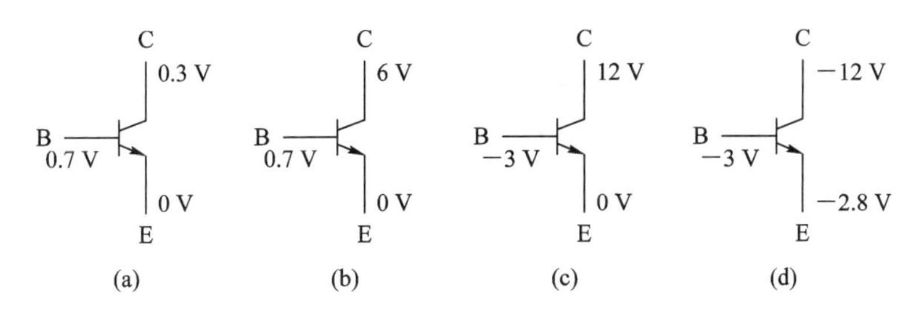

图 2.1.4　例 2.1.1 用图

解　图(a)中，发射极的电流方向朝外，所以三极管为 NPN 型，即 C＝N，B＝P，E＝N。

$U_B(=U_P=0.7\ V)>U_E(=U_N=0\ V)$，所以发射结正偏；

$U_B(=U_P=0.7\ V)>U_C(=U_N=0.3\ V)$，所以集电结正偏；

因此三极管工作在饱和工作状态。

图(b)中，三极管也为 NPN 型，又 $U_B>U_E$，所以发射结正偏；$U_B<U_C$，所以集电结反偏。因此三极管工作在放大工作状态。

图(c)中，三极管也为 NPN 型，又 $U_B<U_E$，$U_B<U_C$，所以发射结和集电结均反偏。因此三极管工作在截止工作状态。

图(d)中，三极管为 PNP 型，因 $U_B<U_E$，所以发射结正偏；$U_B>U_C$，所以集电结反偏。因此三极管工作在放大工作状态。

模拟电路主要运用放大状态，而数字电路则运用饱和与截止两种状态。本模块主要讨论三极管的放大作用。

2.1.3　三极管的放大原理

三极管的最大特点是具有电流放大作用。由于 NPN 型三极管比 PNP 型三极管的应用更广，下面就以 NPN 型三极管为例来讨论三极管的放大原理。

1. 三极管处于放大状态的工作条件

三极管要处于放大工作状态，必须具备适当的内部条件和外部条件。

(1) 内部条件：制造工艺要求。

(2) 外部条件：要求外加电压保证“发射结正向偏置，集电结反向偏置”。即：对于 NPN 型管，要求 $U_C>U_B>U_E$；对于 PNP 型管，要求 $U_E>U_B>U_C$。

2. 三极管中 3 个电极的电流分配

图 2.1.5 为一个 NPN 型三极管构成的放大电路示意图。其中，基极电源 U_{BB}通过基极限流电阻 R_B给发射结提供一个正偏压；集电极电源 $U_{CC}(>U_{BB})$通过集电极电阻 R_C给集电结提供一个反偏压。即确保电路满足：$U_C>U_B>U_E$。

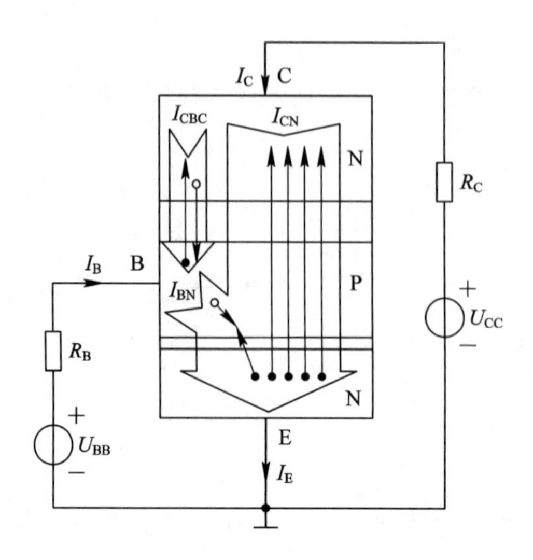

图 2.1.5　三极管电流分配示意图

由于三极管的特殊制造工艺，因此三极管在外加工作电压能确保其“发射结正偏，集电结反偏”时，其内部就能产生一个很大的发射极电流 I_E，同时能产生一个小小的基极电流 I_B和一个较大的集电极电流 I_C。3 个电极的电流关系为

$$I_E = I_B + I_C \tag{2.1.1}$$

$$I_E > I_C \gg I_B \tag{2.1.2}$$

$$I_E \approx I_C \tag{2.1.3}$$

3. 放大作用

电子电路中的放大作用是指电路中的“某个参数的输出值比其输入值要大”。

由上面的分析可知，如果把三极管的基极电流作为输入参数，集电极(或者发射极)电流作为输出参数，则输入一个小小的基极电流就能输出一个大大的集电极(或者发射极)电流，这就是三极管的电流放大作用。

三极管的电流放大作用通常有两方面的含义。

1) 三极管的直流电流放大作用

$$I_C / I_B = \bar{\beta} \tag{2.1.4}$$

由式(2.1.4)变形得

$$I_C = \bar{\beta} I_B \tag{2.1.5}$$

由式(2.1.2)可知：$I_C \gg I_B$，所以

$$\bar{\beta} \gg 1 \tag{2.1.6}$$

$\bar{\beta}$称为共发射极放大电路(后面内容有解释)的直流电流放大系数。

2) 三极管的交流电流放大作用

在图 2.1.4 中，当发射结两端的电压发生变化时，I_E就变化，I_B会随之变化，I_C也会随I_B的变化按一定比例明显变化。令

$$\beta = \Delta I_C / \Delta I_B \quad (\text{或 } \beta = i_c / i_b) \tag{2.1.7}$$

则有

$$\Delta I_C = \beta \Delta I_B \quad (\text{或 } i_c = \beta i_b) \tag{2.1.8}$$

式中：ΔI_B、ΔI_C（或 i_b、i_c）为 I_B、I_C 的变化量；β 在数值上通常与 $\bar{\beta}$ 近似相等，也是个远大于 1 的系数，称为共发射极电路的交流电流放大系数。

【例 2.1.2】 假设在一个共发射极放大电路中，三极管基极电流的变化量 $\Delta I_B = 10\ \mu A$，$\beta = 100$，试根据 $\Delta I_C = \beta \Delta I_B$ 的关系式，计算集电极电流的变化量 ΔI_C 等于多少？

解　$\Delta I_C = \beta \Delta I_B = 100 \times 10 = 1000\ \mu A$

可认为：在基极输入一个 10 μA 的小交流电流信号后，集电极上就会输出一个 1000 μA 的大交流电流信号，即实现了三极管对交流电流的放大。

4. 结论

由以上分析可知，三极管的基极电流对集电极电流具有控制作用——基极电流的很小变化就会引起集电极电流的很大变化，利用这点就可以实现三极管对电流的放大和控制作用，也就是实用电路中的三极管的电流放大作用。即三极管是一个电流控制型器件，三极管放大的本质是 I_B 对 I_C 的 β 倍控制作用。

I_B 和 I_C 都是 I_E 的一部分，它们之间的比例关系主要取决于晶体管的结构和掺杂情况。当三极管按工艺要求制成后，3 个电流之间的比例关系就确定下来了。如 β（β 在数值上通常与 $\bar{\beta}$ 近似相等，一般不予区分，一律用 β 表示）就是一个远远大于 1 的常数。

β 是三极管的重要参数，在器件手册中可以查到，亦可通过实测获得。

PNP 型三极管和 NPN 型三极管的工作原理是相似的，只是外加直流工作电压的极性相反，形成电流的载流子的类型不同。有兴趣的读者可自行分析。

2.1.4　三极管共发射极电路的特性曲线

三极管的特性曲线是指三极管中各电极上的电压与电流之间的关系曲线，它是三极管内部载流子运动的外部表现形式，三极管的一些重要参数、工作状态都可通过特性曲线反映出来。三极管的特性曲线可以用晶体管特性图示仪来直接显示，也可通过一定的测试电路来测量并描画出来。图 2.1.6 为 NPN 型三极管共发射极电路的特性曲线测试电路示意图。

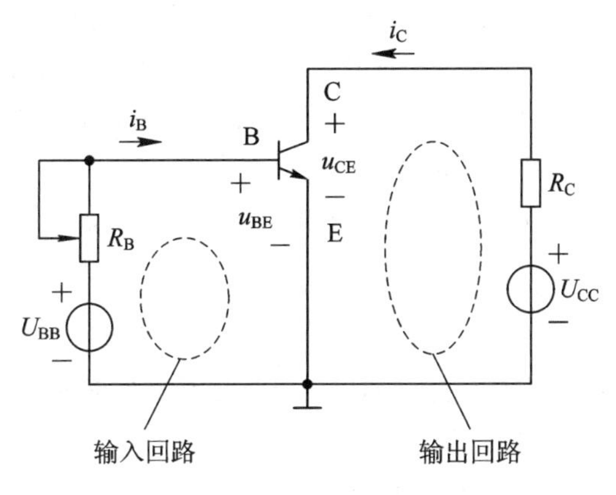

图 2.1.6　NPN 型三极管共发射极电路的特性曲线测试电路示意图

由于三极管有三个电极，根据公共端电极的不同，可有共发射极电路、共集电极电路和共基极电路 3 种电路。图 2.1.6 所示是发射极作为公共端，所以叫共发射极电路。

这 3 种电路都有两个回路，分别称为输入回路和输出回路。输入回路的一对电极形成输入特性曲线，输出回路的一对电极形成输出特性曲线。

由于共发射极接法用得最多，因此这里仅介绍共发射极电路的特性曲线。图 2.1.7 所示为 NPN 型三极管共发射极电路的特性曲线。

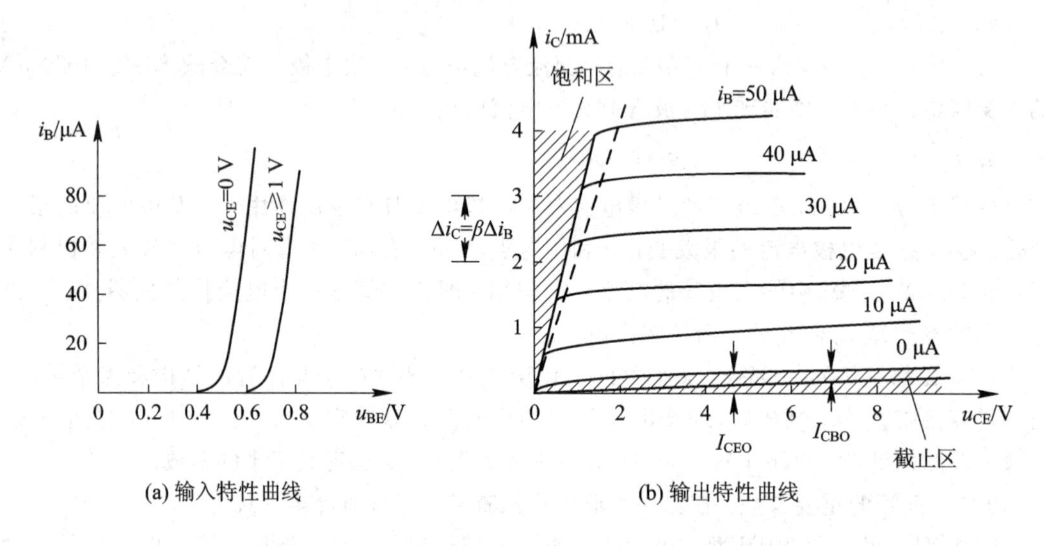

图 2.1.7　NPN 型三极管共发射极电路的特性曲线

1. 输入特性曲线

u_{CE}为固定值时，三极管的输入量 i_B和 u_{BE}之间的关系称为共射输入特性，其函数表达式为

$$i_B = f(u_{BE})\,|_{u_{CE}=\text{常数}} \tag{2.1.9}$$

实测的 NPN 型硅三极管的共射极输入特性曲线如图 2.1.7(a)所示，当 u_{CE}为不同常数(如 0 V、1 V)时，i_B和 u_{BE}之间存在一簇曲线。当 $u_{CE}=0$ V 时，三极管 C、E 短路，发射结和集电结均正偏，相当于两个二极管并联，所以这时的输入特性曲线类似于二极管正向伏安特性曲线。当 u_{CE}增加时，输入特性曲线右移，这是因为集电结收集载流子的能力增强，所以在同样 u_{BE}下，i_B减小。当 $u_{CE}\geqslant 1$ V 后，集电结收集载流子的能力已达极限程度，即使再增加 u_{CE}，i_B也不会明显减小了，所以输入特性曲线基本不再右移，可近似认为是重合的。因此，当 $u_{CE}\geqslant 1$ V 只画一条输入特性曲线。

同二极管一样，三极管输入特性曲线也有导通电压 $U_{BE(on)}$。当正常工作时，通常硅管取 0.7 V，锗管约为 0.2 V。

2. 输出特性曲线

i_B为固定值时，三极管的输出量 i_C和 u_{CE}之间的关系称为共射输出特性，其函数表达式为

$$i_C = f(u_{CE})\,|_{i_B=\text{常数}} \tag{2.1.10}$$

图 2.1.7(b)为 NPN 型硅三极管共射输出特性曲线。对应不同的 i_B、i_C和 u_{CE}之间形成

一簇形状基本相同的曲线。

这族曲线可以划分为3个区，每个区域对应一种工作状态。

1）饱和区

图2.1.7(b)中点画线与i_C轴之间的区域，称为饱和区。点画线为临界饱和线，为饱和区与放大区的分界线。在饱和区中，发射结和集电结均正偏。饱和时的u_{CE}通常用U_{CES}表示，一般小功率三极管的$U_{CES} \leqslant 0.3$ V(硅管为0.3 V，锗管为0.1 V)；饱和时的电流i_C用I_{CS}表示，其值可能很大($\approx U_{CC}/R_C$)，与三极管的参数无关。

总之，当三极管饱和时，i_C不受i_B的控制，即$i_C \neq \beta i_B$，此时三极管的C、E之间可近似地等效为一个闭合的开关。

2）截止区

通常把$i_B=0$(或$i_C \leqslant I_{CEO}$)时的输出特性曲线与u_{CE}轴之间的区域称为截止区。当$i_B=0$时，由式2.1.10可得$i_C=I_{CEO}\approx 0$，$u_{CE}\approx U_{CC}$。表明三极管C、E之间呈现高阻状态，三极管可近似地等效为一个断开的开关。

因此，截止区的特点是：发射结和集电结均为反向偏置；处于截止状态的三极管集电极电流几乎为零，没有放大作用。

在数字电路中，三极管工作于饱和区和截止区，即工作于开关状态。

3）放大区

图2.1.7(b)中饱和区以右，截止区以上的区域称为放大区。在放大区内，发射结正偏，集电结反偏，故三极管工作于放大状态；且$i_B=$常数，当三极管端电压u_{CE}增大时，i_C几乎不变，特性曲线几乎与横轴平行，即具有恒流特性。

因此，放大区的特点是：i_C主要受i_B的控制，即$i_C=\beta i_B$，i_B等量增加时，曲线等间隔地平行上移，曲线之间的间距反映了β值的大小。

由三极管的输入特性曲线和输出特性曲线可看出，三极管是一个非线性器件，也就是说它的电流-电压关系不符合欧姆定律。

2.1.5　三极管的选择

描述三极管的性能优劣和适用范围是有定量指标的，这些定量指标即它们的主要参数。这些参数是合理选用三极管、正确使用和测试三极管及进行相关电路分析、电路设计的依据。当然，这些参数一般可以从手册中查到，也可从特性曲线上求解，或通过直接测量得到。

应当指出，由于制造工艺的限制，即使同一型号的器件，其参数的分散性也很大。选用器件时，既要了解其参数的意义和数值，又必须弄清各参数的测试条件。

1. 选择三极管的主要参数依据

1）电流放大系数

电流放大系数主要有α和β。其中α称共基极电流放大系数，为三极管的集电极电流与发射极电流之比，其值一般取1。β为共发射极电流放大系数，没有特别说明时，β表示直流和交流两种情况下的电流放大系数。β值很大，通常小功率管在20～200之间，大功率管

的 β 值则小得多，有时还不到 10，可是超 β 管的 β 值可达 5000。

2）极间反向电流 I_{CBO} 和 I_{CEO}

（1）I_{CBO} 表示发射极开路条件下，在 C、B 间加上一定的反向电压时的反向电流。I_{CBO} 实际上是集电结的反向电流，它只取决于少数载流子的浓度和结的温度。在给定温度（如 $t=25℃$）下，该反向电流基本上是常数，故称之为反向饱和电流。

一般三极管的 I_{CBO} 值很小（微安级），小功率硅管的 I_{CBO} 值小于或等于 1 μA，小功率锗管的 I_{CBO} 值在 10 μA 左右。但 I_{CBO} 会随温度的升高而增大，因此，从温度稳定性和可靠性考虑，在环境温度变化大的场合宜选用硅管。

（2）I_{CEO} 表示基极开路条件下，在 C、E 间加上一定的反向电压时的集电极电流。由于是从集电区穿过基区流至发射区的，因此 I_{CEO} 又称为穿透电流。温度越高，其值越大。在指定温度（如 $t=25℃$）下，I_{CEO} 值越小，管子的质量越好。

I_{CBO} 和 I_{CEO} 都是衡量三极管质量好坏的重要参数。由于 $I_{CEO} \gg I_{CBO}$，且 I_{CEO} 测量起来也容易，故常常把 I_{CEO} 的测量值作为判断三极管质量好坏的重要依据。

一般小功率锗管的 I_{CEO} 值较大，在几十微安至几百微安的范围内；而硅管的 I_{CEO} 只有几微安。在选用三极管时，应选 I_{CEO} 值小的管子。

3）极限参数

一般来说，各种器件都有一个使用极限值要求。在选择和使用三极管时也不宜超过一定限度，若超过这些参数，有可能造成管子性能下降甚至永久性损坏。下面介绍这些主要参数。

（1）集电极最大允许电流 I_{CM}。I_{CM} 是指当 β 下降到其正常值的 2/3 时，所对应的最大允许集电极电流。当集电极电流 i_C 过大时，β 值会明显下降。在使用时，要求工作电流 $I_C < I_{CM}$。当 I_C 超过 I_{CM} 时，β 显著下降，将造成管子性能下降甚至烧坏管子。

（2）反向击穿电压。三极管有两个 PN 结，当反向电压超过每个 PN 结的规定值时，就会发生击穿现象，其击穿原理和二极管类似。但因为三极管的两个结是相互影响的，故在不同条件下，将有不同的击穿值——$U_{(BR)CBO}$、$U_{(BR)CEO}$ 和 $U_{(BR)EBO}$。

$U_{(BR)CBO}$ 是指当发射极开路时，集电结不致击穿而允许加在集电极和基极间的最高反向电压。超过此值，集电结将被击穿。此值一般为几十伏。

$U_{(BR)CEO}$ 是指当基极开路时，集电结不致击穿而允许加在集电极和发射极间的最高电压。$U_{(BR)CEO}$ 实际上是外加电压在两个结上的压降，此时对应的发射结正偏，集电结反偏。因此，可能会被反向击穿的是集电结。此时通过集电结的电流 i_{CEO} 比 i_{CBO} 大得多，所以相比发射极开路，基极开路更容易发生击穿，因此 $U_{(BR)CEO} < U_{(BR)CBO}$。使用三极管时，应使 $U_{CE} < U_{(BR)CEO}$，以避免三极管发生击穿而损坏。

$U_{(BR)EBO}$ 是指当集电极开路时，发射结不致击穿而允许加在发射极和基极间的最高反向电压。超过此值，发射结将被击穿。一般这个值较低，只有几伏。当三极管工作于截止区时，切勿使发射结反偏电压超过此值。

（3）集电极最大允许功耗（耗散功率）P_{CM}。集电极损耗功率 $P_C = i_C \times u_{CE}$。由于发射结正向偏压只有 0.7 V 左右，故 u_{CE} 主要降在集电结上，因此 P_C 近似为损耗在集电结上的功率。当集电极电流流动时，集电结的耗散功率将转化为热功率，使结温升高。当功率超过最大允许耗散功率 P_{CM}时，将因 PN 结温过高导致热击穿而使三极管烧毁。因此，各种类型的三极管都规定了一个 P_{CM}，使用时不得超过此值，以确保三极管安全工作。

P_{CM}主要受结温的限制。通常，锗管允许的结温为 70～90℃，硅管允许的结温约为 150℃。对于大功率管（$P_{CM}\geqslant 1$ W），为提高其数值，常通过加大散热片、强迫风冷等散热措施，来加快散热。

$P_{CM}(=u_{CE}\times i_C)$可能发生在 u_{CE}较大、i_C较小的情况下；也可能发生在 u_{CE}较小、i_C较大的情况下。为此，在三极管输出特性曲线上画出管子的最大允许功耗线，再综合 I_{CM}和 $U_{(BR)CEO}$的要求，就可以画出它的安全工作区。如图 2.1.8 所示，当 P_{CM}为某一常数时，i_C与 u_{CE}的关系在输出特性曲线上为一双曲线，图中双曲线的左下方为 $i_C\times u_{CE}<P_{CM}$的区域。由 $i_C<I_{CM}$、$u_{CE}<U_{(BR)CEO}$以及这条双曲线在输出特性曲线上围成的区域称为安全工作区，其他部分称为过损耗区或非安全区。

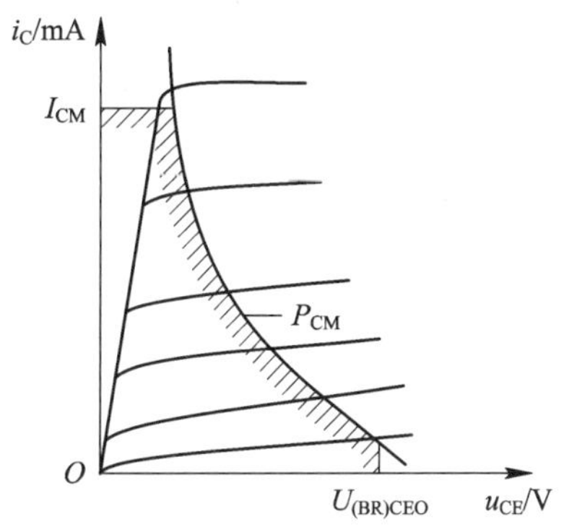

图 2.1.8　三极管的安全工作区

2. 选择三极管的注意事项

选择三极管时应注意以下事项。

(1) 要注意工作时的最大集电极电流 i_C不应超过 I_{CM}。

(2) 要注意工作时的反向击穿电压，特别是 u_{CE}不应超过 $U_{(BR)CEO}$。

(3) 根据使用条件选 P_{CM}在安全工作区的管子，并给予适当的散热要求。

(4) 根据使用要求选择三极管。例如，根据是小功率还是大功率，是低频、高频还是超高频，工作电源的极性以及 β 值的大小等来选择。

(5) 温度是引起三极管工作不稳定的主要原因之一，因此，在运用时，即使是在器件集成度很高的情况下，也要考虑到温度的影响。

2.1.6　场效应管

场效应晶体管(Field Effect Transistor)简称场效应管(FET)，它是一种半导体三极管器件。与前面介绍的双极型三极管不同，场效应管是通过改变外加电压产生的电场强度来控制其导电能力的半导体器件，属于电压控制器件。它只有一种载流子(多数载流子)参与导电，故又称为单极型三极管。场效应管不仅具有双极型三极管的体积小、重量轻、耗电少、寿命长等优点，还具有输入电阻高(可达 $10^8\sim10^{12}\,\Omega$)、热稳定性好、抗辐射能力强、噪声低、制造工艺简单、便于集成等优点，所以它在大规模及超大规模集成电路中得到了广泛的应用。

1. 概述

1) 场效应管的分类

通常，场效应管有 6 种类型，如表 2.1.2 所示。

表 2.1.2　场效应管的分类

结构形式	结型		绝缘栅型			
工作方式	耗尽型		耗尽型		增强型	
导电沟道	N	P	N	P	N	P

(1) 按其工艺结构和工作原理的不同可分为结型场效应管(JFET)和绝缘栅场效应管(IGFET)两大类。绝缘栅场效应管也称为 MOS 管(即金属-氧化物-半导体场效应管，Metal-Oxide-Semiconductor Field-Effect-Transistor，缩写为 MOSFET)。

(2) 按工作方式分为耗尽型场效应管和增强型场效应管两种。

(3) 按导电沟道所用的半导体材料不同又可分为 N 沟道场效应管和 P 沟道场效应管两种(沟道即电流通道)。

下面来讨论场效应管的结构、工作原理、特性曲线和主要参数等。

2) 场效应管的结构和符号

(1) 绝缘栅场效应管的结构和符号。

绝缘栅场效应管又分为增强型绝缘栅场效应管和耗尽型绝缘栅场效应管两类。我们先来看看增强型绝缘栅场效应管的结构和符号。

① 增强型绝缘栅场效应管的结构和符号如图 2.1.9 所示。

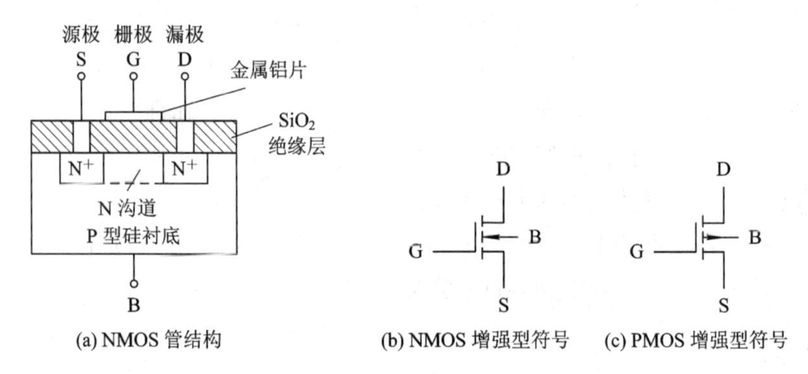

图 2.1.9　增强型绝缘栅场效应管

② 耗尽型绝缘栅场效应管的结构和符号如图 2.1.10 所示。

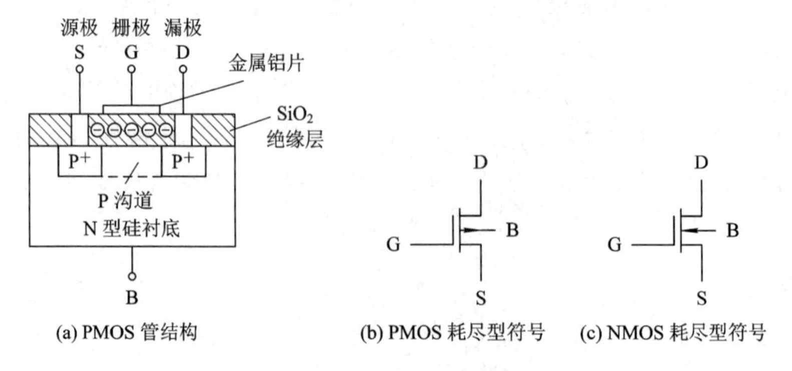

图 2.1.10　耗尽型绝缘栅场效应管

（2）结型场效应管的结构和符号。

结型场效应管的结构和符号如图 2.1.11 所示。

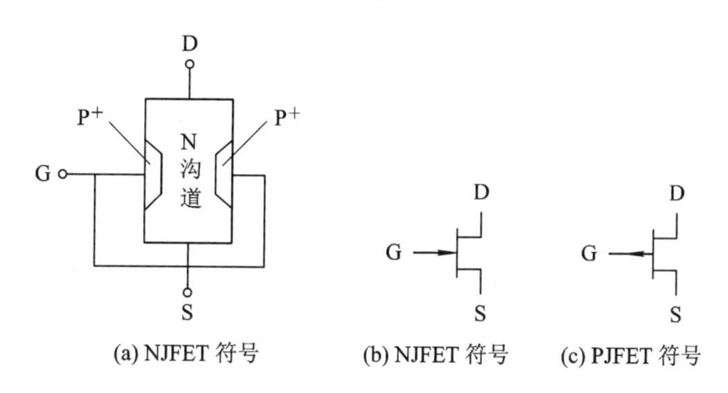

图 2.1.11　结型场效应管

3）结论

6 类场效应管的图形符号都已讨论，由以上可知：符号中箭头的方向是由 P 指向 N；D、S 之间是沟道；用实线表示耗尽型(沟道通)，虚线表示增强型(沟道断)；符号中栅极是用一短线和沟道隔开的，表示绝缘栅，而结型没有和沟道隔开，表示栅极与 D、S 不绝缘。根据这些即可方便地分辨出场效应管的类型。

由场效应管的结构和符号可知：无论哪种场效应管都有三个区，两个 PN 结和栅极、源极和漏极三个电极，所以场效应管也是一种三极管。

2. 场效应管的工作原理

下面就以 N 沟道增强型 MOS 管为例来讨论场效应管的工作原理。

（1）当 $u_{GS}=0$ 时的情况。

当 $u_{GS}=0$ 时，即使加上漏-源电压 u_{DS}，而且不论 u_{DS} 是正向电压还是反向电压，总有一个 PN 结是反偏的，且 D、S 之间无导电沟道，无电流通过，即漏极电流 $i_D\approx0$。

（2）当 $u_{GS}>0$ 时的情况。

若在 G、S 之间加电压，使 $u_{GS}>0$，形成耗尽层和 N 型导电沟道。这时在漏、源之间加上电压 u_{DS}，便形成一定的漏极电流 i_D。通常将开始形成 N 型导电沟道的 u_{GS} 称为开启电压，用 $U_{GS(th)}$ 表示(一般约为+2 V)。

对于 P 沟道增强型场效应管，只要把电源极性反向，不难分析它的工作原理。

综上所述，这种 N 沟道 MOS 管在 $u_{GS}=0$ 时，不存在导电沟道，$i_D\approx0$；在 $u_{GS}<U_{GS(th)}$ 时，不能形成导电沟道，管子处于截止状态；只有当 $u_{GS}\geqslant U_{GS(th)}$ 时，才有沟道形成。这种必须在 $u_{GS}\geqslant U_{GS(th)}$ 时才能形成导电沟道的 MOS 管称为增强型 MOS 管。

当导电沟道形成以后，在漏-源极间加上正向电压，就有漏极电流产生，且随着 u_{GS} 的增大，i_D 也增大。MOS 管利用感应电荷的多少来改变导电沟道的性质，达到控制漏极电流的目的，也就是利用栅极电压产生的电场来控制漏极电流，因此属于电压控制器件。

而且在 N 沟道中主要是多数载流子电子(P 沟道中则是多数载流子空穴)参与导电。这种只有一种类型的载流子参与导电的三极管称为单极型三极管，所以场效应管也称为单极型三极管。

3. 场效应管的特性曲线

以共源接法下 N 沟道增强型 MOS 管的电路为例，简单地介绍一下 FET 的伏安特性。FET 的伏安特性曲线通常有两种：当 u_{GS} 为定值时，u_{DS} 与 i_D 的关系曲线，称为输出特性曲线；当 u_{DS} 为定值时，u_{GS} 与 i_D 的关系曲线，称为转移特性曲线。

1）输出特性曲线

每取一个 u_{GS} 的确定值，就有一条 i_D-u_{DS} 曲线与之对应，形成输出曲线族。其输出特性曲线可分为可变电阻区、饱和区、截止区和击穿区几部分。

（1）可变电阻区是指漏极电流 i_D 随 u_{DS} 增加而上升的区域，它对应于双极型三极管的饱和区。在该区域内，u_{DS} 很低，i_D 随 u_{GS} 而变。D、S 间就像一只受 u_{GS} 控制的低阻电阻，所以称为可变电阻区。

（2）饱和区是指 u_{GS} 为定值时，i_D 几乎不随 u_{DS} 变化的区域，它表明 D、S 间具有恒流特性，故也称为恒流区。与三极管相类似，在恒流区，可将 i_D 看成受电压 u_{DS} 控制的电流源。只有当场效应管工作在此区域时，管子才具有放大作用，因而该区又称为线性放大区。

（3）截止区是指 $u_{GS} \leqslant U_{GS(th)}$ 的区域，在该区域导电沟道消失，$i_D \approx 0$，管子处于截止状态。

（4）击穿区是指 FET 具有击穿特性的区域。当 u_{DS} 增大到一定值以后，漏源之间会发生击穿，漏极电流急剧增大。如不加限制，会造成 MOS 管损坏。

2）转移特性曲线

转移特性曲线本该是一簇曲线，但由于 u_{DS} 足够大，此时 i_D 几乎不随 u_{DS} 而变化，即不同的 u_{DS} 所对应的转移特性曲线几乎是重合的，所以可用 u_{DS} 大于某一数值（$u_{DS} > u_{GS} - U_{GS(th)}$）后的一条转移特性曲线代替所有转移特性曲线。由表 2.1.3 中 N 沟道增强型绝缘栅场效应管对应的转移特性曲线图可知，该曲线位于坐标轴右侧，说明 u_{GS} 必须大于零才能使管子正常工作。同时还可看出，$u_{GS} < U_{GS(th)}$ 时，漏极电流 i_D 极小，相当于双极型三极管输入特性曲线的死区。只有当 $u_{GS} \geqslant U_{GS(th)}$ 时，i_D 才受 u_{GS} 的控制且随 u_{GS} 的增加而急剧增大，故 $U_{GS(th)}$ 称为 MOS 管的开启电压。

表 2.1.3　场效应管(FET)符号及特性曲线

分类	名称	符号	转移特性	漏极特性
结型场效应管（JFET）	结型 N 沟道	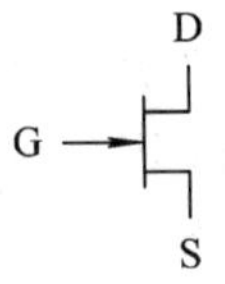 D, G, S	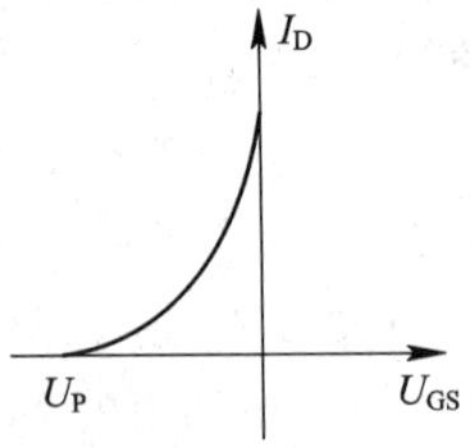 I_D, U_P, U_{GS}	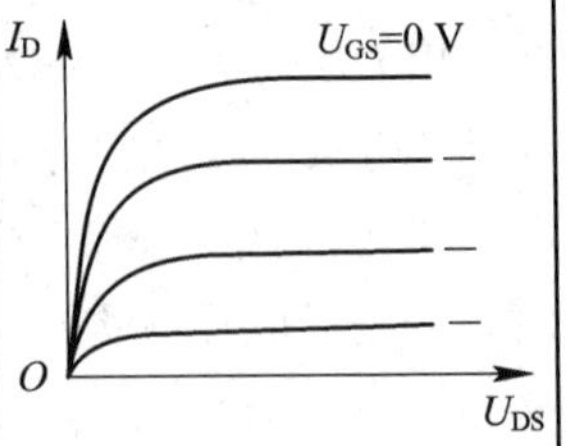 I_D, U_{GS}=0 V, –, –, –, O, U_{DS}
	结型 P 沟道	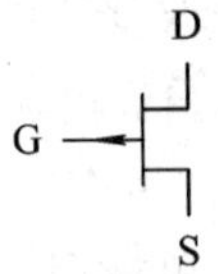 D, G, S	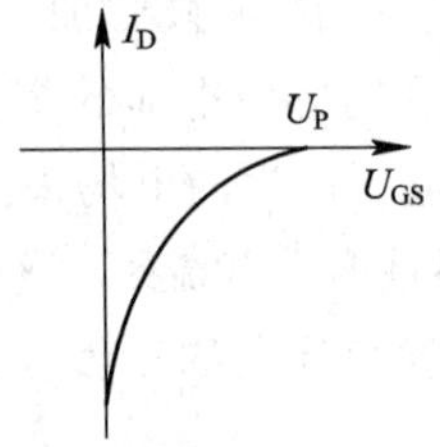 I_D, U_P, U_{GS}	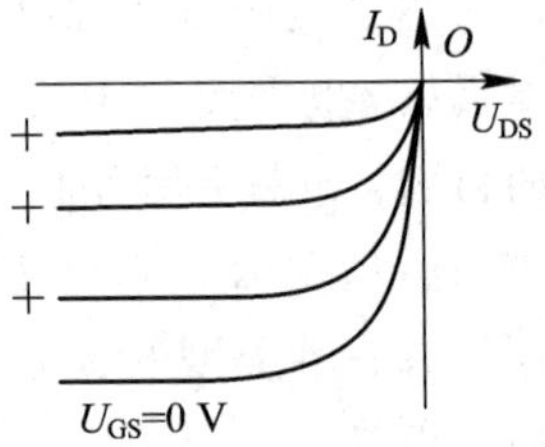 I_D, O, U_{DS}, +, +, +, U_{GS}=0 V

续表

分类	名称	符号	转移特性	漏极特性
绝缘栅场效应管(MOSFET)	绝缘栅增强型 N 沟道			
	绝缘栅增强型 P 沟道			
	绝缘栅耗尽型 N 沟道			
	绝缘栅耗尽型 P 沟道			

结论：因为场效应管的伏安特性是非线性的，所以场效应管也是非线性器件。

4. 场效应管的主要参数

场效应管的参数有很多，包括直流参数、交流参数和极限参数，但一般使用时关注以下主要参数：

(1) 低频跨导(又称低频互导)；

(2) 夹断电压 $U_{GS(off)}$(U_P)；

(3) 开启电压 $U_{GS(th)}$(U_T)；

(4) 饱和漏源电流 I_{DSS}；

(5) 最大漏源电流 I_{DSM}；

(6) 漏源击穿电压 $U_{(BR)DS}$；

(7) 栅源击穿电压 $U_{(BR)GS}$；

(8) 漏极最大耗散功率 P_{DM}(P_{DSM})；

(9) 直流输入电阻 R_{GS}。

5. 场效应管的使用注意事项

(1) 从场效应管的结构上看，其源极和漏极是对称的，因此源极和漏极可以互换。但有些场效应管在制造时已将衬底引线与源极连在一起，这种场效应管的源极和漏极就不能互换了。

(2) 各类型场效应管在使用时，都要严格按要求的偏置接入电路中，要遵守场效应管偏置的极性。例如，结型场效应管的栅-源电压 u_{GS}的极性不能接反。

(3) 当 MOS 管的衬底引线单独引出时，应将其接到电路中的电位最低点(对 N 沟道 MOS 管而言)或电位最高点(对 P 沟道 MOS 管而言)，以保证沟道与衬底间的 PN 结处于反向偏置，使衬底与沟道及各电极隔离。

(4) MOS 管的栅极是绝缘的，感应电荷不易泄放，而且绝缘层很薄，极易击穿。所以栅极不能开路，存放时应将各电极短路。焊接时，电烙铁必须可靠接地，或者断电利用烙铁余热焊接，并注意对交流电场的屏蔽。

6. 场效应管与三极管的性能比较

(1) 场效应管的源极 S、栅极 G、漏极 D 分别对应于三极管的发射极 E、基极 B、集电极 C，它们的作用相似。

(2) 场效应管是电压控制电流器件，由 u_{GS}控制 i_D，其放大系数 g_m 一般较小，因此场效应管的放大能力较差；三极管是电流控制电流器件，由 i_B(或 i_E)控制 i_C。

(3) 场效应管栅极几乎不取电流；而三极管工作时基极总要吸取一定的电流。因此场效应管的输入电阻比三极管的输入电阻高。

(4) 场效应管只有多子参与导电；三极管有多子和少子两种载流子参与导电，因少子浓度受温度、辐射等因素影响较大，所以场效应管比三极管的温度稳定性好、抗辐射能力强。在环境条件(温度等)变化很大的情况下应选用场效应管。

(5) 场效应管在源极未与衬底连在一起时，源极和漏极可以互换使用，且特性变化不大；而三极管的集电极与发射极可互换使用时，其特性差异很大，β 值将减小很多。

(6) 场效应管的噪声系数很小，在低噪声放大电路的输入级及要求信噪比较高的电路中要选用场效应管。

(7) 场效应管和三极管均可组成各种放大电路和开关电路，但由于前者制造工艺简单，且具有耗电少、热稳定性好、工作电源电压范围宽等优点，因此被广泛用于大规模和超大规模集成电路中。

MOS 管比较“娇气”。因为它的输入电阻很高，而栅-源极间电容又非常小，所以极易受外界电磁场或静电的感应而带电，而少量电荷就可在极间电容上形成相当高的电压($U=Q/C$)，从而将管子损坏。因此，出厂时各管脚都绞合在一起，或装在金属箔内，使 G 极与 S 极呈等电位，防止积累静电荷。管子不用时，全部引线也应短接。在测量时应格外小心，并采取相应的防静电感应措施。

小结：本小节简单介绍了场效应管的结构、类型和符号及主要参数；同时重点介绍了 N 沟道增强型 MOS 管的工作原理和特性曲线。

任务2　认识放大电路

2.2.1　放大器的组成电路

1. 放大器的组成框图

放大电路的作用是：将微弱的输入信号不失真地放大，以便进行有效的观察、测量和利用。放大器的种类有很多，如小信号放大器、大信号放大器(功率放大器)、直流放大器(能放大很低频率甚至零频率的信号)、低频放大器(信号频率低于几百千赫)、宽带放大器和谐振放大器等。无论哪一种放大电路，其基本框图如图2.2.1所示。基本放大电路是构成多级放大器的单元电路。

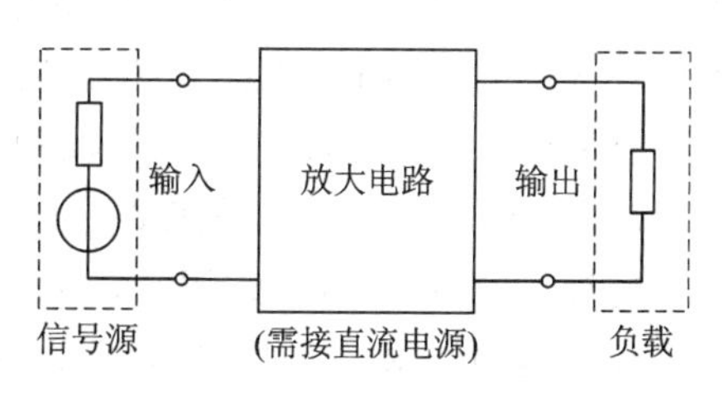

图2.2.1　放大电路的基本框图

信号源提供放大电路的输入信号，它具有一定的内阻；放大电路由三极管、场效应管等具有放大作用的有源器件组成，它能将输入信号进行放大，得到功率较大的输出信号；负载接在放大电路的输出端，接收被放大了的输出信号并使之发挥作用，如扩音系统中的扬声器。此外，放大电路一般都需要直流电源，以提供电路所需要的电功率、工作电压及工作电流。

由一个放大器件(例如三极管)组成的简单放大电路就是基本放大电路，本节介绍共发射极基本放大电路。

2. 共发射极基本放大电路

一种较典型的共发射极基本放大电路如图2.2.2(a)所示，由于发射极为输入回路、输出回路的公共端，因此称为共发射极放大电路，简称共射电路，图2.2.2(b)为该电路的习惯画法。

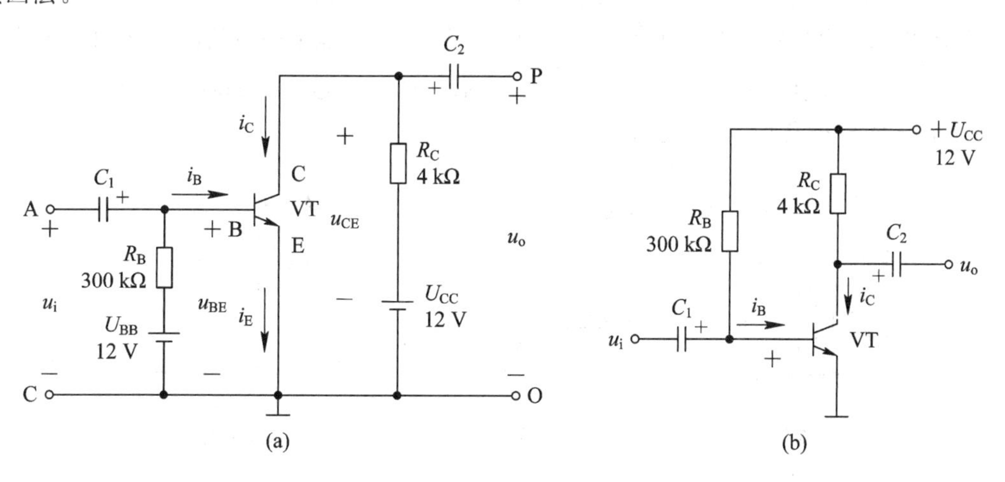

图2.2.2　共发射极基本放大电路

三极管 VT 是放大电路的核心，起电流放大作用，产生放大作用的外部条件是：发射结为正向偏置，集电结反向偏置。

基极(偏置)电阻 R_B 与 U_{CC} 配合，保证管子的发射结为正偏，同时供给基极电路合适的偏置电流 i_B，R_B 对集电极电流和集电极电压也有影响，R_B 太小或太大都会使电路不能正常放大。

集电极电阻 R_C 与直流电源 U_{CC} 配合，使三极管集电结反偏，保证三极管工作在放大区。同时 R_C 能把集电极电流 i_C 的变化转变为集电极电压 u_{CE} 的变化，从而把放大的电流转化为放大的电压输出。因此 R_C 称为集电极负载电阻。

直流电源 U_{CC} 与 R_B、R_C 和三极管四个元件相互配合，使电路中的三极管工作在放大区，为放大电路的工作提供能量，同时也为输出信号提供能量。

电容 C_1 和电容 C_2 的作用。交流信号在放大器之间的传递称为耦合，电容 C_1、C_2 正是因为起着这种作用，所以叫耦合电容。C_1、C_2 在电路中另一个作用是隔断直流，因为有 C_1、C_2，放大器的直流电压和电流才不会受到信号源和输出负载的影响。

放大器的负载电阻 R_L 通常接在 P 点、O 点之间。

总之，放大电路是一个整体，需要各元器件之间合理搭配，各司其职，互相配合，电路才能正常工作，将输入信号不失真地加以放大。

2.2.2 放大器的工作原理

在分析放大器工作原理以前，先对有关符号进行说明。

在基本放大电路中，同时存在着直流量和交流量。某一时刻的电压或电流的数值，称为瞬时值。以基极电流为例，各种符号所代表的意义为

I_B——基极电流直流分量(主体字母大写，下标字母大写)；

i_b——基极电流交流分量(主体字母小写，下标字母小写)；

i_B——基极电流瞬时值(主体字母小写，下标字母大写)；

I_b——基极电流交流分量的有效值(主体字母大写，下标字母小写)；

I_{bm}——基极电流交流分量的最大值(主体字母大写，下标字母小写)。

如图 2.2.3 为基极电流的直流分量、交流分量、基极电流的瞬时值的波形。图(b)中电流的交流分量可以表示为 $i_b = I_{bm}\sin\omega t = \sqrt{2}I_b\sin\omega t$。图(c)中电流的瞬时值是电流直流分量 I_B 与交流分量 i_b 的叠加，可以表示为 $i_B = I_B + i_b$。

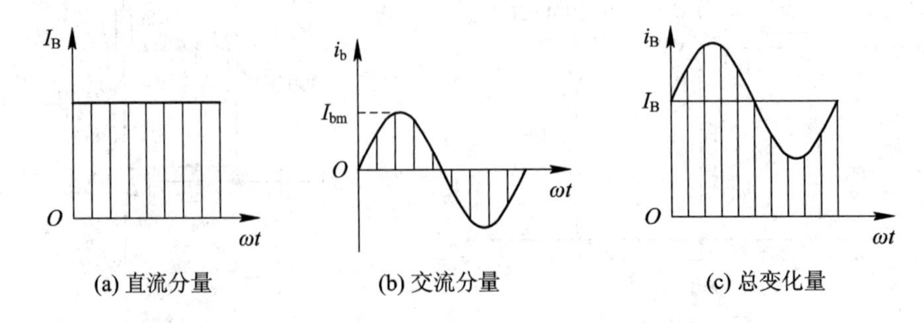

图 2.2.3 基极电流波形

1. 放大电路的工作状态及其特点

在没有输入信号($u_i=0$)时，放大电路的工作状态为直流状态，简称静态。静态时，电路中具有固定不变的电流、电压值，即 I_B、U_{BE}和 I_C、U_{CE}，它们分别确定三极管输入和输出特性曲线上的一个点，称为静态工作点，常用 Q 来表示，对应的直流量也用下标 Q 表示，如 I_{BQ}、U_{BEQ}、I_{CQ}和 U_{CEQ}。理想的 Q 点应处在放大区，以便为电路的放大创造条件。

当输入交流信号后($u_i\neq0$)，电路处于交流状态，简称动态。动态时电路中电流、电压的瞬时值 u_{BE}、i_B、i_C、u_{CE}由直流分量加交流分量组成，即在静态工作点的基础上随输入信号 u_i做相应的变化。

由于设置了静态工作点，三极管不论是处在静态还是处在动态，它始终工作在放大区。

2. 放大电路的工作原理

以图 2.2.2 中的电路来说明共发射极放大电路的工作原理。图 2.2.4 为共发射极基本放大电路的工作波形图，这些波形图都可以通过实验方法测到。

若三极管的静态工作点对应的图 2.2.4 中各波形的直流分量为 U_{BEQ}、I_{BQ}、I_{CQ}、U_{CEQ}。当正弦信号 u_i 输入时，发射结两端电压 u_{BE}、基极电流 i_B、集电极电流 i_C、集电极两端电压 u_{CE}的瞬时值的表达式分别为

$$u_{BE}=U_{BE}+u_i$$

$$i_B=I_B+i_b$$

$$i_C=I_C+i_c$$

$$u_{CE}=U_{CE}+u_{ce}$$

u_{BE}、i_B、i_C、u_{CE}的这些波形图的共同点是，它们均由直流分量和交流分量两部分叠加而成。

u_{CE}中的直流成分 U_{CE}被耦合电容 C_2隔断，交流成分 u_{ce}经 C_2传送到输出端，输出电压 $u_o=u_{ce}$。

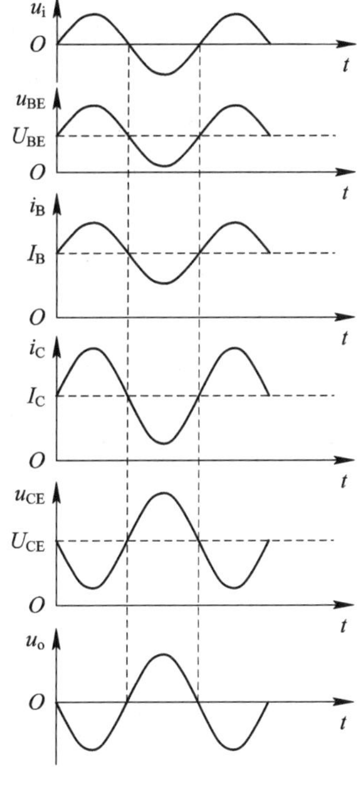

图 2.2.4　共发射极基本放大电路的工作波形图

观察图 2.2.4 中的波形图，需要注意两点：

(1) u_o 与 u_i 相位相反；

(2) 由于三极管的电流有放大作用，集电极电流的直流分量和交流分量均有放大。

因为 $I_C=\beta I_B$，$i_c=\beta i_b$，所以集电极电流 i_C 的波形图的幅值比基极电流 i_B 的波形图的幅值大；u_{CE}的波形图的幅值比 u_{BE}的波形图的幅值大；u_o 的波形图的幅值比 u_i 的波形图的幅值大。

只要电路的参数选择合适，u_o 的幅值可以比 u_i 的幅值大得多，从而达到放大电压的目的。所以放大电路的放大原理，实质是输入微弱的信号电压 u_i，通过三极管的放大作用，得到放大的三极管集电极的电流 i_C，i_C 又在 R_C的作用下转换成放大的输出电压 u_o。

以上分析的是共发射极放大电路的情况，除了共发射极放大电路，还有共集电极电路和共基极电路，它们的放大特性各有不同。

任务3　共发射极放大电路的分析及计算

对放大电路的分析，包括静态分析和动态分析。静态分析有估算法和图解法两种方法，可确定电路的静态工作点，以判断电路能否正常放大；动态分析包括图解法和微变等效电路法。

2.3.1　共发射极放大电路的静态分析

1. 求静态工作点 Q 的方法

静态时，放大电路中各处的电压、电流都是固定不变的直流。所谓的求静态工作点，就是在已知放大电路元件参数的条件下求 U_{BEQ}、I_{BQ}、I_{CQ}、U_{CEQ}。设置静态工作点的目的是让三极管始终工作在放大区，为电路的放大创造条件。

由于小信号放大电路中的 U_{BE} 变化不大，故可近似认为其静态工作点的值 U_{BEQ} 是已知的。硅管的 U_{BEQ} 为0.6～0.8 V，通常取0.7 V；锗管的 U_{BEQ} 为0.1～0.3 V，通常取0.2 V。静态工作点的其他3个值的求法有以下两种。

1）估算法

把放大电路在静态时直流电流流通的路径称为直流通路。在直流通路中，电容的容抗为无穷大，电感的感抗为零，因此在直流通路中，电容可看成开路，电感可看成短路。共发射极基本放大电路的直流通路图如图2.3.1所示。

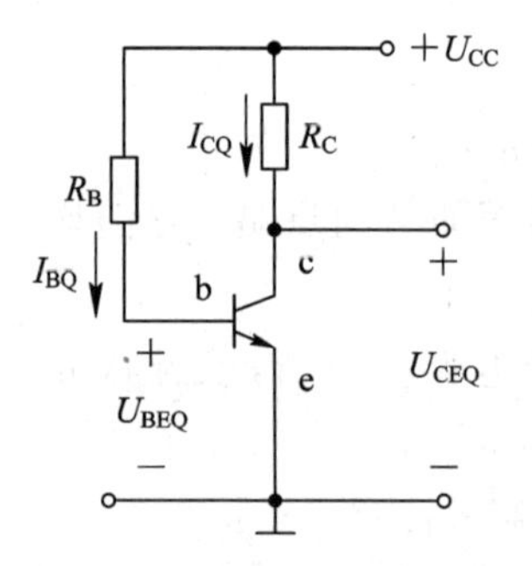

图2.3.1　共发射极基本放大电路的直流通路图

由图可知，

$$I_{BQ}=\frac{U_{CC}-U_{BEQ}}{R_B} \tag{2.3.1}$$

$$I_{CQ}\approx\beta I_{BQ} \tag{2.3.2}$$

$$U_{CEQ}=U_{CC}-I_{CQ}R_C \tag{2.3.3}$$

若 $U_{CC}\geqslant U_{BEQ}$，则

$$I_{BQ}=\frac{U_{CC}-U_{BEQ}}{R_B}\approx\frac{U_{CC}}{R_B}$$

式(2.3.1)、式(2.3.2)、式(2.3.3)就是求静态工作点的各项值 I_{BQ}、I_{CQ}、U_{CEQ} 的公式。

【例 2.3.1】　共发射极基本放大电路图如图 2.3.2 所示，已知 $U_{CC}=20$ V，$R_B=500$ kΩ，$R_C=6.8$ kΩ，三极管型号为 3DG12，$\beta=40$，试求放大电路的静态工作点。

解　为了减少计算工作量，通常约定电压单位为伏特，电流单位为毫安，电阻单位为千欧姆。

$$I_{BQ}=\frac{U_{CC}-U_{BEQ}}{R_B}\approx\frac{U_{CC}}{R_B}=\frac{20}{500}=0.04\ \text{mA}=40\ \mu\text{A}$$

$$I_{CQ}\approx\beta I_{BQ}=40\times0.04=1.6\ \text{mA}$$

$$U_{CEQ}=U_{CC}-I_{CQ}R_C=20-1.6\times6.8=9.12\ \text{V}$$

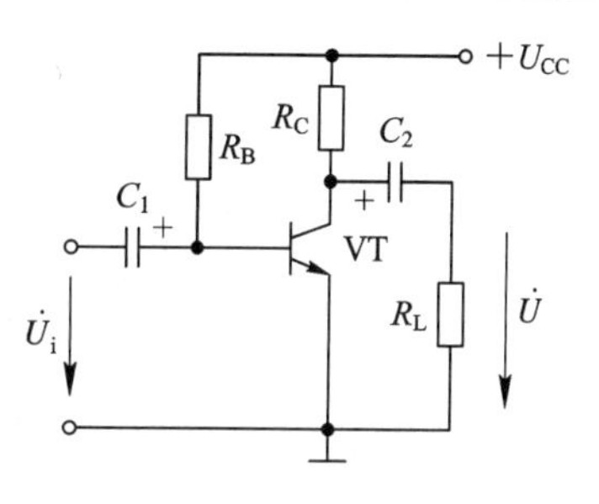

图 2.3.2　共发射极基本放大电路

2）图解法

已知三极管的输出特性曲线和放大电路参数，在三极管的输出特性曲线上直接找到静态工作点 Q，这种分析方法便为图解法。从理论上讲，求 I_{BQ}、I_{CQ}和 U_{CEQ}都可以用图解法求解，而在实际中，通常只用图解法求出 I_{CQ}和 U_{CEQ}的值，而计算 I_{BQ}的值仍用估算法，即用式(2.2.1)来计算。

【例 2.3.2】　如图 2.3.2 所示，已知 $R_B=300$ kΩ，$U_{CC}=12$ V，$R_C=3.9$ kΩ，用图解法求静态工作点。

解　三极管的偏流仍可由式(2.3.1)计算求得

$$I_{BQ}=\frac{U_{CC}-U_{BEQ}}{R_B}\approx\frac{U_{CC}}{R_B}=\frac{12}{300}=0.04\ \text{mA}=40\ \mu\text{A}$$

放大电路中三极管的电压 u_{CE}和电流 i_C 的关系由下列两方面决定：

(1) 公式，即

$$u_{CE}=U_{CC}-i_CR_C \tag{2.3.4}$$

(2) 三极管输出特性曲线 $i_C=f(u_{CE})$。

公式(2.3.4)表示 u_{CE}与 i_C 成比例关系，据此式，在 $i_C\sim u_{CE}$平面内可画出一条直线，称为直流负载线。设该直线和两个坐标轴的交点为 M、N，求直流负载线的方法是：

当 $i_C=0$ 时，$u_{CE}=U_{CC}=12$ V，在图形上定出 M 点；

当 $u_{CE}=0$ 时，$i_C=\dfrac{U_{CC}}{R_C}=\dfrac{12}{3.9}=3$ mA，在图形上定出 N 点。

连接 MN 两点便可画出直流负载线，如图 2.3.3 所示。

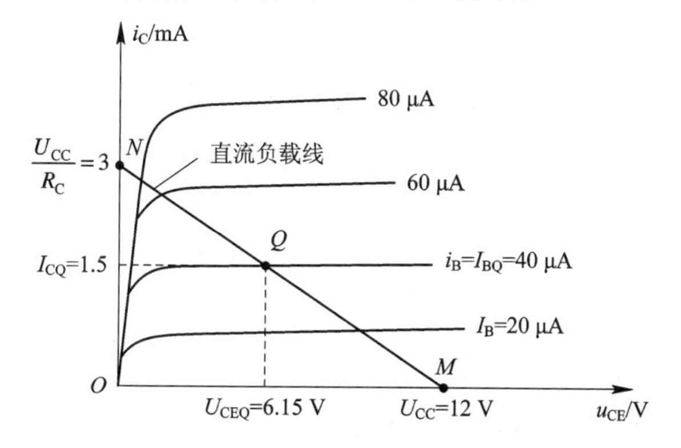

图 2.3.3　共发射极放大电路的直流负载线

直线 MN 的斜率为 $-1/R_C$，它是由三极管的直流负载电阻 R_C 决定的。

直流负载线和三极管输出特性曲线的交点 Q(当 $i_B=40\ \mu A$ 时)就是所求的静态工作点，如图 2.3.3 所示。Q 点对应的电流值 I_B、I_C、电压值 U_{CE} 就是静态值，由图 2.3.3 可得：$I_{BQ}=40\ \mu A$，$I_{CQ}=1.5\ mA$，$U_{CEQ}=6.15\ V$。

直流负载线上 M 和 N 两点对应的横轴间距离为放大电路的工作范围。

2.3.2 放大电路的动态图解分析

1. 交流通路图

把放大电路在动态时交流电流流通的路径称为交流通路。根据电路理论，在交流通路中，电容、直流电源均视为短路，共发射极基本放大电路的交流通路图如图 2.3.4 所示。

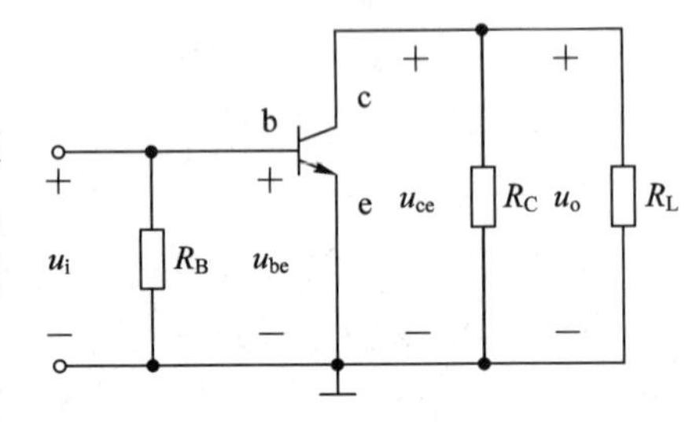

图 2.3.4 共发射极基本放大电路的交流通路图

放大电路的交流负载电阻为

$$R'_L=R_C // R_L=\frac{R_CR_L}{R_C+R_L} \tag{2.3.5}$$

要弄清放大电路在动态工作情况下的工作原理，首先要画出放大电路的交流负载线。可以证明，交流负载线也通过三极管的静态工作点 Q。换句话说，静态工作点 Q 是交流负载线与直流负载线的交点。图 2.3.5 中的直线 AB 为交流负载线，直线 MN 为直流负载线，两直线在 Q 点处相交。

在横轴上，U_{CEQ} 处向右移动 $I_{CQ}R'_L$ 的距离便可得到 A 点，即 A 点与原点的距离是 $u_A=U_{CEQ}+I_{CQ}R'_L$。连接 Q、A 两点的直线就是交流负载线，并延长至纵轴上，得到 B 点。交流负载线的斜率为 $-1/R'_L$。

放大电路中，若负载 R_L 开路，则 $R'_L=R_C$，交流负载线、直流负载线两直线重合；若接上负载 R_L，因为 $R'_L<R_C$，所以这时画出的交流负载线比直流负载线要陡，如图 2.3.5 所示。

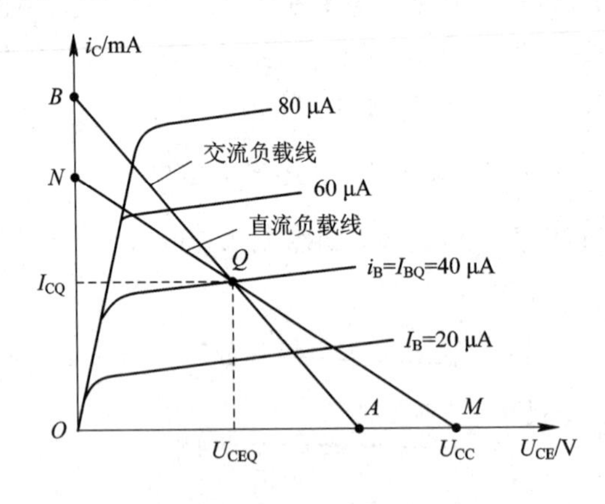

图 2.3.5 共发射极放大电路的交流负载线

2. 动态图解分析

设已知三极管的输入特性曲线和输出特性曲线，在两特性曲线上找到静态工作点 Q，并在输出特性曲线上画出直流负载线和交流负载线，则用图解法可画出放大电路中有关电压和电流的波形，如图 2.3.6 所示。

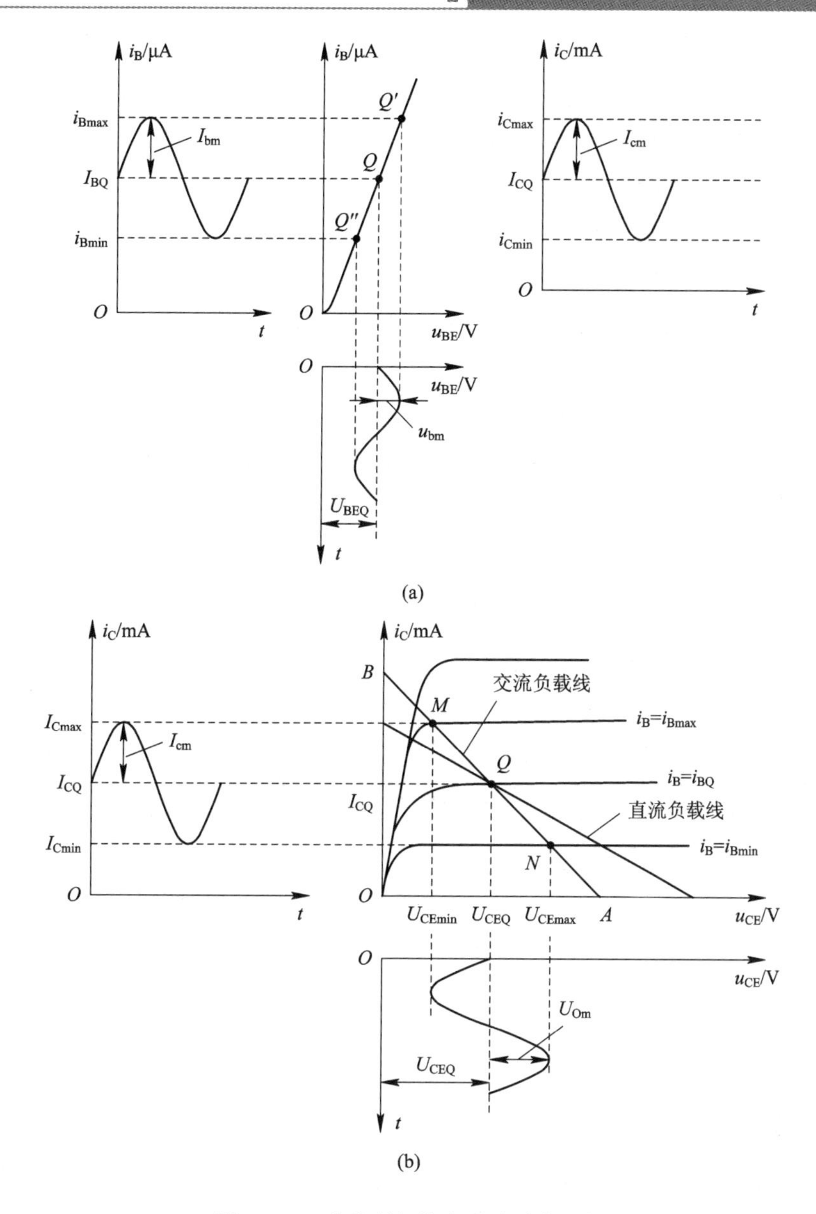

图 2.3.6　共发射极放大电路动态图解

设 u_i 为幅值很小的正弦输入信号，画出 u_{BE} 的波形，此波形的交流分量就是三极管的输入信号 u_i，如图 2.3.6(a)所示。在三极管的输入特性曲线上，当 u_i 为最大值时，对应的工作点为 Q'；当 u_i 为最小值时，对应的工作点为 Q''。因此当 u_i 处于动态时，三极管的工作点在 Q' 点和 Q'' 点之间不断变化。

然后在三极管的输入特性曲线上，在 Q' 和 Q'' 两点处向左引虚线，分别交于纵轴 I_{Bmax}、I_{Bmin} 两点处，从而画出电流 i_B 的波形图。

然后在三极管的输出特性曲线上，根据 i_B 变化的最大值 I_{Bmax}、最小值 I_{Bmin} 和交流负载线，找到对应的曲线 i_C 的波形图和曲线 u_{CE} 的波形图，如图 2.3.6(b)所示。交流负载线上的 M 点和 N 点之间是放大电路的动态工作范围。u_{CE} 的波形的交流分量就是三极管的输出信号 u_o。

由图 2.3.6 可以看出：

(1) 输出信号 u_o 与输入信号 u_i 的波形相位反相，相位差为 180°，这是共发射极放大电路一个重要的特点；

(2) 因为通常交流负载线比直流负载线要陡，放大电路的动态范围变小，所以放大电路接上负载 R_L 后，放大倍数降低了。

3. 静态工作点的位置与输出波形的关系

从图 2.3.6 中看出，将静态工作点选在放大区的中间，可使各部分输入、输出电流电压的波形 u_{BE}、i_B、i_C、u_{CE} 均为相似的正弦波，这反映了放大电路的静态工作点位置选择得当，输入、输出信号的波形均没有产生失真。

若静态工作点位置选择不当，输出信号的波形将产生失真，如图 2.3.7 所示。

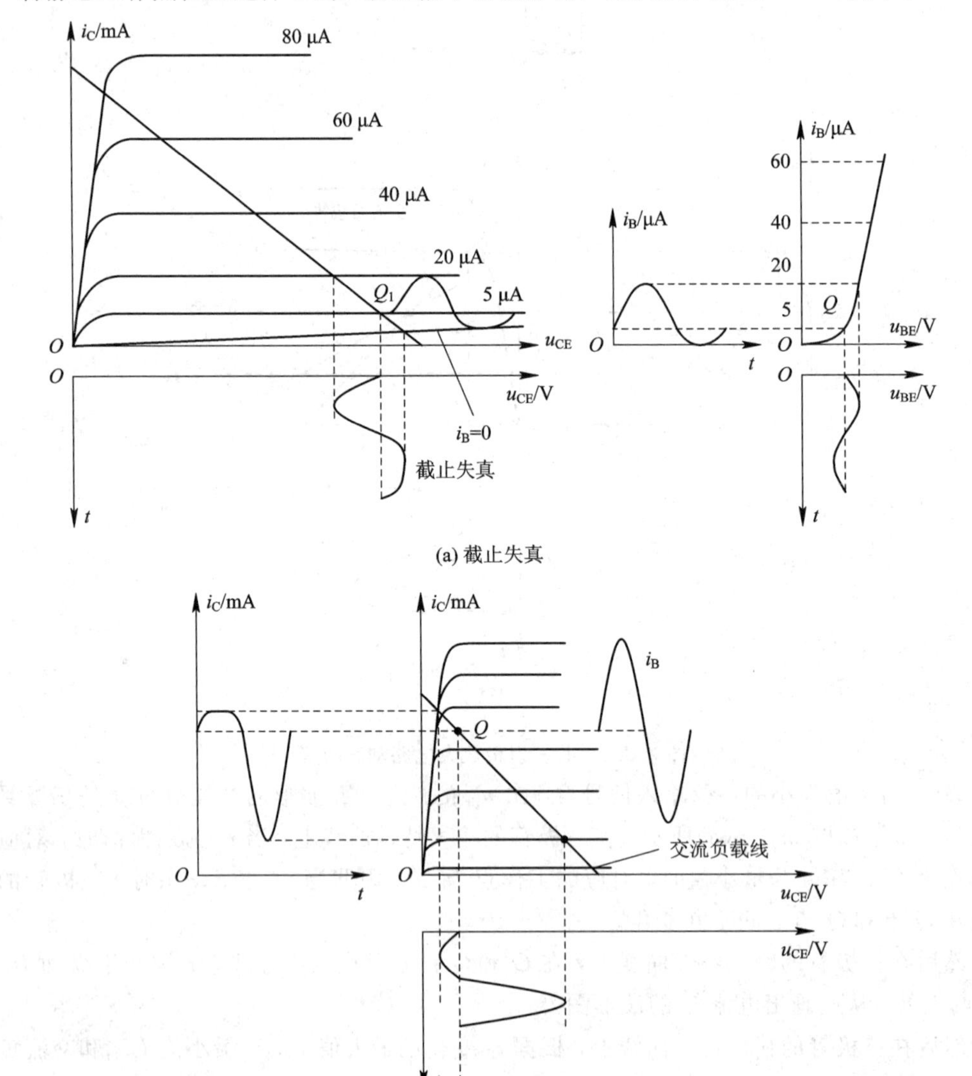

(b) 饱和失真

图 2.3.7 非线性失真

若工作点偏低，且接近截止区，三极管在输入交流电压负半周的峰值附近的部分时间内进入截止区，这种失真是由于静态工作点偏低使三极管在部分时间内进入截止区而引起的，称为截止失真。

若工作点偏高，且接近饱和区，三极管在输入交流电压正半周的峰值附近的部分时间内进入饱和区，这种失真是由于静态工作点偏高使三极管在部分时间内进入饱和区而引起的，称为饱和失真。

截止失真和饱和失真都是放大电路工作在三极管特性曲线的非线性区域而引起的，所以都是非线性失真。对共发射极基本放大电路来说，截止失真时，u_o的上半周被削顶；饱和失真时，u_o的下半周被削顶。

2.3.3　放大电路的偏置电路

1. 静态工作点不稳定的原因

从图 2.3.6 中可以看出，合理设置静态工作点是保证放大电路正常工作的先决条件，Q点位置过高或过低都可能使信号失真。另外，当外部条件发生变化时，设置好的静态工作点Q会移动，使原来合适的静态工作点变得不合适而产生失真。因此，设法稳定静态工作点是一个重要问题。

静态工作点不稳定的原因较多，温度变化、元件老化都会使参数发生变化，其中温度变化是最重要的影响因素。

实验证明，温度每升高 12℃，锗管的穿透电流I_{CEO}数值增大一倍；温度每升高 8℃，硅管I_{CEO}数值增大一倍；温度每升高 1℃，三极管的放大倍数β增加 0.5%～1%；温度升高后，使静态值U_{BEQ}减少，温度系数约为$-2.2\ \text{mV/℃}$。

由于$I_{BQ}=\dfrac{U_{CC}-|U_{BEQ}|}{R_B}$，$|U_{BEQ}|$的减小将导致$I_{BQ}$增大，而

$$I_{CQ}=\beta I_{BQ}+(1+\beta)I_{CBO}$$

$$I_{CEO}=(1+\beta)I_{CBO}$$

因此温度升高时，β、I_B和I_{CEO}的增大，最终将使I_{CQ}迅速增大，放大电路的静态工作点就上移了。反之，温度下降时，静态工作点将下移。

总之当温度变化时，会对静态工作点造成较大的影响，这是共发射极基本放大电路的一个不足的地方。

2. 分压式偏置电路

分压式偏置电路是具有稳定工作点作用的常用电路。

如图 2.3.8 所示，当流过R_{B1}、R_{B2}的电流$I_1\approx I_2\gg I_{BQ}$时（在实际工程中，这种条件是可以满足的），则

$$U_B\approx\frac{R_{B2}U_{CC}}{R_{B1}+R_{B2}}$$

分压式偏置电路有两大特点：

（1）当电路参数确定后，三极管基极电位U_B与温度无关，可做到基本保持不变；

（2）利用发射极电阻R_E来稳定电流i_C。

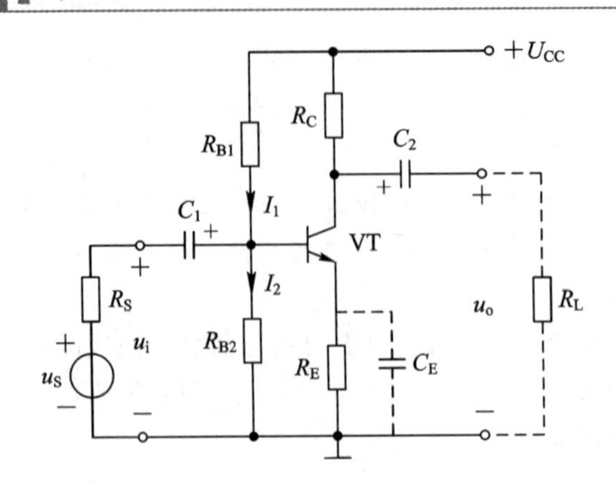

图 2.3.8　分压式偏置电路

分压式偏置电路的原理如下：如果温度升高使 i_C 增大，则电流 i_E 也增大，发射极电位 $u_E=i_ER_E$ 升高。由于电压 $u_{BE}=u_B-u_E$，故 u_{BE} 减小，由图 2.3.8 分析可知，电流 i_B 也减小，于是限制了 i_C 的增大，其总的效果是使 i_C 基本不变。(注意：这里的 i_C、i_E、$u_E=i_ER_E$，$u_{BE}=u_B-u_E$，i_B 均为瞬时值)。

上述稳定过程可表示为

$$\text{温度}\uparrow\rightarrow i_C\uparrow\rightarrow i_E\uparrow\rightarrow u_E\uparrow\rightarrow u_{BE}\downarrow\rightarrow i_B\downarrow\rightarrow i_C\downarrow$$

这样，温度升高引起 i_C 的增大将被电路本身造成的 i_C 的减小所牵制。

分压式偏置电路的静态工作点可用下列估算法求出。

$$U_B\approx\frac{R_{B2}}{R_{B1}+R_{B2}}U_{CC} \tag{2.3.6}$$

又

$$U_{BE}=U_B-U_E=U_B-I_ER_E \tag{2.3.7}$$

$$I_{CQ}\approx I_E=\frac{U_B-U_{BE}}{R_E}\approx\frac{U_B}{R_E} \tag{2.3.8}$$

$$U_{CEQ}=U_{CC}-I_{CQ}R_C-I_ER_E\approx U_{CC}-I_{CQ}(R_E+R_C) \tag{2.3.9}$$

$$I_{BQ}\approx\frac{I_{CQ}}{\beta} \tag{2.3.10}$$

【例 2.3.3】 在图 2.3.8 所示的分压式偏置电路中，若 $R_{B1}=75\ \text{k}\Omega$，$R_{B2}=18\ \text{k}\Omega$，$R_C=3.9\ \text{k}\Omega$，$R_E=1\ \text{k}\Omega$，$R_L=3.9\ \text{k}\Omega$，$U_{CC}=9\ \text{V}$，三极管的 $U_{BE}=0.7\ \text{V}$，$\beta=50$，试确定静态工作点。

解　因为

$$U_B\approx\frac{R_{B2}}{R_{B1}+R_{B2}}U_{CC}=\frac{18}{75+18}\times9\approx1.7\ \text{V}$$

所以

$$I_{CQ}\approx\frac{U_B-U_{BE}}{R_E}=\frac{1.7-0.7}{1}=1\ \text{mA}$$

$$U_{CEQ}\approx U_{CC}-I_{CQ}(R_C+R_E)=9-1\times(3.9+1)=4.1\ \text{V}$$

$$I_{BQ}\approx\frac{I_{CQ}}{\beta}=\frac{1}{50}\ \text{mA}=0.02\ \text{mA}=20\ \mu\text{A}$$

2.3.4　放大器的主要性能指标

一个放大电路可以用等效网络来模拟，如图2.3.9所示。图中的电压和电流均用有效值表示。

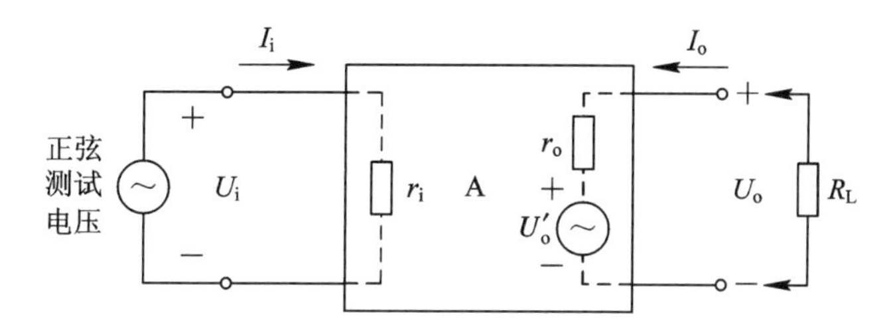

图2.3.9　放大器的等效网络

放大电路的主要性能指标有：放大倍数、输入电阻、输出电阻、通频带、最大输出功率及效率和最大输出幅值等。

1. 放大倍数

放大倍数又称为增益，是衡量放大电路放大能力的指标。它定义为输出信号与输入信号的比值。

(1) 电压放大倍数为

$$A_u=\frac{U_o}{U_i} \tag{2.3.11}$$

(2) 电流放大倍数为

$$A_i=\frac{I_o}{I_i} \tag{2.3.12}$$

式中，U_o 和 U_i、I_o 和 I_i 分别为输出和输入交流电压、输出和输入交流电流的有效值。

(3) 对于纯电阻负载，功率放大倍数(功率增益)A_p 等于输出功率 P_o与输入功率 P_i之比，即

$$A_p=\frac{P_o}{P_i}=\frac{U_oI_o}{U_iI_i}=|A_uA_i| \tag{2.3.13}$$

式中加绝对值是由于 A_p 恒为正，而 A_u 或 A_i 可正可负。

注意，各种放大倍数仅在输出波形没有明显失真时才有意义。工程上常用分贝(dB)表示放大倍数的大小。

$$A_u(\mathrm{dB})=20\ \lg(A_u) \tag{2.3.14}$$

$$A_i(\mathrm{dB})=20\ \lg(A_i) \tag{2.3.15}$$

$$A_p(\mathrm{dB})=10\ \lg(A_p) \tag{2.3.16}$$

例如 $A_u=10^6$，用分贝表示则为 $A_u=120\ \mathrm{dB}$。

2. 输入电阻

输入电阻 r_i 是指从放大电路输入端往放大器里边看进去的等效交流电阻。如图2.3.10所示，它定义为

$$r_i=\frac{u_i}{i_i}=\frac{\dot{U}_i}{\dot{I}_i} \tag{2.3.17}$$

式中，r_i 的大小反映了放大电路从信号源吸取信号的能力，r_i 越大，放大电路的性能越好。

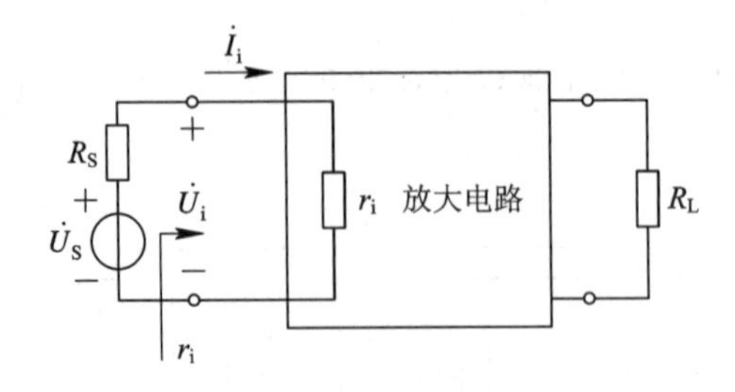

图 2.3.10　放大电路的输入电阻

3. 输出电阻

输出电阻 r_o 是指从放大电路的输出端往放大器里边看进去的等效交流电阻。从输出端来看，放大器相当于一个电压源 U'_o 和一个电阻 r_o 串联的电路，如图 2.3.11 所示。该电阻 r_o 就是放大器的输出电阻。

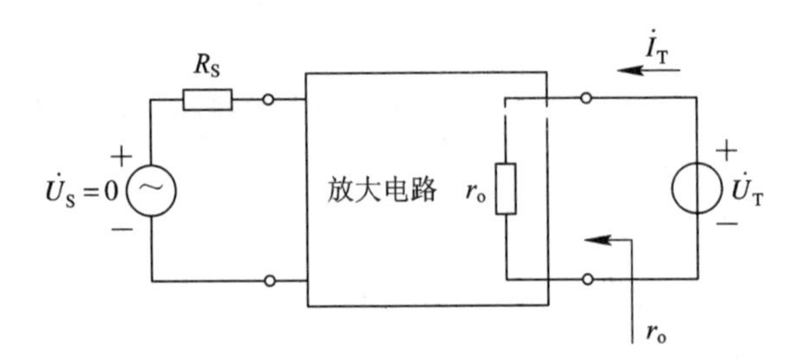

图 2.3.11　放大电路的输出电阻

求放大器的输出电阻 r_o 有以下两种方法。

(1) 外加电压法。如图 2.3.11 所示，根据电路分析理论，让信号源短路($u_i=0$)，保留内阻 R_S，将 R_L 开路，然后在输出端加一交流测试电压 u_T，将会产生一电流 i_T，则输出电阻为

$$r_o=\left|\frac{\dot{U}_T}{\dot{I}_T}\right| \tag{2.3.18}$$

(2) 实验法。从输出端看放大电路，它相当于一个带内阻的电压源。根据电路的基础知识，电压源带的内阻就是放大电路的输出电阻 r_o，电压源的电压 u'_o 是放大电路空载(即 R_L 开路)时测出的输出电压。因此，测量输出电阻的实验方法是：保持信号源不变，在放大电路空载(即 R_L 开路)时测出输出电压为 u'_o，接上负载 R_L 后测出输出电压为 u_o，如图 2.3.9 所示。

因为

$$u_o=\frac{u'_oR_L}{r_o+R_L}$$

所以

$$r_o=\left(\frac{u'_o}{u_o}-1\right)R_L \tag{2.3.19}$$

其中，输出电阻 r_o 反映了放大电路带负载能力的强弱。输出电阻 r_o 越小，接上负载 R_L 后输出电压 u_o 越大，说明放大电路带负载能力越强。

4. 通频带

因为放大器电路中有电容元件、电感元件，电容、电感对不同频率的交流电有不同的阻抗，所以同一个放大器对不同频率正弦信号的放大倍数是不一样的。当信号频率较高或较低时，电压放大倍数均要下降，如图 2.3.12 所示。而中间一段的频率的放大倍数基本不变，设这时的放大倍数为$|A_{um}|$。当放大倍数下降为 0.707$|A_{um}|$时，所对应的两个频率分别称为上限频率 f_H和下限频率 f_L。上、下限频率之间的频率范围称为放大器的通频带，如图 2.3.12 所示。通频带有时也简称为频响，它反映了一个放大器能够适应的输入信号的频率范围。例如，对一个好的音频功放来说，频响应不劣于 20～20 000Hz。

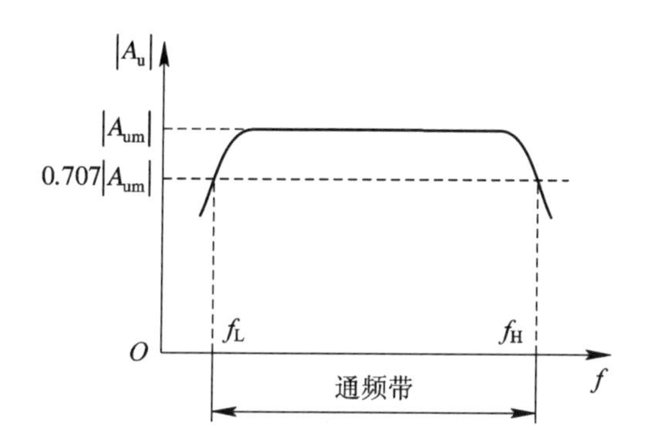

图 2.3.12　放大电路的通频带

5. 最大输出功率及效率

放大器的最大输出功率是指它能向负载提供的最大交流功率，用 P_{omax}表示。

放大器的输出功率是通过三极管的能量控制作用，把直流电能转化为交流电能输出的。这样就有一个转化效率的问题，放大器输出的最大功率 P_{omax}与所消耗的直流电的总功率 P_E之比称为放大器的效率 η，即

$$\eta=\frac{P_{omax}}{P_E} \tag{2.3.20}$$

6. 最大输出幅值

最大输出幅值表示放大器能供给的最大输出电压(或输出电流)的大小，用 U_{omax}或 I_{omax}表示。

2.3.5　微变等效电路法

虽然动态图解法能直观地了解到放大器的放大的工作情况，但它不易定量分析，下面我们介绍放大器的另一种动态分析法——微变等效电路法。

三极管的输入、输出特性曲线是非线性的，但在放大区，在低频小信号的输入信号作用下，i_b、u_{be}、i_c、u_{ce}将在静态工作点附近随输入信号的变化产生微小变化，因此可以将非线性的输入、输出特性曲线用直线近似代替，从而把三极管这个非线性器件当作一个线性器件，再利用电路分析的方法，求出放大器的一些动态性能指标，如电压放大倍数 A_u、输入电阻 r_i 和输出电阻 r_o 等，这就是微变等效电路法。

1. 三极管的微变等效电路

1）三极管输入回路等效电路

设三极管的输入电流为 i_b，输入电压为 u_{be}，因为 i_b 主要取决于 u_{be}，而与电压 u_{ce} 基本无关，所以三极管的输入回路可等效为一个电阻 r_{be}，称为三极管的输入电阻。r_{be} 的计算公式为

$$r_{be} \approx \frac{u_{be}}{i_b} \tag{2.3.21}$$

常用的求 r_{be} 的估算公式为

$$r_{be} \approx 300\ \Omega + (1+\beta)\frac{26\ \text{mV}}{I_{EQ}(\text{mA})} = 300\ \Omega + \frac{26\ \text{mV}}{I_{BQ}(\text{mA})} \tag{2.3.22}$$

在式(2.3.22)中，I_{BQ}、I_{EQ} 均为静态值，$I_{EQ}=(1+\beta)I_{BQ}\approx I_{CQ}$。

由式(2.3.22)可以看出，同一个管子的 r_{be} 值，随静态工作点 Q 的不同而变化，Q 越高，r_{be} 越小。通常对于小功率硅三极管，当 $I_{CQ}=1\sim 2$ mA 时，r_{be} 约为 1 kΩ。

2）三极管输出回路等效电路

设三极管的输出电流为 i_c，输出电压为 u_{ce}，因为 i_c 主要取决于 i_b，而与 u_{ce} 基本无关，所以三极管的输出回路可等效为一个受控电流源，$i_c=\beta i_b$。

根据上述分析，可画出三极管微变等效电路图，如图 2.3.13 所示。

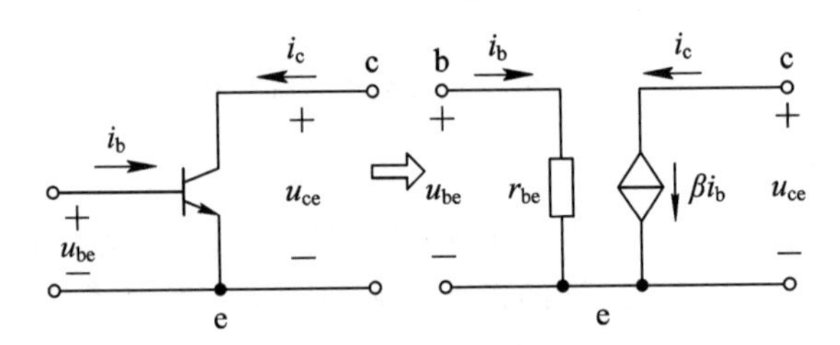

图 2.3.13　三极管的简化微变等效电路

由于忽略了三极管 PN 结的电容效应，因此这个三极管的微变等效电路仅限于低频时使用，高频时则用三极管混合 π 型等效电路。

2. 放大电路的微变等效电路

下面以共发射极基本放大电路为例，说明如何用微变等效电路法进行动态分析。

首先画出共发射极基本放大电路的交流通路图，如图 2.3.14 所示。

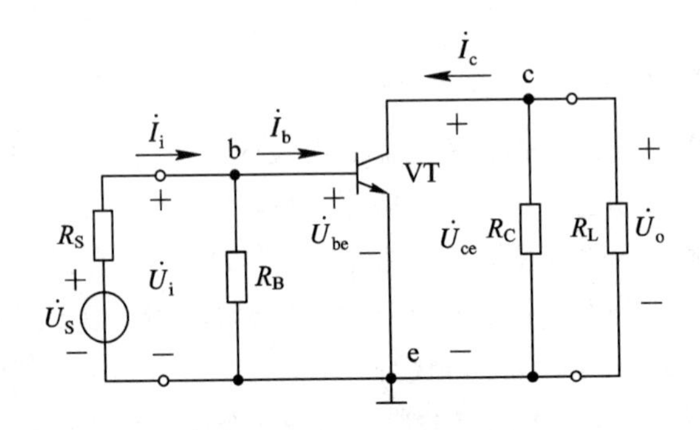

图 2.3.14　共发射极放大电路的交流通路电路

然后，在放大电路的交流通路图中，将三极管用其微变等效电路来代替，就得到放大电路的微变等效电路，如图 2.3.15 所示。其中 u_i 为信号源，R_i 为信号源内阻。

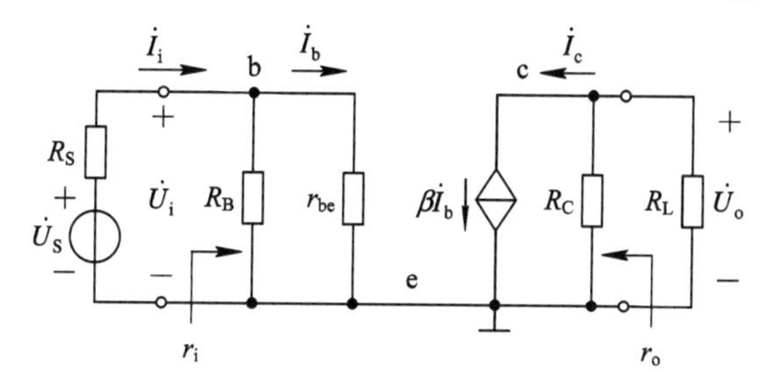

图 2.3.15　共射极放大电路的微变等效电路

放大电路的电压放大倍数 A_u、输入电阻 r_i 和输出电阻 r_o 的计算如下。

由图 2.3.15 可得

$$u_i = i_b r_{be}$$

$$u_o = -i_c (R_C // R_L) = -\beta i_b R'_L$$

所以，放大电路的电压放大倍数为

$$A_u = \frac{u_o}{u_i} = -\frac{\beta R'_L}{r_{be}} \tag{2.3.23}$$

式中，$R'_L = R_C // R_L$，是放大电路的交流负载电阻；负号体现了共发射极放大电路的倒相作用，说明输出与输入电压相位相差 100°，这是共发射极放大电路的一个重要的特点。

又由图 2.3.15 可得

$$u_i = i_i (R_B // r_{be})$$

考虑到 $R_B \gg r_{be}$，所以放大电路的输入电阻为

$$r_i = \frac{u_i}{i_i} = R_B // r_{be} \approx r_{be} \tag{2.3.24}$$

对于共发射极低频放大电路，r_{be} 约为 1 kΩ，输入电阻不高。

由于受控电流源内阻无穷大，相当于开路，所以放大电路的输出电阻为

$$r_o = R_C \tag{2.3.25}$$

R_C 一般为几千欧，因此共发射极放大电路的输出电阻比较高。

综上所述，共发射极放大电路主要特点是：

（1）共发射极放大电路的电压放大倍数较大，这是该电路的优点；

（2）共发射极放大电路输入电阻较低、输出电阻较高，这是该电路不足之处。

3. 微变等效电路分析举例

利用微变等效电路法可以很方便地求出在低频小信号作用下放大电路的各种动态性能指标。

【例 2.3.4】 电路如图 2.3.16 所示，已知 $U_{CC} = 15$ V，$r_{be} = 1$ kΩ，$R_B = 500$ kΩ，$R_C = R_L = 2$ kΩ，$\beta = 80$。

（1）估算电路的静态工作点。

（2）画出电路的微变等效电路并计算电路的电压放大倍数 A_u。

（3）计算电路的输入电阻 r_i、输出电阻 r_o。

解　（1）求静态工作点：

$$I_{BQ}=\frac{U_{CC}-U_{BEQ}}{R_B}\approx\frac{U_{CC}}{R_B}=\frac{15}{500}=0.03\ \text{mA}=30\ \mu\text{A}$$

$$I_{CQ}\approx\beta I_{BQ}=80\times0.03=2.4\ \text{mA}$$

$$U_{CEQ}=U_{CC}-I_{CQ}R_C=15-2.4\times2=10.2\ \text{V}$$

（2）放大电路的微变等效电路如图 2.3.17 所示。

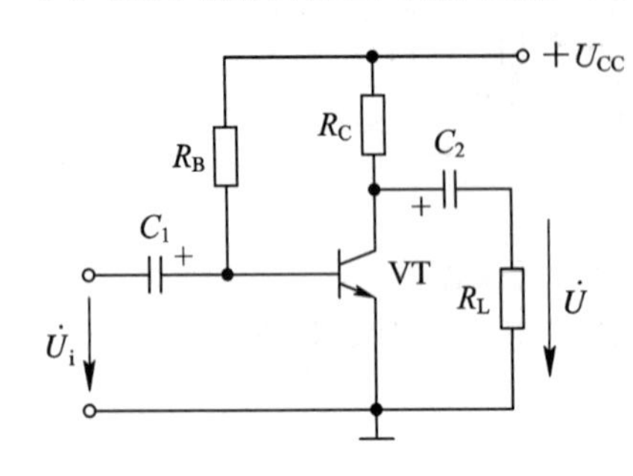

图 2.3.16　例 2.2.4 图

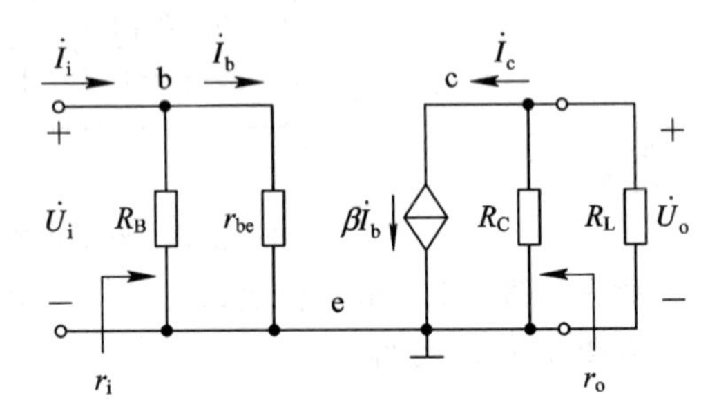

图 2.3.17　微变等效电路图

因为

$$R'_L=R_C /\!/ R_L=2 /\!/ 2=1\ \text{k}\Omega$$

所以

$$A_u=-\frac{\beta R'_L}{r_{be}}=-80\times\frac{1}{1}=-80$$

（3）放大电路的输入电阻 r_i 和输出电阻 r_o 的计算如下。

$$r_i=R_B /\!/ r_{be}\approx r_{be}=1\ \text{k}\Omega$$

$$r_o=R_c=2\ \text{k}\Omega$$

总结：放大电路分析的方法有如下几种。

（1）用估算法确定静态工作点；

（2）用微变等效电路法求电压放大倍数 A_u、输入电阻 r_i 和输出电阻 r_o。

（3）用图解法分析各处电压、电流的波形及波形失真情况。

任务 4　放大电路的级联

单级放大电路的放大倍数较小，在实际应用中，由几级放大电路组成的放大器就是多级放大器，它能对输入信号进行逐级接力式的连续放大，以便获得足够的输出功率去推动负载工作。

多级放大器的一般结构如图 2.4.1 所示。多级放大器内部两级之间的信号传递叫耦合，实现级间耦合的电路叫耦合电路。

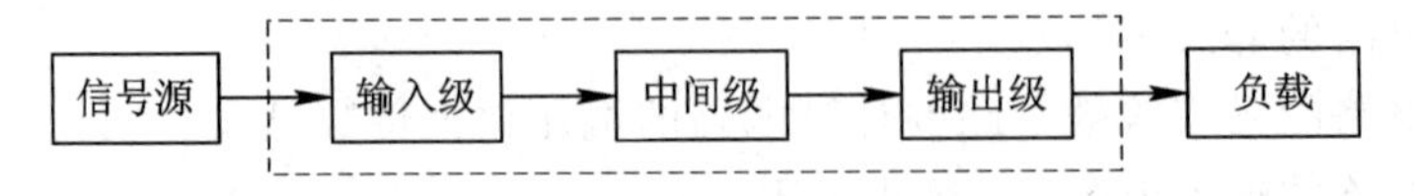

图 2.4.1　多级放大器的一般结构

1. 多级放大器的级间耦合方式

在多级放大电路中，常见的级间耦合方式有阻容耦合、变压器耦合、光电耦合和直接耦合等。

1）阻容耦合

通过电容实现前级输出端和后级输入端相连的耦合方式叫作阻容耦合。如图 2.4.2 所示，两级之间通过电容 C_2 耦合起来。

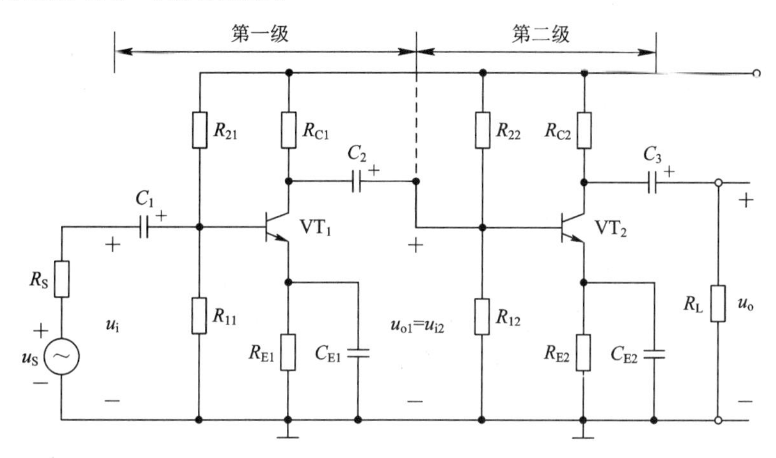

图 2.4.2　阻容耦合放大电路

阻容耦合有不少的优点，如结构简单、体积小、成本低等。其频率特性也较好，特别是对电容器具有隔直流的作用，可以防止各级间的静态工作点彼此影响，使各级可以独自进行分析计算，所以阻容耦合得到了广泛应用。但它也有局限性，如阻容耦合方式不适合传送缓慢变化(频率较低)的信号和直流信号，因为这类信号在通过耦合电容时几乎不能进行耦合。另外，在集成电路中很难制造大的电容，故在集成电路中不采用此种方式的耦合，它主要应用于分立元件电路中。

2）变压器耦合

变压器耦合是通过变压器实现级间耦合的耦合方式，如图 2.4.3 所示。变压器 T_1将第一级的输出信号电压变换成第二级的输入信号电压，变压器 T_2将第二级的输出信号电压变换成负载 R_L所要求的电压。

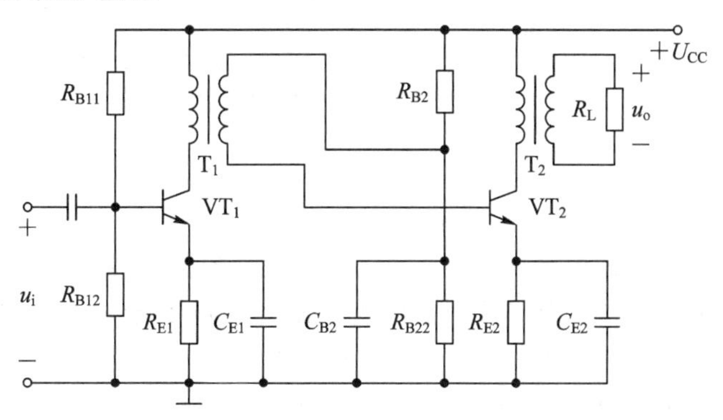

图 2.4.3　变压器耦合放大电路

变压器耦合的最大优点是能够进行阻抗、电压和电流的变换。直流电产生的恒磁场不产生电磁感应，也就不能在原、副线圈中传递，因此变压器也具有很好的隔直流作用。在变压器耦合方式下，各级的静态工作点互不影响，变压器耦合方式也是只能传送交流信号，不能传送变化缓慢的或直流信号。而且，由于变压器的体积和重量都较大，价格高，频率特性差，因此，变压器耦合不能应用在集成电路中，其在功率输出电路中已逐步被无变压器的输出电路所代替。

3）光电耦合

光电耦合是指两级之间通过光电耦合器件实现耦合的耦合方式。光电耦合器件常用发光二极管或光电三极管(光敏三极管)组成，如图 2.4.4 所示，光电耦合是通过电-光-电的转换来实现耦合的。

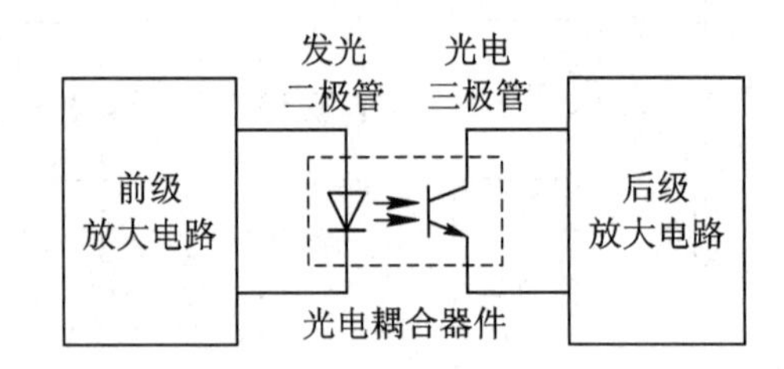

图 2.4.4　光电耦合方式

光电耦合既可传输交流信号，也可传输直流信号。由于前后两级电路处于隔离状态，因此前后两级电路可互不影响。光电耦合便于在集成电路中使用，此种耦合广泛应用于小信号放大器中。

4）直接耦合

直接耦合是一种不经过任何电抗元件，直接用导线或电阻等把前、后级电路连接起来的耦合方式，如图 2.4.5 所示。

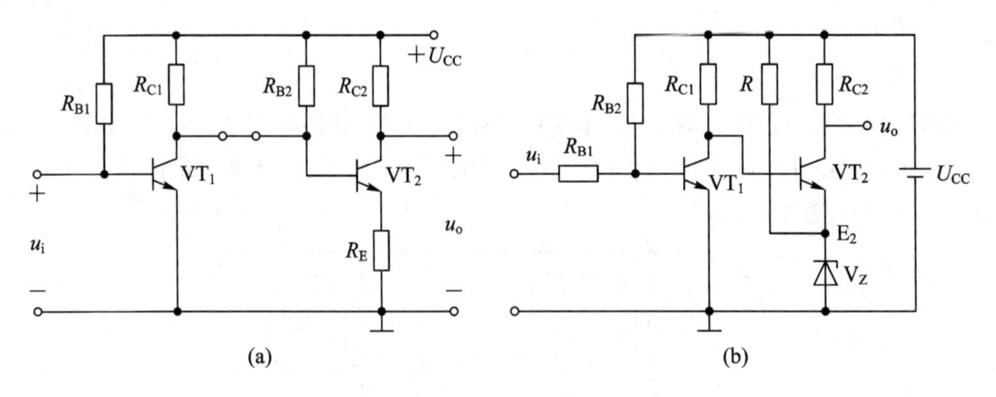

图 2.4.5　直接耦合放大电路

这种耦合方式具有良好的频率特性，不仅能放大交流信号，也能放大缓慢变化的信号或直流信号，因此利用这种耦合方式组成的放大器又称为直流放大器。但直接耦合使各级的直流通路互相沟通，从而导致各级的静态工作点相互影响，放大器将不能正常工作。因此直接耦合放大器要有特殊的偏置电路，确保各级放大器均工作在放大区。由于此种耦合便于集成化，因此在集成电路中得到了广泛的应用。

2. 多级放大器的增益

图 2.4.6 是三级放大电路的交流等效电路。

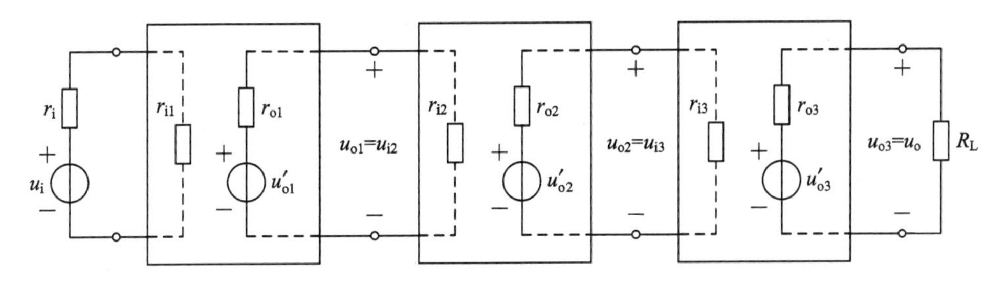

图 2.4.6　三级放大电路的交流等效电路

假设各级的电压放大倍数分别为 A_{u1}、A_{u2}、A_{u3}，则

$$A_{u1}=\frac{u_{o1}}{u_i}$$

$$A_{u2}=\frac{u_{o2}}{u_{i2}}=\frac{u_{o2}}{u_{o1}}$$

$$A_{u3}=\frac{u_o}{u_{i3}}=\frac{u_o}{u_{o2}}$$

$$A_{u1}A_{u2}A_{u3}=\frac{u_{o1}}{u_i}\frac{u_{o2}}{u_{o1}}\frac{u_o}{u_{o2}}=\frac{u_o}{u_i}=A_u$$

所以

$$A_u=A_{u1}A_{u2}\cdots A_{un} \tag{2.4.1}$$

由此可得出：多级放大电路总的电压放大倍数等于各级放大电路电压放大倍数的乘积。

若放大倍数用增益 G 表示，则多级放大电路的增益为

$$\begin{aligned}G_u&=20\lg A_u(\text{dB})=20\lg(A_{u1}A_{u2}\cdots A_{uk})(\text{dB})\\&=G_{u1}+G_{u2}+\cdots+G_{un}(\text{dB})\end{aligned} \tag{2.4.2}$$

即多级放大电路的增益是各级放大电路的增益之和。

另外，多级放大电路的输入电阻就是第一级放大电路的输入电阻，即

$$r_i=r_{i1} \tag{2.4.3}$$

多级放大电路的输出电阻就是最后一级放大电路的输出电阻，即

$$r_o=r_{on} \tag{2.4.4}$$

任务 5　低频功率放大电路

功率放大器是一种向负载提供功率的放大器，简称功放。功率放大器主要考虑如何输出最大的不失真功率，它不但要向负载提供大的信号电压，还要向负载提供大的信号电流。

功率放大器具有以下特点：

(1) 输出功率足够大。

为获得足够大的输出功率，要求功率放大管有很大的电压和电流变化范围。

(2) 效率要高。

功率放大器把电源提供的直流功率转化为向负载输出的交变功率，这就有一个提高能量转换的效率问题了。

(3) 非线性失真要小。

由于功率放大管有很大的电压和电流变化范围，很容易产生非线性失真，因此需要采取措施减少失真，使之满足负载的要求。

本节主要讨论低频功率放大电路。

1. 低频功率放大器的分类

按照功率放大器静态工作点位置的不同，功率放大器可分为甲类功率放大器、乙类功率放大器和甲乙类功率放大器等，如图 2.5.1 所示。

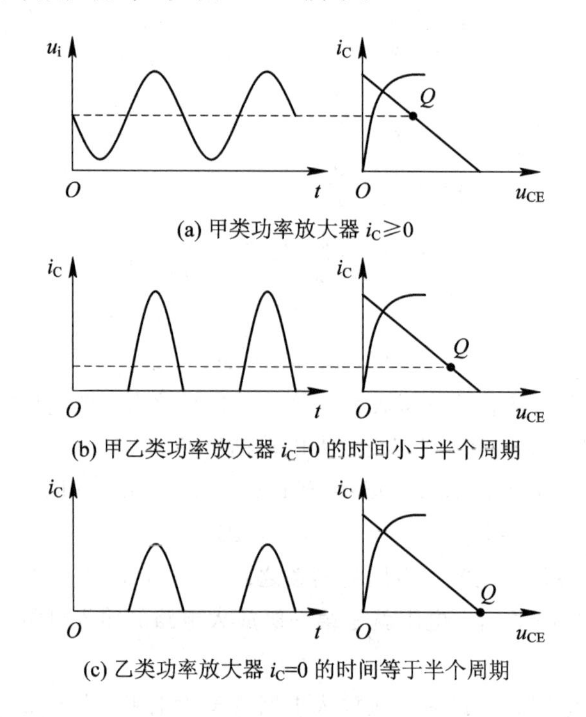

图 2.5.1 低频功率放大器的分类

甲类功率放大器的静态工作点设置在交流负载线的中点，三极管导通时间长，在输入信号的一个周期内三极管都能导通，即使放大器无输入信号，三极管也能导通，如图 2.5.1(a) 所示。因此甲类功率放大器的功耗大，效率低。

乙类功率放大器的静态工作点设置在截止区，三极管只在输入信号的半个周期内能导通，放大器无输入信号时，三极管不会导通。因此乙类功率放大器功耗最小，效率最高，但是它的输出波形有失真，如图 2.5.1(c)所示。

甲乙类功率放大器的静态工作点接近截止区，三极管导通时间略大于半个周期，如图 2.5.1(b)所示。甲乙类功率放大器功耗小、效率较高，比甲类功率放大器优越；甲乙类功率放大器失真小，比乙类功率放大器优越。因此甲乙类功率放大器在实际中得到广泛应用。

2. 乙类互补对称功率放大器

乙类互补对称功率放大器中两个三极管轮流导通工作，如图 2.5.2 所示。三极管 VT_1 为 NPN 型，VT_2 为 PNP 型，类型互补，且两管的型号、特性参数完全相同。此类放大器的工作原理是：

静态($u_i=0$)时，两个三极管均截止，两管的集电极电流 $I_{C1}=I_{C2}=0$，电路中无功率损耗。

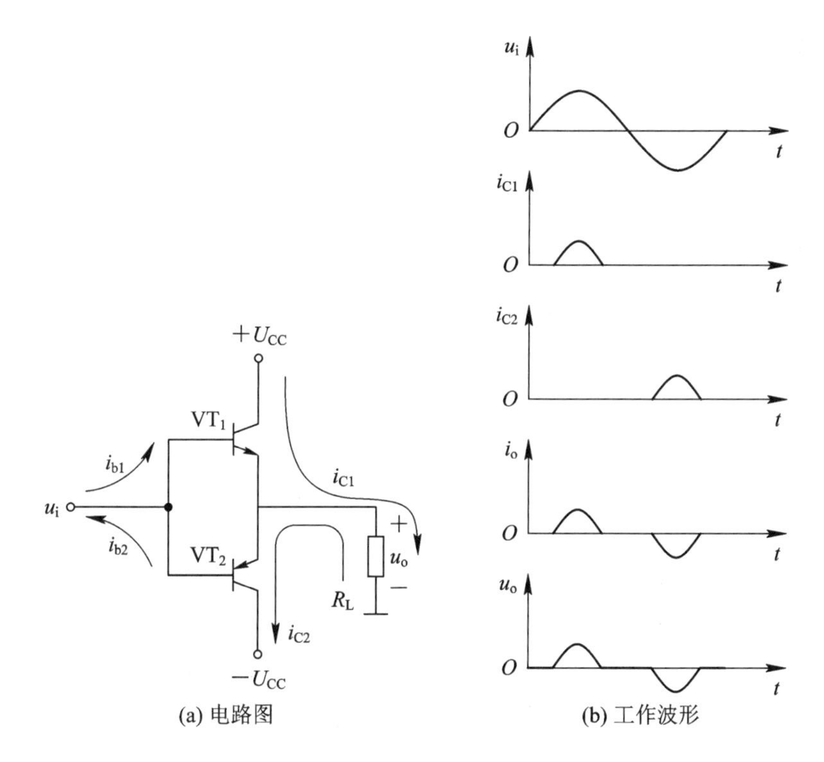

图 2.5.2　乙类互补对称功放电路图及其工作波形

动态时，在 u_i 的正半周，三极管 VT_1 导通而 VT_2 截止，电流方向如图中实线箭头所示，从电源 $+U_{CC}$ 经 VT_1 管到负载 R_L，构成一个射极输出器，向 R_L 提供正向输出信号，最大输出电压幅度约为 $+U_{CC}$；在 u_i 的负半周，三极管 VT_1 截止而 VT_2 导通，电流方向如图中箭头所示，从负载 R_L 经 VT_2 管到电源 $-U_{CC}$，构成一个射极输出器，向 R_L 提供负向输出信号，最大输出电压幅度约为 $-U_{CC}$。

乙类互补对称功率放大器在静态时工作电流为零，只在输入信号的半个周期内导通工作，向负载提供输出电压。尽管两个三极管 VT_1、VT_2 都只在半个周期内导通，但它们交替工作，一个“推”一个“挽”，相互补充，使负载获得完整的输出信号波形，故此类功率放大器又称为推挽功率放大器。

3. 交越失真

乙类功率放大器的优点是效率高，缺点是电路的输出波形在信号过零附近产生交越失真，如图 2.5.3 所示。

产生交越失真的原因是：两个三极管 VT_1、VT_2 的输入特性曲线存在死区，输入信号电压的正向值必须大于 VT_1 的死区电压时，VT_1 管才能导通，负向值必须大于 VT_2 的死区电压时，VT_2 管才能导通。硅管的死区电压约为 0.5 V，锗管的死区电压约为 0.1 V。因此当输入信号低于死区电压时，三极管 VT_1 和 VT_2 都截止，输出电压为零，出现了两管交替工作衔接不好的现象，负载上得到图 2.5.3 所示的失真的波形，这种失真称为交越交真。

为了消除交越失真，应当给两三个极管 VT_1、VT_2 加上适当的偏置电压，如图 2.5.4 所示。

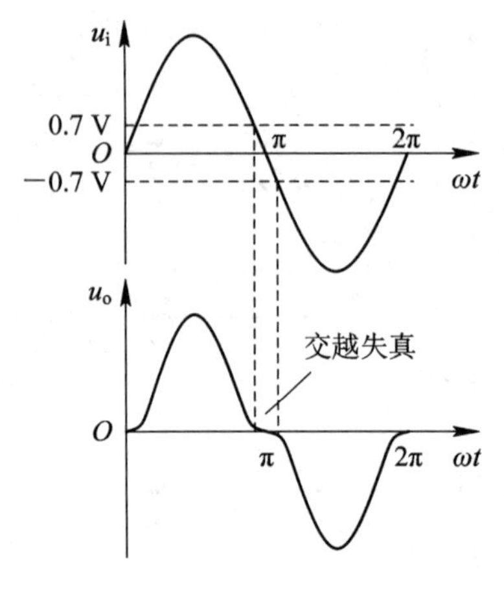

图 2.5.3 交越失真

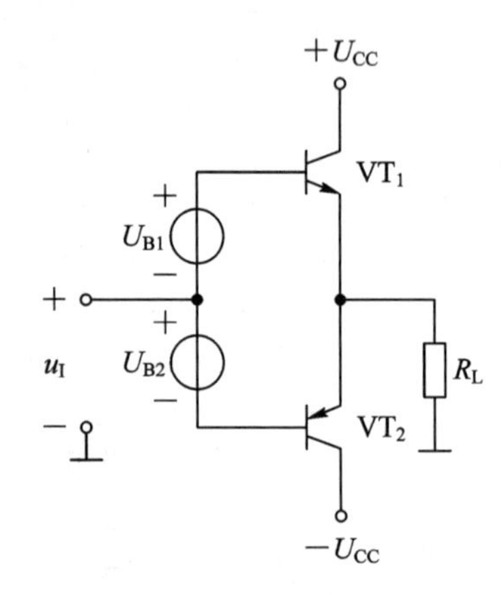

图 2.5.4 甲乙类互补对称电路

使两管在静态时都处于微导通状态，当有信号输入时，在零点附近仍能得到线性放大。此时，由于静态电流不再为零，每个管子的导通时间也略大于半个周期，这种介于甲类和乙类之间但偏于乙类的状态，称为甲乙类工作状态。

图 2.5.5 是一个工作在甲乙类互补推挽功率放大器的实际电路。图 2.5.5 中用两个正向串联的二极管来代替图 2.5.4 中的 U_{B1} 和 U_{B2}。

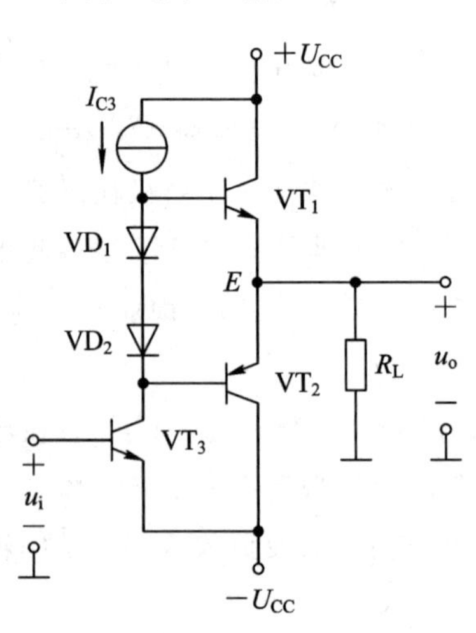

图 2.5.5 甲乙类互补对称功率放大电路

上述乙类和甲乙类两种互补对称电路都采用了大小相等的正负电源供电，三极管 VT_1、VT_2 两管特性参数对称，因此，输出端上的直流电压为零，不需在输出端与负载之间接入耦合电容，所以这种互补对称功率放大电路又称为 OCL(无输出电容)电路。

4. OCL 电路的输出功率、效率和管耗

下面将以乙类互补对称功率放大器为例，进一步讨论功率放大器的输出功率、效率和管耗等问题。

1) 输出功率

乙类互补对称功率放大器的 OCL 电路如图 2.5.6 所示，静态时每管的静态电流为零，静态输出电流为零，没有功率输出。

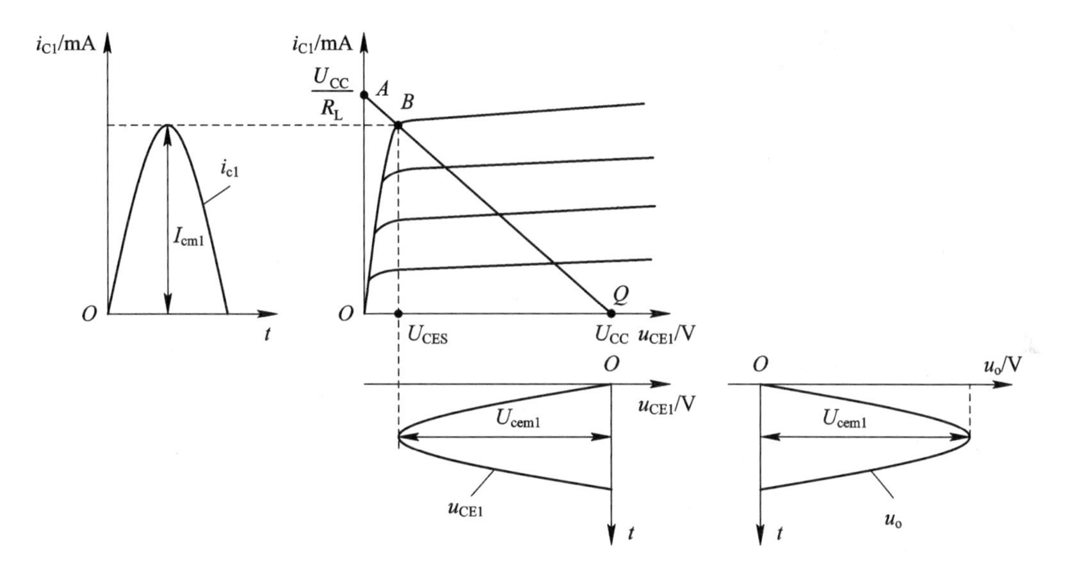

图 2.5.6　乙类互补对称功率放大电路图解(正半周)

动态时，在理想情况下讨论。所谓理想情况，就是忽略交越失真、忽略两个管子的饱和压降 U_{CES} 及穿透电流 I_{CES}，这时放大器的输出电压的最大幅值 $U_{om}\approx U_{CC}$，输出电流的最大幅值 $I_{om}\approx\frac{U_{CC}}{R_L}$，如图 2.5.6 所示。

在这种理想情况下，放大器的输出功率达到最大值，其最大输出功率 P_{om} 为

$$P_{om}=\frac{U_{om}}{\sqrt{2}}\frac{I_{om}}{\sqrt{2}}=\frac{1}{2}U_{om}I_{om}=\frac{1}{2}\times\frac{U_{om}^2}{R_L}\approx\frac{1}{2}\frac{U_{CC}^2}{R_L} \tag{2.5.1}$$

2) 效率 η

可以证明放大器两组电源供给的总功率应为(证明从略)

$$P_E=2\left(U_{CC}\frac{1}{\pi}I_{om}\right)=\frac{2}{\pi}\times\frac{U_{CC}(U_{CC}-U_{CES})}{R_L} \tag{2.5.2}$$

$$I_{om}=\frac{U_{om}}{R_L}=\frac{U_{CC}-U_{CES}}{R_L} \tag{2.5.3}$$

所以放大器在理想情况下，输出功率为最大值时的效率为

$$\eta=\frac{P_{om}}{P_E}=\frac{\frac{1}{2}U_{om}I_{om}}{2U_{CC}\frac{1}{\pi}I_{om}}=\frac{\pi}{4}\frac{U_{om}}{U_{CC}}=\frac{\pi}{4}\frac{(U_{CC}-U_{CES})}{U_{CC}} \tag{2.5.4}$$

在理想情况下($U_{CES}=0$, $U_{om}\approx U_{CC}$)，η达到最大值，即$\eta=\frac{\pi}{4}\approx 78.5\%$。当然，实际中由于饱和压降$U_{CES}$及元件的损耗等因素，乙类功放的实际效率约为60%。

3) 管耗

直流电源提供的功率，只有一部分转化为输出信号功率，另一部分主要被管子本身消耗掉了。因此乙类推挽功率放大器的管耗应为电源供给的功率与输出功率之差，即

$$P_{T(双)}=P_E-P_{om}=\frac{2}{\pi}\times\frac{U_{CC}U_{om}}{R_L}-\frac{1}{2}\times\frac{U_{om}^2}{R_L}$$

当输出功率为最大值时，即$U_{om}\approx U_{CC}$时，管耗为

$$P_{T(双)}=\frac{2U_{CC}^2}{\pi R_L}-\frac{U_{CC}^2}{2R_L}=\left(\frac{4}{\pi}-1\right)\frac{U_{CC}^2}{2R_L}=\left(\frac{4}{\pi}-1\right)P_{om}\approx 0.27P_{om} \tag{2.5.5}$$

需注意，式(2.5.5)是在放大电路输出功率为最大值时的管耗，这个管耗不是放大电路的最大管耗。

可以证明放大电路的最大管耗为(证明从略)

$$P_{Tm(双)}=\frac{4}{\pi^2}\frac{U_{CC}^2}{2R_L}\approx 0.4P_{om} \tag{2.5.6}$$

每个管子的最大管耗则为

$$P_{Tm(单)}\approx 0.2P_{om} \tag{2.5.7}$$

【例2.5.1】 在图2.5.2所示乙类互补对称功放电路中，$U_{CC}=12$ V，$R_L=8$ Ω，试求当输入信号足够大时，集电极电压能够充分利用时的：

(1) 最大输出功率P_{om}；

(2) 电源供给的功率P_E；

(3) 最大输出功率时的效率η；

(4) 双管的管耗$P_{T(双)}$。

解 (1) 因为

$$U_{om}\approx U_{CC}\quad I_{om}\approx\frac{U_{CC}}{R_L}$$

所以

$$P_{om}\approx\frac{1}{2}\frac{U_{CC}^2}{R_L}=\frac{12^2}{2\times 8}=9\text{ W}$$

(2)
$$P_E=2\left(U_{CC}\frac{1}{\pi}I_{om}\right)\approx\frac{2}{\pi}\times\frac{U_{CC}U_{CC}}{R_L}\approx\frac{4}{\pi}P_{om}=\frac{4}{\pi}\times 9\approx 11.5\text{ W}$$

(3)
$$\eta=\frac{P_{om}}{P_E}\approx\frac{9}{11.5}=78.5\%$$

(4)
$$P_{T(双)}\approx 0.27P_{om}=0.27\times 9=2.43\text{ W}$$

5. 单电源互补对称功率放大器

单电源互补推挽对称电路又称为OTL电路，如图2.5.7所示。VT_3为前置放大级，与甲乙类OCL电路相比，它只用了一个正电源U_{CC}，但在输出端增加了一个大容量的耦合电容C。只要适当选择电阻R_B、R_C和R_E的电阻值，就可以得到一定的I_{C3}，通过两个二极管

给功率输出管 VD_1、VD_2加上合适的偏置电压，使两个输出功率管工作在甲乙类状态。静态时，由于两输出功率管对称，两管的发射极 E 点电位为 $U_E=U_{CC}/2$，电容 C 被充电至 $U_{CC}/2$。由于电容 C 的隔直作用，负载 R_L 上无电流流过，输出电压为零。

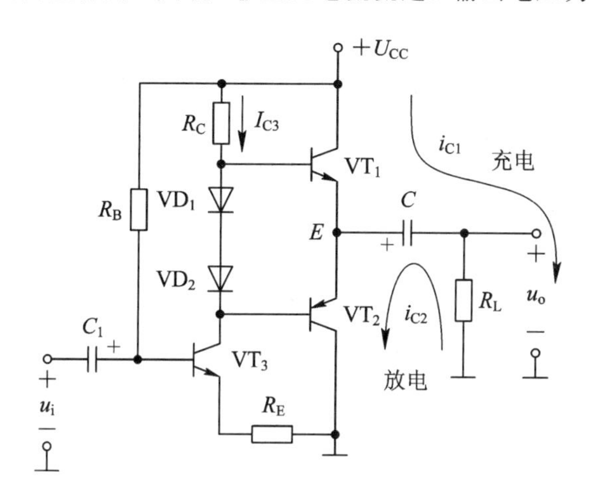

图 2.5.7　甲乙类单电源互补对称功率放大电路

在输入为正半周时，VT_1管导通，VT_2管截止，于是，VT_1管以射极输出的形式将正向信号传给负载，使 R_L 上得到正半周输出电压，同时对电容 C 充电；在输入为负半周时，VT_1管截止，VT_2管导通，电容 C 代替 OCL 电路中的负电源作用，VT_2管也以射极输出形式将负向信号传给负载，使 R_L 上得到负半周输出电压。这样，在一个周期内，负载上得到了完整的波形。

在计算最大输出功率时，最大输出电压要用 0.5 U_{CC}来计算。

6. 集成功率放大器

集成功率放大器是模拟集成电路的一个重要组成部分，广泛应用于各种电子电气设备中。

集成功率放大电路除了具有可靠性高、使用方便、性能好、重量轻、造价低等集成电路的一般特点，还具有功耗小、非线性失真小和温度稳定性好等优点。此外，集成功率放大器内部的各种过流、过压、过热保护齐全，使用更加方便安全。

从电路结构来看，集成功率放大器包括前置级、驱动级和功率输出级，以及偏置电路、稳压电路、过流过压保护电路等附属电路。除此以外，基于功率放大器输出功率大的特点，集成功率放大器在内部电路的设计上还要满足一些特殊的要求。

集成功率放大器品种繁多，输出功率从几十毫瓦至几百瓦的都有，有些集成功率放大器既可以双电源供电，又可以单电源供电。从用途上分，集成功率放大器有通用型和专用型功放；从输出功率上分，集成功率放大器有小功率功放和大功率功放等。

SHM1150Ⅱ型集成功率放大器是由双极型三极管和单极型 VMOS 管组成的功率放大器，图 2.5.8(a)为 SHM1150Ⅱ型集成功率放大器的内部简化原理图，图 2.5.8(b)为外部接线图。

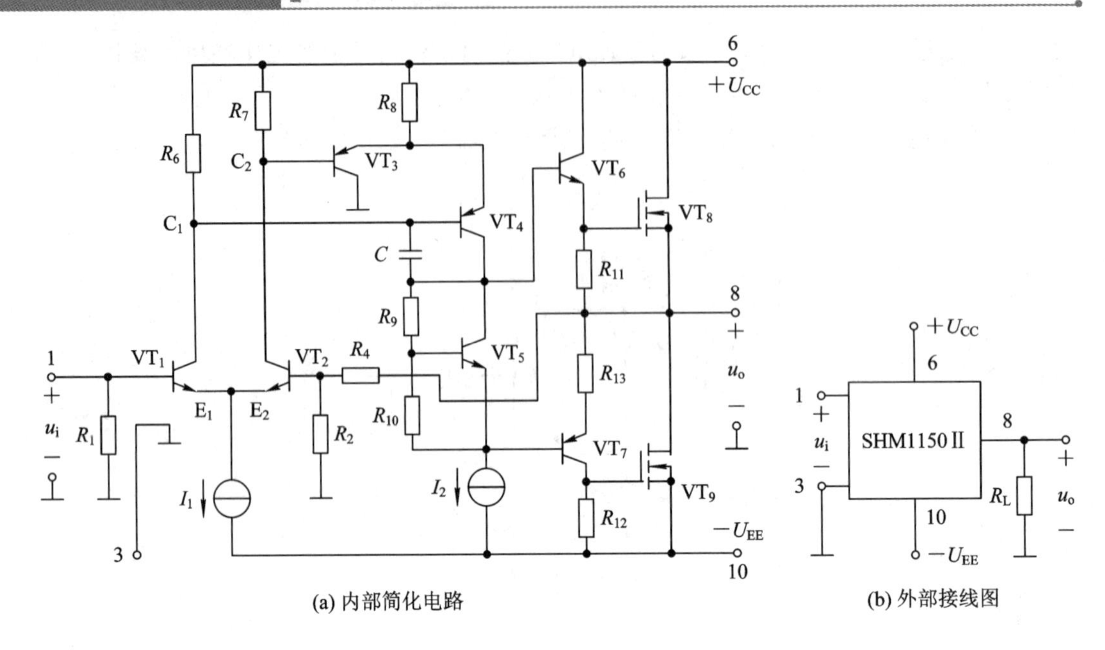

图 2.5.8　SHM1150Ⅱ型集成功率放大器

输出级采用的是 VMOSFET(简称 VMOS 管)，可以提供较大的功率输出。和双极型功率管相比，VMOS 管具有很多优点，如耐压可高达 1000 V 以上，最大连续电流可达 200 A。由于 VMOS 管的输入电阻极高，需要的驱动电流非常小，因此可以达到很高的功率放大倍数。该电路可在±12～±50 V 电源电压下工作，最大输出功率达 150 W，使用十分方便。

任务 6　带负反馈的放大电路

将输出信号的一部分或全部通过某种电路送回输入端的过程称为反馈。反馈分为正反馈和负反馈，在放大电路中主要引入负反馈，它可以使放大电路的性能得到显著改善。

2.6.1　反馈的基本概念

1. 反馈概念的引入

反馈就是将放大器的输出量(电流或电压)，通过一定的网络，送回到放大器的输入回路，并同输入信号一起参与对放大器的输入控制作用，从而使放大器的某些性能获得有效改善的过程。

输出回路中反送到输入回路的那部分信号称为反馈信号。

图 2.6.1 中的电路称为射极跟随器，其电压放大倍数约等于 1，而且输出电压 $\dot{U}_o$稳定，这就是引入负反馈的缘故。该电路中，设当放大器的电压 $\dot{U}_o$受外界因素影响而增大时，射极电阻 R_E上电压 $\dot{U}_e=\dot{U}_o$也增大。$\dot{U}_o$携带了输出电压变化的信息，而输入电压 $\dot{U}_i$不变，则净输入 $\dot{U}_{be}=\dot{U}_i-\dot{U}_e$减小，导致 $\dot{I}_b$减小，相应 $\dot{I}_c$、$\dot{I}_e$减小，最终表现为 $\dot{U}_o$增大的程度变小，达到了稳定输出电压 $\dot{U}_o$的目的。

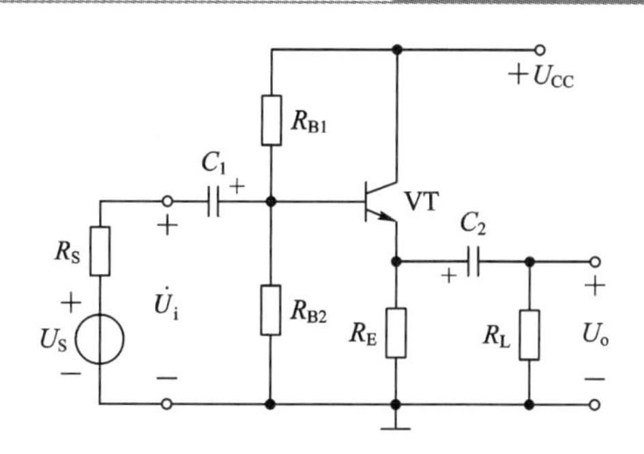

图 2.6.1　射极跟随器

2. 反馈放大器的组成

将反馈放大器的组成抽象为图 2.6.2 中的方框图。

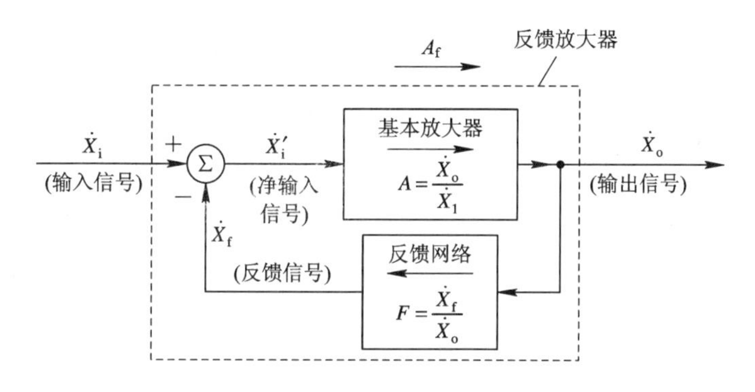

图 2.6.2　反馈放大器的组成

图中虚线以内表示反馈放大器，其输入信号为 $\dot{X}_i$，输出信号为 $\dot{X}_o$。反馈放大器由基本放大器和反馈网络两部分组成。基本放大器的传输方向为输入到输出；反馈网络的传输方向为输出到输入(图中箭头方向就是信号的传输方向)。反馈网络将基本放大器的输出信号 $\dot{X}_o$的一部分(或全部)取出，这就是取样的概念，在经过直接或间接加工处理后，返回到基本放大器的输入回路，在输入回路，反馈信号 $\dot{X}_f$与输入信号 $\dot{X}_i$叠加(相加或相减)，此过程称为比较，$\dot{X}_f$与 $\dot{X}_i$叠加后的信号才是真正加到基本放大器输入端的“净输入信号”$\dot{X}_i'$。将 $\dot{X}_f$与 $\dot{X}_i$反相相加(也就是相减)，使 $\dot{X}_i'<\dot{X}_i$的情况定义为负反馈；反之，将 $\dot{X}_i$与 $\dot{X}_f$同相相加，使 $\dot{X}'_i>\dot{X}_i$的情况定义为正反馈。

3. 反馈放大电路的基本关系式

反馈放大电路基本框图中的一些基本量定义如下。

开环增益指基本放大电路的开环放大倍数，定义为输出信号与净输入信号之比，即

$$A=\frac{\dot{X}_o}{\dot{X}_i'} \tag{2.6.1}$$

反馈系数定义为反馈信号与输出信号之比，即

$$F=\frac{\dot{X}_f}{\dot{X}_o} \tag{2.6.2}$$

闭环增益指反馈放大电路的放大倍数，定义为输出信号与输入信号之比，即

$$A_f=\frac{\dot{X}_o}{\dot{X}_i} \tag{2.6.3}$$

闭环增益与开环增益以及反馈系数之间的关系推导如下。

$$\dot{X}_o=A\dot{X}_1' \tag{2.6.4}$$

$$\dot{X}_i'=\dot{X}_i-\dot{X}_f \quad (负反馈) \tag{2.6.5}$$

将式(2.6.1)、式(2.6.2)、式(2.6.5)代入式(2.6.3)中，可得

$$A_f=\frac{A}{1+AF} \tag{2.6.6}$$

式(2.6.6)称为反馈放大器的基本方程。(具体推导从略)

反馈放大电路一些主要特性为

(1) 负反馈使放大器的增益减小为原来的 $1/(1+AF)$。因为在负反馈条件下，反馈信号 $\dot{X}_f$与输入信号 $\dot{X}_i$相减，使得真正加到基本放大器的净输入信号 $\dot{X}_i'$减小。

(2) 反馈深度 $D=1+AF$，它是一个表征反馈强弱的物理量。

我们把 $D\gg1$ 或 $AF\gg1$ 称为“深负反馈条件”。在深负反馈条件下，反馈信号 $\dot{X}_f$近似等于输入信号 $\dot{X}_i$，而真正加到基本放大器的净输入信号 $\dot{X}_i'$将很小。这一结论，将大大简化反馈放大器的分析计算。

(3) 在深负反馈条件下，因为 $AF\gg1$，所以

$$A_f=\frac{A}{1+AF}\approx\frac{1}{F} \tag{2.6.7}$$

这是一个重要关系式。它表明，在深负反馈条件下，闭环增益主要决定于反馈系数，而与开环增益关系不大。

2.6.2 负反馈放大电路的分析方法

1. 反馈放大电路的分类

1) 正反馈与负反馈

根据反馈极性的不同，可将反馈分为正反馈和负反馈。

正反馈：引入的反馈信号增强了外加输入信号的作用，使得电路的放大倍数提高。

负反馈：引入的反馈信号削弱了外加输入信号的作用，使得电路的放大倍数降低。

2) 直流反馈与交流反馈

如果反馈信号中只包含直流成分，那么反馈为直流反馈；如果反馈信号中只包含交流成分，那么反馈为交流反馈；有些情况下，反馈信号中既包含直流成分又包含交流成分的，这种反馈为交直流反馈。引入直流负反馈的目的是要稳定放大器的静态工作点，引入交流负反馈的目的是要改善放大电路的性能(放大倍数除外)。

3) 电压反馈与电流反馈

按反馈网络与基本放大器输出端的连接方式不同，反馈分为电压反馈与电流反馈。

如图 2.6.3(a)所示，反馈信号取自输出电压，称为电压反馈，其反馈信号正比于输出

电压，它取样的输出电压为并联连接。在图 2.6.3(b)中，反馈信号取自输出电流，反馈信号与输出电流成正比，称为电流反馈。

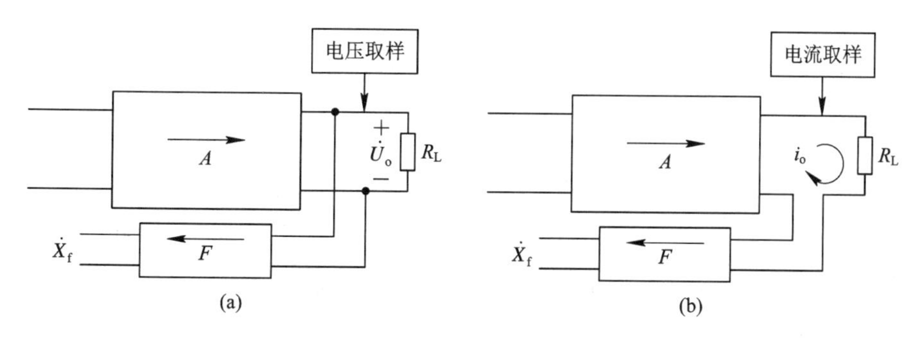

图 2.6.3　电压反馈与电流反馈

由此可见，电压反馈和电流反馈的判别是按照放大器输出端的取样特征来确定的。

4) 串联反馈与并联反馈

按反馈网络与基本放大器输入端的连接方式不同，反馈有串联反馈和并联反馈之分。

如图 2.6.4(a)所示，反馈网络串联在基本放大器的输入回路中，净输入电压 $\dot{U}_i'$ 等于输入电压 $\dot{U}_i$ 与反馈电压 $\dot{U}_f$ 之差，即

$$\dot{U}_i' = \dot{U}_i - \dot{U}_f \tag{2.6.8}$$

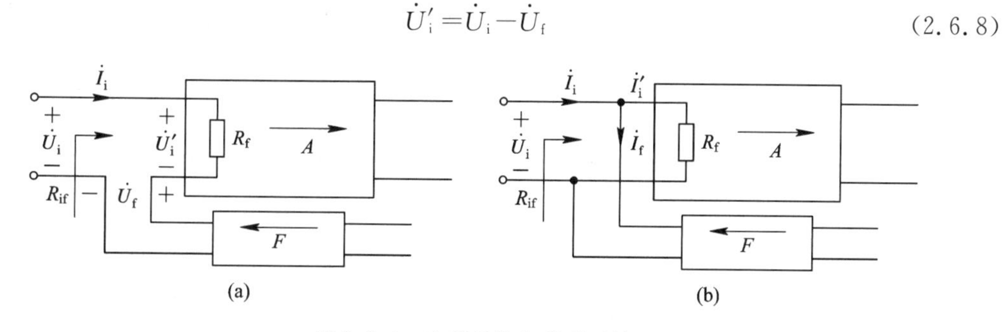

图 2.6.4　串联反馈和并联反馈

在图 2.6.4(b)的电路中，反馈网络直接并联在基本放大器的输入端，反馈信号与输入信号在基本放大器输入端以节点方式联结在一起。在这种反馈方式中，用节点电流描述较为方便，即放大器净输入电流 $\dot{I}_i'$ 为

$$\dot{I}_i' = \dot{I}_i - \dot{I}_f \tag{2.6.9}$$

反馈网络与基本放大器在输入、输出端有不同的连接方式，根据输入端连接方式的不同，反馈分为串联反馈和并联反馈；根据输出端连接方式的不同，反馈分为电压反馈和电流反馈。因此，负反馈电路可分为以下四种类型：串联电压负反馈、串联电流负反馈、并联电压负反馈与并联电流负反馈。

2. 反馈类型的判别方法

1) 正反馈与负反馈的判别方法

判断正负反馈常用的方法——瞬时极性法如下。

假设某一瞬时输入信号的变化处于极性(用符号“⊕”“⊖”表示)，从输入端沿放大电路

中信号的传递路径到输出端，逐级推出电路中其他有关各点信号瞬时变化的极性，最后看反馈到输入端信号的极性与原来的信号相比是增强了还是削弱了，若增强了，输入信号的作用则为正反馈，否则为负反馈。

例如，用瞬时极性法判断图 2.6.5 中各图反馈的类型。

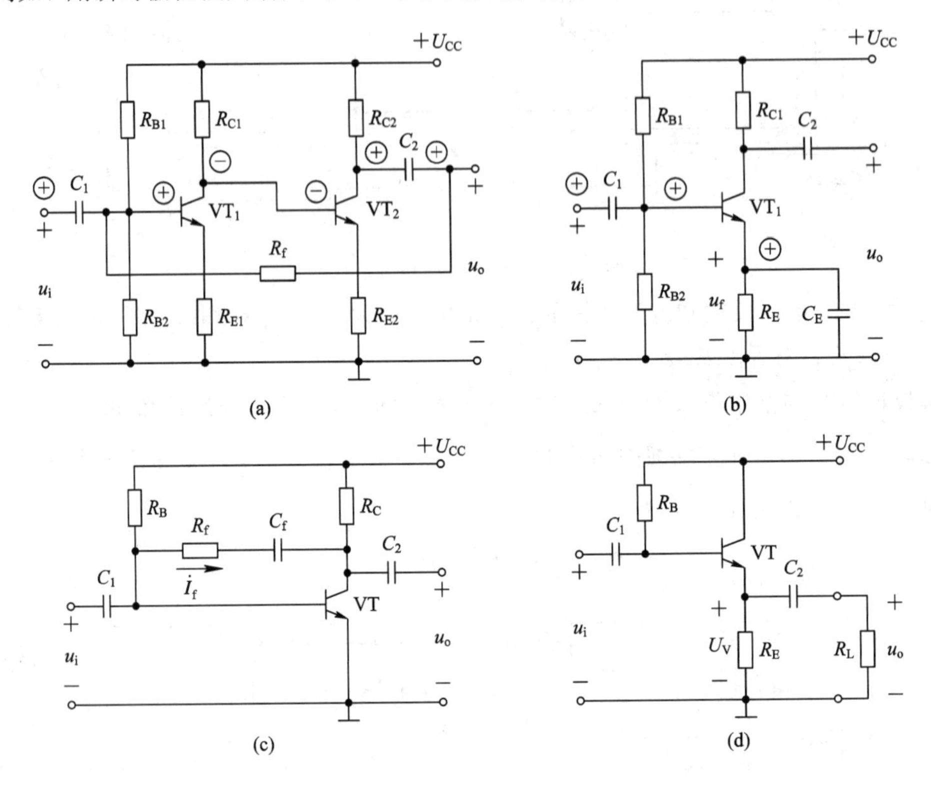

图 2.6.5 反馈类型的判别

在图 2.6.5(a)中，反馈元件是 R_f，设输入信号瞬时极性为⊕，由共射电路基极和集电极的反相特性可知，VT_1集电极(也是 VT_2的基极)电位为⊖，而 VT_2集电极电位为⊕，电路经 C_2的输出端电位为⊕，经 R_f反馈到输入端后使原输入信号得到加强(输入信号与反馈信号同相)，因而由 R_f构成的反馈是正反馈。

在图 2.6.5(b)中，反馈元件是 R_E，当输入信号瞬时极性为⊕时，基极电流与集电极电流瞬时增加，使发射极电位瞬时为⊕，结果净输入信号被削弱，因而该反馈是负反馈。同样，亦可用瞬时极性法判断出，图 2.6.5(c)、(d)中的反馈也是负反馈。

2) 交流、直流反馈的判别方法

可以通过观察放大器中的反馈元件出现在哪种电流通路中来判断反馈类型。若出现在交流通路中，则该元件起交流反馈作用，若出现在直流通路中，则起直流反馈作用。在图 2.6.5(b)中，反馈信号的交流成分被 C_E旁路掉，在 R_E上产生的反馈信号只有直流成分，因此该反馈是直流反馈；而图 2.6.5(c)中的反馈信号通道(C_f、R_f支路)仅通交流，不通直流，故该反馈为交流反馈。

3) 电压、电流反馈的判别

这项判别是根据反馈信号与输出信号之间的关系来确定的，也就是要判断输出取样的内容是电压还是电流。换句话说，当负载变化时，反馈信号与什么输出量成正比，就是什么反馈。可见，作为取样对象的输出量一旦消失，则反馈信号也必随之消失。由此，常采取负载电阻 R_L 短路法来进行判断。具体方法是：

假设将负载 R_L 短路使输出电压为零，即 $u_o=0$，而 $i_o\neq 0$。此时若反馈信号也随之为零，则说明反馈是与输出电压呈正比，该反馈为电压反馈；若反馈依然存在，则说明反馈量不与输出电压呈正比，该反馈应为电流反馈。

图 2.6.5(a)中，反馈信号接在放大器的输出端上，令 $u_o=0$，反馈信号 i_f 随之消失，故为电压反馈。

而图 2.6.5(b)中，反馈信号没有接在放大器的输出端上，令 $u_o=0$，反馈信号 $u_f(=i_eR_E)$ 依然存在，故为电流反馈。

4）串联、并联反馈的判别

按照串联反馈与并联反馈的概念，可以根据反馈信号与输入信号在基本放大器输入端的连接方式来判断反馈类型。如果反馈信号与输入信号是串接在基本放大器输入端的，则为串联反馈；如果反馈信号与输入信号是并接在基本放大器输入端的，则为并联反馈。

并联反馈可以在输入端找到反馈信号与输入信号在基本放大器输入端联结在一起的节点。另外，并联反馈中反馈信号与输入信号在放大器输入回路中是以电流形式相叠加的，即

$$\dot{I}_i'=\dot{I}_i-\dot{I}_f$$

串联反馈不能在输入端找到反馈信号与输入信号在基本放大器输入端联结在一起的节点。并且，串联反馈中反馈信号与输入信号在放大器输入回路中是以电压形式相叠加的，即

$$\dot{U}_i'=\dot{U}_i-\dot{U}_f$$

图 2.6.5(c)中，$\dot{I}_i'=\dot{I}_i-\dot{I}_f$，该反馈为并联负反馈；

图 2.6.5(d)中，$\dot{U}_i'=\dot{U}_i-\dot{U}_f$，该反馈为串联负反馈。

同理，图 2.6.5(a)为并联反馈，图 2.6.5(b)为串联反馈。

总结以上分析结果：图 2.6.5(a)为 电压并联正反馈，图 2.6.5(b)为电流串联负反馈，图 2.6.5(c)为电压并联负反馈，图 2.6.5(d)为电压串联负反馈。

3. 反馈类型判别举例

1）电压串联负反馈

图 2.6.6(a)中的电路由两级放大电路构成，电阻 R_f 和电容 C_f 将第二级(VT_2)的输出回路与第一级(VT_1)的输入回路联系起来，R_f、C_f 即为反馈元件。由于它们的存在，电路的输出电压 u_o 的一部分被送回到了第一级放大器的输入回路中。从该电路的交流通路可以更清楚地看到这一点，如图 2.6.6(b)所示。反馈元件 R_f(C_f 在交流通路中视为短路不再出现)与 R_{E1} 组成了反馈电路，R_{E1} 上的电压降 u_F 即为反馈信号。忽略 VT_1 的发射极电流 i_{E1} 在 R_{E1} 上的压降，则反馈电压为

$$u_F\approx\frac{R_{E1}}{R_{E1}+R_f}u_o \tag{2.6.10}$$

由此式可见，反馈信号与输出电压成正比(或者当令 $u_o=0$ 时，u_F 随之消失)，故为电压反馈。从图 2.6.6(b)可以看出，反馈信号 u_F 与输入信号 u_I 以串联方式连在了输入回路中，故为串联反馈。按照瞬时极性法，设 VT_1 基极输入信号瞬时极性为⊕，则经两极反相后传至 VT_2 集电极为⊕，再经反馈元件 C_f、R_f 回传至 VT_1 发射极亦为⊕，结果使 VT_1 的净输入信号 $u_{BE}=u_I-u_F$ 减小，因此这种反馈为负反馈。

综上所述，图 2.6.6(a)电路是一个电压串联负反馈放大器。

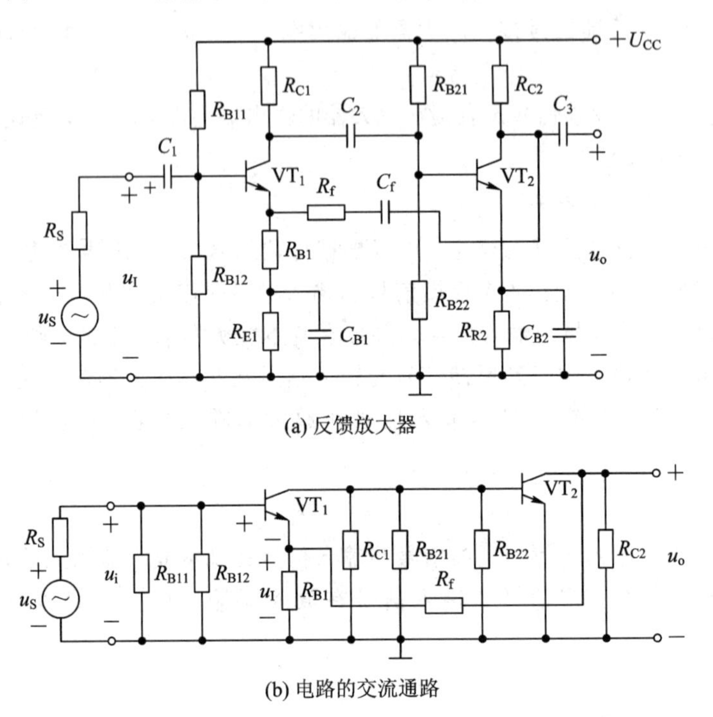

(a) 反馈放大器

(b) 电路的交流通路

图 2.6.6　电压串联负反馈放大器

2) 电压并联负反馈

图 2.6.7(a)中的电路的反馈元件 R_f 跨接在输出与输入回路之间，它将放大器的输出电压引到输入回路中(三极管的基极)。

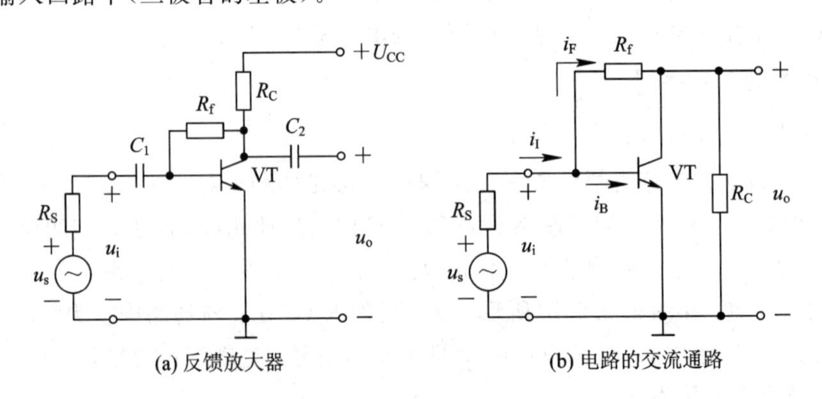

(a) 反馈放大器　　(b) 电路的交流通路

图 2.6.7　电压并联负反馈放大器

放大器的交流通路如图 2.6.7(b)所示。由交流通路可以看出，反馈信号是以电流 i_F 的

形式出现的，反馈电流为

$$i_F=\frac{u_B-u_o}{R_f}$$

通常 $u_o \gg u_B$，所以

$$i_F=\frac{u_o}{R_f} \qquad (2.6.11)$$

可见，反馈信号与输出电压成正比，故是电压反馈；而在输入回路中有反馈节点(三极管 B 极)，故为并联反馈。

根据瞬时极性法，设输入电压瞬时极性为⊕，由共射电路的反相作用，输出电压的瞬时极性为⊖，按照图 2.6.7(b)所设电流正方向，流过 R_f 的反馈电流 $i_F(=i_I-i_B)$将增加，因而使净输入电流 i_B减少，故为负反馈。

综上所述，图 2.6.7(a)中的电路是一个电压并联负反馈放大器。

2.6.3　负反馈对放大电路性能的影响

负反馈使放大电路增益下降，但可使放大电路很多方面的性能得到改善，例如，提高放大倍数的稳定性、减小非线性失真、展宽通频带、抑制噪声、改变输入输出电阻等。下面分析负反馈对放大电路主要性能的影响。

1. 提高增益的稳定性

由于负载和环境温度的变化、电源电压的波动和器件老化等因素，放大电路的放大倍数会发生变化。通常用放大倍数相对变化量的大小来表示放大倍数稳定性的优劣，相对变化量越小，则稳定性越好。

设信号频率为中频，则式(2.6.6)中各量均为实数。对式(2.6.6)求微分，可得

$$\frac{dA_f}{A_f}=\frac{1}{1+AF}\frac{dA}{A} \qquad (2.6.12)$$

可见，引入负反馈后放大倍数的相对变化量 dA_f/A_f 为未引入负反馈时的相对变化量 dA/A 的 $1/(1+AF)$倍，即放大倍数的稳定性提高到未加负反馈时的$(1+AF)$倍。

当反馈深度$(1+AF)\gg 1$ 时称为深度负反馈，这时 $A_f \approx 1/F$，说明深度负反馈时，放大倍数基本上由反馈网络决定，而反馈网络一般由电阻等性能稳定的无源线性元件组成，基本不受外界因素变化的影响。因此放大倍数比较稳定。

2. 减小失真和扩展通频带

1) 减小放大电路引起的非线性失真

引入负反馈后可以减小放大电路引起的非线性失真，其原理可用图 2.6.8 加以说明。

设输入信号 x_i为正弦波，无反馈时放大电路的输出信号 x_o为正半周幅度大、负半周幅度小失真正弦波，如图 2.6.8(a)所示。引入负反馈时，这种失真被引回到输入端，x_f也是正半周幅度大而负半周幅度小的波形，由于 $x_{id}=x_i-x_f$，因此 x_{id}波形变为正半周幅度小而负半周幅度大的波形，即通过反馈使净输入信号产生预失真，这种预失真正好补偿了放大电路非线性引起的失真，使输出波形 x_o接近正弦波，如图 2.6.8(b)所示。根据分析，加反馈后非线性失真减小为无反馈时的 $1/(1+AF)$。

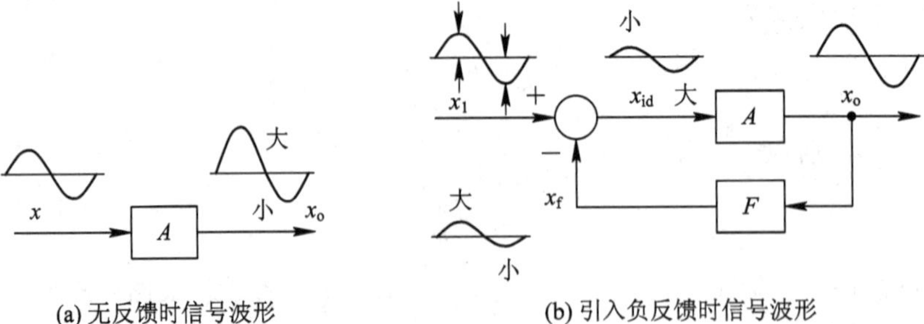

(a) 无反馈时信号波形　　(b) 引入负反馈时信号波形

图 2.6.8　负反馈减小非线性失真

必须指出：负反馈只能减小放大电路内部引起的非线性失真，对于信号本身固有的失真则无能为力。此外，负反馈只能减小而不能消除非线性失真。

2) 扩展通频带

图 2.6.9 为放大电路在无负反馈和有负反馈时的幅频特性 $A(f)$ 和 $A_f(f)$ 示意图，图中 A_m、f_L、f_H、BW 和 A_{mf}、f_{LI}、f_{HI}、BW_f 分别为无、有负反馈时的中频放大倍数、下限频率、上限频率和通频带宽度。可见，加负反馈后的通频带宽度比无负反馈时的大。

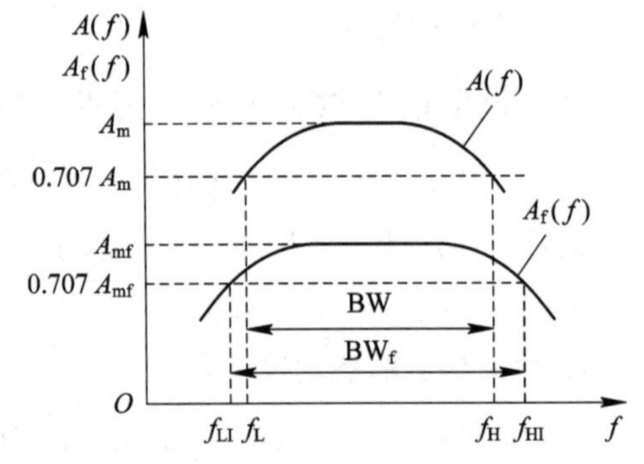

图 2.6.9　负反馈扩展通频带

扩展通频带的原理如下：当输入等幅不同频率的信号时，高频段和低频段的输出信号比中频段的小，因此反馈信号也小，对净输入信号的削弱作用小，所以高、低频段的放大倍数减小程度比中频段的小，从而扩展了通频带。

可以证明

$$BW_f = (1+AF)BW \tag{2.6.13}$$

3. 对输入电阻和输出电阻的影响

(1) 串联负反馈使输入电阻增大，并联负反馈使输入电阻减小。

设无负反馈时基本放大电路的输入电阻为 $R_i = \dot{U}_i'/\dot{I}_i$。引入串联负反馈时的闭合电路如图 2.6.4(a)所示，这时的输入电阻为 $R_{if} = \dot{U}_i/\dot{I}_i$，又因为 $\dot{U}_i = \dot{U}_i' + \dot{U}_f$，所以 $R_{if} = (1+AF)R_i$，即引入串联负反馈使输入电阻增大为原来的$(1+AF)$倍。

引入并联负反馈时的闭合电路如图 2.6.4(b)所示，由于两个支路并联，因此 R_{if} 小于 R_i。因为 $R_i = \dot{U}_i/\dot{I}_i'$，$R_{if} = \dot{U}_i/\dot{I}_i'$，又因为 $\dot{I}_i = \dot{I}_i' + \dot{I}_f$，所以 $R_{if} = R_i/(1+AF)$，即引入并联负反馈使输入电阻减小为原来的 $1/(1+AF)$。

(2) 电压负反馈使输出电阻减小，电流负反馈使输出电阻增大。

对负载而言，放大电路相当于一个带内阻的信号源，即可以把放大电路认为是一个电压源与内阻的串联。由电路知识可知，信号源内阻减小，负载变化时输出电压越稳定，而电压负反馈也是具有稳定输出电压的相同效果。所以可以认为，引入电压负反馈后，电路的输出电阻降低了。可以证明，输出电阻降低为原来的 $1/(1+AF)$。

同样，也可以把放大电路认为是一个电流源与内阻的并联。信号源内阻越大，负载变化时输出电流越稳定，而电流负反馈也具有稳定输出电流的相同效果。所以可以认为，引入电流负反馈后，电路的输出电阻提高了。可以证明，输出电阻提高为原来的$(1+AF)$倍。

以上是负反馈对放大电路的一些基本影响。我们可以根据对放大电路性能改善的不同要求，引入适当形式的反馈，简单总结见表 2.6.1。

表 2.6.1 不同形式的反馈对放大电路性能的改善

反馈类型	放大电路的性能改善
直流负反馈	稳定静态工作点
交流负反馈	改善放大器的动态性能，提高放大倍数的稳定性、减小非线性失真、展宽通频带、抑制噪声
电压负反馈	稳定输出电压，降低输出电阻
电流负反馈	稳定输出电流，提高输出电阻
串联负反馈	提高输入电阻
并联负反馈	降低输入电阻

负反馈只能改善反馈环节内的性能，而不能改善反馈环节外的性能，负反馈虽然改善了放大器的性能，但是付出的代价是放大倍数的下降。

(3) 深度负反馈情况下输入、输出电阻的估算。

对深度负反馈放大器的输入、输出电阻，在理想情况下，放大器的开环放大倍数近似为∞，并可以认为：

深度串联负反馈，$r_{if}\to\infty$；

深度并联负反馈，$r_{if}\to 0$；

深度电压负反馈，$r_{of}\to 0$；

深度电流负反馈，$r_{of}\to\infty$。

4. 抑制内部噪声和干扰

利用负反馈抑制放大器内部噪声与减少非线性失真的效果是一样的。负反馈使输出噪声下降为原来的 $1/(1+AF)$，如果输入信号本身不携带噪声和干扰，且其幅度可以增大，使输出信号分量保持不变，那么放大器的信噪比将提高为原来的$(1+AF)$倍。

模块小结

1. 半导体三极管通常是指双极型三极管，简称三极管，它具有两个 PN 结(发射结和集电结)和三个电极(发射极 E、集电极 C 和基极 B)。

三极管通常有饱和、放大和截止三种工作状态。

三极管工作在放大状态的外部条件是：发射结正偏，集电结反偏。在放大状态时有$\Delta I_C=\beta\Delta I_B$，$I_E=I_B+I_C=(1+\beta)I_B(\beta\geqslant 1)$。三极管放大的实质是以很小的基极电流控制较大的集电极电流，所以三极管是电流控制器件。

三极管构成放大电路可有不同的连接方式，但它们的共同点都是需要有正向偏置的发射结和反向偏置的集电结，因为它们的载流子传输过程是相同的。

2. 放大电路有共发射极放大电路、共集电极放大电路和共基极放大电路3种基本放大电路。

3. 放大电路的分析方法有：

(1) 求静态工作点的方法有估算法和图解法。

(2) 放大电路的微变等效电路分析法：先画出基本放大电路的交流通路图、放大电路的微变等效电路，再计算放大电路的电压放大倍数 A_u、输入电阻 r_i 和输出电阻 r_o。

4. 多级放大电路的增益是各级放大电路的增益之和。即

$$G_u = G_{u1} + G_{u2} + \cdots + G_{un} \quad \text{(dB)}$$

5. 功率放大器是一种向负载提供功率的放大器，集成功率放大器广泛应用于各种电子电气设备中。

6. 把输出信号的一部分或全部通过一定的方式引回到输入端的过程称为反馈。

直流负反馈影响放大电路的直流性能，常用以稳定静态工作点；交流负反馈用来改善放大电路的交流性能。应用中常根据预稳定的量、对输入输出电阻的要求和信号源及负载情况等选择反馈类型。

过关训练

2.1　一个三极管接在放大电路中，看不出它的型号，也无其他标志，但可测出它的三个电极的对地电位为 $U_1=5$ V，$U_2=1.2$ V，$U_3=1$ V。试判定该管为何种导电类型？是硅管还是锗管？并确定E、B、C极。

2.2　当一个三极管的 $I_B=10$ μA，$I_C=1$ mA时，我们能否从这两个数据来确定它的电流放大系数？什么时候可以确定它的电流放大系数？什么时候不可以确定它的电流放大系数？

2.3　画出PNP型三极管所组成的单级共射极基本放大电路，标出电源电压的极性，并标明静态工作电流 I_B 及 I_C 的实际流向和静态电压 U_{BE}、U_{CE} 的实际极性。

2.4　已知两只晶体管的电流放大系数 β 分别为100和50，现测得放大电路中这两只管子两个电极的电流如题2.4图所示。分别求另一电极的电流，标出其实际方向，并在圆圈中画出管子。

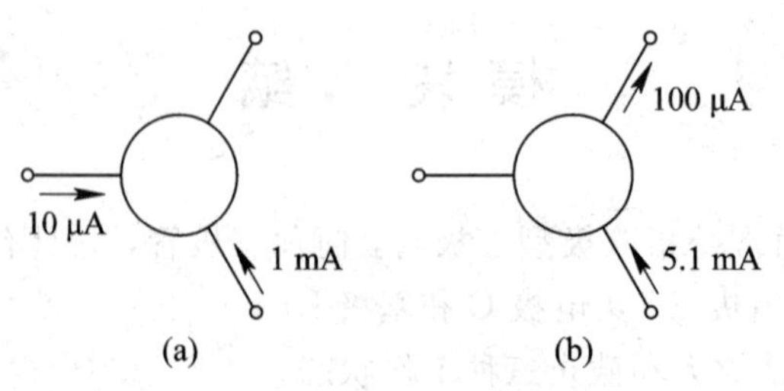

题2.4图

2.5　有两个双极型三极管：A管的 $\beta=200$，$I_{CEO}=200$ μA；B管的 $\beta=50$，$I_{CEO}=50$ μA，

其他参数相同，实际中应选用哪一个？

2.6　电路如题 2.6 图所示，已知 $U_{CC}=20\ V$，$R_B=500\ k\Omega$，$R_C=3\ k\Omega$，$r_{be}=1\ k\Omega$，$\beta=100$，忽略 U_{BE}。

(1) 画出该电路的直流通路图。

(2) 求出静态工作点 I_{BQ}、I_{CQ}、U_{CEQ}。

2.7　试用图解法确定题 2.7 图(a)所示电路的静态工作点 I_{CQ} 和 U_{CEQ}。题 2.7 图(b)为晶体管的输出特性曲线，该晶体管的 $U_{BE}=0.7\ V$。

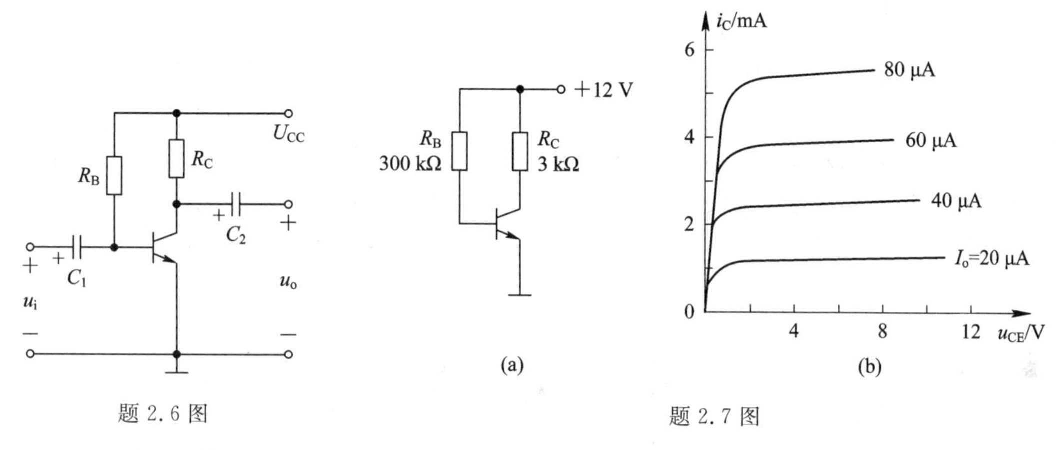

题 2.6 图　　　　题 2.7 图

2.8　共发射极放大电路如题 2.8 图所示，其中 $R_B=500\ k\Omega$，$R_C=R_L=5.1\ k\Omega$，$r_{be}=1\ k\Omega$，$\beta=42$。

(1) 估算电路的静态工作点。

(2) 画出电路的微变等效电路并计算电路的电压放大倍数 A_u。

(3) 计算电路的输入电阻 r_i、输出电阻 r_o。

2.9　放大电路如题 2.9 图所示。晶体管 $\beta=100$，$U_{BE}=0.6\ V$，$U_{CC}=32\ V$，$R_C=2\ k\Omega$，$R_E=2\ k\Omega$，$R_{B1}=47\ k\Omega$，$R_{B2}=33\ k\Omega$，$R_L=5.1\ k\Omega$。试计算该电路的静态工作点 I_{BQ}、I_{CQ} 和 U_{CEQ}。

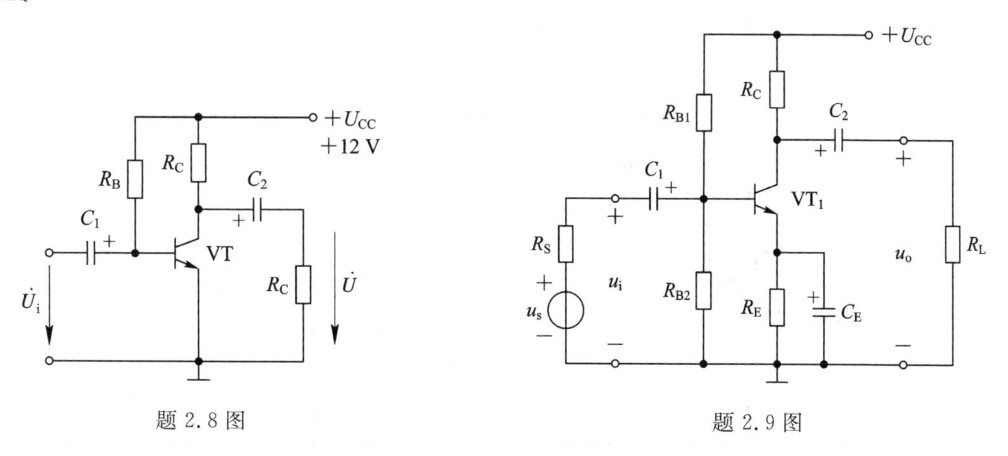

题 2.8 图　　　　题 2.9 图

2.10　电路如题 2.10 图所示。已知 $U_{CC}=6\ V$，$R_C=1.5\ k\Omega$，晶体管 $\beta=60$，$U_{BE}=0.7\ V$，欲使 $U_{CE}=3\ V$，问 R_B 应取多大？若 $U_{CC}=12\ V$，$R_C=5\ k\Omega$，$\beta=60$，要把 I_C 调到 1 mA，问 R_B 应取多大？此时 U_{CEQ} 多大？

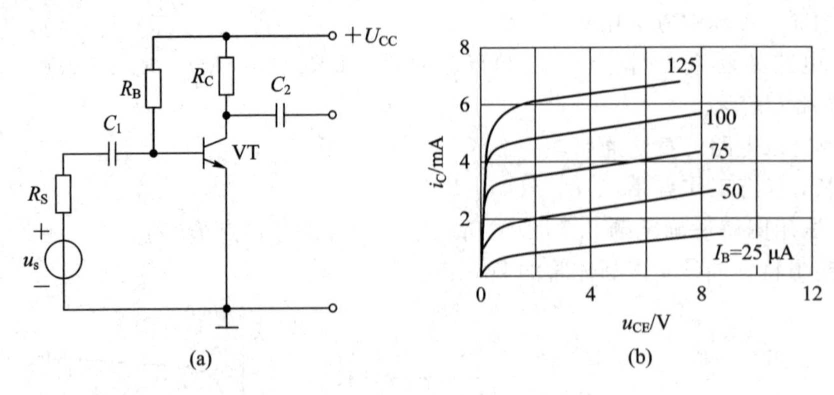

题 2.10 图

2.11 某共发射极电路如题 2.8 图所示，输入、输出波形如题 2.11 图所示，试判断该放大电路产生的失真是什么失真。图(a)为(　　)失真，图(b)为(　　)失真。

A. 饱和　　　　B. 截止　　　　C. 交越

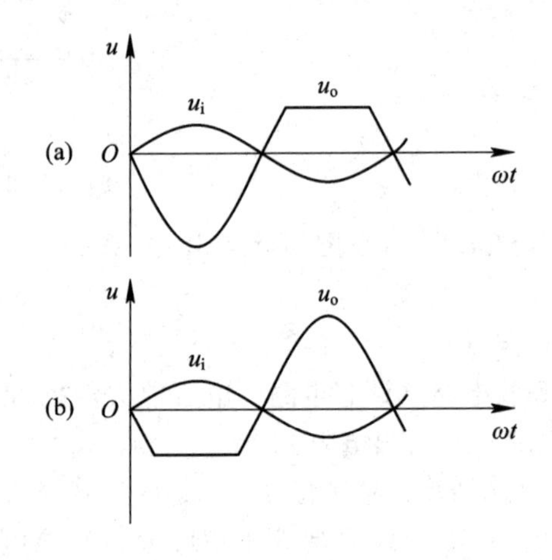

题 2.11 图

2.12 如果要求稳定输出电压，并提高输入电阻，应该对放大器施加什么类型的负反馈？

2.13 在题 2.13 图所示电路中，请判别电阻 R_f 引入的为何种反馈。

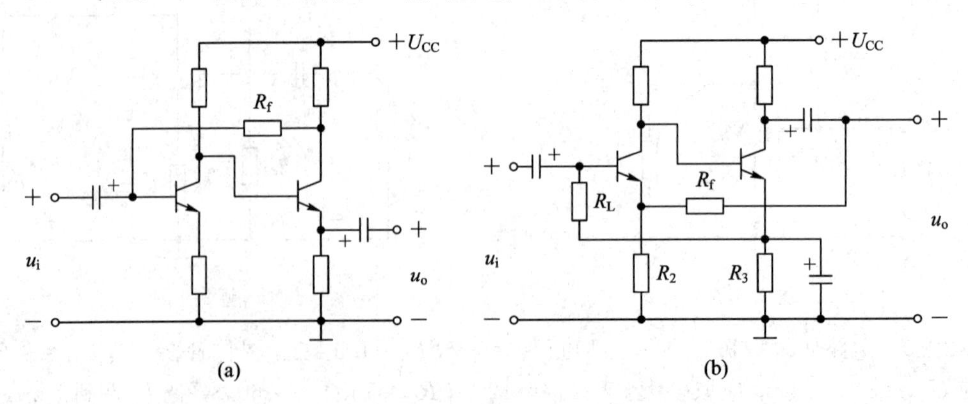

题 2.13 图

模块三

模拟集成电路基础

【问题引入】 随着集成电路技术的发展，以差分放大电路为基础的各种集成运算放大器迅速发展起来。由于集成电路中元器件密度高、外部接线少，因此大大提高了电子电路的可靠性和灵活性，从而促进了技术的发展。

【主要内容】 本模块首先简单介绍集成运算放大器(简称运算放大器)的基本结构和主要参数，运算放大器的简化电路模型和传输特性，以及理想集成运算放大器；然后介绍反相比例电路、同相比例电路、混合加减电路、微分电路、积分电路等基本线性运放电路；最后介绍集成运放的其他应用，包括单限比较器、迟滞比较器、取样-保持电路。

【学习目标】 了解集成电路的概念、集成运算放大器的基本组成和主要参数含义；掌握集成运算放大器的传输特性；掌握理想集成运算放大器的特点；掌握反相比例电路、同相比例电路、混合加减电路、微分电路、积分电路等基本线性运放电路；了解集成运放的其他应用。

任务1　集成运算放大器概述

集成电路简称IC(Integrated Circuit)，是相对分立元件而言的。集成运算放大器属于模拟集成电路中应用极为广泛的一种，简称集成运放或运算放大器。集成运算放大器是具有很高开环电压放大倍数的直接耦合放大器，用于模拟运算、信号处理、产生滤液、电路比较等。它已取代绝大部分由分立元件构成的上述功能电路。

3.1.1　集成运算放大器的基本组成

集成运算放大器是一种集成化的半导体器件。它是一个具有很高放大倍数，能直接耦合的多级放大电路，可以简称集成运放组件。集成运放组件有许多不同的型号，每一种型号的内部线路都不相同，但从电路的总体结构来看，所有集成运算放大器电路基本上都是由输入级、中间级、输出级和偏置电路四部分组成的，如图3.1.1所示。输入级一般采用有恒流源的双输入端的差分放大电路，其目的是减小放大电路的零点漂移，提高输入阻抗。中间级的主要作用是放大电压，以使整个集成运算放大器有足够高的电压放大倍数。输出级一般采用射极输出器构成的电路，其目的是实现与负载的匹配，使电路有较大的功率输出和较强的带负载的能力。偏置电路的作用是为上述各级电路提供稳定、合适的静态工作点，一般由各种恒流源电路组成。

集成运放的常用符号如图 3.1.2(a)所示，国家标准符号如图 3.1.2(b)所示。图中标“+”号的一端为同相输入端，该端信号相位与输出信号相位相同。图中标“-”号的一端为反相输入端，该端信号相位与输出信号相位相反。

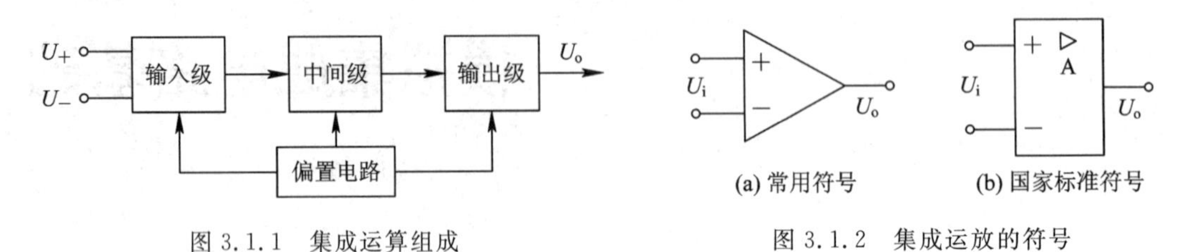

图 3.1.1　集成运算组成　　　　图 3.1.2　集成运放的符号

3.1.2　集成运算放大器的主要参数

集成运算放大器的主要指标如下。

(1) 开环差模电压放大倍数(A_{od})：开环差模电压放大倍数是指不接外部反馈元件(开环)的条件下，对差模信号的增益，表示为 $A_{od}=\Delta U_{od}/\Delta U_{id}$。

(2) 差模输入电阻(r_{id})和输出电阻(r_o)：差模输入电阻是一个动态电阻，定义为差模电压增量与相应差模电流增量的比值，表示为 $r_{id}=\Delta U_{id}/\Delta I_{id}$。差模输出电阻也是一个动态电阻，定义为在开环的条件下，输出电压的增量与相应输出电流的增量的比值，表示为 $r_o=\Delta U_o/\Delta I_o$。

(3) 共模抑制比 K_{CMR}：共模抑制比是指差模电压放大倍数与共模电压放大倍数的比值，表示为 $K_{CMR}=A_{ud}/A_{uc}$，或用对数形式表示为 $K_{CMR}=20\lg A_{ud}/A_{uc}$(dB)。

3.1.3　集成运算放大器的简化电路模型及传输特性

1. 运算放大器的电路模型

根据放大电路的相关知识，可将运算放大器看成一个简化的具有端口特性的器件。因此运算放大器可用一个包含输入端口、输出端口及供电端的电路模型表示，如图 3.1.3 所示，主要参数见图中标注。

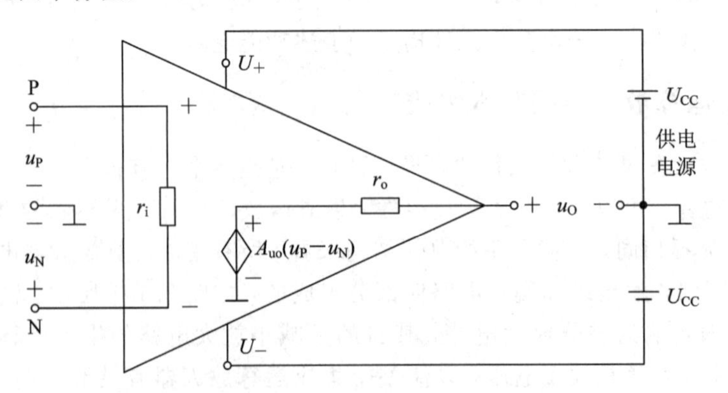

图 3.1.3　运算放大器的电路模型

2. 集成运放的线性传输特性

集成运算放大器的电压传输特性如图 3.1.4 所示。图中横坐标为 $u_i = u_+ - u_- = \Delta u$，图中实线表示理想集成运算放大器的电压传输特性。

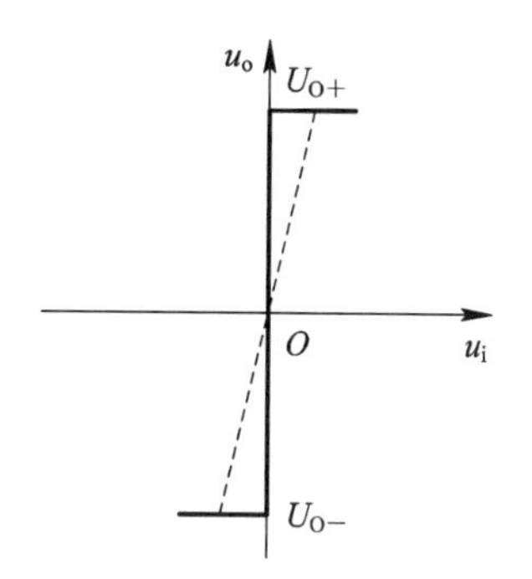

图 3.1.4　运算放大器的电压传输特性

(1) 在线性区内，集成运放的电压传输特性可以表达为 $u_o = A_{od}(u_+ - u_-)$，从该式中可以发现输出电压与输入电压的差值 Δu 呈线性关系。集成运放工作在线性区时，存在两个重要特征，即“虚短”和“虚断”。由于理想情况下集成运放的差模输入电阻 $r_{id} \to \infty$，因此两输入端电流为零，即 $i_+ = i_- = 0$，也就是说，集成运放在线性区时，其同相输入端和反相输入端的电流均为零，集成运放的这一特点称为“虚断”，即虚假断路。理想集成运放的开环差模电压放大倍数 $A_{od} \to \infty$，而输出电压 u_o 是有限的值，则得到 $u_+ - u_- = u_o / A_{od} = 0$，由此可以得出 $u_+ = u_-$，即集成运放工作在线性区时，其同相输入端和反相输入端的电压相等，这一特点称为“虚短”，即虚假短路。

(2) 在非线性区内，理想集成运放不存在“虚短”，即 $u_+ \neq u_-$。但是由于理想情况下的输入电阻 $r_{id} = \infty$，因此两输入端的输入电流 $i_+ = i_- = 0$，即“虚断”这一特点在非线性区仍然存在。

实际分析集成运放电路时，首先应将实际运放视为理想运放，然后判别运放的工作区域，最后按工作区域的特性进行电路分析。

【例 3.1.1】 电路如图 3.1.3 所示，运放的开环电压增益 $A_{od} = 2\times10^5$，输入电阻 $r_i = 0.6\ \mathrm{M\Omega}$，电源电压 $U_+ = +12\ \mathrm{V}$，$U_- = -12\ \mathrm{V}$。

(1) 试求当 $u_o = \pm U_{om} = \pm 12\ \mathrm{V}$ 时，输入电压的最小幅值 $u_P - u_N$ 为多少？

(2) 输入电流 i_i 为多少？

解　(1) 由

$$u_P - u_N = \frac{u_o}{A_{od}}$$

当 $u_o = \pm U_{om} = \pm 12\ \mathrm{V}$ 时，

$$u_P - u_N = \pm \frac{12\ \mathrm{V}}{(2\times10^5)} = \pm 60\ \mu\mathrm{V}$$

(2) 输入电流为

$$i_i = \frac{(u_P - u_N)}{r_i} = \pm \frac{60\ \mu\mathrm{V}}{0.6\ \mathrm{M\Omega}} = \pm 100\ \mathrm{pA}$$

【例 3.1.2】 电路如图 3.1.3 所示，运放的开环电压增益 $A_{od} = 2\times10^5$，输入电阻 $r_i = 0.6\ \mathrm{M\Omega}$，电源电压 $U_+ = +12\ \mathrm{V}$，$U_- = -12\ \mathrm{V}$。画出传输特性曲线 $u_o = f(u_P - u_N)$，并说明运放的两个区域。

解　取 a 点($+60\ \mu\mathrm{V}$，$+12\ \mathrm{V}$)，b 点($-60\ \mu\mathrm{V}$，$-12\ \mathrm{V}$)，连接 a、b 两点得 ab 线段，其斜率 $A_{od} = 2\times10^5$。当 $|u_P - u_N| < 60\ \mu\mathrm{V}$ 时，电路工作在线性区；当 $|u_P - u_N| > 60\ \mu\mathrm{V}$，则运放进入非线性区。运放的电压传输特性如图 3.1.5 所示。

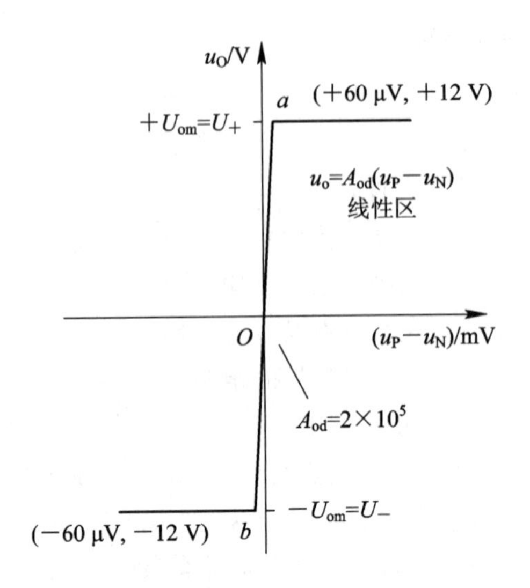

图 3.1.5　例 3.1.2 图

3. 集成运算放大器的保护措施

(1) 电源保护：接入二极管，利用二极管的单向导电性保证电源极性接反时不损坏运算放大器。

(2) 输入保护：采用在两差分输入端并联两组极性相反的二极管或双向稳压管的方法将输入电压限制在运算放大器差模输入电压的要求范围内。

(3) 输出保护：在输出与地之间并联双向稳压二极管，将输出电压限制在稳压管的稳定电压之内。

3.1.4　理想集成运算放大器

在分析运算放大器时，为了使问题的分析简化，通常把它看成一个理想元件。理想集成运放的主要特征是：

(1) 开环电压放大倍数 $A_{od}=\infty$；

(2) 差模输入电阻 $r_{id}=\infty$；

(3) 输出电阻 $r_o=\infty$；

(4) 共模抑制比 $K_{CMR}=\infty$。

当然，理想的运算放大器是不存在的。但是由于实际集成运算放大器的参数接近理想集成运算放大器的条件，常常可以把集成运算放大器看成理想元件。用分析理想运算放大器的方法分析和计算实际运算放大器，所得结果完全可以满足工程要求。

任务 2　基本线性运放电路

3.2.1　反相比例电路

反相比例电路如图 3.2.1 所示，它是反相输入运算电路中最基本的形式。由理想运放

两个重要结论可得

$$\begin{cases} u_- = u_+ = 0, \; I_i = I_f \\ \dfrac{u_i - u_-}{R_1} = \dfrac{u_- - u_o}{R_f} \\ \dfrac{u_i}{R_1} = -\dfrac{u_o}{R_f} \end{cases}$$

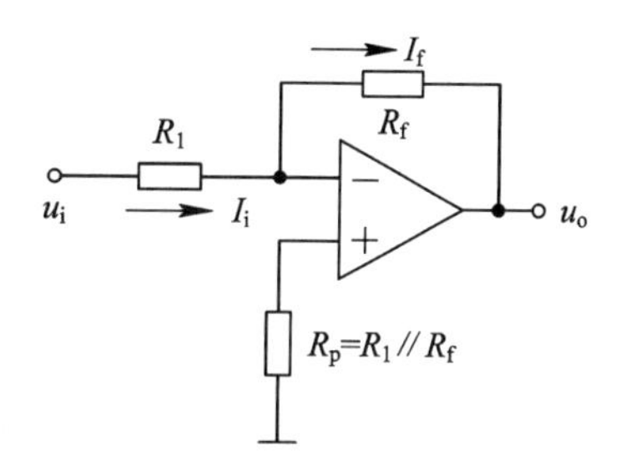

图 3.2.1　反相比例电路

所以

$$u_o = -\frac{R_f}{R_1} u_i \qquad (3.2.1)$$

式(3.2.1)表明 u_o 与 u_i 呈比例关系，比例系数为 R_f/R_1。式中负号表示输出电压与输入电压反相位，这就是反相比例电路名称的由来。

由式(3.2.1)可以看出，u_o 与 u_i 的关系与集成运算放大器的参数无关，仅与外部电阻 R_1 和 R_f 有关。只要电阻的精度和稳定性越高，计算的精度和稳定性就越高。

反相比例电路的输入阻抗是

$$r_i = \frac{u_i}{I_i} = \frac{R_1 I_i}{I_i} = R_1 \qquad (3.2.2)$$

反相比例电路具有以下特点。

(1) 输出与输入信号相位相反。

(2) 输出信号是输入信号的 R_f/R_1 倍，输出信号可能大于输入信号也可能小于输入信号。

(3) 输入阻抗较小，约等于 R_1。

(4) 输出阻抗较小。

(5) 同相输入端与反相输入端之间为虚短。

(6) 输入端存在虚地现象。

(7) 不存在共模输入信号。

【例 3.2.1】 如图 3.2.2 所示的直流毫伏表电路中，$R_2 \gg R_3$。

(1) 试证明 $u_s = (R_3 R_1 / R_2) I_m$。

(2) $R_1 = R_2 = 150\ \text{k}\Omega$，$R_3 = 1\ \text{k}\Omega$，输入信号电压 $u_s = 100\ \text{mV}$ 时，通过毫伏表的最大电流 $I_{m(max)} = ?$

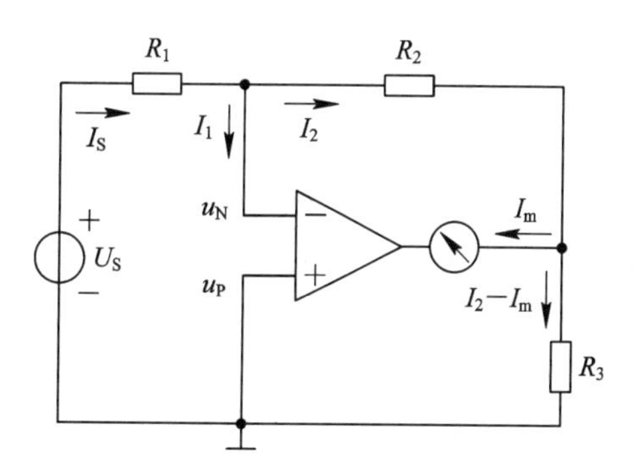

图 3.2.2　例 3.2.1 图

解　(1) 根据虚断有

$$I_1 = 0$$

所以

$$I_2 = I_s = \frac{u_s}{R_1}$$

根据虚短有

$$u_P = u_N = 0$$

又因为 R_2 和 R_3 相当于并联，所以

$$-I_2 R_2 = R_3 (I_2 - I_m)$$

所以

$$I_m = \left(\frac{R_2 + R_3}{R_3}\right) \frac{u_s}{R_1}$$

当 $R_2 \gg R_3$ 时，有

$$u_s = \left(\frac{R_3 R_1}{R_2}\right) I_m$$

（2）代入可得

$$I_{m(max)} = 151 \times \frac{100\ \text{mV}}{150\ \text{k}\Omega} \approx 0.1\ \text{mA}$$

【例 3.2.2】 有一电阻式压力传感器，如图 3.2.3 所示，其输出阻抗为 500 Ω，测量范围是 0～10 MPa，其灵敏度是 +1 mV/0.1 MPa，现在要用一个输入为 0～5 V 的标准表来显示这个压力传感器测量的压力变化，即需要一个放大器把压力传感器输出的信号放大到标准表输入所需要的状态，请设计这个放大器并确定各元件的参数。

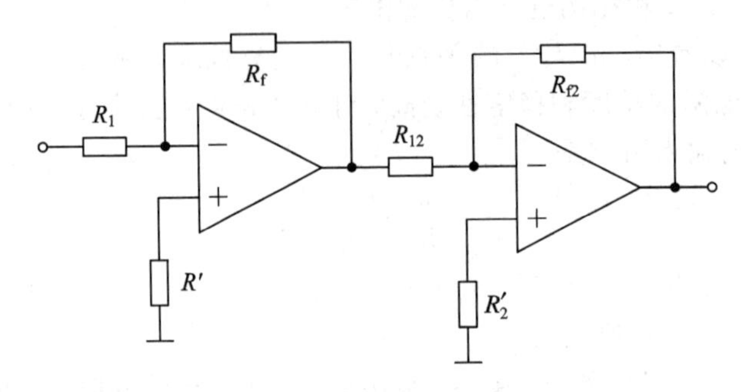

图 3.2.3 例 3.2.2 解图

解 因为压力传感器的输出阻抗较低，所以可采用由输入阻抗较小的反相比例电路构成的放大器。因为标准表的最高输入电压与压力传感器 10 MPa 时的输出电压值对应，传感器这时的输出电压为 100 mV，也就是放大器的最高输入电压，而这时放大器的输出电压应是 5 V，所以放大器的电压放大倍数是 $\frac{5}{0.1} = 50$ 倍。由于相位与需要相反，因此在第一级放大器后再接一级反相器，使相位符合要求。可根据以下条件来确定电路的参数。

（1）取放大器的输入阻抗是信号源内阻的 20 倍（可满足工程要求），即 $R_1 = 10\ \text{k}\Omega$。

（2）取 $R_f = 50R_1 = 500\ \text{k}\Omega$。

（3）取 $R' = R_1 /\!/ R_f = 9.8\ \text{k}\Omega$。

（4）运算放大器均采用 LM741。

（5）采用对称电源供电，电源电压可采用 10 V（因为放大器最大输出电压是 5 V）。

（6）$R_{f2} = R_{12} = 50\ \text{k}\Omega$。

（7）$R_2' = R_{12} /\!/ R_{f2} = 25\ \text{k}\Omega$，电路原理图如图 3.2.3 所示。

3.2.2 同相比例电路

同相比例电路如图 3.2.4 所示。

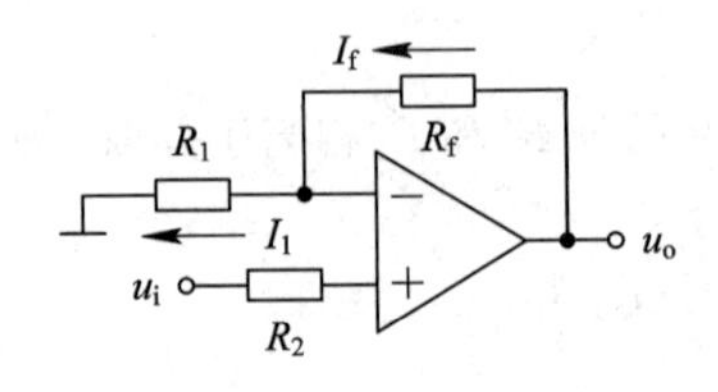

图 3.2.4 同相比例电路

（1）输出电压与输入电压的关系式：

电路为电压串联负反馈电路，由理想运放条件可得

$$u_- = u_+ = u_i,\ I_f = I_1$$

$$\frac{u_o - u_-}{R_f} = \frac{u_-}{R_1},\ \frac{u_o - u_i}{R_f} = \frac{u_i}{R_1}$$

$$u_o=\left(1+\frac{R_f}{R_1}\right)u_i \tag{3.2.3}$$

式(3.2.3)表明输出信号与输入信号呈比例关系。比例系数为 $1+R_f/R_1$，故称该电路为同相比例放大电路。

(2) 特例：

若令 $R_1=\infty$，$R_f=0$，$R_p=0$，则该电路便成为电压跟随器，如图 3.2.5 所示，$u_o=u_i$。

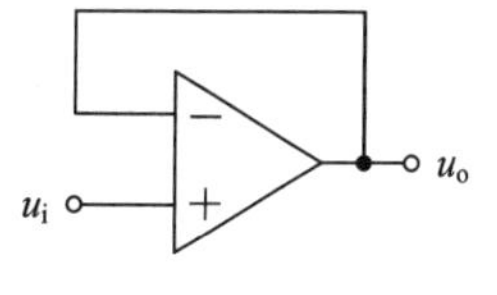

图 3.2.5　电压跟随器

(3) 放大倍数：

放大倍数可表达为

$$A_o=\frac{u_o}{u_i}=1+\frac{R_f}{R_1}$$

(4) 输入电阻和输出电阻：

作为放大器，其输出电阻为零，输入电阻为∞。

(5) 运算关系：

同相比例运算电路的运算关系和放大倍数仅与外围电路(反馈网络)有关，而与运放本身参数无关。

【例 3.2.3】 如图 3.2.6 所示，计算图中电路输出电压 u_o 的大小。

解　图 3.2.6 中的电路是一个电压跟随器，电源电压为 15 V，经两个 15 kΩ 的电阻分压后，在同相输入端得到 7.5 V 的输入电压。

因为 $u_o=u_i$，所以 $u_o=7.5$ V。

由例 3.2.3 可见，u_o只与电源电压和分压电阻有关，其精度和稳定性较高，可用作基准电压。

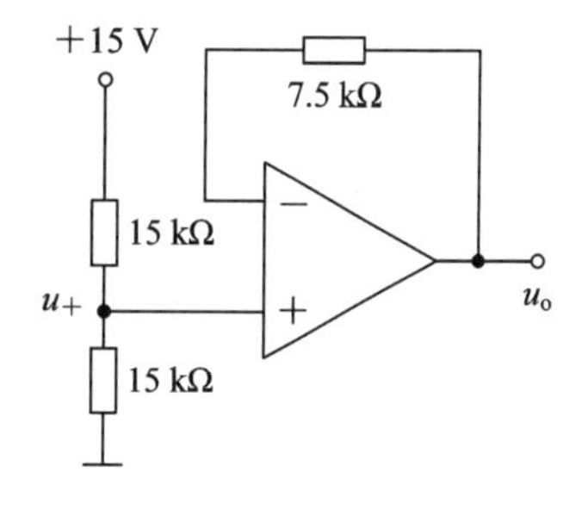

图 3.2.6　例 3.2.3 图

3.2.3　混合加减电路

图 3.2.7 是混合加法电路。一般要求 $R_1 /\!/ R_2 /\!/ R_f=R_3 /\!/ R_4 /\!/ R_5$。

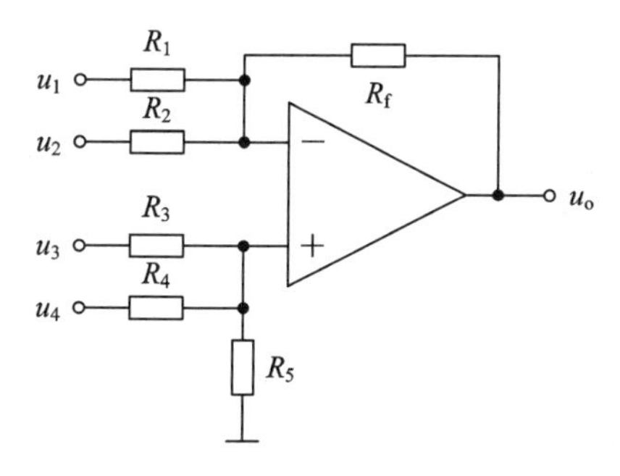

图 3.2.7　混合加减电路

由叠加定理可知：

(1) u_1在输出端的响应为 u_{o1}，令 u_2、u_3、u_4都为零，即都接地。此时 $u_-=u_+=0$，R_2两端无电位差，即 R_2中无电流，可以将 R_2开路或拿掉，观察该电路，即是标准的反相比例

放大器，直接写出 u_1 的响应，即

$$u_{o1}=-\frac{R_f}{R_1}u_1$$

（2）u_2 在输出端的响应为 u_{o2}，同理可得

$$u_{o2}=-\frac{R_f}{R_2}u_2$$

（3）u_3 在输出端的响应为 u_{o3}。R_1、R_2、R_4 左侧接地，根据电源等效变换，可将 u_3、R_3、R_4、R_5 等效为一个电动势 u_3' 和一个内阻 R_3' 串联，可表示为

$$u_3'=\frac{R_4 /\!/ R_5}{R_3+R_4 /\!/ R_5}u_3$$

$$R_3'=R_3 /\!/ R_4 /\!/ R_5$$

仔细观察该电路，它就是同相比例放大器。直接写出 u_3 的响应，即

$$u_{o3}=\left(1+\frac{R_f}{R_1 /\!/ R_2}\right)u_3'$$

$$u_{o3}=\left(1+\frac{R_f}{R_1 /\!/ R_2}\right)\frac{R_4 /\!/ R_5}{R_3+R_4 /\!/ R_5}u_3$$

（4）u_4 在输出端的响应为 u_{o4}，与第三步同理可得

$$u_{o4}=\left(1+\frac{R_f}{R_1 /\!/ R_2}\right)\frac{R_3 /\!/ R_5}{R_4+R_3 /\!/ R_5}u_4$$

（5）电路总响应 u_o 为

$$u_o=\sum_{j=1}^{4}u_{oj}=\left(1+\frac{R_f}{R_1 /\!/ R_2}\right)\frac{R_4 /\!/ R_5}{R_3+R_4 /\!/ R_5}u_3+\left(1+\frac{R_f}{R_1 /\!/ R_2}\right)\frac{R_3 /\!/ R_5}{R_4+R_3 /\!/ R_5}u_4-\frac{R_f}{R_1}u_1-\frac{R_f}{R_2}u_2$$

对以上电路进行讨论：

（1）若令 $u_3=u_4=0$，该电路称为反相比例加法器；

（2）若令 $u_1=u_2=0$，该电路称为同相比例加法器；

（3）若令 $u_2=u_4=0$，该电路称为比例减法器；

（4）该电路不采取叠加定理，直接由两个推论，即 $u_-=u_+$ 和 $I_{id}'=0$，也可以求出总响应。

3.2.4 微分电路

若把反相比例电路中的电阻 R_1 换成电容 C_1，则该电路就构成了微分运算电路，如图 3.2.8 所示。

根据电路可以得到

$$i_1=i_C=i_f,\ u_i=u_C,\ u_o=-i_fR_f,\ i_C=C_1\frac{du_C}{dt}$$

输出与输入电压关系为

$$u_o=-C_1R_f\frac{du_C}{dt}=-C_1R_f\frac{du_i}{dt} \tag{3.2.4}$$

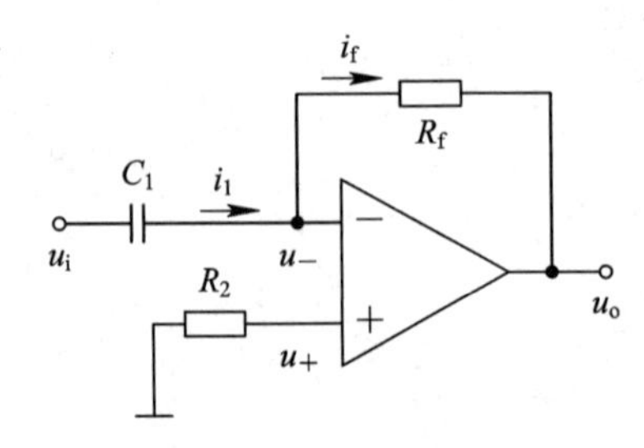

图 3.2.8 反相微分电路

式中，C_1R_f 称为微分时间常数。由于微分电路对输入电压的突变很敏感，因此很容易引起干扰，实际应用时多采用积分负反馈来获得微分。

3.2.5　积分电路

若把反相比例电路中的反馈电阻 R_f 换成电容 C_f，则该电路就构成了反相积分电路，如图 3.2.9 所示。

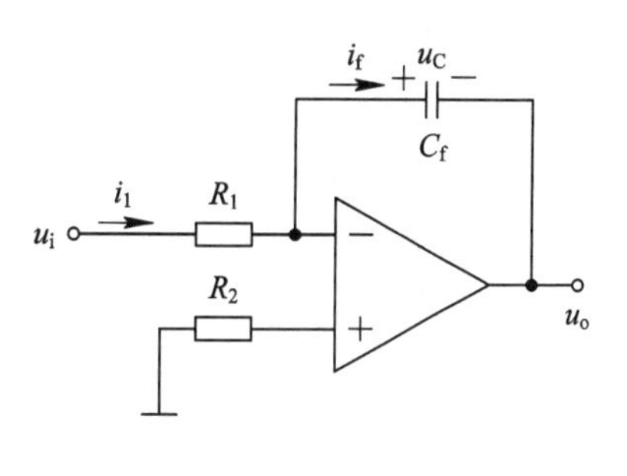

图 3.2.9　反相积分电路

由图 3.2.9 可知 $u_o=-u_C=-\frac{1}{C_f}\int i_f\mathrm{d}t=-\frac{1}{R_1C_f}\int u_i\mathrm{d}t$

输出与输入电压关系可表示为

$$u_o=-\frac{1}{C_fR_1}\int u_i\mathrm{d}t$$

当 $u_i=u$ 为直流时，

$$u_o=-\frac{u}{C_fR_1}t$$

任务 3　集成运放的其他应用

3.3.1　单限比较器

比较器是一种用来比较两个电压的电路，在很多电路中应用广泛。如图 3.3.1(a)所示的用运放构成的单限比较器，通过在输入端加限幅措施，避免了内部管子进入深度饱和区，从而提高响应速度。如图 3.3.1(b)所示的单限比较器，通过在输出端加限幅电路，使电路的正向输出幅度与负向输出幅度相等，而且还可以通过换稳压管得到不同正负输出电压。

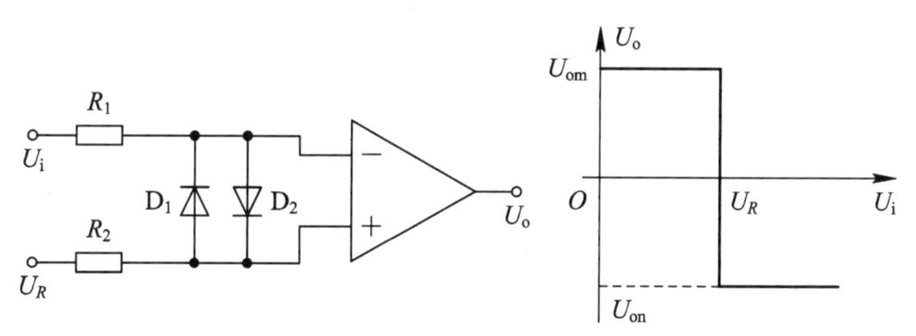

(a) 输入端反接硅开关两极管

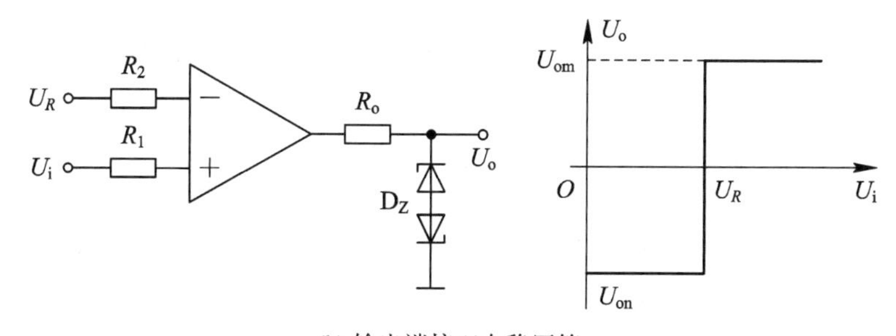

(b) 输出端接双向稳压管

图 3.3.1　单限比较器及其传输特性

3.3.2 迟滞比较器

单限比较器具有组成简单、灵敏度高的特点，但其抗干扰能力差。因此就有了改善这个缺点的迟滞比较器。如图 3.3.2(a)所示的迟滞比较器，在反相输入比较器的基础上引入了正反馈网络，它同样在输出端加限幅电路，图 3.3.2(b)为其传输特性。根据前面所学的知识，可得阈值电压公式为

$$\pm U_T = \pm \frac{R_1}{R_1 + R_2} \cdot U_Z$$

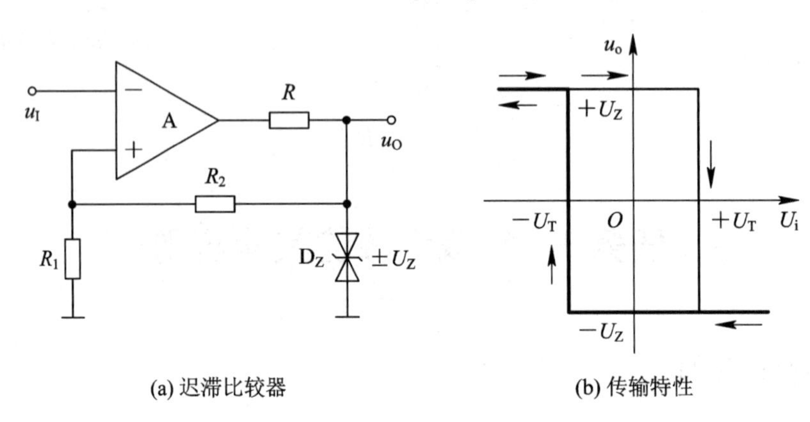

(a) 迟滞比较器　　(b) 传输特性

图 3.3.2　迟滞比较器及其传输特性

证明如下：

$$U_0 = \pm U_Z$$

$$u_N = u_I$$

$$u_P = \frac{R_1}{R_1 + R_2} \cdot u_O$$

令 $u_N = u_P$，得

$$\pm U_T = \pm \frac{R_1}{R_1 + R_2} \cdot U_Z$$

3.3.3 取样-保持电路

数字通信系统要求将模拟信号转换为数学信号，即进行 A/D 变换。这种变换的第一步是将模拟信号进行周期取样，例如话音信号的取样周期 $T=125\ \mu s$ 或取样频率为 $f=8000\ Hz$，取样脉冲持续时间为 $T_s=0.488\ \mu s$，并且要将取样信号保持一个周期，到下一个取样信号来到时为止。取样-保持电路及输入输出波形如图 3.3.3 所示。

图中 T 是 N 沟道结型场效应管，在电路中起开关作用，它受取样脉冲 $u(t)$的控制，在 $u(t)$正脉冲未到来时，R_1 上的电压，就是场效应管 T 的 U_{GS}，它低于 T 的夹断电压 U_P，使 T 截止。当 $u(t)$的正脉冲到来时，C_1起加速作用，使 U_{GS}为零，T 充分导通，电容 C 通过 T 与 A_1输出端相连，被充电，充电时间常数为

$$T_{充} = (r_{o1} + r_{DS})C \approx r_{DS} C$$

式中 r_{o1}为电压跟随器 A_1 的输出电阻，相对于场效管导通电阻 r_{DS}非常小，可以忽略。在 $u(t)$

截止期间，C 的放电时间常数为

$$T_{放}=[(r_{i2}+R_2)/\!/r_{DSoff}]C\approx\left(\frac{r_{i2}}{r_{DSoff}}\right)C$$

式中 r_{i2} 为电压跟随器 A_2 的输入电阻，r_{DSoff} 为 T 截止时的漏电阻。R_2 为保护 A_2 的电阻，防止突然断电等原因导致 C 上电压击穿 A_2，其阻值设置在数十千欧。$R_2\ll r_{i2}$，故可忽略。

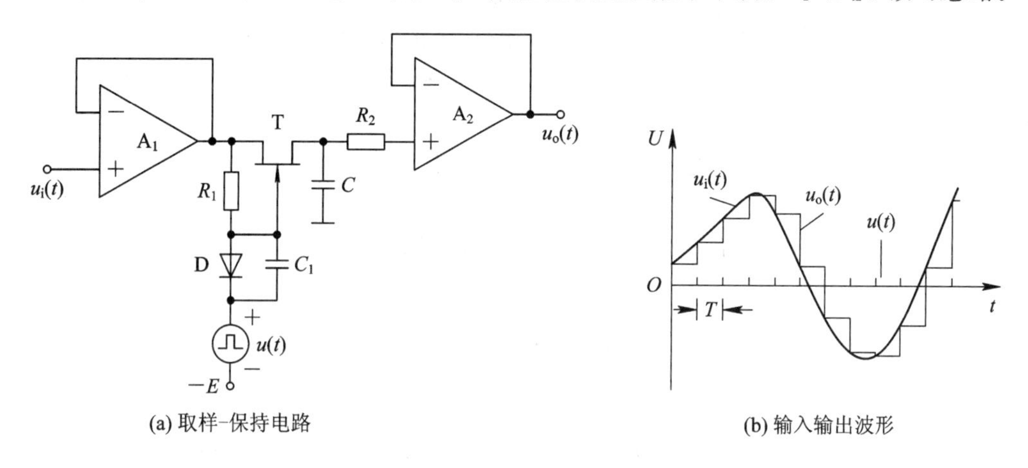

图 3.3.3　取样-保持电路及其输入输出波形

根据 RC 充放电原理可知，若要求在充电时间 T_s 内，充电电压达到输入电压的 99%，则充电时间 $T_s=4.6T_{充}=4.6r_{DS}C$。若要求在放电时间 $8T_s$ 内，放电电压保持在原电压的 99%，则放电(保持)时间为

$$8T_s=0.001T_{放}=0.001(r_{i2}/\!/r_{DSoff})C$$

设 $T=125$ us，$T_s=0.4883$ us，$C=470$ pF，则

$$r_{DS}=\frac{T_s}{4.6C}=\frac{0.4883\times10^{-6}}{4.6\times470\times10^{-12}}=226\ \Omega$$

$$r_{DSoff}/\!/r_{i2}=\frac{8T_s}{0.001C}=\frac{8\times0.4883\times10^{-6}}{0.001\times470\times10^{-12}}=8.3\ \text{M}\Omega$$

当然，在实际应用中，r_{DS} 越小越好，$r_{DSoff}/\!/r_{i2}$ 越大越好。其实，$r_{DSoff}/\!/r_{i2}$ 还应包含电容 C 自身的漏电阻。

模块小结

1. 运算放大器具有高电压放大倍数、高输入阻抗、低输出阻抗的特性。运算放大器可以在两种状态下工作，即线性状态和非线性状态。若使运算放大器工作于线性状态中，则必须引入负反馈。

2. 在放大器的两端分别输入的、大小相等且极性相同的信号称为共模信号，记作 u_{ic}，$u_{ic}=u_{i1}=u_{i2}$；在放大器的两端分别输入的、大小相等且极性相反的信号称为差模信号，记作 u_{id}，$u_{i1}=u_{id}/2$，$u_{i2}=-u_{id}/2$。

3. 集成运放是一个高增益、多级、直接耦合的线性放大器。集成运算放大器简称集成运放(或运放)。在各种集成模拟电路中，集成运算放大器是应用最广泛的器件。它通常由输入级、中间级、输出级和偏置电路四部分组成。它除了能对信号进行加减乘除、微分积分、指数对数等运算，也能对信号进行整流滤波、放大限幅比较等处理，还能产生正弦、三角、锯齿、多谐等振荡波形。

4. 理想运放的条件是：开环电压增益 $A_{od}=\infty$，差模输入电阻 $r_{id}=\infty$，输出电阻 $r_o=\infty$，共模抑制比 $K_{CMR}=\infty$，开环带宽 $BW=\infty$，电流、电压失调及其温漂都为零。

5. 因为实际运算放大器与理想运算放大器非常相似，所以在分析运算放大器时可以把实际运算放大器看成理想运算放大器。“虚短”“虚断”是非常重要的概念，“虚地”只适用于反相线性运算电路。

6. 反相运算电路无共模电压的影响，但输入阻抗低；同相运算电路输入阻抗高，但存在共模信号的影响。

7. 运算放大器既可以用于直流电路，也可以用于交流电路。

过关训练

3.1　什么是零点漂移？产生零点漂移的主要原因是什么？零漂对放大器的输出有何影响？

3.2　什么是集成电路？

3.3　集成运算放大器的主要特性指标有哪些？

3.4　在题3.4图中，设集成运算放大器为理想器件，求如下情况下的输入、输出关系。

(1) 开关 S_1、S_3 闭合，S_2 断开。

(2) 开关 S_1、S_2 闭合，S_3 断开。

(3) 开关 S_2 闭合，S_1、S_3 断开。

(4) 开关 S_1、S_2、S_3 均闭合。

3.5　求题3.5图所示电路的 u_o 与 u_i 的运算关系式。判断各运算放大器引用的反馈类型。

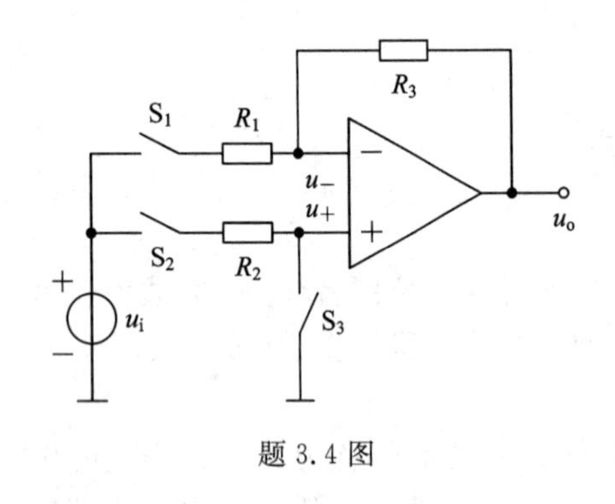

题3.4图

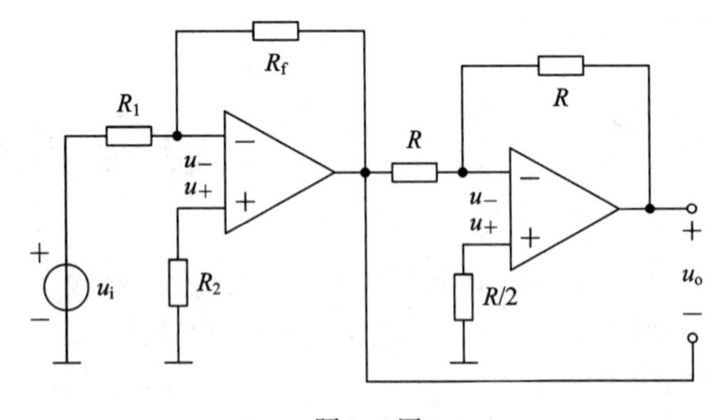

题3.5图

模块四

数字电路基础

【问题引入】 数字逻辑电路知识是数字电子技术的重要基础。在数字电路中，基本工作信号是二进制的数字信号，只有0和1两个数字，反映在电路上，这两个数字代表低电平和高电平两种状态；数字电路中使用的主要方法是逻辑分析和逻辑设计，主要的数学工具是逻辑代数。那么什么是二进制数？二进制数与十进制数如何相互转换？什么是逻辑代数？怎样对逻辑函数进行化简？

【主要内容】 本模块介绍了二进制数的概念、常用的基本逻辑运算知识和逻辑函数的卡诺图化简方法。

【学习目标】 了解二进制数、函数的最小项等基本概念，掌握二进制数与十进制数间相互转换的方法，熟练掌握用卡诺图化简逻辑函数的方法。

在电子技术中，被传递、加工和处理的信号可以分为两大类：一类信号是模拟信号，这类信号的大小是连续变化的；另一类是数字信号，数字信号的大小是离散的，或者说是不连续的。传递、加工和处理数字信号的电路叫做数字电路。在数字电路中，三极管一般都是工作在饱和区或截止区的。数字电路能够对输入的数字信号进行各种算术运算和逻辑运算。所谓逻辑运算，就是按照人们设计好的规则，进行逻辑推理和逻辑判断。所以数字电路不仅具有算术运算的能力，而且还具备一定的“逻辑思维”能力。因此，人们才能够制造出各种智能仪表、数控装置等。数字电路的发展十分迅速，应用极为广泛，在电子计算机、数控技术、通信设备、数字仪表以及其他领域中都得到了越来越广泛的应用。

任务1　数制与编码

数字电路中经常遇到计数问题，在日常生活中，我们习惯于用十进制数，而在数字系统中多采用二进制数，有时也采用八进制数和十六进制数。

4.1.1　数制

1. 十进制数

十进制数、二进制数、十六进制数和八进制数是常见的几种数制。十进制数是人们使用最广泛的一种计数制，它的特点如下。

(1) 采用10个基本数码：0、1、2、3、4、5、6、7、8、9。

(2) 按“逢十进一”的原则计数，同一个数码在不同的数位上其数值是不同的。

例如，十进制数 556，右边的数码 6 是个位数，表示 6；中间的数码 5 是十位数，表示 50；而左边的数码 5 是百位数，表示 500。用算式表示为

$$556=5\times10^2+5\times10^1+6\times10^0$$

10^0、10^1、10^2 被称为个位、十位、百位的权，上式称为按权展开式。任意一个十进制数都可以写成以 10 为底的幂的和的形式，即按权展开式。

$$(N)_{10}=\sum_{i=-\infty}^{\infty}K_i\times10^i \tag{4.1.1}$$

例如，数 34.145 表示为

$$34.145=3\times10^1+4\times10^0+1\times10^{-1}+4\times10^{-2}+5\times10^{-3}$$

在数字电路中，采用十进制是不方便的。因为十进制的十个数码必须由十个不同的而且能严格区分的电路状态与之对应，这样会在技术上带来许多困难，而且也不经济。因此在数字电路中一般不直接采用十进制数。

2. 二进制数

二进制数的特点是：

(1) 采用 0 和 1 两个基本数码，任何一个二进制数均由 0 和 1 两个数码来表示。

(2) 按“逢二进一”的原则计数，数码 1 在不同的数位上其数值是不同的。

每一个二进制数也可以写成按权展开的形式。

$$(N)_2=\sum_{i=-\infty}^{\infty}K_i\times2^i \tag{4.1.2}$$

这样，我们可将任意一个二进制数转换为十进制数。

例如，将二进制数 1011 转换为十进制数：

$$(1011)_2=1\times2^3+0\times2^2+1\times2^1+1\times2^0=2^3+2+1=11$$

3. 十六进制数和八进制数

上述十进制和二进制数的表示法可以推广到十六进制和八进制。并且由于二进制数的位数多，不便于书写和记忆，因此在数字计算机的资料中常采用十六进制或八进制来表示二进制数。

十六进制数采用 16 个数码，且“逢十六进一”，这 16 个不同的数码是：0，1，2，3，4，5，6，7，8，9，A(对应于十进制中的 10)、B(11)、C(12)、D(13)、E(14)、F(15)。例如，将十六进制数 4E7 转换为十进制数：

$$(4E7)_{16}=4\times16^2+14\times16^1+7\times16^0=1255$$

十六进制数与二进制数之间的相互转换也比较方便。相互转换的方法是：将二进制数整数部分从右往左每 4 位分为一组、小数部分从左往右每 4 位分为一组，每组二进制数对应于一位十六进制数。例如：

$$(01011000)_2=(58)_{16}$$

$$(10011100101101001000)_2=(9CB48)_{16}$$

$$(D3F4)_{16}=(1101001111110100)_2$$

八进制数采用八个数码：0，1，2，3，4，5，6，7，且“逢八进一”。

同理，对于八进制数，可将3位二进制数分为一组，对应于一位八进制数，便可实现八进制数与二进制数的互换。例如：

$$(1001110010110100100 1)_2=(2345511)_8$$

$$(53.21)_8=(101011.010001)_2$$

为便于对照，将十进制、二进制、八进制及十六进制之间的关系列于表4.1.1中。

表4.1.1 几种数制之间的关系对照表

十进制数	二进制数	八进制数	十六进制数	十进制数	二进制数	八进制数	十六进制数
0	0000	0	0	8	1000	10	8
1	0001	1	1	9	1001	11	9
2	0010	2	2	10	1010	12	A
3	0011	3	3	11	1011	13	B
4	0100	4	4	12	1100	14	C
5	0101	5	5	13	1101	15	D
6	0110	6	6	14	1110	16	E
7	0111	7	7	15	1111	17	F

4.1.2 二进制数与十进制数之间的转换

1. 二进制数转换成十进制数

把二进制数转换为等值的十进制数，首先通常将二进制数写成它的按权展开式，然后将数码为1的那些位的权值按十进制相加，就可得到该二进制数的等值十进制数。

【例4.1.1】 求二进制数110101.1011的等值十进制数。

解 该二进制数的等值十进制数为：

$$\begin{aligned}(110101.1011)_2&=2^5+2^4+2^2+2^0+2^{-1}+2^{-3}+2^{-4}\\&=32+16+0+4+0+1+0.5+0+0.125+0.0625\\&=(53.6875)_{10}\end{aligned}$$

2. 十进制数转换成二进制数

十进制数转换成等值的二进制数，需要将十进制数的整数部分和小数部分分别进行转换，因两者的转换方法是不相同的。

1) 整数部分的转换

十进制整数转换为二进制整数，通常采用“除2取余，逆序排列”的方法。转换的步骤如下。

第一步：用二进制数的基数2除给定的十进制整数，所得的余数(0或1)即为所求二进制整数的最低位(K_0)。

第二步：再用2除第一步所得的商，所得的余数(0或1)为所求二进制整数的次低位(K_1)。

第三步：重复用2除前一步所得的商，得余数(0或1)，一直进行到商数得0为止，末次所得的余数为所求二进制数的最高位。

【例 4.1.2】 将十进制数 178 转换为等值的二进制数。

解

除数	被除数	余数	
2	178		
2	89	0	(K_0)
2	44	1	(K_1)
2	22	0	(K_2)
2	11	0	(K_3)
2	5	1	(K_4)
2	2	1	(K_5)
2	1	0	(K_6)
2	0	1	(K_7)

于是得$(178)_{10}=(10110010)_2$。

2）小数部分的转换

将十进制纯小数转换为二进制纯小数，通常采用“乘 2 取整，顺序排列”的方法。转换的步骤如下。

第一步：用二进制数的基数 2 乘给定的十进制小数，所得乘积的整数部分(0 或 1)即为所求二进制小数的最高位(K_{-1})。

第二步：用 2 乘第一步所得乘积的小数部分，所得乘积的整数部分(0 或 1)即为所求二进制小数的次高位(K_{-2})；

第三步：重复用 2 乘前一步所得乘积的小数部分，一直到所得乘积的小数部分为零，或达到转换精度为止。

【例 4.1.3】 将十进制小数 0.6875 转换成等值的二进制数。

解　乘积的整数部分为

$0.6875\times2=1.375$　　1 (K_{-1})

$0.375\times2=0.75$　　0 (K_{-2})

$0.75\times2=1.50$　　1 (K_{-3})

$0.50\times2=1.0$　　1 (K_{-4})

于是得$(0.6875)_{10}=(0.1011)_2$。

带小数点的任意十进制数转换为等值的二进制数，可分别运用上述方法，将十进制数的整数部分和小数部分分别转换成相应的二进制数，再将所得的二进制数的整数和小数相加，即可得到所转换的等值二进制数。

【例 4.1.4】 将十进制数 19.6875 转换成等值的二进制数。

解　(1) 整数部分用“除 2 取余，逆序排列”法进行转换。

除数	被除数	余数	
2	19		
2	9	1	(K_0)
2	4	1	(K_1)
2	2	0	(K_2)
2	1	0	(K_3)
2	0	1	(K_4)

故$(19)_{10}=(10011)_2$。

(2) 小数部分用“乘 2 取整，顺序排列”法进行转换，如例 4.1.3 所示。

$$(0.6875)_{10}=(0.1011)_2$$

(3) 将整数部分和小数部分相加，得转换结果为

$$(19.6875)_{10}=(10011.1011)_2$$

4.1.3　二进制数的四则运算

1. 加法运算规律

$$0+0=0,\ 0+1=1$$

$$1+0=1,\ 1+1=10$$

加法运算时要注意“逢二进一”的原则，若某位相加得 2，则应向高位进一，而本位为 0。

【例 4.1.5】 求 1101+1100=？

解

```
      1101
   +) 1100
   -------
     11001
```

即 1101+1101=11001。

2. 减法运算规律

$$0-0=0,\ 1-1=0$$

$$1-0=1,\ 10-1=1$$

减法运算是加法运算的逆运算，遇到 0 减 1 时，应向高位借 1，在本位作 2 使用。

【例 4.1.6】 求 1001−011=？

解

```
      1001
   -)  011
   -------
       110
```

即 1001−011=110。

3. 乘法运算规律

$$0\times0=0,\ 1\times0=0$$

$$0\times1=0,\ 1\times1=1$$

【例 4.1.7】 求 1011×101=？

解

```
        1011
   ×)    101
   ---------
        1011
   +) 1011
   ---------
      110111
```

即 1011×101=110111。

4. 除法运算规律

除法运算是乘法运算的逆运算。

【例 4.1.8】 求 11001÷101=？

解

```
          101
   101 √ 11001
         101
         -----
           101
           101
         -----
             0
```

即 11001÷101=101。

由上述可知，二进制数的运算规则简单，其加法运算是基本运算，其他的运算都可归结为移位和加法两种操作。

4.1.4 二-十进制编码

在数字通信和计算机系统中，信息可分为数值信息和字符信息两大类。前面已讨论了数值信息的表示方法。字符信息往往也采用若干位的二进制数码来表示，这种给每个信息所分配的二进制代码称为对信息的编码。

用特定的二进制码来代表每一个十进制数，即为二进制编码的十进制，简称二-十进制编码(Binary Coded Decimal Codes，缩写为 BCD 码)。

一位十进制数有 0～9 等 10 个不同的信息，至少需要 4 位二进制码才能表示 1 位十进制数。而用 4 位二进制码可以组成 $2^4=16$ 个不同的二进制序列(或称码组)，用其中的 10 个码组分别代表十进制中 0～9 这 10 个数，剩下 6 个多余的码组，称为冗余码组。由于从 16 个二进制码组中，任意选取 10 个码组的方案有很多种，因此产生了多种 BCD 码。它们的编码如表 4.1.2 所示。

表 4.1.2 几种常用的 BCD 码

<table>
<tr><td rowspan="3">二进制码
B_3 B_2 B_1 B_0</td><td colspan="4">代码对应的十进制数</td></tr>
<tr><td rowspan="2">自然二进制码</td><td colspan="3">二-十进制码</td></tr>
<tr><td>8421</td><td>2421</td><td>余 3 码</td></tr>
<tr><td>0 0 0 0</td><td>0</td><td>0</td><td>0</td><td rowspan="3">冗余码组</td></tr>
<tr><td>0 0 0 1</td><td>1</td><td>1</td><td>1</td></tr>
<tr><td>0 0 1 0</td><td>2</td><td>2</td><td>2</td></tr>
<tr><td>0 0 1 1</td><td>3</td><td>3</td><td>3</td><td>0</td></tr>
<tr><td>0 1 0 0</td><td>4</td><td>4</td><td>4</td><td>1</td></tr>
<tr><td>0 1 0 1</td><td>5</td><td>5</td><td rowspan="6">冗余码组</td><td>2</td></tr>
<tr><td>0 1 1 0</td><td>6</td><td>6</td><td>3</td></tr>
<tr><td>0 1 1 1</td><td>7</td><td>7</td><td>4</td></tr>
<tr><td>1 0 0 0</td><td>8</td><td>8</td><td>5</td></tr>
<tr><td>1 0 0 1</td><td>9</td><td>9</td><td>6</td></tr>
<tr><td>1 0 1 0</td><td>10</td><td rowspan="6">冗余码组</td><td>7</td></tr>
<tr><td>1 0 1 1</td><td>11</td><td>5</td><td>8</td></tr>
<tr><td>1 1 0 0</td><td>12</td><td>6</td><td>9</td></tr>
<tr><td>1 1 0 1</td><td>13</td><td>7</td><td rowspan="3">冗余码组</td></tr>
<tr><td>1 1 1 0</td><td>14</td><td>8</td></tr>
<tr><td>1 1 1 1</td><td>15</td><td>9</td></tr>
</table>

从表中可看出，8421 BCD码的编码特点是：十进制数0～9所对应的4位二进制代码，就是与该十进制数等值的二进制数，即4位二进制数0000～1111 16种码组中的前10种码组0000～1001。后面的6个码组1010～1111在8421 BCD码中是不允许出现的，称为冗余码组。8421码各位的权值从左到右分别是8、4、2、1，所以称这种编码为8421 BCD码。

用8421 BCD码对一个多位十进制数进行编码，只要把十进制数的各位数字编成对应的8421码即可。例如，十进制数579的8421 BCD编码为

$$(576)_{10}=(010101110110)_{8421\ BCD}$$

注意8421 BCD编码与二进制数的区别，例如：

$$(178)_{10}=(10110010)_2=(000101111000)_{8421\ BCD}$$

$$(19)_{10}=(10011)_2=(00011001)_{8421\ BCD}$$

任务2　逻辑函数基础

数字电路的输出量与输入量之间的关系是一种因果关系，这种关系可以用逻辑表达式来描述，因此数字电路又称为逻辑电路。逻辑代数是研究逻辑电路的数学工具，它为分析和设计逻辑电路提供了理论基础。逻辑代数所研究的内容，是逻辑函数与逻辑变量之间的关系。

4.2.1　基本逻辑运算

逻辑代数是按一定逻辑规律进行运算的代数，虽然它和普通代数一样也是用字母表示变量的，但两种代数中变量的含义是完全不同的，它们之间有着本质区别，逻辑代数中的变量只有两个值，即0和1，而没有中间值。0和1并不表示数量的大小，而是表示两种对立的逻辑状态。

脉冲信号的高、低电平可以用1和0来表示。同时规定：如果高电平用1来表示，低电平用0来表示，就称这种表示方法为正逻辑；反之，如果高电平用0来表示，低电平用1来表示，就称这种表示方法为负逻辑(本书如无特殊声明，均采用正逻辑)。开关有接通与断开两种状态；常用电子器件有导通与不导通两种状态；电灯有亮与不亮两种状态，它们均可用变量1和0来表示。

在逻辑代数中，有与、或、非3种基本逻辑运算。逻辑函数可以用逻辑表达式描述，也可用表格或图形来描述，描述逻辑关系的表格称为真值表。下面分别讨论3种基本的逻辑运算。

1. 与运算

图4.2.1(a)表示一个简单的与逻辑电路，电池E通过开关A和B向灯泡供电。只有A与B同时接通，灯泡才亮；若A和B中有一个断开或二者均断开，则灯泡不亮。

将这些逻辑关系用真值表来表示，如图4.2.1(b)、(c)所示，这种逻辑关系称为与逻辑运算。图4.2.1(c)中，F表示灯的状态，设开关接通和灯亮均用1表示，而开关断开和灯不亮均用0表示。若用逻辑函数表达式来描述，则可写为

$$F=A\cdot B=AB \tag{4.2.1}$$

F表示A、B的与运算，与运算的逻辑符号如图4.2.1(d)所示。

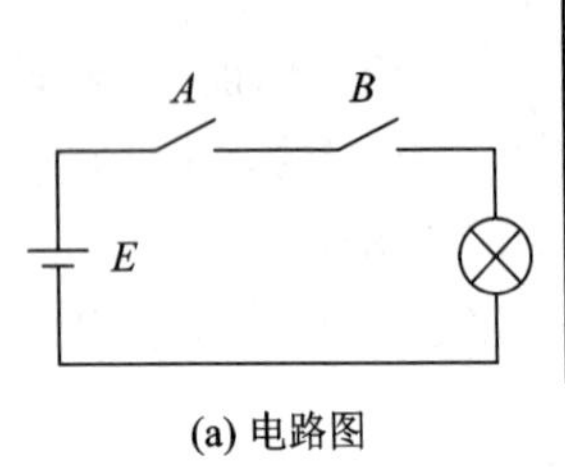

(a) 电路图

A	B	灯
断开	断开	不亮
断开	接通	不亮
接通	断开	不亮
接通	接通	亮

(b) 真值表

A	B	F=A·B
0	0	0
0	1	0
1	0	0
1	1	1

(c) 用变量表示的真值表

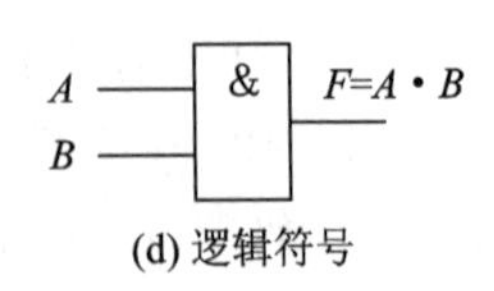

(d) 逻辑符号

图 4.2.1　与逻辑运算

2. 或运算

图 4.2.2(a)表示一个简单的或逻辑电路，电池 E 通过开关 A 或 B 向灯泡供电。只要有一个开关 A 或 B 接通或二者均接通，灯泡就会亮；而当 A 和 B 同时都断开时，灯泡不亮，其真值表如图 4.2.2(b)、(c)所示，这种逻辑关系称为或逻辑运算。若用逻辑函数表达式来描述，则可写为

$$F=A+B \tag{4.2.2}$$

F 表示 A、B 的或运算，也表示逻辑加，或运算的逻辑符号如图 4.2.2(d)所示。

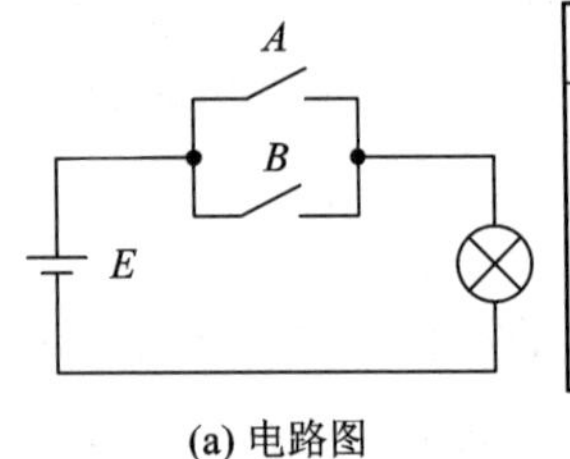

(a) 电路图

A	B	灯
断开	断开	不亮
断开	接通	亮
接通	断开	亮
接通	接通	亮

(b) 真值表

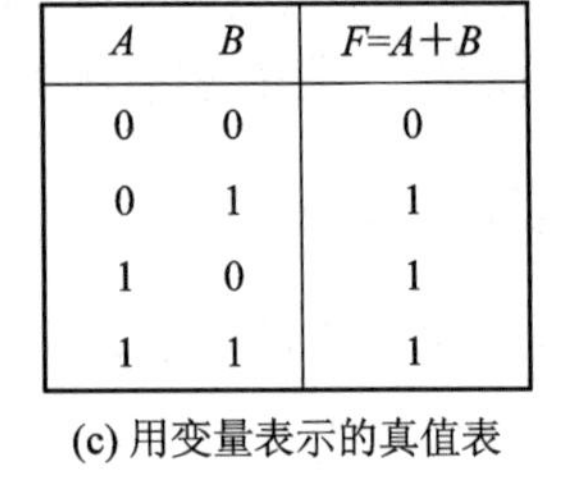

A	B	F=A+B
0	0	0
0	1	1
1	0	1
1	1	1

(c) 用变量表示的真值表

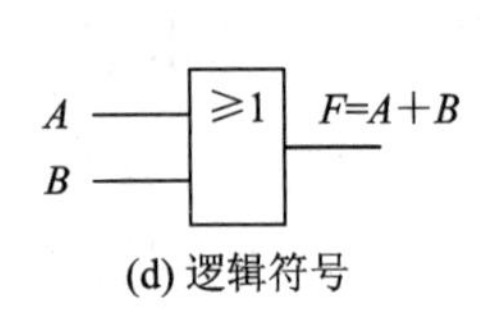

(d) 逻辑符号

图 4.2.2　与逻辑运算

3. 非运算

如图 4.2.3(a)所示，电池 E 通过一继电器触点向灯泡供电，NC 为继电器 A 的常闭触点。当 A 不通电时，灯亮；当 A 通电时，灯不亮。F 与 A 总是处于对立的逻辑状态。

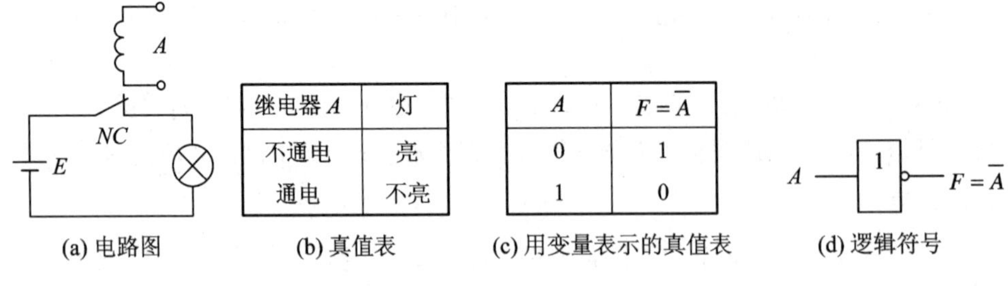

继电器 A	灯
不通电	亮
通电	不亮

A	F = Ā
0	1
1	0

(a) 电路图　(b) 真值表　(c) 用变量表示的真值表　(d) 逻辑符号

图 4.2.3　非逻辑运算

其真值表如图 4.2.3(b)、(c)所示，这种逻辑关系称为非逻辑运算。若用逻辑函数表达式来描述，则可写为

$$F=\bar{A} \tag{4.2.3}$$

F 表示 A 的非运算，非运算的逻辑符号如图 4.2.3(d)所示。

与逻辑运算和或逻辑运算可以推广到多变量的情况，即

$$F=A\cdot B\cdot C\cdots \qquad (4.2.4)$$

$$F=A+B+C+\cdots \qquad (4.2.5)$$

除了与、或、非三种基本逻辑运算，实际中应用较多的还有与非逻辑运算 $F=\overline{A\cdot B}$、或非逻辑运算 $F=\overline{A+B}$、异或逻辑运算 $F=\bar{A}B+A\bar{B}$、同或逻辑运算 $F=AB+\bar{A}\bar{B}$ 等，表 4.2.1 列出了这些常用的逻辑运算的逻辑函数式、逻辑符号和真值表。

表 4.2.1　其他几种常用的逻辑运算真值表

逻辑变量		逻辑运算			
		与　非	或　非	异　或	同　或
A	B	A、B — & —○ F	A、B — ≥1 —○ F	A、B — =1 — F	A、B — =1 —○ F
		$F=\overline{A\cdot B}$	$F=\overline{A+B}$	$F=\bar{A}B+A\bar{B}$ 或 $F=A\oplus B$	$F=AB+\bar{A}\bar{B}$ 或 $F=A\odot B$
0	0	1	1	0	1
0	1	1	0	1	0
1	0	1	0	1	0
1	1	0	0	0	1

4. 逻辑函数与逻辑问题的描述

图 4.2.4 是一个控制楼梯照明灯的电路，单刀双掷开关 A 装在楼下，B 装在楼上，这样在楼下开灯后，可在楼上关灯；同样，也可在楼上开灯，而在楼下关灯。因为只有当两个开关都向上扳或向下扳时，灯才亮；而一个向上扳，另一个向下扳时，灯就不亮。

上述电路的逻辑关系可用逻辑函数来描述，设 F 表示灯的状态，$F=1$ 表示灯亮，$F=0$ 表示灯不亮。用 A 和 B 表示开关 A 和开关 B 的位置，用 1 表示开关向上扳，用 0 表示开关向下扳。

则 F 与 A、B 的关系可用表 4.2.2 的真值表来表示。

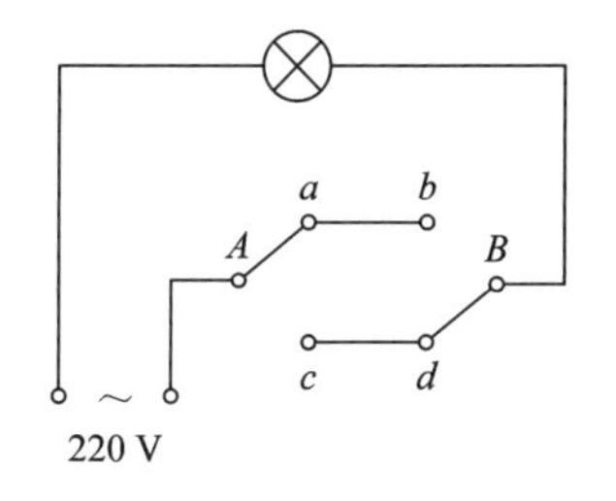

图 4.2.4　逻辑电路举例

表 4.2.2　图 4.2.4 的真值表

A	B	F
0	0	1
0	1	0
1	0	0
1	1	1

由真值表可知，在 A、B 状态的 4 种不同组合中，只有第 1($A=B=0$)和第 4($A=B=1$)两种组合才能使灯亮($F=1$)。故可写出灯亮的逻辑函数，即

$$F=\bar{A}\bar{B}+AB$$

它描述了只有当开关 A、B 都扳上或扳下时，灯才亮，这就是同或逻辑运算。上述分析过程即为从逻辑问题建立逻辑函数的过程。

4.2.2 逻辑代数的基本定律

1. 逻辑代数定律

根据逻辑与、或、非 3 种基本运算法则，可推导出逻辑运算的一些基本定律，如表 4.2.3 所示。

表 4.2.3 逻辑代数定律

	或	与	非
基本定律	$A+0=A$ $A+1=1$ $A+A=A$ $A+\bar{A}=1$	$A\cdot 0=0$ $A\cdot 1=A$ $A\cdot A=A$ $A\cdot \bar{A}=0$	$A+\bar{A}=1$ $A\cdot \bar{A}=0$ $\bar{\bar{A}}=A$
结合律	$(A+B)+C=A+(B+C)$	$(AB)C=A(BC)$	
交换律	$A+B=B+A$	$AB=BA$	
分配律	$A(B+C)=AB+AC$	$A+BC=(A+B)(A+C)$	
摩根定律(反演律)	$\overline{A\cdot B\cdot C\cdots}=\bar{A}+\bar{B}+\bar{C}+\cdots$	$\overline{A+B+C+\cdots}=\bar{A}\cdot\bar{B}\cdot\bar{C}\cdots$	
吸收律	$A+A\cdot B=A$	$A+\bar{A}\cdot B=A+B$	
其他常用恒等式	$AB+\bar{A}C+BC=AB+\bar{A}C$	$AB+\bar{A}C+BCD=AB+\bar{A}C$	

这些基本公式的正确性都可以用真值表证明。下面仅证明吸收律。

吸收律(Ⅰ)　$A+A\cdot B=A$

【证明】　$A+AB=A(1+B)=A\cdot 1=A$

吸收律(Ⅱ)　$A+\bar{A}\cdot B=A+B$

【证明】　$A+\bar{A}B=A+AB+\bar{A}B=A+B(A+\bar{A})=A+B$

摩根定律解决了函数求反和逻辑函数变换的问题，是逻辑函数中十分重要的定律。

应该指出，在逻辑函数的运算中不能使用普通代数中的移项规则。例如：$AB+A\bar{B}=A$ 绝不能写成 $AB=A-A\bar{B}$；$(A+B)(A+\bar{B})=A$ 也绝不能写成 $(A+B)=A/(A+\bar{B})$。

同样，在逻辑函数的运算中也不能使用倍乘和乘方规则。例如：$A+A=A$，不能写成 $A+A=2A$；$A\cdot A=A$，不能写成 $A\cdot A=A^2$。

在逻辑函数的运算中，运算的先后次序是：括号→非→与(乘)→或(加)。也就是说，若逻辑表达式中有括号，则必须对括号内的表达式先进行运算，然后再依次进行非、与、或运算。

根据代入规则，在逻辑等式的两边用同一个逻辑函数来置换某一个逻辑变量，则等式仍然成立。

例如，吸收律 $A+\bar{A}B=A+B$，若将等式两边的变量 B 用逻辑函数 CD 来置换，则等式仍然成立，即 $A+\bar{A}CD=A+CD$。同理有

$$B+\bar{B}C=B+C,\ AB+\overline{AB}D=AB+D,\ \bar{A}+AB=\bar{A}+B$$

$$F=A\bar{B}+\bar{A}B+\overline{A\bar{B}+\bar{A}B}CD=A\bar{B}+\bar{A}B+CD$$

【例 4.2.1】 试用摩根定律求函数 $F=A\bar{B}+B\bar{C}+C(A+0)$ 的反函数 $\bar{F}$。

解
$$\bar{F}=\overline{A\bar{B}+B\bar{C}+C(A+0)}=\overline{A\bar{B}}\cdot\overline{B\bar{C}}\cdot\overline{C(A+0)}$$
$$=(\bar{A}+B)(\bar{B}+C)(\bar{C}+\bar{A})$$

【例 4.2.2】 用摩根定律求函数 $F=A+\overline{\bar{B}C+\overline{\bar{D}+E}}$ 的反函数。

解
$$\bar{F}=\overline{A+\overline{\bar{B}C+\overline{\bar{D}+E}}}=\bar{A}\cdot(\bar{B}C+\overline{\bar{D}+E})=\bar{A}(\bar{B}C+D\bar{E})$$

2. 逻辑函数的公式法化简

在逻辑设计中，从某一逻辑问题归纳出来的逻辑函数往往不是最简的逻辑表达式，必须进行化简，以使设计出来的逻辑电路既经济又可靠，所以逻辑函数的化简具有十分重要的意义。根据目前集成器件的产品情况，除了 3 种基本逻辑，与非、或非电路已经成为构成逻辑电路的常用器件，因此我们主要介绍化简成最简与或表达式的方法，然后再介绍将与或表达式转换成与非-与非表达式的方法。

逻辑函数化简一般遵循的原则如下。

(1) 使设计逻辑电路所需的门数最少。

(2) 在满足第一条原则的条件下，使各门的输入端数最少。

(3) 为了提高电路工作速度，使逻辑电路的级数最少。

(4) 逻辑电路应能可靠地工作。

公式法化简逻辑函数，就是灵活应用表 4.2.3 中逻辑代数定律对逻辑函数进行化简。例如：利用公式 $AB+A\bar{B}=A$，将两项合并为一项，可以消去一个变量；利用公式 $A+AB=A$、$AB+\bar{A}C+BC=AB+\bar{A}C$ 可以去掉多余项；利用公式 $A+\bar{A}B=A+B$ 可以消去多余因子。

【例 4.2.3】 化简 $F=AB\bar{C}+ABC+A\bar{B}D+A\bar{B}\bar{D}$。

解
$$F=AB\bar{C}+ABC+A\bar{B}D+A\bar{B}\bar{D}=AB(\bar{C}+C)+A\bar{B}(D+\bar{D})$$
$$=AB+A\bar{B}=A(B+\bar{B})=A$$

【例 4.2.4】 化简 $F=\bar{A}\bar{C}+\bar{B}\bar{C}+AB\bar{C}$。

解
$$F=\bar{A}\bar{C}+\bar{B}\bar{C}+AB\bar{C}=\bar{C}(\bar{A}+\bar{B})+AB\bar{C}$$
$$=\bar{C}\,\overline{AB}+AB\bar{C}=\bar{C}(\overline{AB}+AB)=\bar{C}$$

【例 4.2.5】 化简 $F=A\bar{B}+A\bar{B}CD(E+F)$。

解
$$F=A\bar{B}+A\bar{B}CD(E+F)=A\bar{B}(1+CDE+CDF)=A\bar{B}$$

【例 4.2.6】 化简 $F=AB+\bar{A}C+\bar{B}C$。

解
$$F=AB+\bar{A}C+\bar{B}C=AB+C(\bar{A}+\bar{B})=AB+C\,\overline{AB}=AB+C$$

3. 化简成与非-与非表达式

当一个逻辑表达式变为最简与或表达式后，可以用摩根定律将其转换成为与非-与非表达式。

【例 4.2.7】 将 $F=\bar{B}\bar{C}D+\bar{A}B\bar{C}+AB\bar{C}+ABC$ 化简，并转换成与非-与非表达式，画

出逻辑电路图。

解

$$
\begin{aligned}
F &= \bar{B}\bar{C}D+\bar{A}B\bar{C}+AB\bar{C}+ABC \\
&= \bar{B}\bar{C}D+\bar{A}B\bar{C}+AB(\bar{C}+C) \\
&= \bar{B}\bar{C}D+\bar{A}B\bar{C}+AB \\
&= \bar{B}\bar{C}D+B(\bar{A}\bar{C}+A) \\
&= \bar{B}\bar{C}D+B\bar{C}+AB \\
&= \bar{C}(\bar{B}D+B)+AB \\
&= \bar{C}D+B\bar{C}+AB
\end{aligned}
$$

这就是该逻辑函数的最简与或表达式，再用摩根定律将其化为与非-与非表达式。

$$
\begin{aligned}
F &= \overline{\overline{\bar{C}D+B\bar{C}+AB}} \\
&= \overline{\overline{\bar{C}D}\cdot\overline{B\bar{C}}\cdot\overline{AB}}
\end{aligned}
$$

逻辑电路见图 4.2.5。

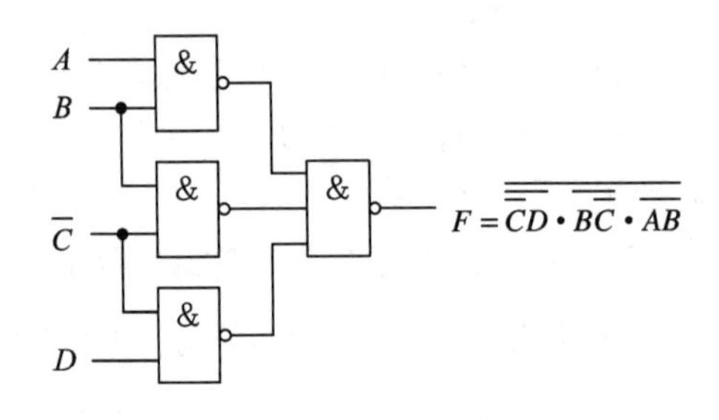

图 4.2.5　例 4.2.7 的逻辑电路图

任务 3　逻辑函数的卡诺图化简

本节介绍卡诺图化简逻辑函数，该方法比利用公式法化简逻辑函数更简便、更直观、更容易掌握。

4.3.1　逻辑函数的最小项表达式

1. 最小项定义

在逻辑函数中，如果某一乘积项(与项)包含了函数的全部变量因子，而且每个变量以原变量或反变量的形式只出现一次，则该乘积项称为最小项。

例如，$F=AB+C+\bar{A}BC+AB\bar{B}C$ 是一个含有变量 A、B、C 的 3 变量逻辑函数，其中 $\bar{A}BC$ 乘积项是最小项，其他各项都不是最小项。

2. 最小项编号

为了表达方便，把最小项进行编号，对于 n 个变量的逻辑函数而言，共有 2^n 个最小项。例如含有 A、B 的 2 变量逻辑函数共有 $2\times2=4$ 个最小项，即 $\bar{A}\bar{B}$、$\bar{A}B$、$A\bar{B}$ 和 AB。含有 A、B、C 的 3 变量逻辑函数共有 8 个最小项，即 $\bar{A}\bar{B}\bar{C}$、$\bar{A}\bar{B}C$、$\bar{A}B\bar{C}$、$\bar{A}BC$、$A\bar{B}\bar{C}$、$A\bar{B}C$、$AB\bar{C}$ 和 ABC。变量数越多，最小项的书写越复杂。为了便于书写，将最小项编号，记作 m_i，并使 i 和变量取值组合相对应。从而就可以根据 m_i 联想到它对应的最小项了。

表 4.3.1 是 3 变量逻辑函数的最小项及其相应编号。

表 4.3.1　3 变量逻辑函数最小项及其编号

相应十进制数	变量 A	变量 B	变量 C	最小项	编号
0	0	0	0	$\bar{A}\bar{B}\bar{C}$	m_0
1	0	0	1	$\bar{A}\bar{B}C$	m_1
2	0	1	0	$\bar{A}B\bar{C}$	m_2
3	0	1	1	$\bar{A}BC$	m_3
4	1	0	0	$A\bar{B}\bar{C}$	m_4
5	1	0	1	$A\bar{B}C$	m_5
6	1	1	0	$AB\bar{C}$	m_6
7	1	1	1	ABC	m_7

表 4.3.1 中，当变量取值为 0 时，在最小项中该变量以反变量形式出现；当变量取值为 1 时，在最小项中该变量以原变量形式出现。把变量取值的 0、1 组合看作是一个二进制数，与这个二进制数相对应的十进制数就是这个最小项的编号 i。例如表中 $A\bar{B}\bar{C}$ 变量取值是 100，对应的十进制数是 4，则最小项 $A\bar{B}\bar{C}$ 记作 m_4。

根据这一规则，若知道了最小项编号，就可以写出这个最小项。

值得注意的是，变量 A、B、C 的位置对应了二进制数的权值，故 A、B、C 的排列次序不可颠倒，今后我们约定 A 总是处于最高位，B 处于次高位，其余类推。例如 3 变量逻辑函数的 $m_6=AB\bar{C}$，而 4 变量逻辑函数的 $m_6=\bar{A}BC\bar{D}$。

3. 函数的最小项表达式

若函数的与或表达式中每一项乘积项(与项)均是最小项，则这样的表达式称为最小项表达式。例如，下列函数 F_1、F_2 均为最小项表达式。其中，函数 F_1 中含有 4 个最小项，函数 F_2 中含有 6 个最小项。

$$F_1=ABC+\bar{A}B\bar{C}+\bar{A}\bar{B}C+A\bar{B}\bar{C}$$

$$F_2=ABCD+ABC\bar{D}+AB\bar{C}D+AB\bar{C}\bar{D}+\bar{A}BCD+\bar{A}BC\bar{D}$$

【例 4.3.1】 求 $F=A+BC$ 的最小项表达式。

解　利用公式 $A+\bar{A}=1$ 给式中非最小项配项后展开、合并。

$$
\begin{aligned}
F &= A+BC=A(B+\bar{B})(C+\bar{C})+(A+\bar{A})BC \\
&= ABC+AB\bar{C}+A\bar{B}C+A\bar{B}\bar{C}+ABC+\bar{A}BC \\
&= ABC+AB\bar{C}+A\bar{B}C+A\bar{B}\bar{C}+\bar{A}BC \\
&= m_7+m_6+m_5+m_4+m_3=\sum m(3,4,5,6,7)
\end{aligned}
$$

例 4.3.1 是由函数与或表达式求得函数最小项表达式的实例，基本方法是将某一乘积项乘以所缺变量的($X+\bar{X}$)，使每一与项包含所有的变量，然后展开，并合并相同的最小项即可。对于一般函数表达形式，则先将其化成与或表达式后再依上面的方法进行即可。

4.3.2 逻辑函数的卡诺图表示法

1. 卡诺图

含有 n 个变量的逻辑函数具有 2^n 个最小项，其卡诺图是具有 2^n 个小方格的方块图，每个小方格对应一个最小项。

2 变量逻辑函数的卡诺图有 4 个小方格；3 变量逻辑函数的卡诺图有 8 个小方格；4 变量逻辑函数的卡诺图有 16 个小方格，它们的卡诺图如图 4.3.1 所示。

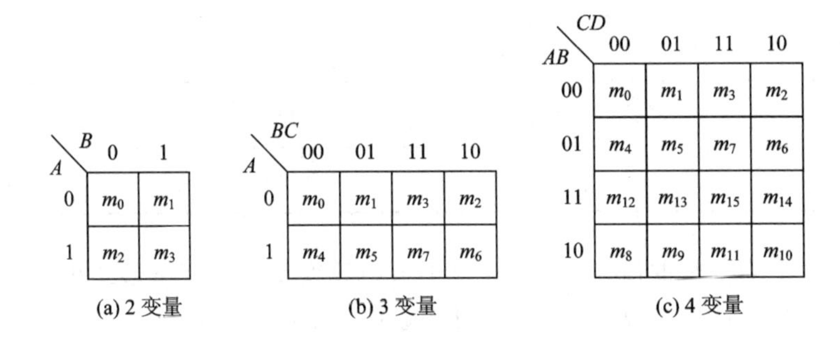

图 4.3.1 不同变量的逻辑函数卡诺图

画卡诺图的规定：

(1) 每个小方格对应一个最小项，其编号是行变量为高位组，列变量为低位组。例如图 4.3.1(c)第 2 行、第 3 列的那个小方格，行变量 AB 取值是 01，列变量 CD 取值是 11，合起来 $ABCD$ 的取值是 0111，对应的十进制数是 7，因此该小方格对应的最小项是 $\bar{A}BCD$，其编号是 m_7。

(2) 行、列变量的取值顺序按相邻性原则，即按 00、01、11、10 的规律。这样安排使得几何相邻的小方格无论从水平或垂直方向来看，变量取值只有一个变量是互补的，而其他变量的取值是相同的。例如图 4.3.1(b)中的 m_5 和 m_7(其取值分别为 101、111)两个小方格，对应的最小项是 $A\bar{B}C$ 和 ABC，两者 A 变量取值相同(均为 1)；C 变量的取值也相同(也为 1)；而 B 变量的取值不同，m_5 为 0，m_7 为 1，所以 B 变量的取值是互补的。再看图 4.3.1(b)中的 m_0 和 m_2，它们在几何上看好像不相邻，但也符合相邻性原则，即只有变量 B 的取值是互补的，而变量 A 和变量 C 的取值都相同，因而 m_0 和 m_2 两个小方格也是相邻的，称为逻辑相邻。在卡诺图上，将最小项按相邻性原则排列，正是用卡诺图化简逻辑函数的关键的一步。

2. 逻辑函数卡诺图

在卡诺图中，将 1 填入构成逻辑函数的最小项所对应的小方格中，未在逻辑函数中出现的最小项所对应的小方格填写 0，就得到了逻辑函数的卡诺图。

1）由逻辑函数最小项表达式画卡诺图

【例 4.3.2】 已知 $F_1=ABC+\bar{A}B\bar{C}+\bar{A}\bar{B}C+A\bar{B}\bar{C}$，画函数 F_1 的卡诺图。

解　逻辑函数 F_1 是 3 变量逻辑函数的最小项表达式，先画出 3 变量逻辑函数的卡诺图，然后将 1 填入函数 F_1 中每个最小项所对应的小方格中，其他小方格填 0，即得函数 F_1 的卡诺图，如图 4.3.2 所示。

A \ BC	00	01	11	10
0	0	1	0	1
1	1	0	1	0

图 4.3.2　F_1的卡诺图

$$F_1 = m_1 + m_2 + m_4 + m_7 = \sum m(1, 2, 4, 7)$$

2）由逻辑函数真值表填卡诺图

【例 4.3.3】 已知逻辑函数 F_2 的真值表，见表 4.3.2，画出函数 F_2 的卡诺图。

表 4.3.2　F_2的真值表

序号	变　量			函数
	A	B	C	F_2
0	0	0	0	0
1	0	0	1	0
2	0	1	0	0
3	0	1	1	1
4	1	0	0	0
5	1	0	1	1
6	1	1	0	1
7	1	1	1	0

解　由 F_2 的真值表写出函数的最小项表达式，即

$$F_2 = m_6 + m_5 + m_3 = \sum m(3, 5, 6)$$

画出 3 变量逻辑函数的卡诺图，然后将表 4.3.2 中 F_2 的值填入对应的小格中，就得到了函数 F_2 的卡诺图，如图 4.3.3 所示。

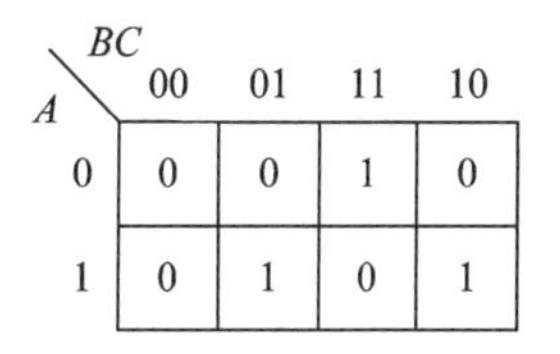

图 4.3.3　F_2的卡诺图

对于任意的一个逻辑函数来说，其真值表是唯一的，所对应的卡诺图也是唯一的，函数的真值表、卡诺图和函数的最小项表达式这三者之间可以互相转化，用来表示同一个函数。

3）由逻辑函数一般表达式画卡诺图

由逻辑函数一般表达式画卡诺图，可以先将一般表达式转换成与或表达式，再展开成最小项表达式，然后画卡诺图。

【例 4.3.4】 画出函数 $F_3=A\bar{B}C+A\bar{B}\bar{C}+BC\bar{D}$的卡诺图。

解 先将 F_3化成最小项表达式，即

$$F_3 = m_6 + m_8 + m_{10} + m_{11} + m_{14}$$
$$= \sum m(6, 8, 10, 11, 14)$$

最后画 4 变量逻辑函数的卡诺图，将 1 填入函数 F_3中的最小项所对应的小方格中，其余方格填 0，即得 F_3的卡诺图，如图 4.3.4 所示。

综上所述，逻辑函数的最小项表达式、卡诺图、真值表是表达逻辑函数的 3 种不同形式，三者中知其一，便可很便捷地求出另外两个。

AB \ CD	00	01	11	10
00	0	0	0	0
01	0	0	0	1
11	0	0	0	1
10	1	0	1	1

图 4.3.4 F_3的卡诺图

4.3.3 卡诺图化简逻辑函数

1. 最小项合并规律

卡诺图的主要特征是“逻辑相邻”，在卡诺图中凡是逻辑相邻的小方格，其变量取值只有一个是互补的，依据逻辑代数公式 $A\bar{B}+AB=A$，只有 1 个变量互补，其余变量相同的乘积项可以合并成 1 项，消去互补的变量。

(1) 逻辑相邻的两个小方格为“1”时，划归为二格组，两项合并成 1 项，结果消去了 1 个互补变量，如图 4.3.5 所示。

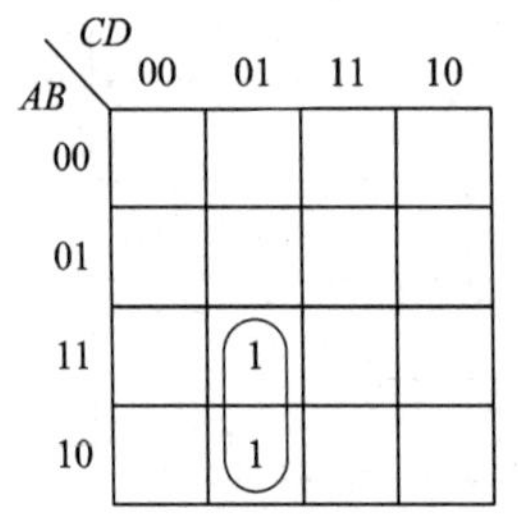

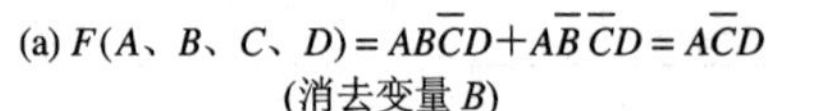

(a) $F(A、B、C、D)=ABC\bar{D}+A\bar{B}C\bar{D}=AC\bar{D}$
(消去变量 B)

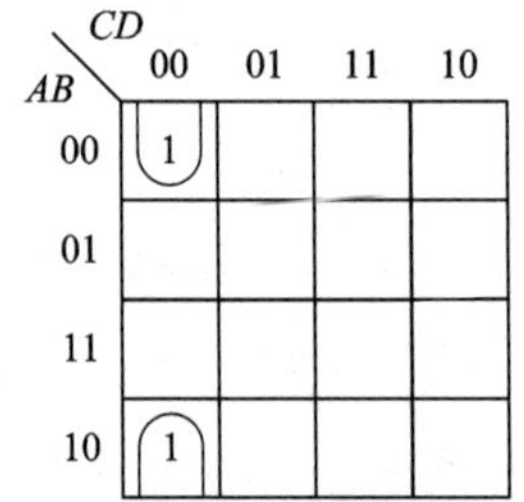

(b) $F(A、B、C、D)=\bar{A}\bar{B}\bar{C}\bar{D}+A\bar{B}\bar{C}\bar{D}=\bar{B}\bar{C}\bar{D}$
(消去变量 A)

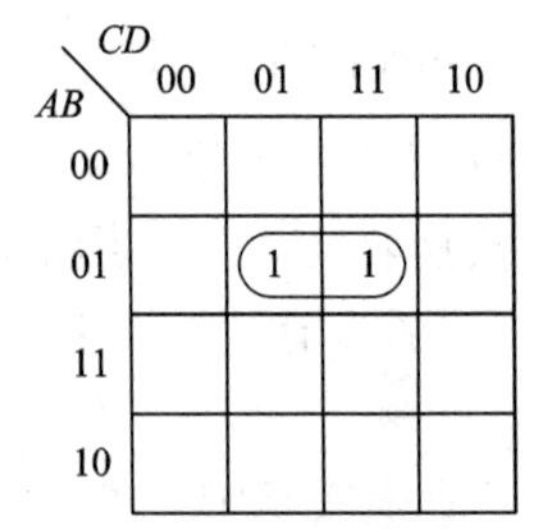

(c) $F(A、B、C、D)=\bar{A}B\bar{C}D+\bar{A}BCD=\bar{A}BD$
(消去变量 C)

图 4.3.5 二格组合并

图 4.3.5(a)中两个垂直的小方格为 1，对应的最小项是 $ABC\bar{D}$ 和 $A\bar{B}C\bar{D}$，两项合并成 1 项后为 $AC\bar{D}$，消去了互补变量 B。

图 4.3.5(b)中两个最上和最下的小方格为 1，也为相邻最小项，两个最小项合并成 1 项后，消去了互补变量 A。

图 4.3.5(c)中两个平行的小方格为 1，两个最小项合并成一项后，消去了互补变量 C。

(2) 逻辑相邻的 4 个小方格为 1 时，划归为四格组，4 项合并成 1 项，结果消去了两个互补的变量，如图 4.3.6 所示。

图 4.3.6(a)中 m_4、m_5、m_6、m_7 对应的 4 个小方格为 1，划归为四格组，合并后得函数 $\bar{A}B$，消去了变量 C 和 D。

图 4.3.6(e)中 4 个角上的小方格为 1，对应的最小项是 $\bar{A}\bar{B}\bar{C}\bar{D}$、$A\bar{B}\bar{C}\bar{D}$、$\bar{A}\bar{B}C\bar{D}$ 和 $A\bar{B}C\bar{D}$，划归为四格组，消去了变量 A、C，得到了函数 $\bar{B}\bar{D}$。

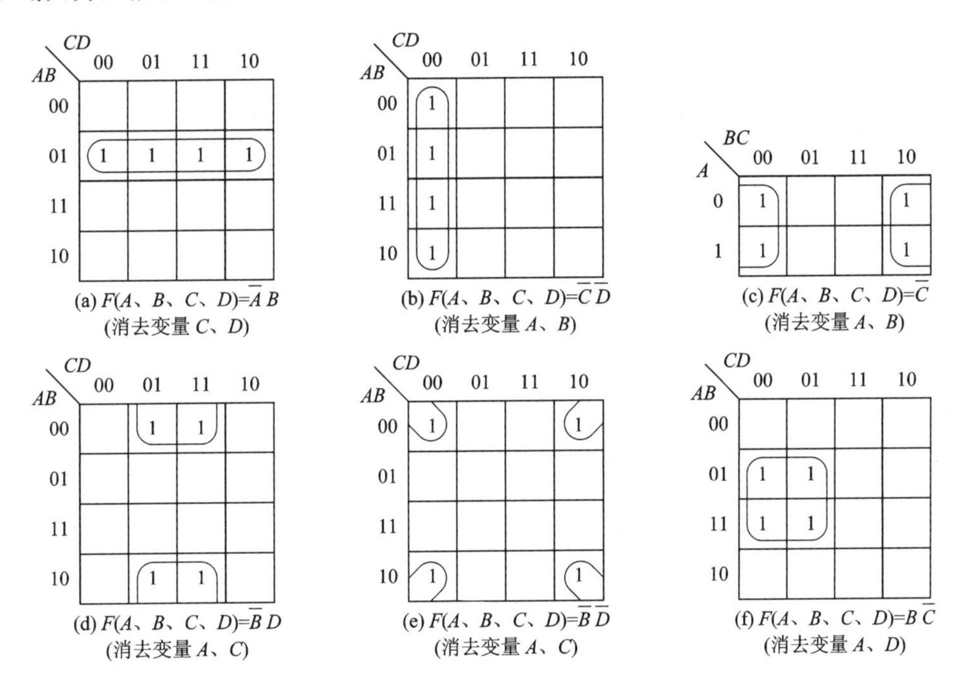

(a) $F(A、B、C、D)=\bar{A}B$ (消去变量 C、D)　(b) $F(A、B、C、D)=\bar{C}\bar{D}$ (消去变量 A、B)　(c) $F(A、B、C、D)=\bar{C}$ (消去变量 A、B)

(d) $F(A、B、C、D)=\bar{B}D$ (消去变量 A、C)　(e) $F(A、B、C、D)=\bar{B}\bar{D}$ (消去变量 A、C)　(f) $F(A、B、C、D)=B\bar{C}$ (消去变量 A、D)

图 4.3.6　四格组合并

(3) 逻辑相邻的两行或二列的 8 个小方格为 1 时，可以划归为八格组，8 项合并成 1 项，结果消去了 3 个互补的变量，如图 4.3.7 所示。

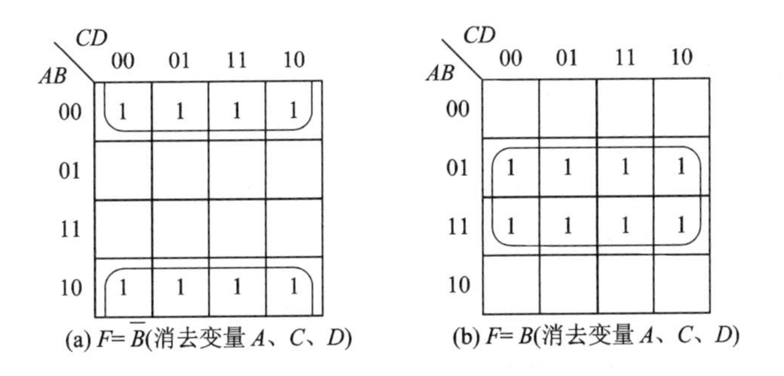

(a) $F=\bar{B}$(消去变量 A、C、D)　(b) $F=B$(消去变量 A、C、D)

图 4.3.7　八格组合并

图 4.3.7(a)中 m_0、m_1、m_2、m_3、m_8、m_9、m_{10}、m_{11} 对应的 8 个小方格均为 1，其中变

量 B 的取值不变，变量 A、C 和 D 的取值互补。因此，这 8 个小方格可以合并成一项，消去变量 A、C 和 D，得到函数 $\bar{B}$。

在卡诺图上合并方格组注意以下几点。

(1) 方格组必须为 2^n 个小方格，即 1、2、4、8、16 个逻辑相邻的小方格为 1，才可以合并圈在一起。

(2) 为了消去更多的变量，圈格数越多越好。消去的变量数越多，得到的函数越简化。

(3) 圈"1"格时，所圈方格必须是逻辑相邻的小方格，而且允许"1"格被重复圈，但每个圈内必须有 1 个方格是未被其他圈圈过的。例如，图 4.3.8(a)可以重复圈，图 4.3.8(b)中间虚线圈内的 4 个小格均为其他圈圈过的，不必再重复圈。

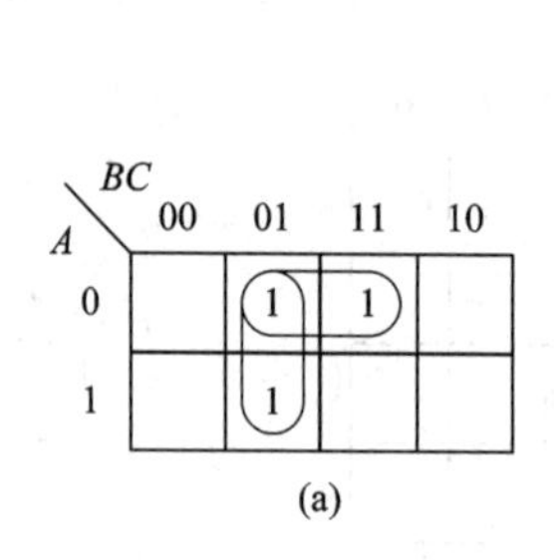

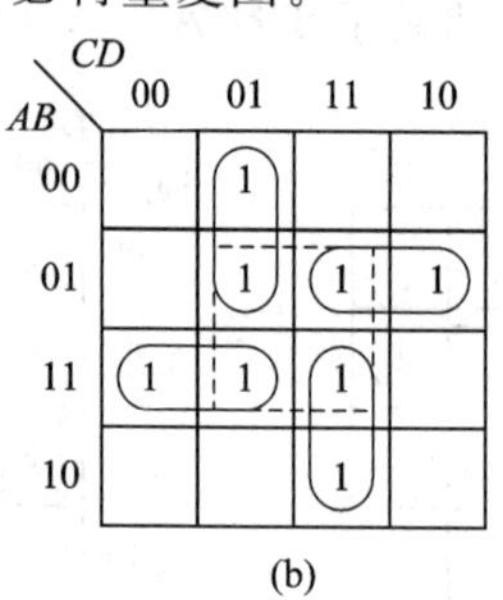

图 4.3.8　重复圈

2. 化简实例

【例 4.3.5】 用卡诺图化简 $F=\sum m(2, 4, 5, 12, 13, 14, 15)$。

解　(1) 画出 F 的卡诺图，如图 4.3.9 所示。

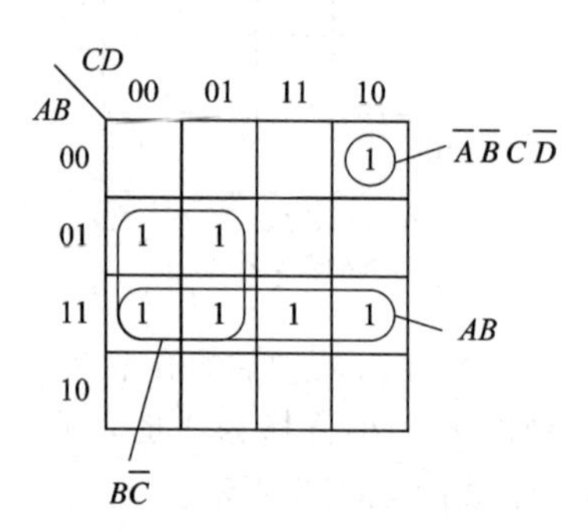

图 4.3.9　例 4.3.5 卡诺图

(2) 合并逻辑相邻的最小项。

由图看出 m_4、m_5、m_{12} 和 m_{13} 可以圈成四格组合并得 $B\bar{C}$；m_{12}、m_{13}、m_{14} 和 m_{15} 也是四格组合并得 AB；m_2 无相邻项，不能消去任何变量，得 $\bar{A}\bar{B}C\bar{D}$。

(3) 函数 F 化简后的最后结果为

$$F=B\bar{C}+AB+\bar{A}\bar{B}C\bar{D}。$$

【例 4.3.6】 用卡诺图化简函数

$$F=\bar{B}\bar{D}+A\bar{B}D+ABCD+\bar{A}B\bar{C}D+\bar{A}\bar{B}C\bar{D}。$$

解　(1) 画出 F 的卡诺图，如图 4.3.10 所示。

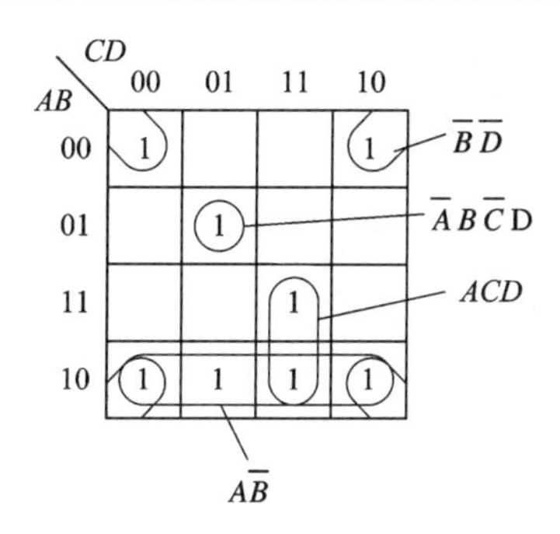

图 4.3.10　例 4.3.6 卡诺图

（2）合并最小项。

因为

$$\begin{aligned}F&=\bar{B}\bar{D}+A\bar{B}D+ABCD+\bar{A}B\bar{C}D+\bar{A}\bar{B}C\bar{D}\\&=\bar{B}\bar{D}(A+\bar{A})(C+\bar{C})+A\bar{B}D(C+\bar{C})+ABCD+\bar{A}B\bar{C}D+\bar{A}\bar{B}C\bar{D}\\&=m_0+m_2+m_5+m_8+m_9+m_{10}+m_{11}+m_{15}\\&=\sum m(0,2,5,8,9,10,11,15)\end{aligned}$$

所以，m_0、m_2、m_8 和 m_{10}对应的 4 个小方格划归为四格组，4 项合并成一项后得 $\bar{B}\bar{D}$；m_8、m_9、m_{10}和 m_{11}对应的 4 个小方格也是 4 项划归为四格组，4 项合并成一项后得 $A\bar{B}$；m_{11}和 m_{15}是二格组，两项合并成一项后得 ACD；m_5 是单独格，其最小项为 $\bar{A}B\bar{C}D$。

（3）函数 F 化简后的最后结果为

$$Y=\bar{B}\bar{D}+A\bar{B}+ACD+\bar{A}B\bar{C}D$$

3．逻辑函数化简中任意项的使用

1）任意项的含义

在有些实际问题中，存在某些变量取值的组合是不可能出现的。

例如，在数字系统中，用 A、B、C 3 个变量来代表加、左移和右移 3 种操作，在同一时刻，系统只能进行一种操作或不进行任何操作，但绝不可能同时进行两种及两种以上的操作，所以变量 A、B、C 的取值组合只能是 001、010、100 和 000。而其他的组合 011、110、101、111 是不会出现的。也就是说变量 A、B、C 之间存在互相制约关系，用逻辑表达式表示这一约束关系，则有 $AB\bar{C}+A\bar{B}C+\bar{A}BC+ABC=0$。此式称为约束条件，表明这些最小项在实际情况中是不可能出现的。这些不可能出现的最小项称为任意项，在逻辑函数中加上一些任意项，对逻辑函数的真值并无影响，相反，可以使逻辑函数表达式更为简单。

2）任意项的使用

任意项在逻辑函数的化简过程中是很有用的。由于它的取值可以是 1，也可以是 0。因此，可根据该任意项对函数的化简是否有利来决定该任意项的取值，以求得函数的最简表达式。

【例 4.3.7】　函数 $F=\sum m(0,2,3,4,8,9)$，约束条件为 $AB+BC=0$，用卡诺图化简该逻辑函数。

解 根据约束条件，求出任意项。

$$
\begin{aligned}
AB+BC &= AB(C+\bar{C})(D+\bar{D})+BC(A+\bar{A})(D+\bar{D}) \\
&= ABCD+ABC\bar{D}+AB\bar{C}D+AB\bar{C}\bar{D}+\bar{A}BCD+\bar{A}BC\bar{D} \\
&= \sum\phi(6,7,12,13,14,15)=0
\end{aligned}
$$

函数可写成

$$F=\sum m(0,2,3,4,8,9)+\sum\phi(6,7,12,13,14,15)$$

填写卡诺图，如图4.3.11所示，将1填入F中的最小项m_0、m_2、m_3、m_4、m_8、m_9对应的小方格。×填入将约束条件中的任意项m_6、m_7、m_{12}、m_{13}、m_{14}、m_{15}对应的小方格填写。其余小格均填写0。利用任意项将卡诺图圈成3个四格组，合并后得到化简后的函数为

$$F=\bar{A}C+A\bar{C}+\bar{C}\bar{D}$$

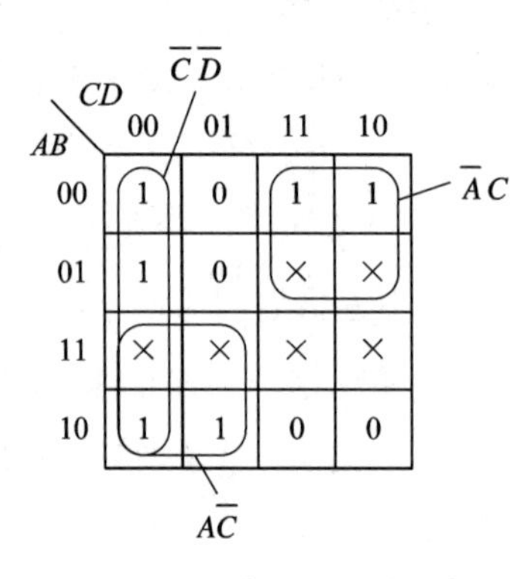

图4.3.11 例4.3.7卡诺图

模块小结

本模块介绍了二进制数与十进制数、二-十进制BCD编码、基本逻辑运算和逻辑函数的表示方法、逻辑代数的基本公式和定律、逻辑函数化简方法。

1. 二进制数和十进制数的转换方法

二进制数转换成十进制数的方法是按权展开，然后数值相加；十进制数转换成二进制数的方法是整数部分“除2取余，逆序排列”，小数部分“乘2取整，顺序排列”。

用4位二进制数码表示一位十进制数，称为二-十进制编码，简称BCD码。十进制数转换成8421BCD码的方法是将每一位十进制数用4位二进制数表示，按位转换。

2. 逻辑代数的基本知识

逻辑变量的取值只能是0和1。基本的逻辑关系有与、或、非3种，任何复杂的逻辑关系均可由这3种基本逻辑来描述。

逻辑代数的基本公式、定律和三条规则是分析、变换和化简逻辑函数的基础。

3. 逻辑函数的表示方法有以下5种

(1) 真值表；(2)逻辑表达式；(3)卡诺图；(4)逻辑图；(5) 波形图。

4. 逻辑函数化简的方法

(1) 公式法：适用于较复杂的逻辑函数，要求掌握逻辑代数的公式、定律和规则，技巧性较强，难度较高。

(2) 卡诺图法：适用于5个变量以下的函数的化简，直观、简便、容易掌握。

逻辑函数化简的目的是寻求最简的逻辑图，使所用的器件最少，每个器件的输入端要最少或者根据现有器件来实现逻辑函数。

过关训练

4.1　将下列各十进制数转换成等值的二进制数。

① 146.5　　② 543.625　　③ 21.25　　④ 0.6875

4.2　将下列二进制数转换成等值的十进制数。

① 110010　　② 0.10110　　③ 100110.011　　④ 11001.101

4.3　将下列十进制数转换成8421BCD码。

① 369　　② 2481　　③ 7525　　④ 4793

4.4　求下列逻辑函数的最小项表达式。

① $F=AB+B\bar{C}+A\bar{B}C$　　② $F=AC\bar{D}+\bar{B}D+\bar{A}B\bar{C}$

4.5　证明下列等式。

① $A\bar{B}+\bar{A}CD+B+\bar{C}+\bar{D}=1$

② $A\bar{B}+B\bar{C}+A\bar{B}\bar{C}+ABC\bar{D}=A\bar{B}+B\bar{C}$

③ $BC+D+\bar{D}(\bar{B}+\bar{C})(AD+B)=B+D$

4.6　用卡诺图法化简下列函数。

① $F_{(A, B, C)}=\sum m(0, 1, 2, 4, 7)$

② $F_{(A, B, C)}=\sum m(0, 1, 4, 5, 6)$

③ $F_{(A, B, C)}=\sum m(0, 1, 2, 4, 5, 7)$

④ $F_{(A, B, C)}=\bar{A}\bar{B}\bar{C}+AC+B+C$

⑤ $F=A\bar{B}+AC+BC$

⑥ $F=AB+BD+\bar{A}B\bar{C}\bar{D}$

⑦ $F=\bar{A}\bar{B}C+AD+\bar{D}(B+C)+A\bar{C}+\bar{A}\bar{D}$

模块五

逻辑门电路及其应用

【问题引入】 逻辑电路的基本单元电路有哪些？用什么样的电路才能实现各种逻辑运算呢？门电路有哪些性能和特点？

【主要内容】 逻辑电路的基本单元电路之一——门电路的基本类型、基本电路组成、基本工作原理、逻辑符号和逻辑表达式；各种集成门电路的外特性、逻辑功能及作用。具体介绍几种常见的逻辑门电路；重点介绍集成门电路及常见集成门电路的应用。

【学习目标】 了解各种常用门电路的基本电路组成和工作原理；识记各种常用门电路的逻辑符号和逻辑表达式；掌握各种常用门电路的逻辑功能、特点及其实际应用。

所谓“门”就是一种开关，门电路就是一种开关电路，它能按照一定的条件去控制信号的通过或不通过。门电路的输入和输出之间存在一定的逻辑关系，所以门电路又称为逻辑门电路。

逻辑门电路只有一个输出端，但可以有一个或多个输入端。它能实现各种逻辑运算，是数字电路中最基本的单元电路之一。

逻辑门可用二极管、三极管外加电阻、电容等分立元件构成，称为分立元件门。也可将门电路的所有器件及连接导线制作在同一块半导体基片上，构成集成逻辑门电路。

二极管和三极管都具有开关特性，是组成门电路的核心器件。

任务1　二极管、三极管的开关特性

数字电路传送的信号是矩形脉冲，由于脉冲幅度比较大，因此在数字电路中使用的二极管和三极管主要工作于“导通”和“截止”的“开关”状态。与机械开关不同，这类开关没有触点，属于无触点开关，又称为电子开关。

5.1.1　二极管的开关特性

在模块一中学过，二极管具有单向导电性，可作为开关使用。

1. 二极管的开关时间

二极管的开关时间是指二极管从截止变为导通和从导通变为截止所需时间之和。

二极管从截止变为导通所需的时间极短，可忽略不计。但二极管从导通变为截止所花费的时间(称为反向恢复时间 t_{re})要长得多(纳秒级)，不能忽略。t_{re}越长，二极管的开关速度越低。在低速数字电路中，开关时间的影响不大；而在高速数字电路中，开关时间的影响不能不考虑，开关时间过长将使二极管失去开关作用。

2. 二极管作为开关管的条件

二极管的反向恢复时间限制了二极管的开关速度。作为理想开关管，要求二极管的反向恢复时间比较短，且它的正向电阻远小于反向电阻。

为了减小反向恢复的时间，提高二极管的开关速度，一般选用结面积小的高速开关管。

5.1.2　三极管的开关特性

1. 三极管的开关电路模型

在模块二中学过，三极管也有"导通"(即"放大"和"饱和")和"截止"两种开关工作状态，在数字电路中也可以作为电子开关使用。

三极管作为开关使用时，通常采用共发射极接法，如图 5.1.1(a)所示。其中，基极 B 作为控制端，其输入的控制信号 u_I为一个正、负电压的矩形脉冲波；集电极 C 和发射极 E 在输出回路中起开关作用。其开关模型示意图如图 5.1.1(b)所示。

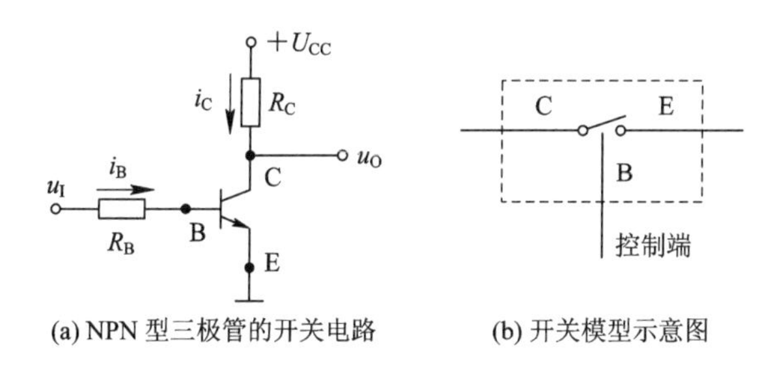

图 5.1.1　三极管的开关电路模型示意图

1）三极管截止时

当输入信号 u_I使三极管的发射结和集电结均为反向偏置时，$i_B \approx 0$，$i_C \approx 0$，$U_{CE} \approx U_{CC}$。此时，三极管工作于截止状态，其集电极 C 和发射极 E 之间相当于开关断开。

2）三极管导通时

当输入信号 u_I使三极管处于导通工作状态时，其集电极 C 和发射极 E 之间的关系相当于开关闭合。

2. 三极管的开关时间

在数字电路中，三极管在输入脉冲信号的控制下，在截止和导通两个状态之间不断转换是需要时间的，这个时间称为三极管的开关时间。

三极管由截止变为导通所需的时间称为三极管的开启时间 t_{on}；由导通变为截止所需的时间称为关闭时间 t_{off}。t_{on}和 t_{off}的大小反映了晶体管开关的速度。

3. 提高三极管开关速度的方法

通常在基极电阻 R_B两端串联一个电容，此电容可加速三极管的导通和截止过程，从而提高三极管的开关时间，这个电容称为加速电容。加速电容可缩短开启时间和关闭时间，并可近似地认为转换过程能在瞬间完成。

任务2　分立元件门电路

分立元件门电路是指直接由二极管、三极管外加电阻等分立元件构成的门电路。常见的分立元件门电路有二极管构成的与门、或门以及三极管构成的非门等。

5.2.1　二极管"与门"

能实现"与"逻辑功能的电路称为"与门"电路，简称与门。

1. 电路组成及逻辑符号

图5.2.1(a)是二极管"与门"电路，图中 A、B 是电路输入端，F 是电路输出端，R_O 为限流电阻，E_o 为供电电源。图5.2.1(b)是其逻辑符号。

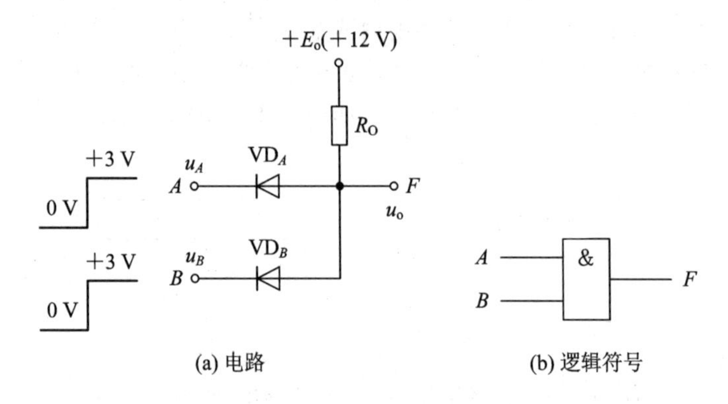

图5.2.1　二极管"与门"电路及其逻辑符号

2. 逻辑功能分析

假定二极管工作在理想开关状态，则此电路的工作原理如表5.2.1所示。(此电路的工作原理可参见模块一中任务3的1.3.4节钳位电路，这里不再赘述。)

1）逻辑功能表

若约定0 V为逻辑0，3 V为逻辑1，则表5.2.1的输入与输出关系可转换成表5.2.2。

表5.2.1　工作状态表

输入		输出	二极管的工作状态	
u_A	u_B	u_F	VD_A	VD_B
0 V	0 V	0 V	导通	导通
0 V	3 V	0 V	优先导通	截止
3 V	0 V	0 V	截止	优先导通
3 V	3 V	3 V	截止	截止

表5.2.2　与门电路的逻辑功能表

输入		输出
A	B	F
0	0	0
0	1	0
1	0	0
1	1	1

由表可知，该电路实现了与运算，为与门电路。

2）逻辑关系式

输出与输入之间的逻辑关系式为

$$F=A\cdot B=AB \tag{5.2.1}$$

3）逻辑功能总结

“与门”的逻辑功能可总结为：只要有一个以上的输入端是逻辑0，输出就为逻辑0；只有当输入全部为逻辑1时，输出才为逻辑1。简而言之，有0出0，全1出1。

4）多输入端与门表达式的扩展

对于输入端多于两个的与门，其表达式为

$$F=ABC\cdots \tag{5.2.2}$$

5.2.2　二极管“或门”

能够实现“或”逻辑功能的电路称为“或门”电路。

1. 电路组成及逻辑符号

图5.2.2(a)是二极管“或门”电路，图中 A、B 为电路输入端，F 为电路输出端，R_O 是限流电阻，$-E_O$ 是供电电源。图5.2.2(b)是或门的逻辑符号。

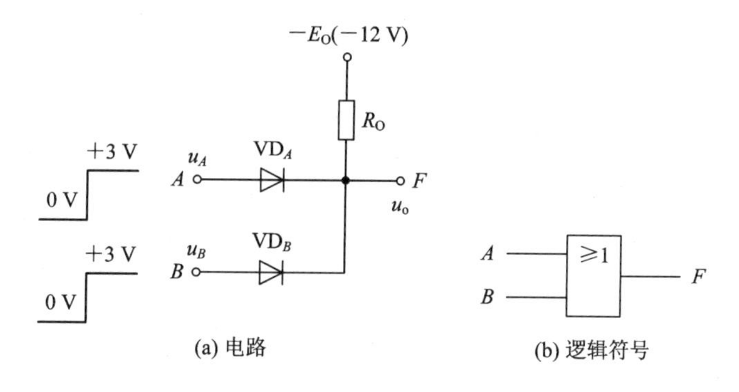

图5.2.2　二极管“或门”电路及其逻辑符号

2. 逻辑功能分析

1）逻辑功能表

假定二极管工作在理想开关状态。同时约定低电平0 V用逻辑0表示；高电平3 V用逻辑1表示。则此电路的逻辑功能如表5.2.3所示。

表5.2.3　或门的逻辑功能表

A		B		F	
电位/V	逻辑值	电位/V	逻辑值	电位/V	逻辑值
0	0	0	0	0	0
0	0	3	1	3	1
3	1	0	0	3	1
3	1	3	1	3	1

2）逻辑功能总结

由表 5.2.3 可总结“或门”的逻辑功能是：只要有一个以上输入端是逻辑 1，输出就为逻辑 1；只有当输入全部为逻辑 0 时，输出才为逻辑 0。简而言之，有 1 出 1，全 0 出 0。

3）逻辑关系式

此电路的输出与输入的关系式为

$$F=A+B \tag{5.2.3}$$

4）多输入端或门表达式的扩展

多输入端或门的逻辑函数为

$$F=A+B+C+\cdots \tag{5.2.4}$$

5.2.3 三极管“非门”

1. 电路组成及逻辑符号

图 5.2.3 是由半导体三极管构成的最简单的非门电路及其逻辑符号。其中，u_A是输入信号，u_F是输出信号，其低电平为 0 V，高电平为 5 V；U_{CC}是电源电压。

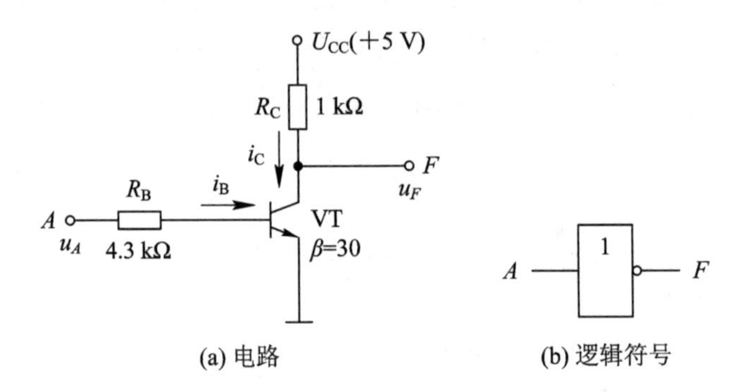

图 5.2.3　半导体三极管非门电路及逻辑符号

2. 工作原理

（1）当 $u_A=U_{iL}=0$ V 时，三极管 VT 的发射结 0 偏，所以三极管截止，因此三极管的 B、E 和 C、E 之间相当于开路，所以 $u_F=U_{OH}=U_{CC}=5$ V。

（2）当 $u_A=U_{iH}=5$ V 时，由分析计算可知三极管处于饱和导通工作状态，因此三极管的 B、E 和 C、E 之间相当于短路，所以 $u_F=U_{OL}=U_{CE}=0$ V。

3. 真值表

约定 0 V 为逻辑 0，5 V 为逻辑 1。则非门的真值表如表 5.2.4 所示。

表 5.2.4　“非门”的真值表

A	F
0	1
1	0

4. 逻辑关系式

非门的逻辑表达式为

$$F=\bar{A} \tag{5.2.5}$$

由于二极管、晶体管、电阻、电容等分立元件组成的逻辑门电路不能适应数字电路设备的微型化和越来越高的可靠性要求，因此集成逻辑门电路出现了。

任务 3　集成逻辑门电路及其应用

集成逻辑门电路按其内部有源器件的不同，一般分为双极型 TTL 逻辑门电路和单极型 MOS 逻辑门电路两大类。

5.3.1　TTL 集成门电路及其应用

TTL(Transistor-Transistor Logic)即晶体管-晶体管逻辑门电路，主要由晶体三极管和电阻构成，是数字电子技术中常用的一种逻辑门电路，应用比较早，技术比较成熟。

TTL 门电路有 74(商用)和 54(军用)两个系列，表 5.3.1 列出了其常见子系列。

表 5.3.1　TTL 集成电路系列一览表

系列	子系列	代号	名　　称	时间/ns	工作电压/V	功耗/mW
TTL 系列	TTL	74	普通 TTL 系列	10	74 系列 4.75～5.25 54 系列 4.5～5.5	10
	HTTL	74H	高速 TTL 系列	6		22
	LTTL	74L	低功耗 TTL 系列	33		1
	STTL	74S	肖特基 TTL 系列	3		19
	ASTTL	74AS	先进肖特基 TTL 系列	3		8
	LSTTL	74LS	低功耗肖特基 TTL 系列	9.5		2
	ALSTTL	7ALS	先进低功耗肖特基 TTL 系列	3.5		1
	FTTL	74F	快速 TTL 系列	3.4		4
说明：74LS 系列产品具有最佳的综合性能，是集成电路的主流，是应用最广的系列						

在 TTL 门电路的定型产品中，有与门、或门、与非门、或非门、与或非门、异或门和反向器等几种常见类型。下面以与非门为例学习相关知识。

1. 基本型 TTL 与非门

1) 电路结构及逻辑符号

图 5.3.1 是基本型 TTL 与非门内部电路图及逻辑符号。

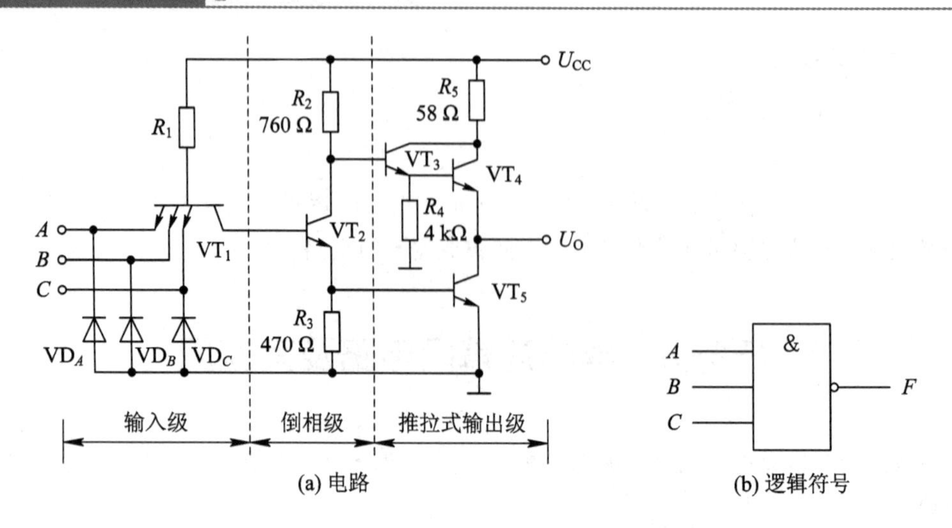

图 5.3.1　TTL 与非门电路及逻辑符号

由图 5.3.1 可知，电路的输入端至输出端都是晶体三极管结构，故称该电路为 Transistor-Transistor Logical 门电路，简称 TTL 电路。

TTL 与非门电路由以下 3 部分组成。

(1) 输入级。输入级由 VT_1 和 R_1 组成，实现对多个输入信号相与的逻辑功能。VT_1 是一个具有多个发射极的晶体管，简称多发射极晶体管，它的等效电路如图 5.3.2 所示。由图 5.3.2 可知，VT_1 是一个有多个独立发射极，且基极和集电极分别并联在一起的三极管。

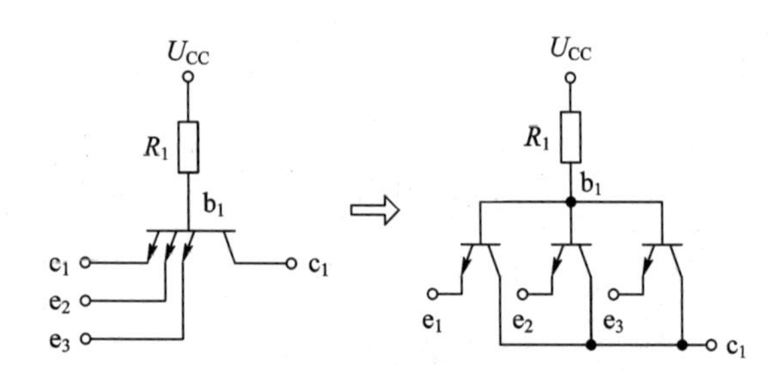

图 5.3.2　多发射极三极管及其等效电路

二极管 VD_A、VD_B、VD_C 为输入端的钳位二极管，其作用是限制出现在输入端的负极性干扰脉冲，保护 VT_1 管。

(2) 倒相级。倒相级由 VT_2、R_2 和 R_3 组成，该级的作用是使 VT_2 的集电极和发射极能输出两个相位相反的信号，该信号将分别作为输出级 VT_4、VT_5 的驱动信号，以便控制推拉式输出级，实现与非逻辑功能。

(3) 推拉式输出级。推拉式输出级由 VT_3、VT_4、VT_5 和 R_5 组成，这种输出方式可提高电路的工作速度和带负载的能力。

VT_3 和 VT_4 组成的复合管射极跟随电路(又称为达林顿电路)，可作为输出管 VT_5 的有源负载。

2) 逻辑功能分析

TTL 与非门有以下两种工作状态。

(1) 当所有的输入端都接高电平时，与非门处于饱和导通状态，分析如下。

当图 5.3.1(a)所示的与非门电路的输入端全部接高电平(3.6 V)时，由于 VT_1 的基极电位升高，致使电源 U_{CC} 通过 R_1 和 VT_1 的集电结向 VT_2、VT_5 提供足够的基极电流，迫使 VT_2、VT_5 饱和。此时电路的输出电压为低电平，即 $U_O=U_{OL}=U_{CES5}\approx 0.3$ V。

VT_1 的基极电位为

$$U_{b1}=U_{bc1}+U_{be2}+U_{be5}=0.7+0.7+0.7=2.1\ \text{V}$$

而集电极电位为

$$U_{c1}=U_{b2}=U_{be2}+U_{be5}=0.7+0.7=1.4\ \text{V}$$

由此可见，此时 VT_1 的发射结处于反向偏置状态，而集电结处于正向偏置状态，即 VT_1 处于发射结和集电结倒置使用的放大状态。

VT_2 饱和导通后，VT_2 的集电极电位为

$$U_{c2}=U_{be5}+U_{CES2}=0.7+0.3=1.0\ \text{V}$$

此值使 VT_3 导通，则

$$U_{b4}=U_{e3}=U_{c2}-U_{be3}=1-0.7=0.3\ \text{V}$$

可见 VT_4 处于截止状态。

(2) 输入端中只要有一个低电平，与非门就处于截止状态，分析如下。

当输入端中有一个低电平(0.3 V)时，VT_1 中输入端接低电平的发射结导通，使 VT_1 的基极电位钳位为

$$U_{b1}=U_{iL}+U_{be1}=0.3+0.7=1.0\ \text{V}$$

此值不足以使 VT_1 的集电结和 VT_2、VT_5 的发射结同时导通。所以，此时 VT_2 和 VT_5 均处于截止状态。

由于 VT_2 截止，致使电源 U_{CC} 通过 R_2 向 VT_3、VT_4 构成的电路提供基极电流，VT_3、VT_4 导通，电路输出为高电平，即

$$U_{OH}=U_{C2}-U_{be3}-U_{be4}=5-0.7-0.7=3.6\ \text{V}$$

综合上述分析可知：当输入端都是高电平时，输出为低电平；只要输入端中有一个低电平，输出就为高电平，即“全 1 出 0，有 0 出 1”。此电路实现了与非的逻辑功能。

所以此电路为与非门，其逻辑表达式为

$$F=\overline{A\cdot B\cdot C}$$

3) 普通 TTL 与非门的局限

在用门电路组成各种逻辑电路时，为了增强 TTL 与非门电路的驱动能力和扩展逻辑功能，往往需要把几个 TTL 与非门的输出端并联起来。但是，将普通的 TTL 与非门的输出端直接并联起来是不安全的，也是不允许的。其原因如下。

普通门电路的输出级大都是推拉式电路。如果将两个与非门的输出端直接相连，就可能出现如图 5.3.3 所示的情况：当 G_1 门输出高电平，而 G_2 门输出低电平时，G_1 门的 VT_4 和 G_2 门的 VT_5 都处于导通状态，将出现一条自电源 U_{CC} 流经 G_1 门的 VT_4 和 G_2 门的 VT_5 到地的低阻通路，则必然有很大的电流 i 流过两个门的输出级，这个电流的数值将远远超过 VT_4 和 VT_5 的正常工作电流而造成门电路的损坏，或者使 G_2 门的输出低电平升高而造成逻辑混乱(难以判定该门的输出是逻辑“0”还是逻辑“1”)。

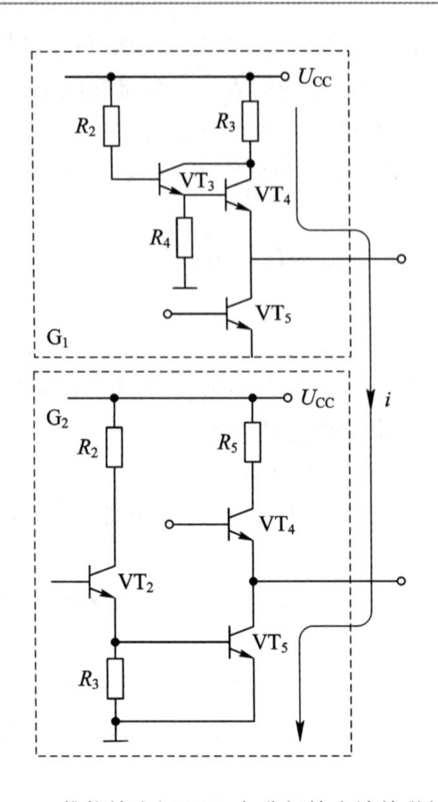

图 5.3.3 推拉输出级 TTL 与非门输出端并联的情况

所以，推拉式输出级的普通 TTL 与非门是不允许在输出端直接并联使用的。

为了能将几个与非门在输出端直接并联起来，而又不致出现上述问题，于是又产生了一些特殊门，如集电极开路的与非门和三态与非门等。

2. 集电极开路(OC)与非门

1）OC 与非门的电路和逻辑符号

图 5.3.4 为 OC 与非门的电路和逻辑符号。

此 OC 与非门电路是将图 5.3.1 推拉输出级 TTL 与非门电路中的 VT_3、VT_4 和电阻 R_4、R_5 都去掉，使 VT_5 的集电极开路(Open Collector)而得。

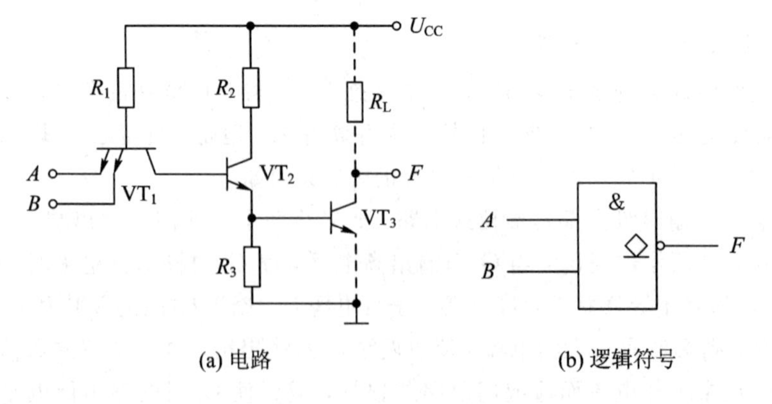

图 5.3.4 OC 与非门电路和逻辑符号

在使用 OC 与非门时，再外接一个负载电阻 R_L。只要负载电阻 R_L 和电源电压的值选择得合适，就能保证 OC 门输出的高低电平符合与非门的逻辑规定，同时使输出管 VT_3 能安全地工作。

2）OC 与非门的线与功能

两个 OC 与非门输出端并联连接电路如图 5.3.5 所示。

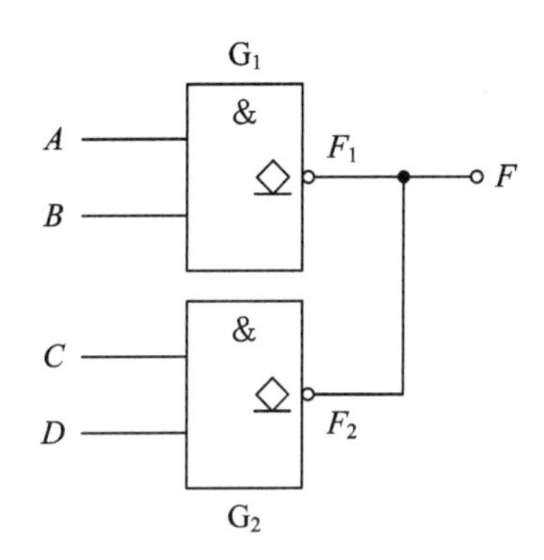

图 5.3.5　两个 OC 与非门并联使用示意图

OC 与非门 G_1 的输出逻辑表达式为 $F_1=\overline{A\cdot B}$；G_2 的逻辑表达式为 $F_2=\overline{C\cdot D}$。图 5.3.5 的输出 F 的逻辑表达式为

$$F=F_1\cdot F_2=\overline{AB}\cdot\overline{CD}=\overline{AB+CD}$$

由于 F_1 和 F_2 直接连在一起而形成了“与”的逻辑关系，因此这种“与”的逻辑关系是直接通过线的连接实现的，所以通常称它为“线与”逻辑。OC 门就是基于线与逻辑的实际需要而产生的。

3）OC 与非门的局限性

OC 与非门虽然可以实现“线与”的逻辑功能，但也存在一些局限性。一方面，OC 与非门的外接负载电阻由于受到相关条件的限制，不能选择得太小，因此限制了电路的工作速度。另一方面，OC 与非门去掉了输出管的有源负载，使电路的带负载能力下降。

为解决这些不足，一种既具有推拉输出级，又能实现“线与”逻辑的门电路就产生了，它就是三态与非门电路。

3. 三态逻辑(TSL)门

1）TSL 门的三态

所谓三态，是指门电路的输出有 3 种状态：“高电平”“低电平”和“高阻态”（开路状态）。

应该指出，TSL 门在“高阻态”时，其输出与外接电路呈“断开状态”，为“非正常”工作状态，所以三态门仍然是一种“二值”门。

2）TSL 与非门的逻辑功能

常见的 TSL 与非门电路及其逻辑符号如图 5.3.6 所示，图中 A、B 为数据输入端；$\overline{\text{EN}}$ 为控制端（又称为使能端），低电平有效。

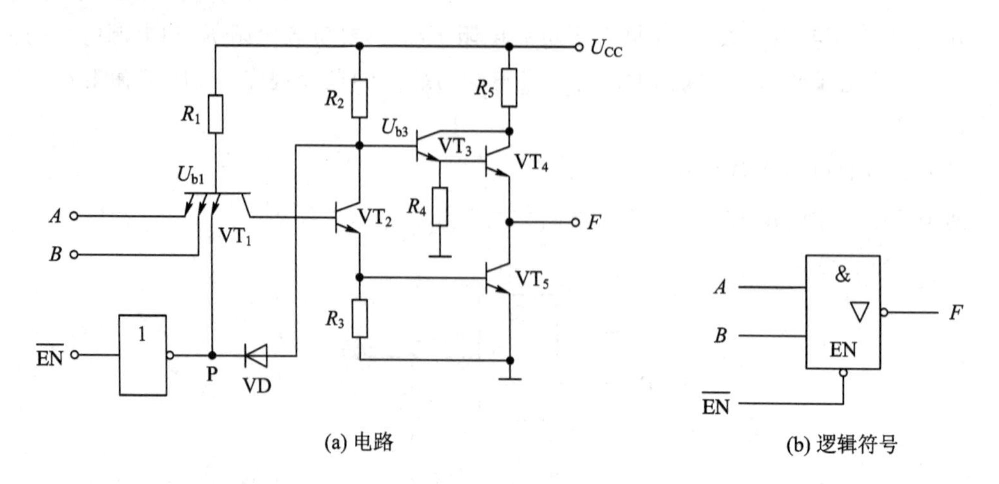

图 5.3.6　TSL 与非门电路及逻辑符号

TSL 与非门的逻辑功能如下。

(1) 当$\overline{EN}=0$时，图中 P 点为高电平。此时二极管 VD 截止，$\overline{EN}$端对电路没有影响，TSL 门的输出状态完全取决于输入端 A、B 的状态，此时 TSL 门的逻辑功能和普通 TTL 与非门完全相同，即 $F=\overline{A\cdot B}$。这种状态称为三态门的“允许工作状态”。

(2) 当$\overline{EN}=1$时，图中 P 点为低电平(0.3 V)。此时二极管 VD 导通，使 VT_3的基极电位 $U_{b3}\approx1$ V，从而迫使 VT_4截止；同时，P 点的低电平(0.3 V)，又使 VT_1管的基极电位 $U_{b1}=1$ V，从而迫使 VT_2、VT_5同处于截止状态。由于此时 TSL 门的输出级 VT_4、VT_5同时处于截止状态，因此从电路输出端 F 进去的阻抗为无穷大，这就是 TSL 门的“高阻状态”，又称“禁止态”。

综上分析，三态与非门的输出状态与输入变量 A、B 和$\overline{EN}$的逻辑关系如表 5.3.2 所示。

表 5.3.2　TSL 与非门真值表

使能端$\overline{EN}$	数据输入端		输出状态
	A	B	F
0	0	0	1
	0	1	1
	1	0	1
	1	1	0
1	×	×	高阻

由表可知，电路的输出状态有高电平状态、低电平状态和高阻状态，故称它为三态逻辑门，简称 TSL 逻辑门。

因为不同厂家的 TSL 产品的控制方法有所不同，使用中应注意其控制端 $\overline{EN}$ 是低电平还是高电平，且确定 TSL 门为“允许工作状态”。

3) TSL 门的应用

在数字通信系统中，TSL 门的应用越来越广泛，其主要用途如下。

(1) 用 TSL 门构成总线结构。

在计算机中，为了减少导线的数目，希望在同一根导线上能分时传送几个不同的数据或控制信号。这时可用 TSL 门来实现，电路的连接如图 5.3.7 所示。

在计算机中，常把能分时传送信号的导线称为总线 BUS。由图 5.3.7 可知，只要让各个 TSL 门的控制端($\overline{EN}$)轮流变为低电平(任何时刻只能有一个门的$\overline{EN}$为低电平)，各个 TSL 门的输出 F_1、$F_2 \cdots F_n$就可以经同一总线轮流地发送到接收端，而不会互相干扰或产生数据混乱。

(2) 用 TSL 门实现数据的双向传送。

利用 TSL 门实现数据双向传送的电路如图 5.3.8 所示。

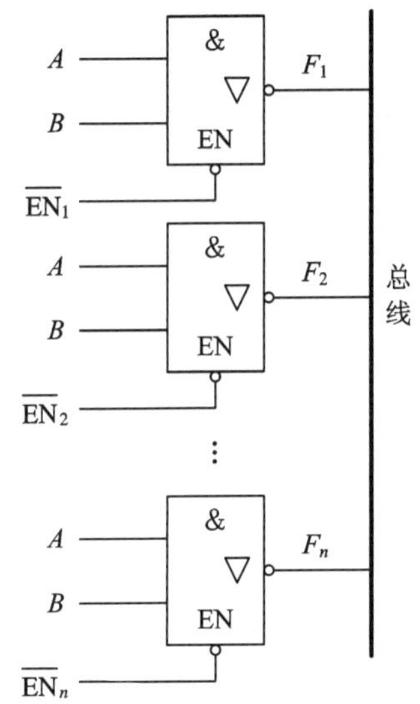

图 5.3.7　用 TSL 门构成总线结构

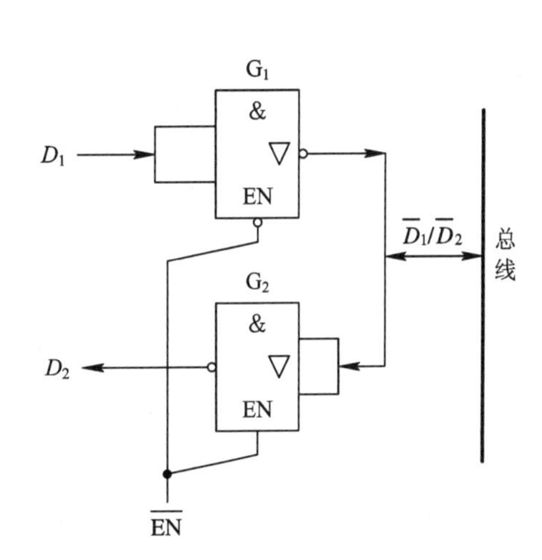

图 5.3.8　用 TSL 门实现数据双向传送

图中 G_1门的控制端是低电平时有效，而 G_2门的控制端是高电平时有效；G_1门的数据传输是“左进右出”，G_2门的数据传输是“右进左出”。

由图 5.3.8 可知，当 TSL 门的控制端$\overline{EN}=0$ 时，G_2门处于高阻状态，而 G_1门处于允许工作状态，则数据 D_1经 G_1门反相后经总线传送到接收方。

反之，当 TSL 门的控制端$\overline{EN}=1$ 时，G_1门处于高阻状态，而 G_2门处于允许工作状态，则对方发送的数据$\overline{D_2}$经总线和 G_2门反相后被本端接收。

所以三态门的这种连接实现了数据的双向传送，且不会发生传送错误。

4. ECL 集成门及其特点

TTL 门电路的两种逻辑电平是用晶体管截止状态和饱和状态来表示的。这种类型的逻辑电路可靠性高，抗干扰能力较强。其缺点是晶体管进入饱和与退出饱和所产生的存储时延严重地影响了电路速度的提高。

为了进一步提高门电路的工作速度，缩短平均时延，人们又研制了另一类使晶体管器件根本不进入饱和状态的逻辑电路，叫发射极耦合逻辑电路，简称 ECL 电路。ECL 电路属于双极型半导体器件。

ECL 门电路中的晶体管只在放大态和截止态工作，根本不进入饱和状态。所以它的突出优点是速度快；但它的突出缺点是功耗较大，而且由于晶体管在放大态工作时容易将输入的干扰信号也相应放大，因而电路的抗干扰性能也降低了。

5.3.2 MOS 集成门电路

TTL 逻辑门电路虽然具有速度快的优点，但因其功耗大，所以又出现了一种 MOS 集成门电路。

MOS 集成门电路是一种由单极性三极管构成的电路。

单极性三极管叫场效应管(FET)，是一种半导体三极管器件。它与前面介绍的双极型三极管不同，它是利用改变外加电压产生的电场强度来控制其导电能力的半导体器件，故而得名场效应管；又由于它只有一种载流子(多数载流子)参与导电，故又称为单极型三极管。

场效应管通常有 6 种类型，如表 5.3.3 所示。

表 5.3.3 场效应管的类型

结构形式	结型		绝缘栅型			
工作方式	耗尽型		耗尽型		增强型	
导电沟道	N	P	N	P	N	P
符号	D G S	D G S	D G B S	D G B S	D G B S	D G B S

MOS 管是一种绝缘栅场效应管，其全称是 Metal-Oxide-Semiconductor，即金属(铝)-氧化物(SiO_2)-半导体(硅片)场效应管。

图 5.3.9(a)是增强型 N 沟道绝缘栅场效应管的结构。它设置在一块掺杂浓度较低的 P 型硅衬底上的左右两侧，利用扩散的方法制成两个高掺杂的 N^+ 区("+"表示高浓度)，分别称为源区和漏区；再用金属铝分别引出两个电极，对应为源极 S 和漏极 D(通常把源极与衬底在内部连通，二者总保持等电位)；然后在硅片表面生成一层很薄的 SiO_2 绝缘层，在源极和漏极之间的绝缘层上再喷一层铝作为栅极 G；另外从衬底引出一条引线 B。可见，这种场效应管的栅极 G 与源极 S、漏极 D 间有 SiO_2 绝缘，因此称为绝缘栅场效应管，又称为金属(铝)-氧化物(SiO_2)-半导体(硅片)场效应管，简称 MOS(Metal-Oxide-Semiconductor)管。在工作时，要外加工作电压才会使漏极和源极间形成导电沟道，称为增强型管。若导电沟道中是自由电子参与导电，则叫 N 沟道。其符号如图 5.3.9(b)所示。

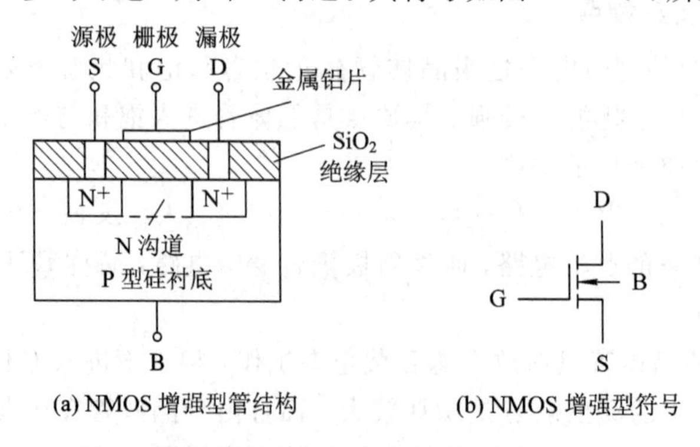

(a) NMOS 增强型管结构　(b) NMOS 增强型符号

图 5.3.9 增强型 N 沟道 MOS 管的结构和符号

由上面的构成可知，场效应管不但具有如双极型三极管的体积小、重量轻、耗电少、寿命长等优点，还具有输入电阻高(可达 $10^8 \sim 10^{12}$ Ω)、热稳定性好、抗辐射能力强、噪声低、制造工艺简单、便于集成等特点，在大规模及超大规模集成电路中得到了广泛的应用。MOS 集成门电路就是其典型应用之一。

常用的 MOS 集成门电路有 NMOS、PMOS、CMOS、LDMOS、VDMOS 等几种类型。

用 N 沟道增强型场效应管构成的逻辑电路称为 NMOS 电路；用 P 沟道场效应管构成的逻辑电路称为 PMOS 电路；CMOS 电路则是 NMOS 和 PMOS 的互补型电路；用横向双扩散 MOS 管构成的逻辑电路称为 LDMOS 电路；用垂直双扩散 MOS 管构成的逻辑电路称为 VDMOS 电路。

其中，CMOS 逻辑门电路具有功耗极低、成本低、电源电压范围宽、逻辑度高、抗干扰能力强、输入阻抗高、扇出能力强和连接方便等优点，是目前应用最广泛的集成电路之一。

CMOS 集成电路的种类很多，常见的 CMOS 集成门系列如表 5.3.4 所示。

表 5.3.4　CMOS 集成逻辑电路系列一览表

系列	子系列	代号	名　　称	时间/ns	工作电压/V	功耗/μW
CMOS 集成门系列	CMOS	4000	普通 CMOS 系列	125	3～18	1.25
	HCMOS	74HC	高速 CMOS 系列	8	2～6	2.5
	HCTMOS	74HCT	与 TTL 兼容的 HCMOS 系列	8	4.5～5.5	2.5
	ACMOS	74AC	先进 CMOS 系列	5.5	2～5.5	2.5
	ACTMOS	74ACT	先进的能够与 TTL 兼容的 CMOS 系列	4.75	4.5～5.5	2.5

常用的 CMOS 逻辑门有 CMOS 反相器(非门电路)、CMOS 与非门电路和 CMOS 传输门电路等。

1. CMOS 反相器(非门电路)

1）电路组成

图 5.3.10 为 CMOS 非门电路，它由一个 P 沟道增强型 MOS 管 V_P 和一个 N 沟道增强型 MOS 管 V_N 构成，两管的栅极相连作为输入端 A，两管的漏极相连作为输出端 F。V_P 的源极接正电源 U_{DD}，V_N 的源极接地 U_{SS}，电源电压 U_{DD} 大于两管的开启电压绝对值之和(两管的开启电压 U_{TN} 为正值、U_{TP} 为负值)。

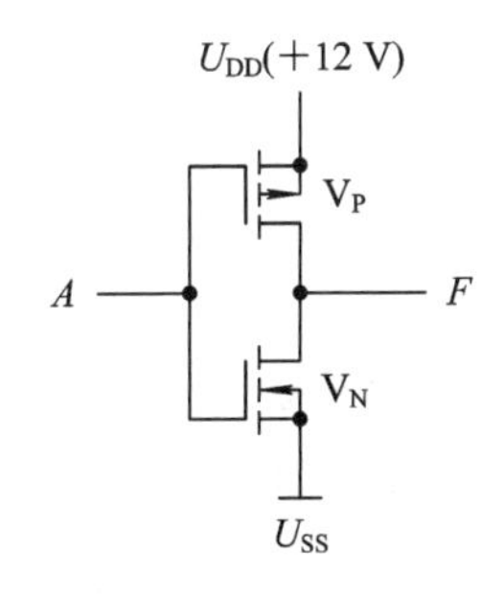

图 5.3.10　CMOS 反相器逻辑电路

2）逻辑功能

输入端 A 为高电平 U_{DD} 时，V_N 管的栅源电位差为 $U_{GSN}=U_{DD}>U_{TN}$，故 V_N 管导通；而 V_P 管的栅源电位差 $U_{GSP}=0\ V>U_{TP}$，故 V_P 管截止。这时反相器的输出端 $F=0$ V 为低电平。

当输入端 A 为低电平 0 V 时，V_N 管的栅源电位差为 $U_{GSN}=0\ V<U_{TN}$，故 V_N 管截止；而 V_P 管的栅源电位差 $U_{GSP}=-U_{DD}<U_{TP}$，故 V_P 管导通。这时反相器的输出端 F 为高电平。

综上所述，输入 A 为“1”时，输出 F 为“0”；输入 A 为“0”时，输出 F 为“1”。此电路实现了非的逻辑功能，为非门电路。

2. CMOS 与非门电路

1）电路组成

图 5.3.11 是双输入端的 CMOS 与非门电路。电路的两个工作管 V_{N1}、V_{N2} 串联，两个负载管 V_{P1}、V_{P2} 并联，A、B 是电路的输入端，F 是电路的输出端。

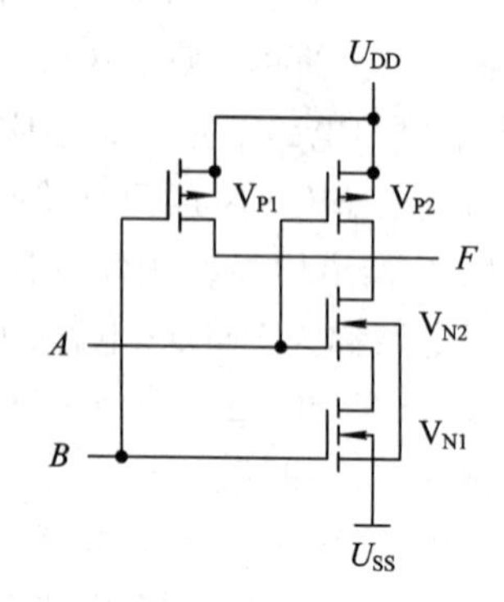

图 5.3.11 CMOS 与非门逻辑电路

2）逻辑功能

当输入 A、B 中有一个为低电平时，工作管 V_{N1}、V_{N2} 两管中必有一个以上的管子处于截止状态，而负载管 V_{P1}、V_{P2} 必有一个以上的管子是导通的，电路输出 F 为高电平。

当输入 A、B 都为高电平时，V_{N1}、V_{N2} 同时导通，V_{P1}、V_{P2} 同时截止，电路输出 F 为低电平。

因此，此电路实现了与非的逻辑功能。其输出 F 和输入 A、B 的关系为

$$F=\overline{AB}$$

3. CMOS 传输门(TG)电路及其应用

图 5.3.12(a)是 CMOS 传输门电路，图 5.3.12(b)是传输门的逻辑符号。传输门的作用相当于一个可控开关，在控制信号的作用下，开关闭合或断开。

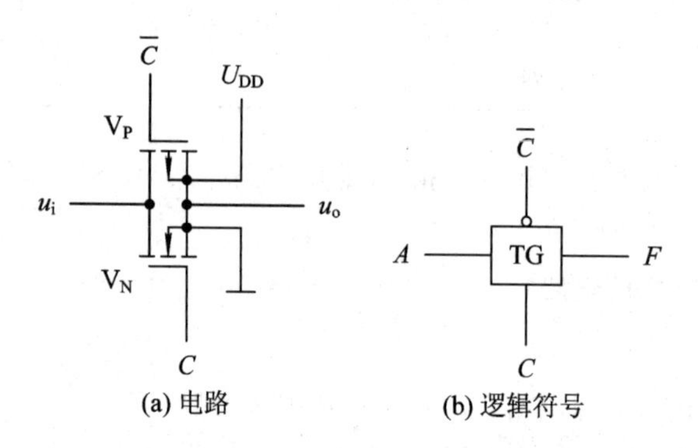

图 5.3.12 CMOS 传输门

1）电路组成

两个互补的 MOS 管 V_P 和 V_N 的漏极相连、源极相连，分别构成了传输门的输入端和输出端，两栅极分为两个反相的控制电压 C 和 $\bar{C}$。

2）工作原理

假定电源电压 $U_{DD}=10$ V，控制信号的高电平为 10 V，低电平为 0 V，需要传送的信号的高、低电平也分别为 10 V 和 0 V，两管的开启电压 $|U_{VN}|=|U_{VP}|=3.5$ V。

(1) 传输门导通情况，$C=10$ V，$\bar{C}=0$ V。

控制端 $C=10$ V，$\bar{C}=0$ V，u_i 为 0～10 V 时，传输门处于导通状态，相当于开关闭合，

信号可以双向传送，即可以由 A 流向 F，也可以由 F 流向 A。

当信号 u_i 在 0～3.5 V 的范围内变化时，V_N 管导通，其导通电阻约为几百欧姆，而 V_P 截止，其截止电阻约为 10^8 Ω，总的并联电阻呈低阻状态。

当信号 u_i 在 3.5～6.5 V 的范围内变化时，V_N 和 V_P 两管同时导通，也呈低阻导通状态。

当信号 u_i 在 6.5～10 V 的范围内变化时，V_N 管截止，截止电阻约为 10^8 Ω，V_P 管导通，导通电阻约为几百欧姆，传输门仍呈低阻导通状态。

分析可知，C=10 V，$\bar{C}$=0 V 时传输门总有一管是导通的，所以信号可以顺利传送。传输门处于导通情况。

(2) 传输门截止情况，C=0 V，$\bar{C}$=10 V。

当控制端 C=0 V，$\bar{C}$=10 V 时，传输门处于截止状态，相当于开关断开，输入和输出隔离，信号不能传送。

当信号 u_i 在 0～10 V 的范围内变化时，V_N 管的栅源电位差 U_{GSN} 为 −10～0 V<0，故 V_N 管截止；而 V_P 管栅源电位差 U_{GSP} 为 0～10 V>0，故 V_P 管也截止。两管均处于截止状态，截止电阻约为 10^8 Ω，输入 A 和输出 F 隔离，传输门截止。

3) 应用

由于 MOS 管的源区和漏区是对称的，即源极和漏极可以交换使用，因此 CMOS 传输门具有双向性，即信号可以双向传输。

将一个传输门和一个 CMOS 反相器按图 5.3.13 所示的方式连接，即反相器的输入端接传输门的控制端 C，反相器的输出端接传输门的控制端 $\bar{C}$，则可构成单刀模拟开关。

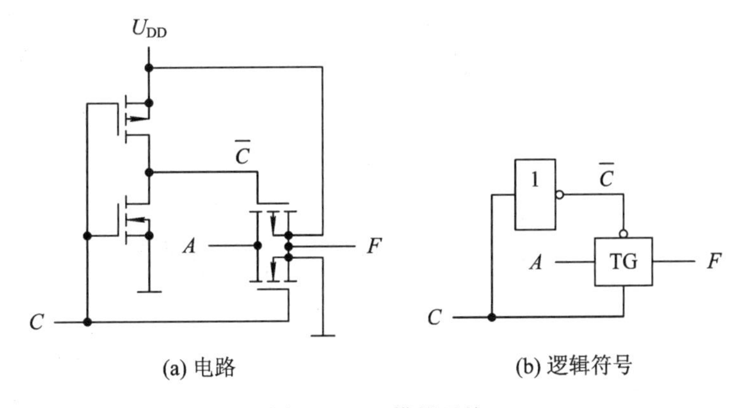

(a) 电路　(b) 逻辑符号

图 5.3.13　模拟开关

当 C 为高电平逻辑 1 时，传输门导通，输入 A 和输出 F 可以进行双向数据传送。

当 C 为低电平逻辑 0 时，传输门断开，不能进行数据传送。

CMOS 传输门电路和反相器是 CMOS 集成电路的两个基本电路，任何复杂的 CMOS 集成电路均是由这两个基本电路构成的。

5.3.3　集成电路芯片简介

数字电路实验中所用到的集成芯片都是双列直插式的。识别双列直插式集成芯片的方法是：正对集成芯片型号(如74LS03)或看标记(左边的缺口或小圆点标记)，引脚从左下角开始按逆时针方向以1，2，3，…依次排列到最后一脚(在左上角)。在双列直插式TTL集成电路中，电源端U_{CC}一般排在左上端，接地端GND一般排在右下端。如74LS03为14脚芯片，第14脚为U_{CC}，第7脚为GND。若集成芯片引脚上的功能标号为NC，则表示该引脚为空脚，与内部电路不连接。

5.3.4 TTL集成电路使用规则

(1) 接插集成块时要认清定位标记，不得插反。

(2) 电源电压使用范围为4.5～5.5 V，实验中要求使用$U_{CC}=+5$ V。电源极性绝对不允许接错。

(3) 闲置输入端的处理方法如下。

① 悬空。悬空相当于正逻辑“1”，对于一般的小规模集成电路的数据输入端，实验时允许悬空处理，但易受外界干扰，导致电路的逻辑功能不正常。因此，对于接有长线的输入端，中规模以上的集成电路和使用集成电路较多的复杂电路，所有控制输入端必须按逻辑要求接入电路，不允许悬空。

② 直接接电源电压U_{CC}(也可以串入一只1～10 kΩ的固定电阻)或接至某一固定电压(2.4 V$\leqslant U_{CC}\leqslant$4.5 V)的电源上，或与输入端为接地的多余与非门的输出端相接。

③ 若前级驱动能力允许，可以与使用的输入端并联。

(4) 输入端通过电阻接地，电阻值的大小将直接影响电路所处的状态。当$R\leqslant$680 Ω时，输入端相当于逻辑“0”；当$R\geqslant$4.7 kΩ时，输入端相当于逻辑“1”。对于不同系列的器件，其要求的阻值不同。

(5) 输出端不允许并联使用(集电极开路门(OC)和三态输出门电路(3S)除外)，否则不仅会使电路逻辑功能混乱，还会导致器件损坏。

(6) 输出端不允许直接接地或直接接+5 V的电源，否则将损坏器件。有时为了使后级电路获得较高的输出电平，允许输出端通过电阻R接至U_{CC}，一般R取3～5.1 kΩ。

任务4 集成逻辑门的使用

5.4.1 集成电路的认识

利用半导体的制造工艺，将电阻、二极管、三极管等元件及连线全部集中制造在同一小块半导体基片上，封装成一个完整的固体电路，该电路称为集成电路。

集成电路具有体积小、重量轻、功耗低、电路稳定性好和环境适应性好等优点，它在各行各业的电子电器中得到了广泛运用，如广播、通信、自动化控制、遥测遥感、家用电器等领域。现今的微电子技术、纳米技术等，使集成电路发生着量与质的飞跃。

1. 集成电路的类型

集成电路的种类繁多，表5.4.1对集成电路的分类做了一个简单的介绍。

表 5.4.1　集成电路的分类

分类方法	类型及说明
按集成度分	SSI：Small Scale Integration，小规模集成电路，1 个芯片可容纳的元器件数目小于 100 个，10～20 个等效门
	MSI：Middle Scale Integration，中规模集成电路，1 个芯片可容纳的元器件数目在 100～1000 个之间，20～100 个等效门
	LSI：Large Scale Integration，大规模集成电路，1 个芯片可容纳的元器件数目在 1000 至数万个之间，100～1000 个等效门
	VLSI：Very Large Scale Integration，超大规模集成电路，1 个芯片可容纳的元器件数目在 10 万个以上，1000 个以上等效门
	ULSI：Ultra Large Scale Integration，特大规模集成电路，1 个芯片可容纳 100 亿个元件
按处理信号分	模拟集成电路：放大和处理模拟信号，目前应用最广的是集成运算放大器、乘法器等
	数字集成电路：放大和处理数字信号，较常用的是 TTL 数字集成电路和 CMOS 数字集成电路
按制造工艺及电路工作原理分	双极型集成电路：内电路主要采用双极型三极管 NPN 型管，是目前电子电路中的主要采用的电路类型
	单极型集成电路：内电路主要采用单极型三极管 MOS 管，又称为 MOS 集成电路，有 NMOS、PMOS 和 CMOS 3 种
按实物外形分	长方形、正方形和帽状(或罐状)；单列、双列和四列；直插、曲插和贴片等集成电路

另外，集成电路还可以按用途分为电视机用集成电路、音响用集成电路、影碟机用集成电路、录像机用集成电路、电脑(微机)用集成电路、电子琴用集成电路、通信用集成电路、照相机用集成电路、遥控集成电路、语言集成电路、报警器用集成电路及各种专用集成电路。

2. 集成电路的外形图

集成电路一般是长方形，其引脚比较多且分布均匀。图 5.4.1 是一些常见集成电路的外形图，其中包括单列曲插、双列直插、四列直插、贴片式和扁平式集成电路等。

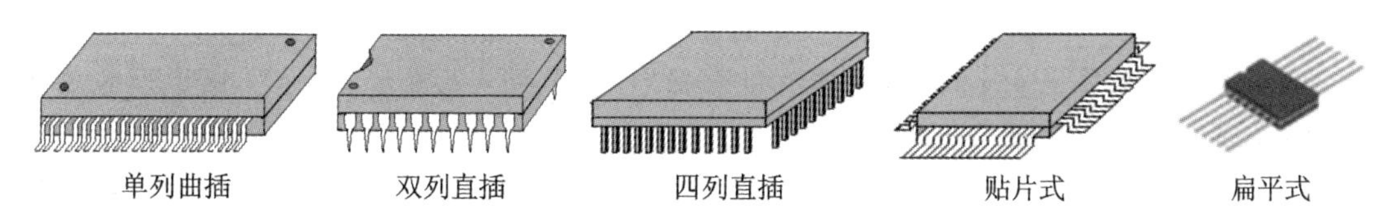

图 5.4.1　常见集成电路外形图

3. 集成电路的电路符号

集成电路的电路符号所表达的含义很少，一般只表达有几根引脚，至于各个引脚的名称和作用根本看不出来，只能通过查元器件手册获得。

集成电路 IC(Integrated Circuit)，通常用 A 表示集成放大器，用 D 表示数字集成电路等。常见集成电路的电路符号如图 5.4.2 所示。

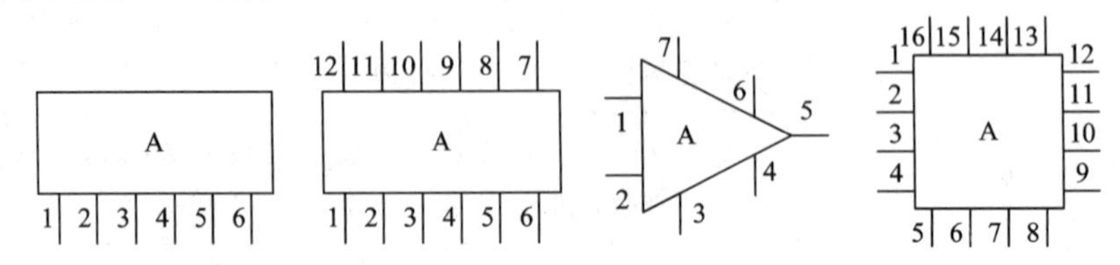

图 5.4.2 常见集成电路的电路符号

4. 集成电路的封装及命名

1) 集成电路的封装

集成电路的封装按封装材料的不同可分为金属封装、陶瓷封装、塑料封装三类；按电极引脚的形式不同可分为通孔插装式及表面安装式两类。这几种封装形式各有特点，应用领域也有区别。

(1) 金属封装。金属封装具有散热性好、电磁屏蔽好、可靠性高等优点，但其安装不够方便，成本较高。这种封装形式常见于高精度集成电路或大功率器件。符合国家标准的金属封装有 Y 型和 K 型两种，外形如图 5.4.3 所示。

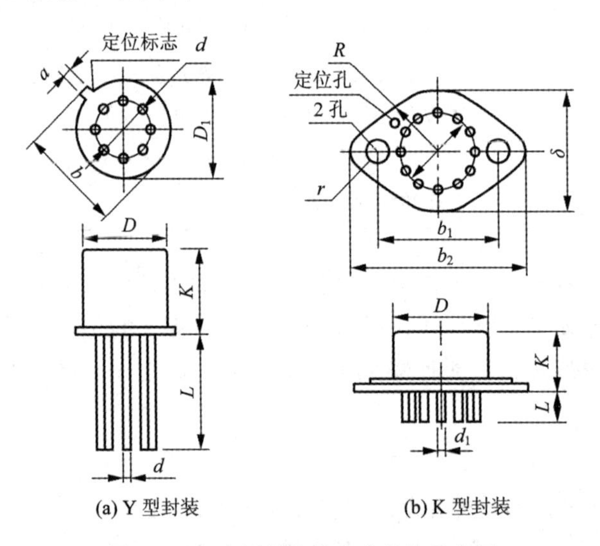

图 5.4.3 金属封装的集成电路示意图

(2) 陶瓷封装。陶瓷封装的导热性好且耐高温，但其成本比塑料封装高，所以一般都用于高档芯片。如图 5.4.4 所示，国家标准有扁平型(W 型，见图 5.4.4(a)，由于其水平引脚较长，现在被引脚较短的 SMT 封装所取代，已经很少见到)和双列直插型(D 型，国外一般称为 DIP 型，见图 5.4.4(b))两种。直插型陶瓷封装的集成电路随着引脚数的增加，发展为 CPGA(Ceramic Pin Grid Array)形式，图 5.4.4(c)为微处理器 80586(Pentium CPU)的陶瓷 PGA 型封装。

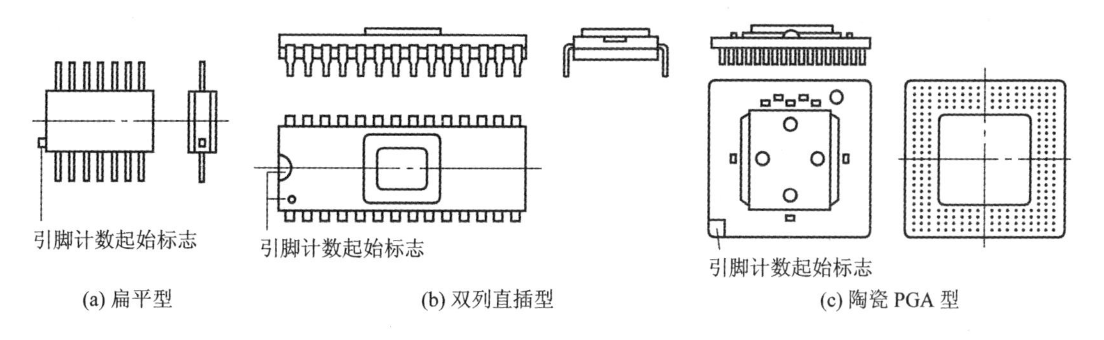

图 5.4.4　陶瓷封装的集成电路示意图

(3) 塑料封装。塑料封装是最常见的封装形式，它具有工艺简单、成本低等特点，因此被广泛使用。国家标准有扁平型(B 型)和直插型(D 型)两种，如图 5.4.1 和图 5.4.5 所示。

图 5.4.5　常见集成电路封装命名

2) 常见的集成电路封装命名

随着集成电路品种规格的增加和集成度的提高，电路的封装已经成为一个专业性很强的工艺技术领域。现在，国内外的集成电路封装名称逐渐趋于一致，不论是陶瓷材料的还是塑料材料的，均按集成电路的引脚布置形式来区分。

图 5.4.5 为几种常见的集成电路封装命名。常见命名如下。

SIP：Single In-line Package，单列直插式封装。引脚从封装的一个侧面引出，排列成一条直线。当装配到印刷基板上时，封装呈侧立状。引脚中心距通常为 2.54 mm，引脚数为 2～23。该种集成电路封装产品多数为定制产品，封装的形状各异。

DIP：Dual In-line Package，双列直插式封装。引脚从封装两侧引出，封装材料有塑料和陶瓷。DIP 是最普及的插装型封装，应用范围包括标准逻辑 IC、存储器 LSI、微机电路等。引脚中心距为 2.54 mm，引脚数为 6～64，封装宽度通常为 15.2 mm。通常把宽度为 10.16 mm 的封装称为 SDIP(窄体型 DIP)。

SDIP：Shrink Dual In-line Package，收缩型 DIP，因其引脚中心距(1.778 mm)小于 DIP 的引脚中心距(2.54 mm)，所以得此称呼。引脚数为 14～90。

PDIP：塑料 DIP 型封装。

PLCC：Plastic Leaded Chip Carrier，带引线的塑料芯片载体，属于表面贴装型封装之一。引脚从封装的 4 个侧面引出，呈丁字形，是塑料制品。引脚中心距为 1.27 mm，引脚数为 18～84。

LCC：Leadless Chip Carrier，无引脚芯片载体，指陶瓷基板的 4 个侧面只有电极接触而无引脚的表面贴装型封装，是高速和高频 IC 用封装。

BGA：Ball Grid Array，球形触点陈列，表面贴装型封装之一。在印刷基板的背面按陈列方式制作出球形凸点用以代替引脚，在印刷基板的正面装配 LSI 芯片，然后用模压树脂或灌封方法进行密封。引脚数可超过 200，是多引脚 LSI 用的一种封装。

QFP：Quad Flat Package，四侧引脚扁平封装，表面贴装型封装之一。引脚从 4 个侧面引出，呈海鸥翼(L)型。引脚中心距有 1.0 mm、0.8 mm、0.65 mm、0.5 mm、0.4 mm、0.3 mm 等多种规格。0.65 mm 中心距规格中引脚数最多为 304。

LQFP：Low-profile Quad Flat Package，薄型 QFP，指封装本体厚度为 1.4 mm 的 QFP，是日本电子机械工业协会根据新制定的 QFP 外形规格所用的名称。

5. 集成电路的引脚分布和计数

集成电路是多引脚器件，在电路原理图上，引脚的位置可以根据信号的流向摆放。因为集成电路是有极性的，插错方向会使 IC 烧坏，所以在电路板上安装芯片就必须严格按照引脚的分布位置和计数方向插装。

集成电路的表面一般都有引脚计数起始标志。如在 DIP 封装集成电路上，有一个圆形凹坑或弧形凹口，如图 5.4.4(b)所示。当起始标志位于芯片的左边时，芯片左下方、离这个标志最近的引脚被定义为集成电路的第 1 脚，按逆时针方向计数，依次定义为第 2 脚、第 3 脚……有些芯片的封装被斜着切去一个角(如图 5.4.5 所示)或印上一个色条作为引脚计数起始标志，离它最近的引脚为第 1 脚，其余引脚按顺序计数或按逆时针方向计数。图 5.4.3 和图 5.4.4 中的集成电路画出了引脚计数起始标志。使用时应注意，封装方向标志对应线路板相应位置的方向标志。

6. 集成电路的型号标示

在 IC 表面一般有厂标、厂名以及以字母、数字表示的芯片类型、温度范围、工作速度和生产日期等。TTL 系列是较为普通、常用的 IC，其体形较小，采用双排脚封装。下面以 TTL 系列为例，简单介绍集成电路的型号标示。

LGS　S12 GD75232D

图 5.4.6　TTL 系列 IC 丝印示意图

图 5.4.6 为 TTL 系列 IC 的丝印示意图。其表面标示的含义如下。

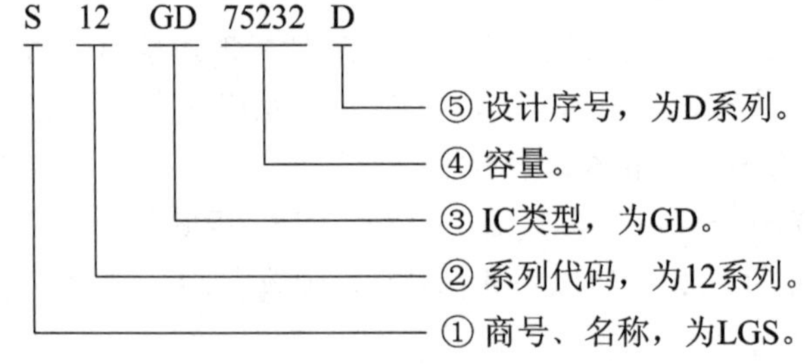

说明：这些表面标记中，②、③和④这 3 个标记是最重要的，只有这 3 个标记完全相同的 IC 才能代用。

5.4.2　集成逻辑门电路的使用

1. 电源要求

电源电压有两个电压：额定电源电压和极限电源电压。额定电源电压指正常工作时允许的电源电压大小，TTL 电路的额定电源电压为 5 V±5%(54 系列 5 V±10%)；CMOS 电路的额定电源电压为 3～15 V(4000B 系列 3～18 V)。极限电源电压指超过该电源电压时器件将永久损坏的电压范围。在电源接通的情况下，不要移动或插入集成电路，因为电流的冲击会造成永久性损坏。使用时不能将“电源”与“地”引线端接错，否则会造成器件损坏。

2. 输入电平要求

输入高电平应大于 U_{IHmin} 而小于电源电压；输入低电平应大于 0 V 而小于 U_{ILmax}。输入电压若小于 0 V 或大于电源电压将有可能损坏逻辑电路。CMOS 电路输入信号的幅值必须严格符合 $U_{SS} \leqslant u_i \leqslant U_{DD}$ 的要求，且电源正端 U_{DD} 必须要比负端 U_{SS} 高 0.5 V 以上。

3. 输出负载要求

除 OC 门和三态门外，普通门电路的输出端不能并接，否则可能烧坏器件；门电路输出端带的同类门的个数不得超过扇出系数，否则可能造成状态不稳定；在速度高时所带的负载数尽可能少；门电路输出端接普通负载时，其输出电流应小于 I_{Olmax} 并大于 I_{OHmin}。

4. 工作及运输环境

温度、湿度、静电等因素都会影响器件的正常工作。74 系列 TTL 可在 0～70℃的温度下工作，而 54 系列可在 −40～125℃的温度下工作，这就是通常的军用产品工作温度和民用产品工作温度的区别。在工作时应注意静电对器件的影响。一般可通过以下方法克服静电带来的影响：在运输时采用防静电包装；使用时保证设备接地良好；测试器件时应先开机再加信号，关机时先断开信号后关电源等。CMOS 逻辑门电路在未接通电源以前，不允许输入端先行输入信号。

5. 与门、与非门等多余输入端的处理

图 5.4.7 为“与非门”多余输入端的常见处理方法。

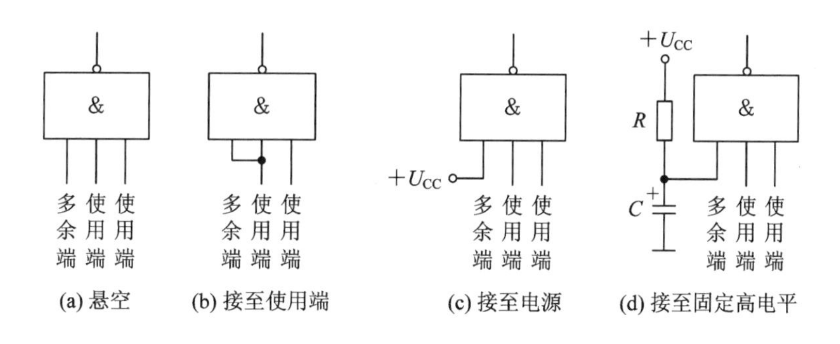

图 5.4.7　“与非门”多余输入端的处理示意图

(1) 悬空。在外界干扰很小的场合中，TTL 的多余输入端可使用悬空法，悬空的输入端相当于接高电平“1”。为防止干扰，增加工作的稳定性，一般 TTL 的多余输入端不应悬空。特别是 CMOS 器件的多余输入端绝对不能悬空。

(2) 可以接至其他使用输入端上。前提是电路的工作速度不高，不需要特别考虑功耗。但此法会影响前级负载，增加本级输入电容，影响电路的工作速度。

(3) 最好接至电源 U_{CC} 或接至固定的高电平。采用这种处理方法时，电路工作最可靠。

6. 或门、或非门等多余输入端的处理

对于或门、或非门等多余输入端的处理，只能将多余输入端直接接地。

7. 输出端的连接问题

输出端的连接存在以下问题：

(1) 多个同类门的输出端不能并联构成“线与”。具有推拉输出结构的门电路一旦出现输出互连将损坏器件，但OC门和TSL门除外，只是OC门“线与”时应按要求配好上拉电阻。

(2) 输出端不可直接接电源 U_{CC}，OC门也必须外接电阻后再接电源。

(3) 输出端不可直接接地。

8. 实际使用中的其他事项

对已选定的元器件一定要进行测试，参数的性能指标应满足设计要求并留有余量。要准确识别各元器件的引脚，以免接错，造成人为故障甚至损坏元器件。

9. TTL电路与CMOS电路的连接

在实际使用中，有时电路需要同时使用TTL电路和CMOS电路，由于两类电路的电平并不能完全兼容，因此存在相互连接的匹配问题。

1) CMOS电路和TTL电路之间的连接条件

CMOS电路和TTL电路之间连接必须满足以下两个条件。

(1) 电平匹配。驱动门的输出高电平要大于负载门的输入高电平，驱动门的输出低电平要小于负载门的输入低电平。

(2) 电流匹配。驱动门的输出电流要大于负载门的输入电流。

2) TTL电路驱动CMOS电路

因为TTL电路的输出高电平小于CMOS电路的输入高电平，所以TTL电路一般不能直接驱动CMOS电路，而需要增加电平变换电路作为接口电路。

TTL电路驱动CMOS电路可采用TTL OC门来实现，如图5.4.8所示。

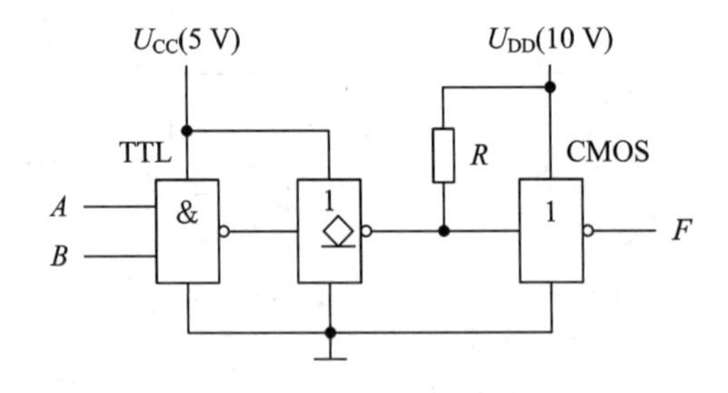

图5.4.8　TTL驱动CMOS电路

3) CMOS电路驱动TTL电路

CMOS电路具有较宽的工作电压，可以在5 V的电压下工作，因此CMOS电路的输出逻辑电平可以满足TTL电路的要求，一般不需要另加接口电路，仅按电流大小计算扇出系数即可。

由于CMOS电路的驱动能力较低，故目前已有专用的接口电路——缓冲器，如

CC4009 是双电源六反相缓冲器，CC4010 是双电源六同相缓冲器，CC4049 是单电源六反相缓冲器，CC4050 是单电源六同相缓冲器，视需要来灵活选择使用，如图 5.4.9 所示。

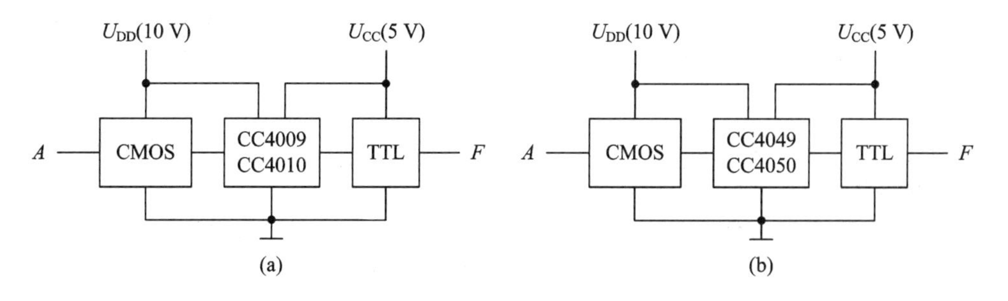

图 5.4.9　CMOS 电路驱动 TTL 电路

模块小结

1. 本模块讨论了晶体管的开关特性，分立元件门、TTL 和 CMOS 集成逻辑门的电路结构、工作原理以及它们的逻辑功能。

2. 晶体二极管加正向电压导通时，相当于开关闭合；加反向电压截止时，相当于开关断开，起始导通电压是两种稳定状态的分界电压。二极管的开关参数反向恢复时间 t_{re}影响了二极管的开关速度。

3. 晶体三极管是利用基极电流来控制管子的导通和截止的。当 $I_B \geqslant I_{BS}$时，晶体管饱和，相当于开关闭合；当 $U_{BE} \leqslant 0$ V(NPN 型管)时，晶体管截止，相当开关断开。所以晶体三极管是可控电子开关。三极管瞬态开关特性用开启时间 t_{on}和关闭时间 t_{off}来描述。

4. TTL 逻辑门电路输入级采用多发射极，输出级采用推拉式电路，工作速度较快，负载能力较强，是目前广泛使用的一类逻辑门。

5. 数字集成电路中，MOS 管与双极型晶体管一样，主要是起开关作用的。MOS 逻辑门电路，特别是 CMOS 电路，是现今发展极快，应用广泛的电路。我们重点讨论了 CMOS 反相器、与非门电路和传输门电路，这几个电路是组成 CMOS 其他功能电路的基本单元。

6. 为了扩展电路的逻辑功能和使用范围，引入了 TTL 的集电极开路与非门和三态逻辑门(TSL 门)，它们能实现“线与”的逻辑功能。TSL 门还广泛使用于数据总线上，实现了多路信号在总线上分时传送或双向传送，提高了总线的利用率。

过关训练

5.1　半导体二极管的开、关条件是什么？导通和截止时各有什么特点？和理想开关相比，它的主要缺点是什么？

5.2　半导体三极管的开、关条件是什么？饱和导通与截止时各有什么特点？和半导体二极管相比，它的主要优点是什么？

5.3　若与非门有3个输入端，当其中任意一个输入端的电平确定后，能否确定其输出电平？

5.4　与非门有3个输入端A、B、C，有一个输出端L，用真值表表示其逻辑功能。

5.5　门电路有3个输入端A、B、C，有一个输出端L，用真值表表示与门和或门的逻辑功能。

5.6　TTL与非门的多余输入端能不能接地？为什么？TTL或非门的多余输入端能不能接U_{CC}或悬空？为什么？应如何处理才正确？

5.7　CMOS电路有什么特点？有什么缺点？CMOS电路在使用中应注意什么问题？

5.8　在同一系列数字集成电路中，逻辑功能相同的数字集成电路，其外部引脚相同。如74系列中的四2输入与非门有7400、74LS00、74HC00、74ALS00、74HCT00等，它们的外部封装与引脚都相同。那么它们在实际使用中是否能直接代换(当它们的技术参数不相同时)？

5.9　写出图5.5.1(a)、(b)、(c)所示电路输出信号的逻辑表达式，并对应图5.5.1(d)的给定波形，画出各个输出信号的波形。

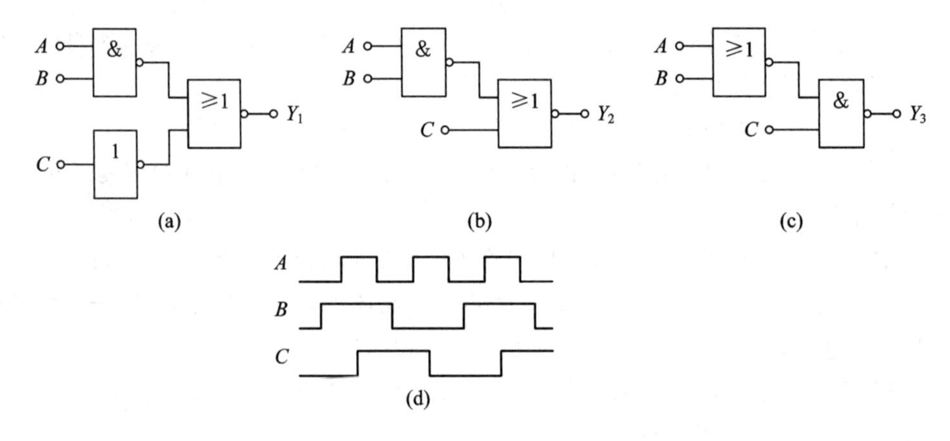

题5.9图

5.10　TTL集电极开路与非门的连接如图5.5.2所示，试求各个电路的输出逻辑表达式。

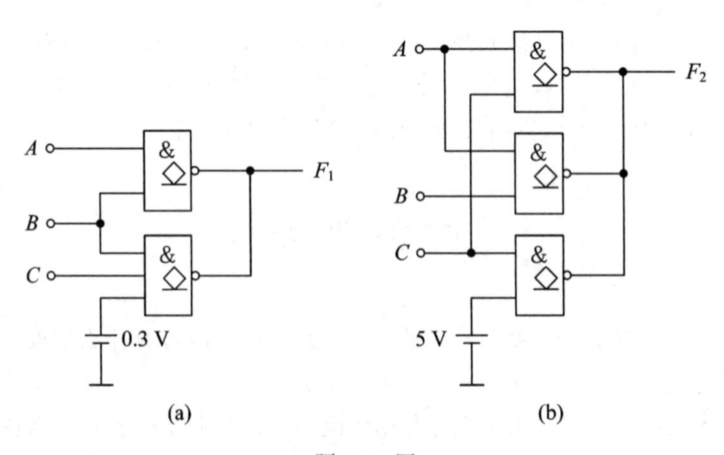

题5.10图

5.11　TTL 三态与非门的连接如图 5.5.3 所示，试求输入信号 A、B、C 为 8 种不同组合时，电路中 P 点和输出端 F 的状态。

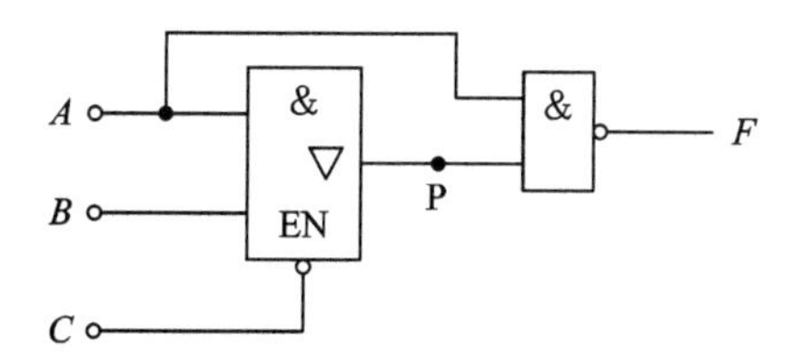

题 5.11 图

5.12　在图 5.5.4 所示电路中，G_1 门是三态门，G_2 门是一般晶体管非门。

(1) 若控制端 EN 为高电平，当开关 S 合上或断开，u_i 为“1”电平或“0”电平时，非门的输出电压各为何值？

(2) 若控制端 EN 为低电平，当开关 S 合上或断开，u_i 为“1”电平或“0”电平时，非门的输出电压各为何值？

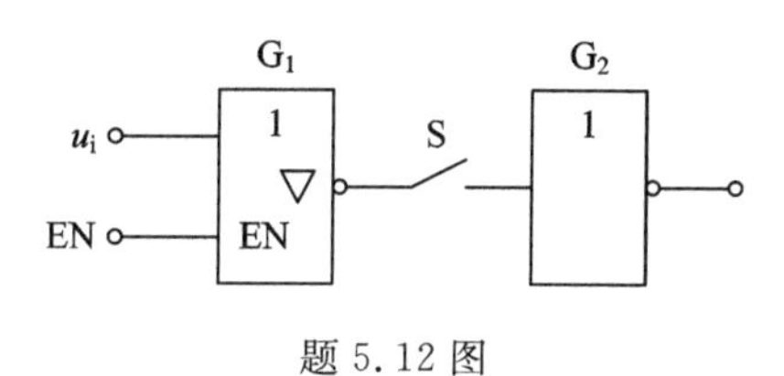

题 5.12 图

模块六 组合逻辑电路

【问题引入】 按照功能特点的不同，逻辑电路可分为组合逻辑电路和时序逻辑电路两大类。那么组合逻辑电路有哪些特点？它们的逻辑功能和分析方法又是怎么样的？如何合理选择和使用中规模集成电路实现任意组合逻辑电路的设计？

【主要内容】 组合逻辑电路的基本概念、分析方法，利用门电路和中规模集成(MSI)电路设计各类组合逻辑电路；介绍了加法器、编码器、译码器、数据选择器、数据分配器和数值比较器的逻辑功能及基本应用。

【学习目标】 了解组合逻辑电路的特点及有关基本概念，掌握组合逻辑电路的分析方法，熟悉常用中规模集成电路的逻辑功能及简单应用，掌握利用译码器和数据选择器设计组合逻辑电路的基本方法。

逻辑电路按照功能和结构的不同分为两大类：组合逻辑电路和时序逻辑电路。本章介绍的是组合逻辑电路(简称组合电路)。研究组合逻辑电路的目的有两个：一是分析组合逻辑电路，二是设计组合逻辑电路。

任务1 组合逻辑电路的分析

6.1.1 组合逻辑电路的基本概念

1. 组合逻辑电路的特点

任意时刻的输出状态只取决于当前的输入状态，与历史状态无关，即组合逻辑电路不含记忆功能。

2. 组合逻辑电路的方框图

图6.1.1为组合逻辑电路的方框图。

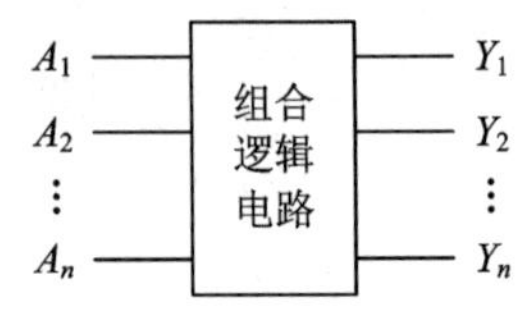

图6.1.1 组合逻辑电路方框图

组合逻辑电路可以有多个输入端，多个输出端，其关系式为

$$Y_1=F_1(A_1, A_2, \cdots, A_n)$$
$$Y_2=F_2(A_1, A_2, \cdots, A_n)$$
$$\vdots$$
$$Y_n=F_n(A_1, A_2, \cdots, A_n)$$

组合逻辑电路在结构上可以由各种门电路组成，也可以由集成逻辑电路组成。常用的集成组合逻辑电路有加法器、编码器、译码器、数值比较器、数据选择器、数据分配器等。

6.1.2　组合逻辑电路的分析

1. 分析组合逻辑电路的目的

分析组合逻辑电路的目的是找出给定逻辑电路输出与输入之间的逻辑关系，确定其逻辑功能或化简逻辑电路。

2. 组合逻辑电路的分析步骤

(1) 根据给定的逻辑图，由输入到输出逐级写出逻辑函数表达式。

(2) 利用公式法或卡诺图化简逻辑函数。

(3) 列出真值表。

(4) 分析确定其逻辑功能。

3. 组合逻辑电路分析举例

【例 6.1.1】 分析图 6.1.2 所示的组合逻辑电路的功能。

解 (1) 写出逻辑表达式：

$$Y_1=\overline{\bar{A}\cdot\bar{B}}$$
$$Y_2=\overline{A\cdot B}$$
$$Y_3=\overline{Y_2\cdot\bar{C}}=\overline{\overline{AB}\cdot\bar{C}}$$
$$Y=Y_1\cdot Y_3=\overline{\bar{A}\cdot\bar{B}}\cdot\overline{\overline{AB}\cdot\bar{C}}$$

(2) 化简：

$$\begin{aligned}Y&=\overline{\bar{A}\cdot\bar{B}}\cdot\overline{\overline{AB}\cdot\bar{C}}=(A+B)\cdot(AB+C)\\&=AB+AC+BC\end{aligned}$$

(3) 列出真值表，如表 6.1.1 所示。

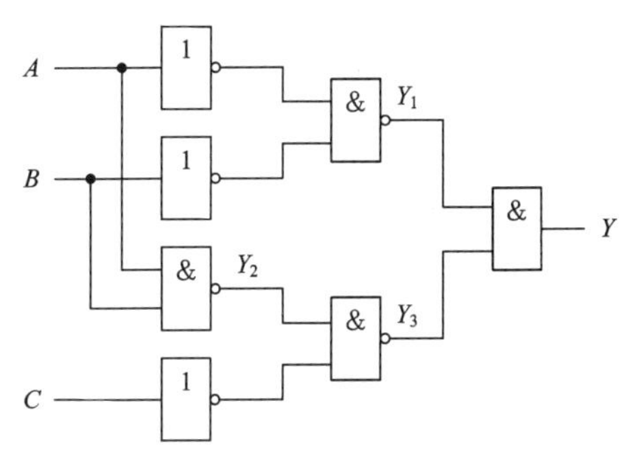

图 6.1.2　例 6.1.1 的逻辑图

表 6.1.1　例 6.1.1 的真值表

A	B	C	Y
0	0	0	0
0	0	1	0
0	1	0	0
0	1	1	1
1	0	0	0
1	0	1	1
1	1	0	1
1	1	1	1

(4) 总结逻辑功能：此电路是“三人表决”电路，即输入 A、B、C 的“1”表示“同意”，“0”表示“不同意”，输出 Y 为“1”表示“通过”，“0”表示“不通过”。

任务2 加 法 器

加法运算是数字系统中的基本运算，所以加法器便成为了数字系统中的基本运算单元。

二进制加法运算的基本规则如下。

(1) 逢二进一。

(2) 最低位是两个数相加，只求本位的和，不需要考虑更低位送来的进位数，这种加法称为半加。

(3) 其余各位都是三个数相加，包括加数、被加数及低位送来的进位数，这种加法称为全加。

(4) 任何位的相加都产生两个输出：一个是本位和，另一个是向高位的进位。

加法器可分为一位加法器和多位加法器，其中一位加法器又分为半加器和全加器。

6.2.1 半加器

1. 半加器的含义

只考虑两个一位二进制数 A、B 相加，而不考虑来自低位的进位数的加法逻辑电路称为半加器。其中 A、B 分别为加数和被加数，S 为本位的和，C 为本位向高位的进位。

2. 半加器的真值表

半加器的真值表如表 6.2.1 所示。

表 6.2.1 半加器真值表

输入		输出	
A	B	C	S
0	0	0	0
0	1	0	1
1	0	0	1
1	1	1	0

由真值表可写出逻辑表达式，即

$$S=\bar{A}B+A\bar{B}$$

$$C=AB$$

3. 半加器的逻辑图和符号

半加器的逻辑图和符号如图 6.2.1 所示。

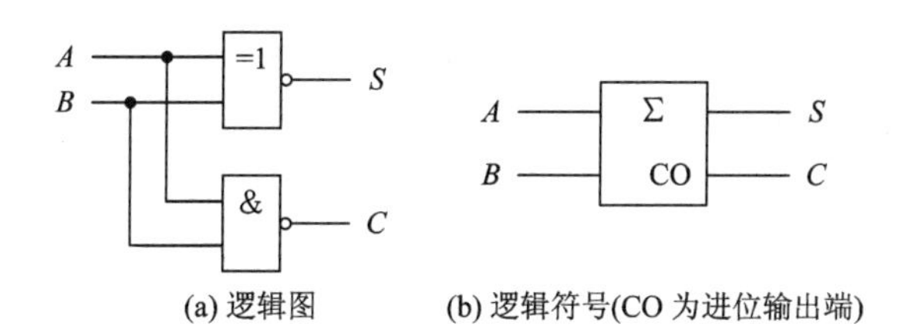

图 6.2.1　半加器

6.2.2　全加器

1. 全加器的含义

不仅要考虑两个一位二进制数 A、B 相加，还要考虑来自低位的进位数 C_i 相加的逻辑电路称为全加器。其中 A、B 分别为加数和被加数，C_i 为低位向本位的进位，S_n 为本位的和，C_{i+1} 为本位向相邻高位的进位。

2. 全加器的真值表

全加器的真值表如表 6.2.2 所示。

表 6.2.2　全加器真值表

输　入			输　出		输　入			输　出	
A	B	C_i	C_{i+1}	S_n	A	B	C_i	C_{i+1}	S_n
0	0	0	0	0	1	0	0	0	1
0	0	1	0	1	1	0	1	1	0
0	1	0	0	1	1	1	0	1	0
0	1	1	1	0	1	1	1	1	1

由真值表可写出逻辑表达式，即

$$S_n=\bar{A}\bar{B}C_i+\bar{A}B\overline{C_i}+A\bar{B}\overline{C_i}+ABC_i=(A\oplus B)\overline{C_i}+\overline{A\oplus B}C_i=A\oplus B\oplus C_i$$

$$C_{i+1}=\bar{A}BC_i+A\bar{B}C_i+AB\overline{C_i}+ABC_i=(A\oplus B)\cdot C_i+AB$$

3. 全加器的逻辑图和符号

图 6.2.2(a)为全加器的逻辑图，图 6.2.2(b)为全加器的逻辑符号。

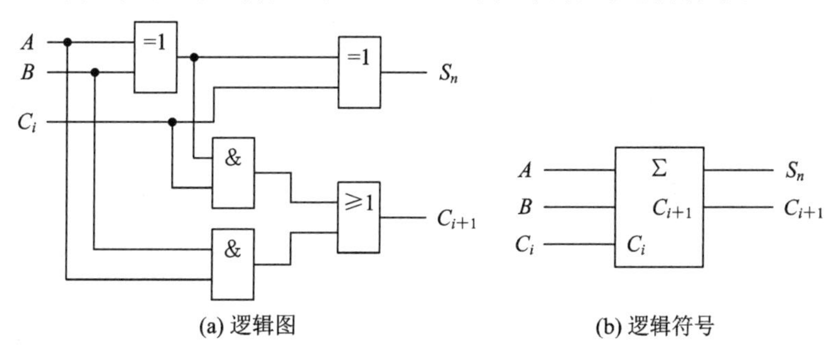

图 6.2.2　全加器

其中，C_i是低位向本位的进位输入端，C_{i+1}是本位向高位的进位输出端。特别指出，同一逻辑功能的逻辑图会因为表达式的不同而不同，但逻辑符号是唯一的。

6.2.3 多位加法器

两个多位二进制数进行加法运算时，一位加法器是不能完成的，必须把多个这样的全加器连接起来使用，即把相邻的低一位全加器的 C_{i+1} 连接到高一位全加器的 C_i 端。最低一位相加时可以使用半加器，也可以使用全加器。使用全加器时，需要把全加器的 C_i 输入端接低电平“0”。这样组成的加法器称为串行进位加法器，如图 6.2.3 所示。

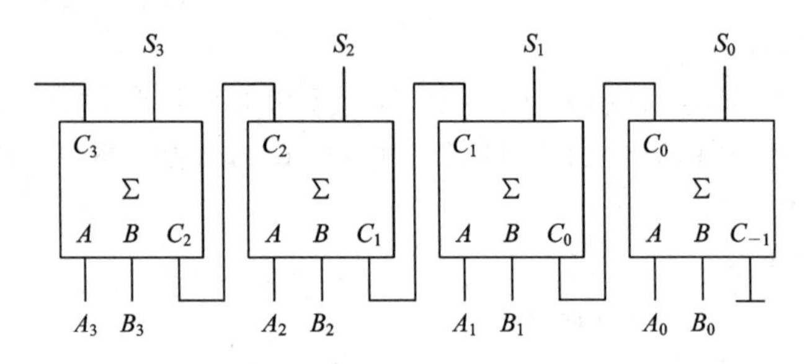

图 6.2.3 四位串行进位加法器

任务3 编 码 器

数字系统中，用文字、符号或者数码表示特定信息的过程称为编码，能够实现编码功能的电路叫编码器。编码器按照输出代码种类的不同，可以分为二进制编码器和非二进制编码器(如二-十进制编码器)；编码器按照工作方式的不同，又可以分为普通编码器和优先编码器。

6.3.1 二进制编码器

二进制编码器是用 n 位二进制代码对 2^n 个信息进行编码的逻辑电路。现以图 6.3.1 所示的 8 线-3 线编码器为例说明其工作原理。

该编码器用 3 位二进制数分别代表 8 个信号，3 个输出信号分别为 Y_2、Y_1、Y_0；8 个输入信号分别为$\overline{I}_0$、$\overline{I}_1$、$\overline{I}_2$、$\overline{I}_3$、$\overline{I}_4$、$\overline{I}_5$、$\overline{I}_6$、$\overline{I}_7$，低电平有效。由于该电路有 8 个输入端，3 个输出端，所以称之为 8 线-3 线编码器。从图 6.3.1 所示的电路中可知，3 个输出信号的逻辑表达式为

$$\begin{cases} Y_2=\overline{\overline{I}_4\ \overline{I}_5\ \overline{I}_6\ \overline{I}_7} \\ Y_1=\overline{\overline{I}_2\ \overline{I}_3\ \overline{I}_6\ \overline{I}_7} \\ Y_0=\overline{\overline{I}_1\ \overline{I}_3\ \overline{I}_5\ \overline{I}_7} \end{cases}$$

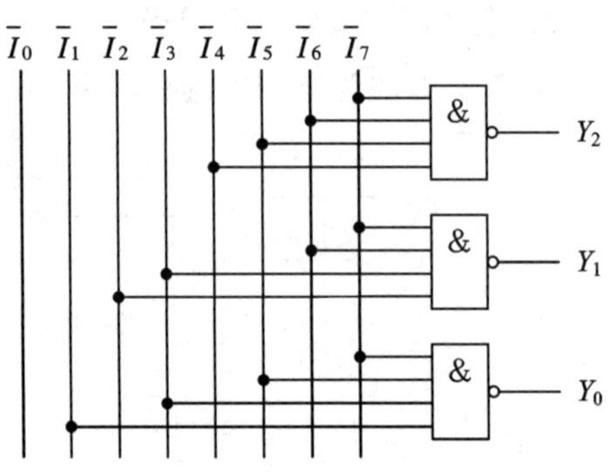

图 6.3.1 8 线-3 线编码器

6.3.2　优先编码器

上述 8 线-3 线编码器虽然比较简单，但当两个或更多个输入信号同时有效时，其输出将是混乱的。在数字系统中，特别是在计算机系统中，常常要控制几个工作对象。例如，微型计算机主要控制打印机、磁盘驱动器、输入键盘等。当某个部件需要进行操作时，必须先送一个信号给主机(称为服务请求)，经主机识别后再发出允许操作信号(服务响应)，并按事先编好的程序工作。这样会有几个部件同时发出服务请求的可能，而在同一时刻只能给其中一个部件发出允许操作信号。因此，必须根据信号的轻重缓急，规定好这些控制对象允许操作的先后次序，即优先级别。对多个请求信号的优先级别进行编码的逻辑部件称为优先编码器。常用的优先编码器有 8 线-3 线优先编码器 74LS148、10 线-4 线 8421BCD 优先编码器 74LS147 等。下面仅对 74LS148 的工作原理加以分析。

表 6.3.1 为 74LS148 的真值表。为了便于级联扩展，74LS148 增加了使能端 $\bar{S}$(低电平有效)和优先扩展端 $\bar{Y}_{EX}$ 和 $\bar{Y}_S$。当 $\bar{S}=0$ 时，电路处于编码状态，即允许编码；当 $\bar{S}=1$ 时，电路处于禁止状态，即禁止编码，输出端均为高电平。

表 6.3.1　74LS148 优先编码真值表

$\bar{S}$	$\bar{I}_7$	$\bar{I}_6$	$\bar{I}_5$	$\bar{I}_4$	$\bar{I}_3$	$\bar{I}_2$	$\bar{I}_1$	$\bar{I}_0$	$\bar{Y}_2$	$\bar{Y}_1$	$\bar{Y}_0$	$\bar{Y}_S$	$\bar{Y}_{EX}$
1	×	×	×	×	×	×	×	×	1	1	1	1	1
0	0	×	×	×	×	×	×	×	0	0	0	1	0
0	1	0	×	×	×	×	×	×	0	0	1	1	0
0	1	1	0	×	×	×	×	×	0	1	0	1	0
0	1	1	1	0	×	×	×	×	0	1	1	1	0
0	1	1	1	1	0	×	×	×	1	0	0	1	0
0	1	1	1	1	1	0	×	×	1	0	1	1	0
0	1	1	1	1	1	1	0	×	1	1	0	1	0
0	1	1	1	1	1	1	1	0	1	1	1	1	0
0	1	1	1	1	1	1	1	1	1	1	1	0	1

当 $\bar{S}=0$ 时，分析表 6.3.1 中 $\bar{I}_0 \sim \bar{I}_7$ 的优先级别。例如，对于 $\bar{I}_0$，只有当 $\bar{I}_1$、$\bar{I}_2$、$\bar{I}_3$、$\bar{I}_4$、$\bar{I}_5$、$\bar{I}_6$、$\bar{I}_7$ 均为 1，即均为无效电平输入，且 $\bar{I}_0$ 为 0 时，输出为 111；对于 $\bar{I}_7$，当其为 0 时，无论其他 7 个输入是否为有效电平输入，输出均为 000。由此可知 $\bar{I}_7$ 的优先级别高于 $\bar{I}_0$ 的优先级别，且这 8 个输入优先级别的高低次序依次为 $\bar{I}_7$、$\bar{I}_6$、$\bar{I}_5$、$\bar{I}_4$、$\bar{I}_3$、$\bar{I}_2$、$\bar{I}_1$、$\bar{I}_0$。下角标号码越大的优先级别越高。

说明：当电路的使能端 $\bar{S}=0$(即 $S=1$)为低电平有效，且编码输入 $\bar{I}_7 \sim \bar{I}_0$ 中至少有一个为有效电平时，$\overline{Y}_{EX}=0$，表明电路正在编码；而当电路禁止编码（$\overline{S}=1$，即 $S=0$），或虽然允许编码但是编码输入 $\overline{I}_7 \sim \overline{I}_0$ 均为无效电平（$\overline{Y}_S=0$ 时，$\overline{Y}_{EX}=1$），表明电路不再编码。

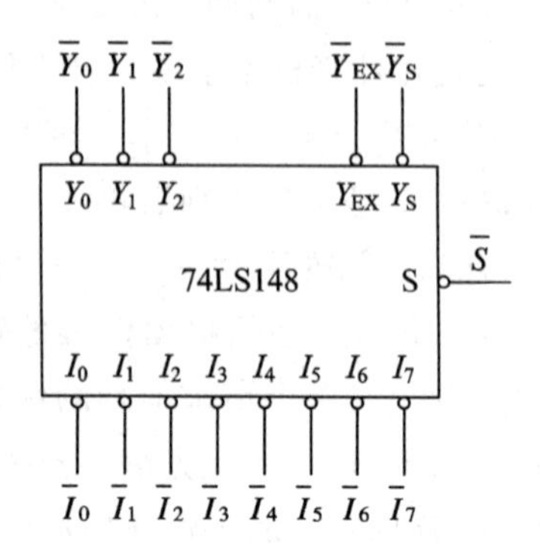

图 6.3.2　74LS148 符号图

图 6.3.2 为 74LS148 的符号图。

任务 4　译　码　器

译码是编码的逆过程，即将给定的二进制代码“翻译”成编码时赋予的原意，完成这种功能的电路称为译码器。译码器是多输入端、多输出端的组合逻辑电路。译码器分为变量译码器和显示译码器。变量译码器有二进制译码器和非二进制译码器。显示译码器按显示材料分为驱动荧光数码管、驱动 LED（发光二极管）数码管、驱动 LCD（液晶）数码管的显示译码器；按显示内容分为文字译码器、数字译码器、符号译码器。

6.4.1　二进制译码器

1. 二进制译码器功能及表示

常用的二进制译码器有 TTL 系列中的 54/74H138、54/74LS138，CMOS 系列中的 54/74HC138、54/74HCT138 等。

图 6.4.1 为 74LS138 的符号图和管脚图。

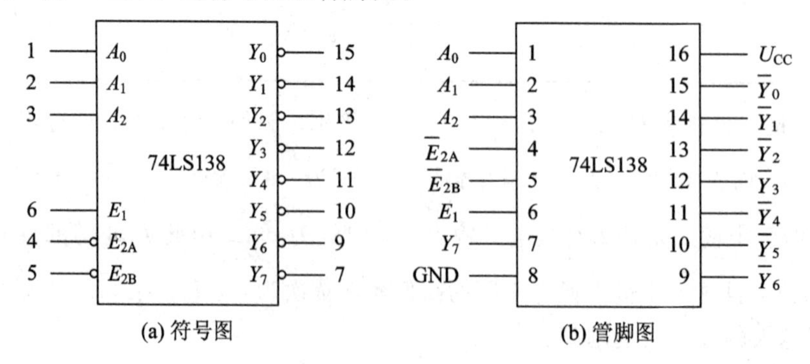

图 6.4.1　74LS138 的符号图和管脚图

74LS138 的逻辑功能表如表 6.4.1 所示。由表 6.4.1 可知，74LS138 译码器能译出 3 个输入变量的全部状态。

该译码器设置了 E_1、$\bar{E}_{2A}$、$\bar{E}_{2B}$ 三个使能端，当 E_1 为 1 且 $\bar{E}_{2A}$ 和 $\bar{E}_{2B}$ 均为 0 时，译码器处于工作状态，否则译码器不工作。

当译码器正常工作时，由表 6.4.1 可以得出如下表达式：

$$\bar{Y}_0=\overline{\bar{A}\bar{B}\bar{C}}=\bar{m}_0,\ \bar{Y}_1=\overline{\bar{A}\bar{B}C}=\bar{m}_1$$

$$\bar{Y}_2=\overline{\bar{A}B\bar{C}}=\bar{m}_2,\ \bar{Y}_3=\overline{\bar{A}BC}=\bar{m}_3$$

$$\bar{Y}_4=\overline{A\bar{B}\bar{C}}=\bar{m}_4,\ \bar{Y}_5=\overline{A\bar{B}C}=\bar{m}_5$$

$$\bar{Y}_6=\overline{AB\bar{C}}=\bar{m}_6,\ \bar{Y}_7=\overline{ABC}=\bar{m}_7$$

由上述表达式可看出，$\bar{Y}_0$～$\bar{Y}_7$ 正好是 A、B、C 三个变量的全部最小项的“非”，所以 74LS138 也叫最小项译码器。

表 6.4.1　74LS138 译码器功能表

输入					输出							
E_1	$\overline{E_{2A}}+\overline{E_{2B}}$	A	B	C	$\bar{Y}_7$	$\bar{Y}_6$	$\bar{Y}_5$	$\bar{Y}_4$	$\bar{Y}_3$	$\bar{Y}_2$	$\bar{Y}_1$	$\bar{Y}_0$
×	1	×	×	×	1	1	1	1	1	1	1	1
0	×	×	×	×	1	1	1	1	1	1	1	1
1	0	0	0	0	1	1	1	1	1	1	1	0
1	0	0	0	1	1	1	1	1	1	1	0	1
1	0	0	1	0	1	1	1	1	1	0	1	1
1	0	0	1	1	1	1	1	1	0	1	1	1
1	0	1	0	0	1	1	1	0	1	1	1	1
1	0	1	0	1	1	1	0	1	1	1	1	1
1	0	1	1	0	1	0	1	1	1	1	1	1
1	0	1	1	1	0	1	1	1	1	1	1	1

2. 译码器电路的应用

【例 6.4.1】 用一个 3 线-8 线译码器实现函数 $Y=\bar{A}\bar{B}\bar{C}+A\bar{B}\bar{C}+\bar{A}B\bar{C}$。

解　如表 6.4.1 所示，当 E_1 接+5 V，$\bar{E}_{2A}$ 和 $\bar{E}_{2B}$ 接地时，得到相应各输入端的输出 Y：

$$\bar{Y}_0=\overline{\bar{A}_2\bar{A}_1\bar{A}_0},\ \bar{Y}_1=\overline{\bar{A}_2\bar{A}_1A_0}$$

$$\bar{Y}_2=\overline{\bar{A}_2A_1\bar{A}_0},\ \bar{Y}_3=\overline{\bar{A}_2A_1A_0}$$

$$\bar{Y}_4=\overline{A_2\bar{A}_1\bar{A}_0},\ \bar{Y}_5=\overline{A_2\bar{A}_1A_0}$$

$$\bar{Y}_6=\overline{A_2A_1\bar{A}_0},\ \bar{Y}_7=\overline{A_2A_1A_0}$$

若将输入变量 A、B、C 分别代替 A_2、A_1、A_0，则可得到函数 Y：

$$
\begin{aligned}
Y &= \bar{A}\bar{B}\bar{C} + A\bar{B}\bar{C} + \bar{A}B\bar{C} \\
&= \overline{\overline{\bar{A}\bar{B}\bar{C}} \cdot \overline{A\bar{B}\bar{C}} \cdot \overline{\bar{A}B\bar{C}}} \\
&= \overline{\bar{Y}_0 \cdot \bar{Y}_4 \cdot \bar{Y}_2}
\end{aligned}
$$

可见，用 3 线-8 线译码器再加一个与非门就可实现函数 Y，其逻辑图如图 6.4.2 所示。

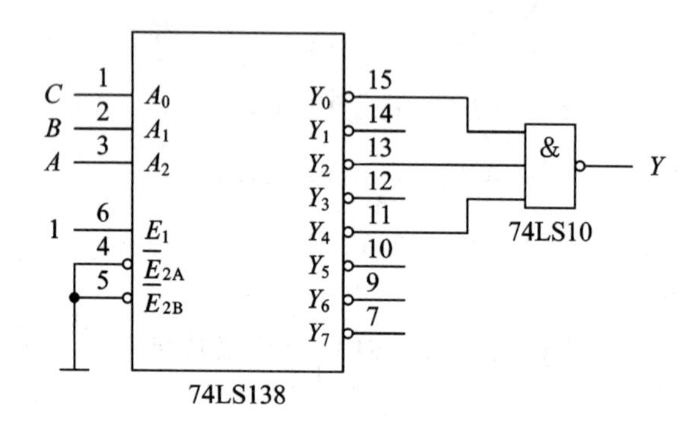

图 6.4.2　例 6.4.1 的逻辑图

【例 6.4.2】 用两片 74LS138 实现一个 4 线-16 线译码器。

解　利用译码器的使能端作为高位输入端 A_3，如图 6.4.3 所示。由表 6.4.1 可知，当 $A_3=0$ 时，低位片 74LS138 工作，对输入 A_2、A_1、A_0 进行译码，还原出 $Y_0 \sim Y_7$，高位禁止工作；当 $A_3=1$ 时，高位片 74LS138 工作，还原出 $Y_8 \sim Y_{15}$，低位片禁止工作。

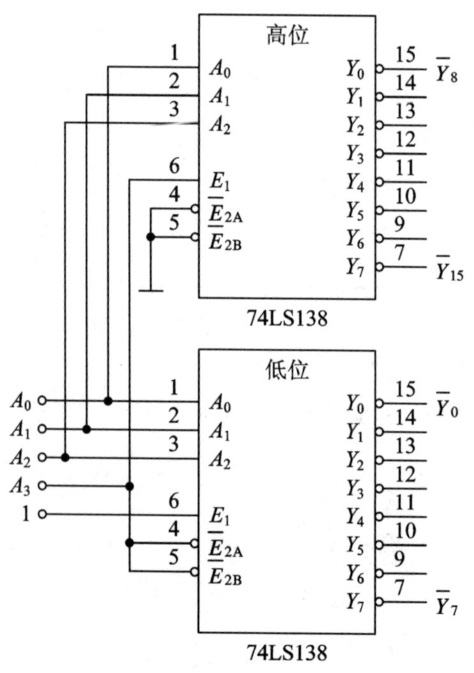

图 6.4.3　例 6.4.2 的连接图

6.4.2　非二进制译码器

非二进制译码器种类很多，其中二-十进制译码器应用较广泛。二-十进制译码器常用型号有 TTL 系列中的 54/7442、54/74LS42 和 CMOS 系列中的 54/74HC42、54/74HCT42 等。图 6.4.4 为 74LS42 的符号图和管脚图。该译码器有 $A_0 \sim A_3$ 四个输入端，有 $Y_0 \sim Y_9$ 十个输出端，简称 4 线- 10 线译码器。74LS42 的逻辑功能表如表 6.4.2 所示。

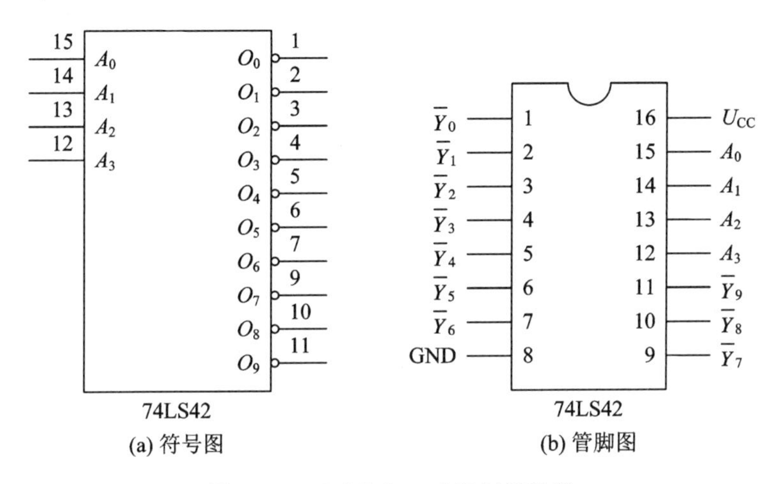

图 6.4.4　74LS42 二-十进制译码器

表 6.4.2　74LS42 二-十进制译码器功能表

输　入				输　出									
A_3	A_2	A_1	A_0	$\bar{Y}_9$	$\bar{Y}_8$	$\bar{Y}_7$	$\bar{Y}_6$	$\bar{Y}_5$	$\bar{Y}_4$	$\bar{Y}_3$	$\bar{Y}_2$	$\bar{Y}_1$	$\bar{Y}_0$
0	0	0	0	1	1	1	1	1	1	1	1	1	0
0	0	0	1	1	1	1	1	1	1	1	1	0	1
0	0	1	0	1	1	1	1	1	1	1	0	1	1
0	0	1	1	1	1	1	1	1	1	0	1	1	1
0	1	0	0	1	1	1	1	1	0	1	1	1	1
0	1	0	1	1	1	1	1	0	1	1	1	1	1
0	1	1	0	1	1	1	0	1	1	1	1	1	1
0	1	1	1	1	1	0	1	1	1	1	1	1	1
1	0	0	0	1	0	1	1	1	1	1	1	1	1
1	0	0	1	0	1	1	1	1	1	1	1	1	1

由表 6.4.2 知，Y_0输出为 $Y_0=\overline{\bar{A}_3\ \bar{A}_2\ \bar{A}_1\ \bar{A}_0}$。当 $A_3A_2A_1A_0=0000$ 时，输出 $Y_0=0$，它对应的十进制数为 0，其余输出依次类推。

6.4.3　显示译码器

常见的显示译码器是数字显示电路，它通常由译码器、驱动器和显示器等部分组成，如图 6.4.5 所示。

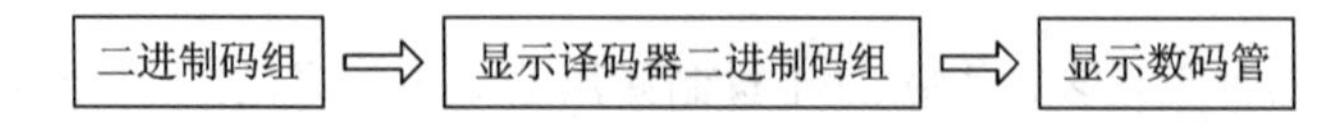

图 6.4.5 数字显示电路方框图

1. 显示器件

数码显示器按显示方式有分段式、字形重叠式、点阵式，其中，分段式的七段显示器应用最普遍。图 6.4.6(a)所示的半导体发光二极管显示器是数字电路中使用最多的显示器，它有共阳极和共阴极两种接法。共阳极接法是指各发光二极管阳极相接，对应极接低电平时亮，如图 6.4.6(c)所示。图 6.4.6(b)为发光二极管的共阴极接法，共阴极接法是指各发光二极管的阴极相接，对应极接高电平时亮。因此，利用不同的发光段组合能显示出 0～9 共 10 个数字，如图 6.4.6(d)所示。为了使数码管能将数码所代表的数显示出来，译码器必须将数码译出；然后，经驱动器点亮对应的段，即对应于 0～9 中的一组数码，经译码器译码后，译码器应有确定的输出端有信号输出。

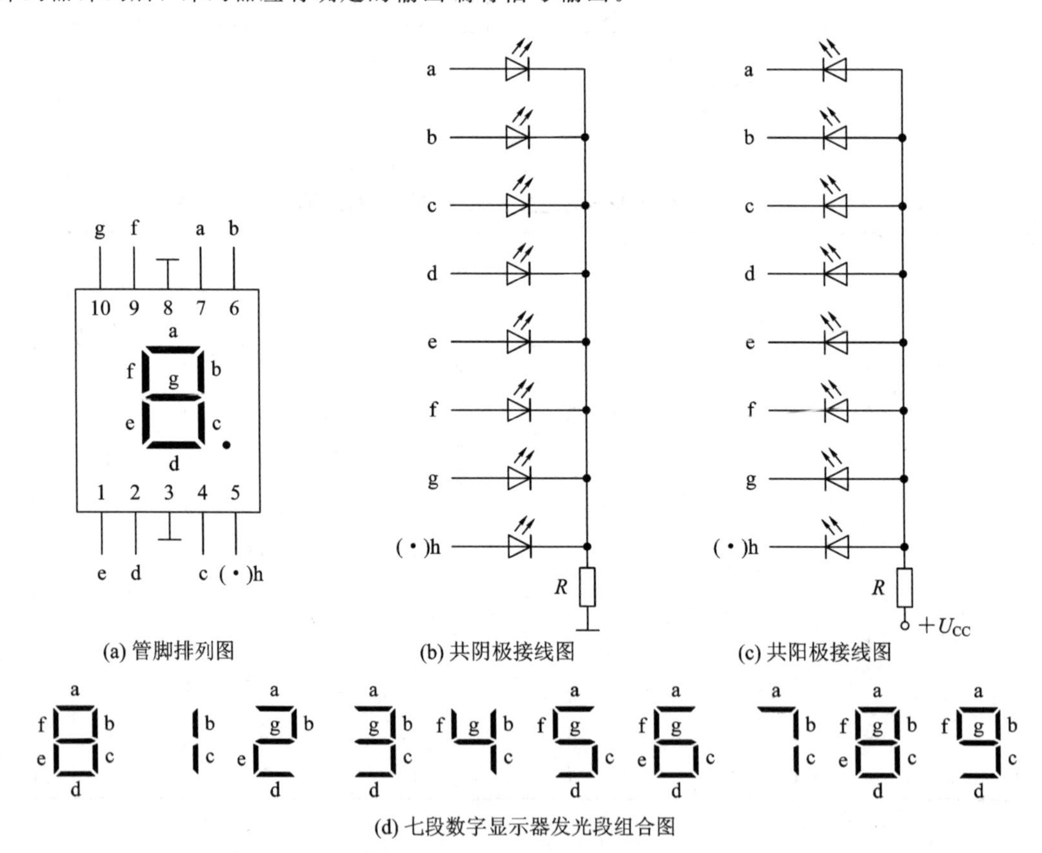

图 6.4.6 半导体数字显示器

74LS48 为常用的七段显示译码器。

2. 集成电路 74LS48

图 6.4.7 为显示译码器 74LS48 的管脚排列图。

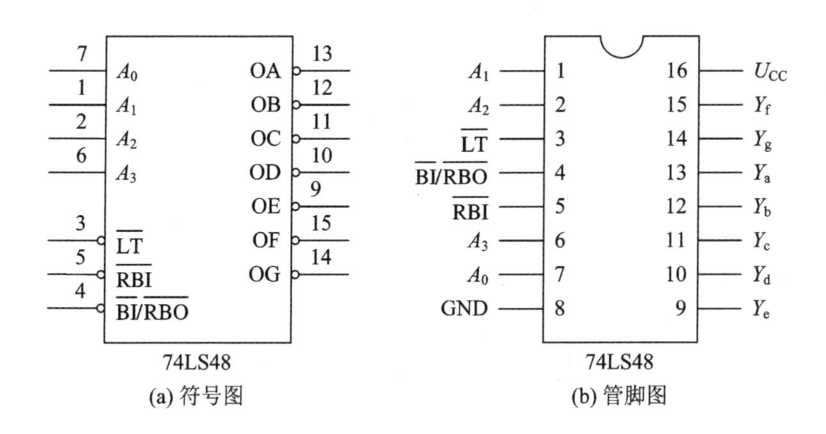

图 6.4.7　74LS48 的管脚排列图

任务 5　数据选择器和数据分配器

6.5.1　数据选择器

1. 数据选择器的定义及功能

数据选择器按要求从多路输入端选择一路输出，根据输入端的个数分为四选一、八选一等数据选择器。其功能相当于图 6.5.1 中的单刀多掷开关。

图 6.5.2 是四选一数据选择器的逻辑图和符号图，其中，A_1、A_0 为控制数据准确传送的地址输入信号，$D_0 \sim D_3$ 为供选择的电路并行输入信号，$\bar{E}$ 为选通端或使能端，低电平有效。当 $\bar{E}=1$ 时，选择器不工作，禁止数据输入。$\bar{E}=0$ 时，选择器正常工作，允许数据选通。由图 6.5.2 可写出四选一数据选择器输出逻辑表达式。

$$Y=\bar{A}_1\ \bar{A}_0 D_0+\bar{A}_1 A_0 D_1+A_1\ \bar{A}_0 D_2+A_1 A_0 D_3$$

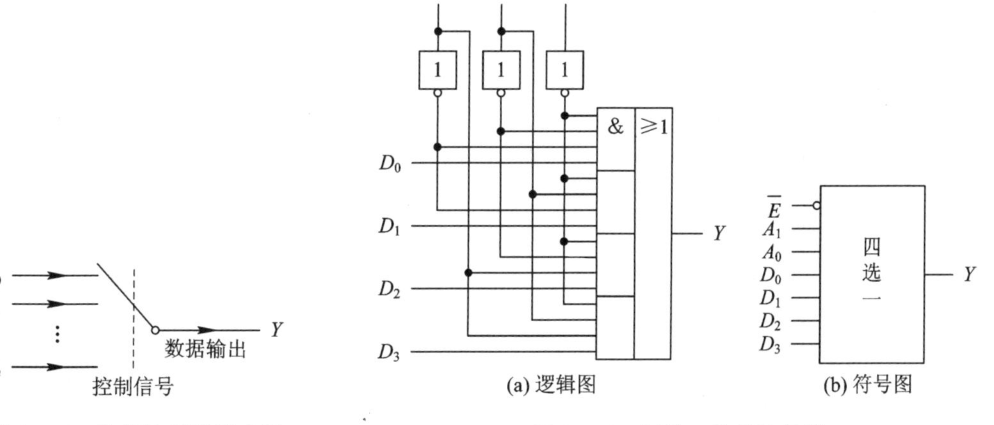

图 6.5.1　数据选择器示意图

图 6.5.2　四选一数据选择器

由逻辑表达式可列出功能表，如表6.5.1所示。

74LS151是集成八选一数据选择器芯片。图6.5.3所示为74LS151的管脚排列图。它有3个地址端A_2、A_1、A_0，可选择D_0～D_7 8个数据，具有两个互补输出端W和$\bar{W}$。其功能表如表6.5.2所示。这里给出八选一数据选择器输出逻辑表达式：

$$Y=\bar{A}_2\bar{A}_1\bar{A}_0D_0+\bar{A}_2\bar{A}_1A_0D_1+\bar{A}_2A_1\bar{A}_0D_2+\bar{A}_2A_1A_0D_3+A_2\bar{A}_1\bar{A}_0D_4+A_2\bar{A}_1A_0D_5+A_2A_1\bar{A}_0D_6+A_2A_1A_0D_7$$

表6.5.1　74LS151四选一功能表

输　入			输出
$\bar{E}$	A_1	A_0	Y
1	×	×	0
0	0	0	D_0
0	0	1	D_1
0	1	0	D_2
0	1	1	D_3

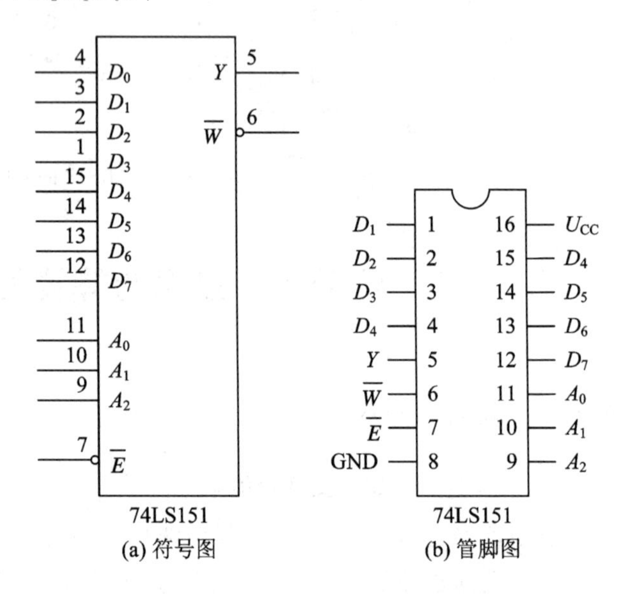

图6.5.3　74LS151数据选择器

表6.5.2　74LS151的功能表

$\bar{E}$	A_2	A_1	A_0	Y	$\bar{W}$
1	×	×	×	0	1
0	0	0	0	D_0	$\overline{D_0}$
0	0	0	1	D_1	$\overline{D_1}$
0	0	1	0	D_2	$\overline{D_2}$
0	0	1	1	D_3	$\overline{D_3}$
0	1	0	0	D_4	$\overline{D_4}$
0	1	0	1	D_5	$\overline{D_5}$
0	1	1	0	D_6	$\overline{D_6}$
0	1	1	1	D_7	$\overline{D_7}$

利用数据选择器，当使能端有效时，用地址输入、数据输入代替逻辑函数中的变量实现逻辑函数。

2. 数据选择器的应用

【例 6.5.1】 试用八选一数据选择器 74LS151 产生逻辑函数：$Y=AB\bar{C}+\bar{A}BC+\bar{A}\bar{B}$。

解 把逻辑函数变换成最小项表达式，即

$$
\begin{aligned}
Y &= AB\bar{C}+\bar{A}BC+\bar{A}\bar{B} \\
&= AB\bar{C}+\bar{A}BC+\bar{A}\bar{B}C+\bar{A}\bar{B}\bar{C} \\
&= m_0+m_1+m_3+m_6
\end{aligned}
$$

八选一数据选择器的输出逻辑函数表达式为

$$
\begin{aligned}
Y &= \bar{A}_2\bar{A}_1\bar{A}_0D_0+\bar{A}_2\bar{A}_1A_0D_1+\bar{A}_2A_1\bar{A}_0D_2+\bar{A}_2A_1A_0D_3+ \\
&\quad A_2\bar{A}_1\bar{A}_0D_4+A_2\bar{A}_1A_0D_5+A_2A_1\bar{A}_0D_6+A_2A_1A_0D_7 \\
&= m_0D_0+m_1D_1+m_2D_2+m_3D_3+m_4D_4+m_5D_5+ \\
&\quad m_6D_6+m_7D_7
\end{aligned}
$$

若将式中 A_2、A_1、A_0 用 A、B、C 来代替，$D_0=D_1=D_3=D_6=1$，$D_2=D_4=D_5=D_7=0$，画出该逻辑函数的逻辑图，如图 6.5.4 所示。

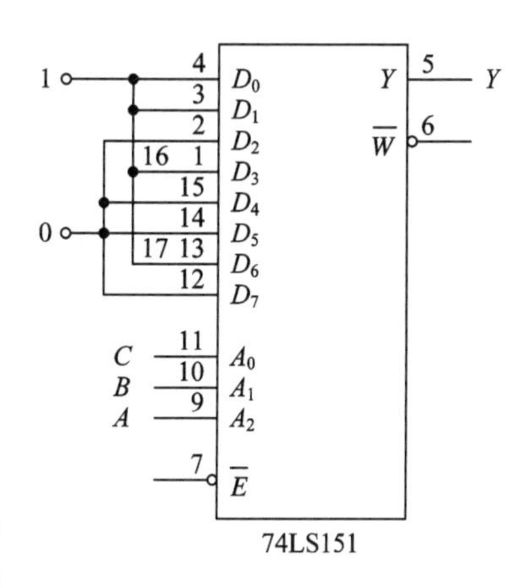

图 6.5.4　例 6.5.1 电路图

6.5.2　数据分配器

数据分配器是数据选择器的逆过程，即将一路输入变为多路输出的电路。数据分配器的示意图如图 6.5.5 所示。

根据输出的个数不同，数据分配器可分为四路分配器、八路分配器等。数据分配器实际上是译码器的特殊应用。图 6.5.6 所示为用 74LS138 译码器作为数据分配器的逻辑原理图，其中，译码器的 E_1 作为使能端，$\bar{E}_{2B}$ 接低电平，输入 A_0～A_2 作为地址端，$\bar{E}_{2A}$ 作为数据输入，从 Y_0～Y_7 分别得到相应的输出。

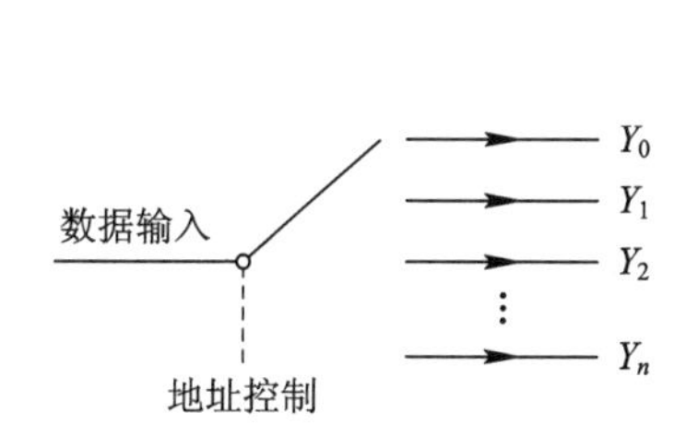

图 6.5.5　数据分配器的示意图

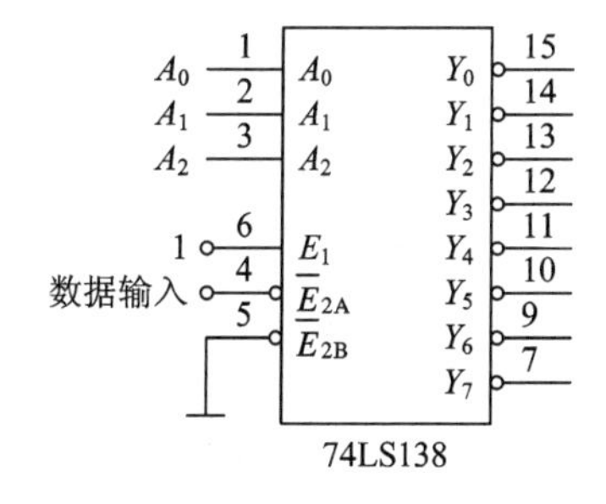

图 6.5.6　用 74LS138 作为数据分配器

6.5.3　数值比较器

在数字系统中，特别是在计算机中，经常需要比较两个数 A 和 B 的大小，数值比较器就是对两个位数相同的二进制数 A、B 进行比较，其结果有 $A>B$、$A<B$ 和 $A=B$ 三种可能性。

设计比较两个一位二进制数 A 和 B 大小的数字电路，输入变量是两个比较数 A 和 B，

输出变量 $Y_{A>B}$、$Y_{A<B}$、$Y_{A=B}$分别表示 $A>B$、$A<B$、$A=B$ 三种比较结果，其真值表如表6.5.3所示。

根据真值表写出逻辑表达式，即

$$Y_{A>B}=A\bar{B}$$

$$Y_{A<B}=\bar{A}B$$

$$Y_{A=B}=AB+\bar{A}\bar{B}=\overline{A\oplus B}$$

由逻辑表达式画出逻辑图如图6.5.7所示。

表6.5.3　一位数值比较器的真值表

输入		输出		
A	B	$Y_{A>B}$	$Y_{A<B}$	$Y_{A=B}$
0	0	0	0	1
0	1	0	1	0
1	0	1	0	0
1	1	0	0	1

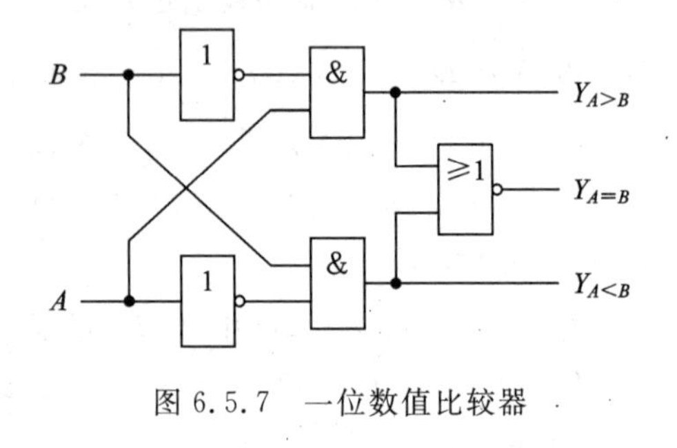

图6.5.7　一位数值比较器

任务6　组合逻辑电路的设计

组合逻辑电路的设计根据使用的逻辑电路不同，设计思路也不完全相同，分为使用小规模集成门电路设计和使用中规模集成芯片设计，以及使用可编程逻辑电路器件设计等多种方法。本书仅介绍前两种设计方法。

6.6.1　使用小规模集成门电路设计

组合设计任务是按照给定的具体逻辑命题，设计出合理的逻辑电路。

组合逻辑电路的设计步骤如下。

(1) 根据逻辑命题，确定输入、输出变量，并予以逻辑赋值(确定“0”“1”的含义)。

(2) 根据逻辑功能要求，列出真值表。

(3) 根据真值表，写出逻辑表达式，化简后转换成要求的逻辑表达式。

(4) 根据最简逻辑表达式，画出逻辑图。

【例6.6.1】 设计一个三人表决电路，并以与非门实现。

解　(1) 设 A、B、C 为输入变量，“1”表示同意，“0”表示不同意。Y 为输出变量，“1”表示通过，“0”表示否决。

(2) 根据逻辑功能要求，列出真值表如表6.6.1所示。

(3) 写出逻辑表达式，化简后转换成与非表达，即

$$Y=\bar{A}BC+A\bar{B}C+AB\bar{C}+ABC$$

$$Y=AB+BC+AC$$

$$Y=\overline{\overline{AB+BC+AC}}=\overline{\overline{AB}\cdot\overline{BC}\cdot\overline{AC}}$$

(4) 画出逻辑图如图 6.6.1 所示。

表 6.6.1　例 6.6.1 的真值表

A	B	C	Y
0	0	0	0
0	0	1	0
0	1	0	0
0	1	1	1
1	0	0	0
1	0	1	1
1	1	0	1
1	1	1	1

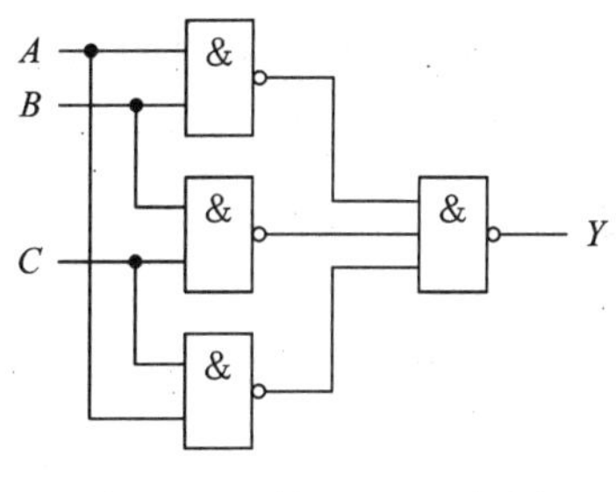

图 6.6.1　例 6.6.1 逻辑图

6.6.2　使用中规模集成芯片设计

组合逻辑电路的设计除了采用小规模集成门电路进行设计，还可以采用中规模集成芯片进行设计。采用中规模集成芯片设计时可以先选合适的芯片再进行设计，并可以采用积木式拼凑法进行设计。用中规模集成芯片设计组合逻辑电路时，最简化不是唯一的目标，最合理更加重要，“最合理”指的是使用的中规模集成芯片的片数量少，种类最少，而且连线最少。其设计步骤与采用小规模集成门电路设计的步骤相比，既有相同之处，又有不同之处。其中不同之处在于组合逻辑电路设计中的第 3 步化简(或变换)逻辑函数，即采用中规模集成器件设计时不需要化简，只需要变换。因为每一种中规模集成芯片都有它自己特定的逻辑表达式，所以采用这些集成芯片设计电路时，应该将待实现的逻辑函数式变换成与所使用的集成芯片的逻辑函数式相同或相似的形式，其余的步骤是相同的。

【例 6.6.2】　用 74LS138 设计全加器。

解　由前面全加器的真值表和结果得出

$$S_n = \bar{A}\bar{B}C_i + \bar{A}B\bar{C}_i + A\bar{B}\bar{C} + ABC_i = m_1 + m_2 + m_4 + m_7$$
$$= \overline{\bar{m}_1 \bar{m}_2 \bar{m}_4 \bar{m}_7} = \overline{\bar{Y}_1 \bar{Y}_2 \bar{Y}_4 \bar{Y}_7}$$
$$C_{i+1} = \bar{A}BC_i + A\bar{B}C_i + AB\overline{C_i} + ABC_i = m_3 + m_5 + m_6 + m_7$$
$$= \overline{\bar{m}_3 \bar{m}_5 \bar{m}_6 \bar{m}_7} = \overline{\bar{Y}_3 \bar{Y}_5 \bar{Y}_6 \bar{Y}_7}$$

连线如图 6.6.2 所示。

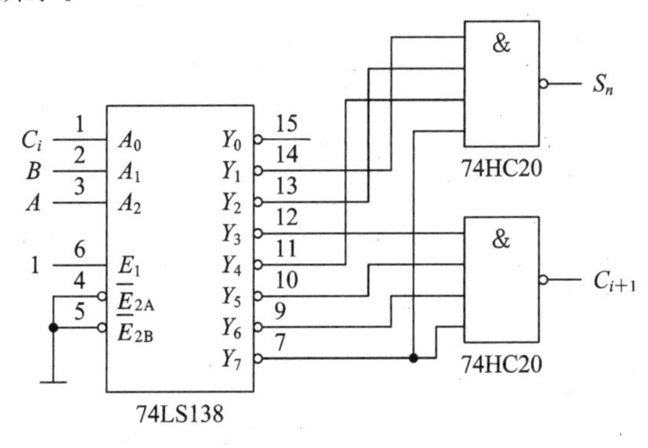

图 6.6.2　例 6.6.2 逻辑图

【例 6.6.3】　用 4 选 1 数据选择器 74LS153 实现逻辑函数。

$$Y(A, B, C)=\bar{A}BC+A\bar{B}C+AB$$

解 因为74LS153的表达式为$Y=C_0(\bar{B}\bar{A})+C_1(\bar{B}A)+C_2(B\bar{A})+C_3(BA)$，所以应该把待实现的逻辑函数变换成与74LS153的表达式相同的形式，即

$$Y(A, B, C)=\bar{A}BC+A\bar{B}C+AB=0(\bar{B}\bar{A})+C(\bar{B}A)+C(B\bar{A})+1(BA)$$

比较两式可以看出，需要令$C_0=0$、$C_1=C$、$C_2=C$、$C_3=1$、$B=B$、$A=A$。画出连线图，如图6.6.3所示。

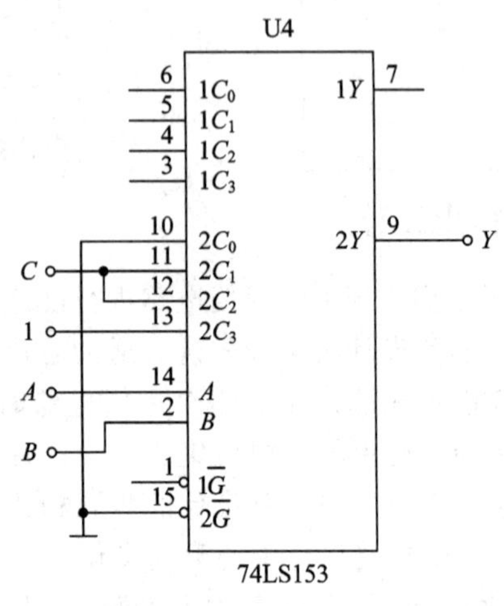

图6.6.3 例6.6.3逻辑图

【例6.6.4】 用74LS138及一些门电路，设计一个多路输出的组合逻辑多路，输出为：

$$F_1=\bar{A}C, F_2=BC+\overline{A}\overline{B}C, F_3=\bar{A}B+A\bar{B}C$$

解 首先把函数化为最小项之和形式的表达式，即

$$F_1=A(B+\bar{B})\bar{C}=\sum m(4, 6)$$

$$F_2=(A+\bar{A})BC+\overline{A}\overline{B}C=\sum m(1, 3, 7)$$

$$F_3=\bar{A}B(C+\bar{C})+A\bar{B}C=\sum m(2, 3, 5)$$

连线如图6.6.4所示。

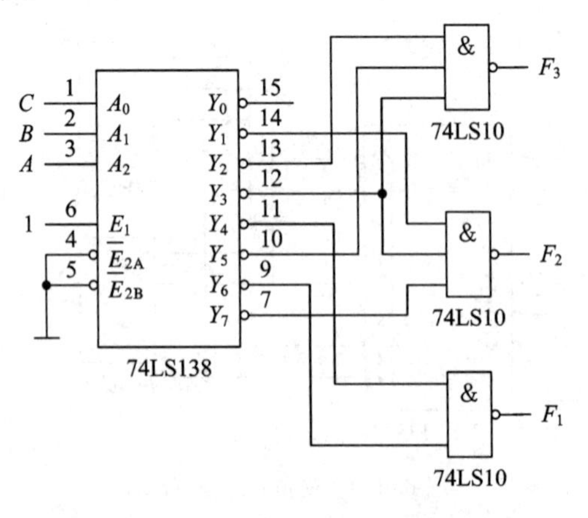

图6.6.4 例6.6.4逻辑图

模块小结

1. 组合逻辑电路是由若干逻辑门组成，它的特点是：任何时刻的输出仅取决于该时刻的输入，而与电路原来的状态无关。

2. 组合逻辑电路的分析方法：写出逻辑表达式→化简和变换逻辑表达式→列出真值表→确定功能。

3. 组合逻辑电路的设计方法：列出真值表→写出逻辑表达式→逻辑化简和变换→画出逻辑图→选择元器件。

4. 本章着重介绍了具有特定功能、常用的一些组合逻辑电路，如全加器、编码器、译码器、数据选择器和数据分配器、数值比较器等，介绍了它们的逻辑功能、集成芯片的应用。其中，编码器和译码器的功能相反，但都设有使能控制端，以便于多片连接扩展；数据选择器和数据分配器的功能相反，用译码器和数据选择器可实现逻辑函数和组合逻辑电路。

过关训练

6.1　填空题

(1) 74LS151 是(　　)器，它有(　　)个地址端和(　　)个数据输入端。

(2) 74LS148 是(　　)器，它有(　　)个输入端，(　　)个输出端。

(3) 常用的组合逻辑电路有(　　)、(　　)、(　　)、(　　)、(　　)、比较器等。

6.2　选择题

(1) 某二进制译码器的二进制代码输入端共有 3 个，其输出端的个数应为(　　)个。

A. 5　　B. 6　　C. 7　　D. 8

(2) 在下列逻辑电路中，不是组合逻辑电路的是(　　)。

A. 译码器　　B. 编码器　　C. 全加器　　D. 计数器

(3) 组合逻辑电路通常由(　　)组合而成。

A. 门电路　　B. 触发器　　C. 计数器　　D. 寄存器

(4) 当逻辑函数有 n 个变量时，变量取值组合为(　　)个。

A. n　　B. $2n$　　C. n^2　　D. 2^n

(5) 三输入八输出译码器，对任意一组输入值，其有效输出个数为(　　)。

A. 3 个　　B. 8 个　　C. 1 个　　D. 11 个

(6) 十六路数据选择器，其地址输入端个数是(　　)。

A. 4　　B. 6　　C. 7　　D. 8

6.3　试分析题 6.3 图所示的各组合逻辑电路的逻辑功能。

6.4　分析题 6.4 图所示的组合逻辑电路的功能，要求：(1)写出函数式；(2)列出真值表；(3)分析逻辑功能。

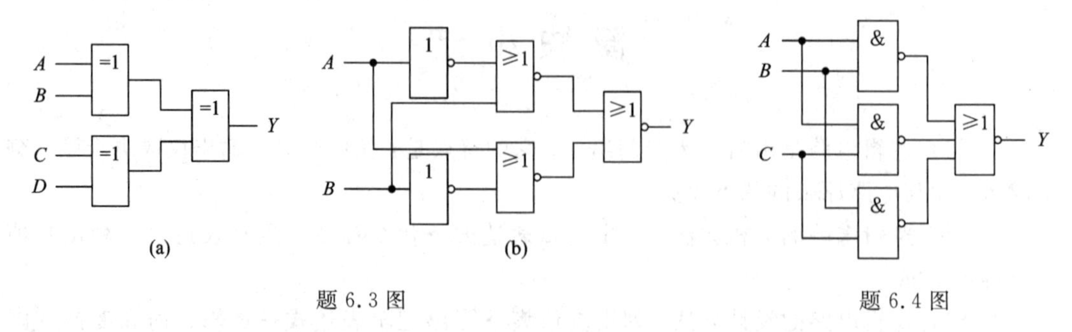

题 6.3 图　　　　题 6.4 图

6.5　试分析题 6.5 图所示的各组合逻辑电路的逻辑功能，写出函数表达式。

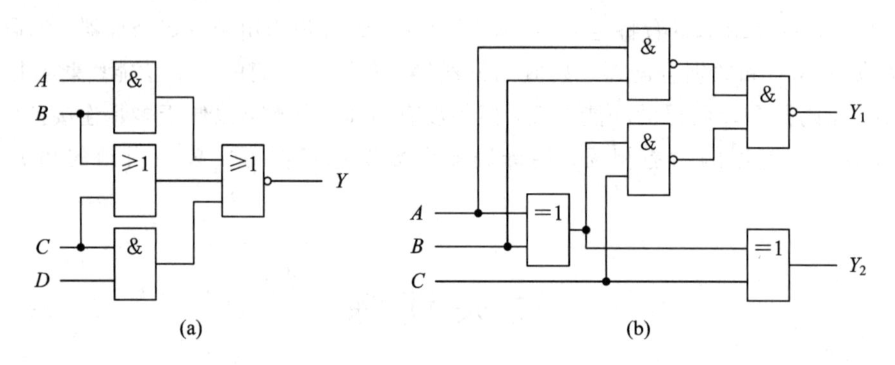

题 6.5 图

6.6　组合逻辑电路如题 6.6 图所示。要求：(1) 写出输出的逻辑表达式；(2) 列出真值表；(3) 写出当输入变量 X、Y、Z 为何种组合时，输出函数 F_1 和 F_2 相等。

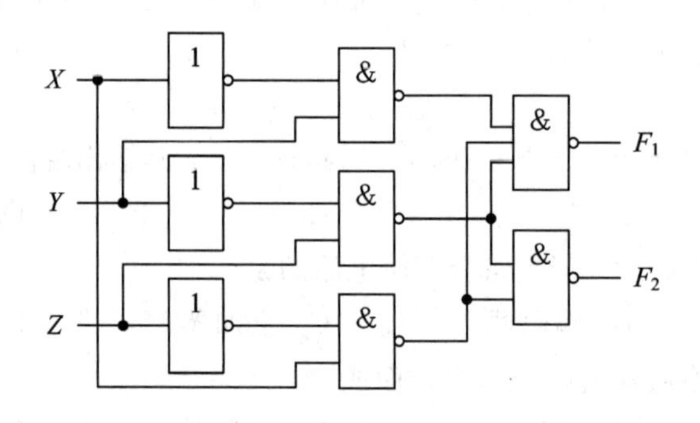

题 6.6 图

6.7　试用 3 线-8 线译码器 74LS138(如题 6.7 图所示)和门电路产生如下多输出逻辑函数，并画出正确的逻辑电路图。

$$
\begin{cases}
Y_1 = AC \\
Y_2 = \bar{A}\bar{B}C + A\bar{B}\bar{C} + BC \\
Y_3 = \bar{B}\bar{C} + A\bar{B}C
\end{cases}
$$

6.8　用 74LS138(如题 6.7 图所示)实现下列逻辑函数，画出连线图。

$$
Y_{1(A, B, C)} = \sum m(3, 4, 5, 6)
$$

6.9　用 74LS138(如题 6.7 图所示)设计一个全加器，要求有设计的全过程。

6.10　用 74LS138(如题 6.7 图所示)设计一个 3 变量的举重裁判器，要求有设计的全过程。

6.11　用数据选择器 74LS151(如题 6.11 图所示)设计一个 3 人举手表决器，要求有设计的全过程。

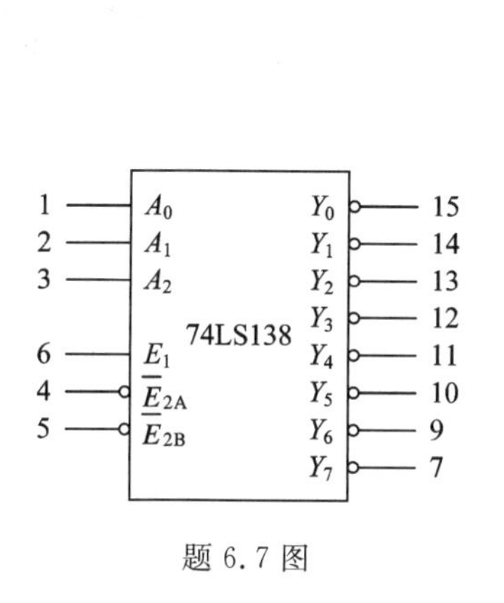

题 6.7 图

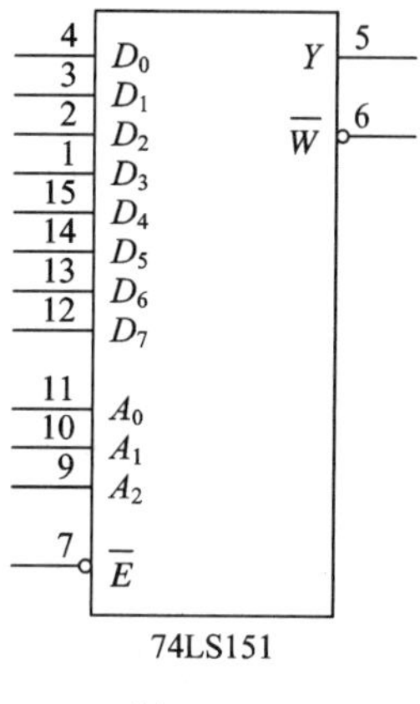

题 6.11 图

6.12　用 74LS151 实现如下逻辑函数(各用一片 74LS151，画出电路图)。

(1) $Y_1 = A\overline{B} + BC + \overline{A}\overline{C}$。

(2) $Y_2 = \sum m(0, 2, 3, 7)$ 。

6.13　设计一个表决器。例如，在举重比赛中，有 3 个裁判。当裁判认为杠铃已完全举上时，就按一下自己面前的按钮。假定主裁判面前的按钮是 A，两个副裁判面前的按钮是 B 和 C。表示“完全举上”的灯泡只有在以下条件下才亮，即 3 个裁判同时按下自己前面的按钮，或者有两个裁判(但其中一个必须是主裁判)同时按自己面前的按钮。请设计出具备这种功能的逻辑电路，要求：

(1) 根据以上条件列真值表(按键钮为“1”，不按为“0”)。

(2) 写出逻辑函数表达式(根据(1)写出)。

(3) 简化函数式，画出实际的逻辑图。

6.14　查阅关于现代显示技术的最新动态。

模块七

时序逻辑电路

【问题引入】 按照功能特点的不同，逻辑电路可分为组合逻辑电路和时序逻辑电路两大类。那么时序逻辑电路有哪些特点？它们的逻辑功能和分析方法又是怎么样的？如何合理选择和使用中规模集成电路实现任意(N)进制计时器的设计？先引入电路中的一个最基本的具有存储记忆功能的单元电路——触发器。

【主要内容】 介绍时序逻辑电路的基本特点及其与组合逻辑电路的本质区别；触发器的基本性质、触发方式、逻辑功能及其描述方法；掌握RS、JK、D、T、T′触发器的逻辑功能，掌握JK、D触发器的功能表、特征方程；时序逻辑电路的分析方法和设计思路。

【学习目标】 了解基本RS触发器、同步JK触发器、边沿触发器触发方式的特点、逻辑功能等；掌握RS、JK、D、T、T′触发器的逻辑功能，以及JK、D触发器的功能表、特征方程；掌握时序逻辑电路的分析方法和设计思路；掌握用集成同步计时器实现任意(N)进制计时器的设计。

时序逻辑电路是由具有记忆功能的触发器组成的，它的输出状态不仅与当前的输入状态有关，还与原来所处的状态有关。最基本的时序逻辑电路有集成寄存器、计数器等。

任务1 触 发 器

触发器的种类很多，根据功能不同可分为RS、JK、D、T、T′触发器等。触发器的工作特点取决于它的电路结构，而它的逻辑功能取决于它的控制输入信号。所有触发器都有两个基本性能：

(1) 具备两种稳定状态(1态和0态)，在一定条件下可保持在一种状态不变；

(2) 在一定的外加信号作用下，触发器可以从一种稳态变化到另一种稳态。

首先介绍触发器电路中的几个概念。

0状态：$Q=0$，$\bar{Q}=1$；

1状态：$Q=1$，$\bar{Q}=0$；

自保持：在无合适的外界信号作用时，触发器的状态不变；

状态翻转：在合适的外界信号作用下，触发器的状态转换；

触发信号：指使触发器发生翻转的信号，对于由时钟脉冲 CP 控制的触发器，这个 CP 脉冲称为触发器的触发信号；

置 0：使触发器状态为 0；

置 1：使触发器状态为 1。

7.1.1　基本 RS 触发器

1. 电路组成

基本 RS 触发器是一种最简单的触发器，是构成各种触发器的基础。它由两个与非门(或者或非门)的输入和输出交叉连接而成，如图 7.1.1 所示。基本 RS 触发器有 $\bar{R}$ 和 $\bar{S}$ 两个输入端(又称为触发信号端)：$\bar{R}$ 为复位端，当 $\bar{R}=0$ 时，Q 变为 0，故也称 $\bar{R}$ 为置 0 端；$\bar{S}$ 为置位端，当 $\bar{S}=0$ 时，Q 变为 1，故也称 $\bar{S}$ 为置 1 端。还有两个互补输出端：Q 和 $\bar{Q}$。当 $Q=1$ 时，$\bar{Q}=0$；当 $Q=0$ 时，$\bar{Q}=1$。

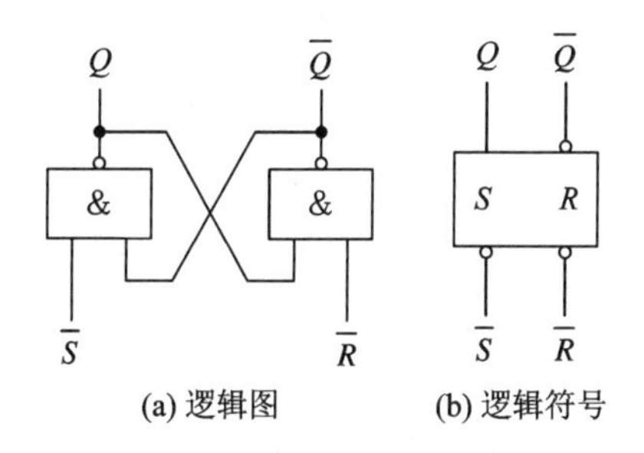

图 7.1.1　基本 RS 触发器

2. 功能分析

触发器有两个稳定状态。将触发器接收输入信号之前所处的状态称为原状态(或现态)，用 Q^n 和 $\overline{Q^n}$ 表示；在未接收输入信号或输入信号未到之前，它总是处在某一个稳定状态(0 或 1)，即 Q^n 不是 0 就是 1。将触发器接收输入信号之后所处的状态称为新状态(或次态)，用 Q^{n+1} 和 $\overline{Q^{n+1}}$ 表示；当输入信号来到时，触发器会根据输入信号的取值更新状态，显然 Q^{n+1} 的值不仅和输入信号有关，而且还取决于现态 Q^n。

触发器的功能可采用状态表、特征方程式、逻辑符号图以及状态转换图、波形图(或称时序图)来描述。

(1) 状态表。

由图 7.1.1(a)可知：$Q^{n+1}=\overline{\bar{S}\,\overline{Q^n}}$，$\overline{Q^{n+1}}=\overline{\bar{R}Q^n}$

① 当 $\bar{R}=0$，$\bar{S}=1$ 时，无论 Q^n 为何种状态，$Q^{n+1}=0$。

② 当 $\bar{R}=1$，$\bar{S}=0$ 时，无论 Q^n 为何种状态，$Q^{n+1}=1$。

③ 当 $\bar{R}=1$，$\bar{S}=1$ 时，由 Q^{n+1} 及 $\overline{Q^{n+1}}$ 的关系式可知，触发器将保持原有的状态不变，即原来的状态被触发器存储起来，这体现了触发器的记忆作用。

④ 当 $\bar{R}=0$，$\bar{S}=0$ 时，两个与非门的输出 Q^{n+1} 与 $\overline{Q^{n+1}}$ 全为 1，该结果破坏了触发器的互补关系，使最后的状态变得不确定，故应当避免出现这种状况。状态表如表 7.1.1 所示。

表 7.1.1 状 态 表

输入			输出	逻辑功能
$\bar{R}$	$\bar{S}$	Q^n	Q^{n+1}	
0	0	0	×	不允许
		1	×	
0	1	0	0	置 0
		1	0	
1	0	0	1	置 1
		1	1	
1	1	0	0	保持
		1	1	

从表 7.1.1 中可知，该触发器有置 0、置 1 功能。$\bar{R}$ 与 $\bar{S}$ 均为低电平有效，可使触发器的输出状态转换为相应的 0 或 1。RS 触发器的逻辑符号如图 7.1.1(b)所示，方框下面的两个小圆圈表示输入低电平有效。当 $\bar{R}$、$\bar{S}$ 均为低电平时，有两种造成输出状态不定的原因：当 $\bar{R}=\bar{S}=0$，$Q=\bar{Q}=1$，违反了互补关系；当 $\bar{R}\bar{S}$ 由 00 同时变为 11 时，由于两个与非门的延迟时间不同，因此次态状态不能确定。

(2) 特征方程式。

根据表 7.1.1 画出卡诺图，如图 7.1.2 所示，化简得

$$Q^{n+1}=S+\bar{R}Q^n \qquad (7.1.1)$$

$$\bar{R}+\bar{S}=1\text{(约束条件)}$$

$\bar{S}$ \ $\bar{R}Q^n$	00	01	11	10
0	×	×	1	1
1	0	0	1	0

图 7.1.2 卡诺图

从式(7.1.1)可知，Q^{n+1} 不仅与输入触发信号 $\bar{R}$、$\bar{S}$ 的组合状态有关，而且与前一时刻的输出状态 Q^n 有关，故触发器具有记忆作用。

(3) 状态转换图(简称状态图)。

每个触发器只能寄存一位二进制代码，所以其输出有 0 和 1 两种状态。状态转换图是以图形的方式来描述触发器状态转换规律的，如图 7.1.3 所示。图中，圆圈表示状态的种数，箭头表示状态转换的方向，箭头线上标注的触发器信号取值表示状态转换的条件。

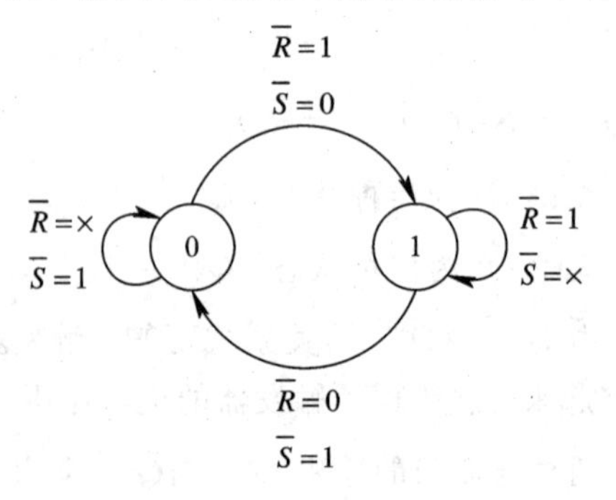

图 7.1.3 状态图

(4) 波形图。

画波形图时，要对应一个时刻，时刻以前为 Q^n，时刻以后则为 Q^{n+1}，故波形图上只标注 Q 与 $\bar{Q}$，因其有不定状态，所以 Q 与 $\bar{Q}$ 要同时画出，如图 7.1.4 所示。画图时应根据功能表来确定各个时间段 Q 与 $\bar{Q}$ 的状态。

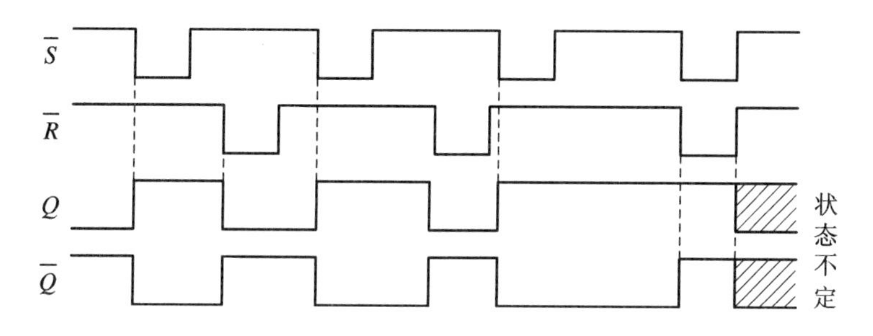

图 7.1.4　波形图

综上所述，基本 RS 触发器具有如下特点。

(1) 它具有两种稳定状态，分别为 1 和 0，故称作双稳态触发器。触发器具有记忆作用，如果没有外加触发信号的作用，那么它将保持原有状态不变。在外加触发信号的作用下，触发器的输出状态才可能发生变化，输出状态直接受输入信号的控制，也称其为直接复位-置位触发器。

(2) 当 $\bar{R}$、$\bar{S}$ 端输入均为低电平时，输出状态不定，即 $\bar{R}=\bar{S}=0$，$Q=\bar{Q}=1$，违反了互补关系。当 $\bar{R}\bar{S}$ 从 00 变为 11 时，状态也不能确定，如图 7.1.4 所示。

(3) 与非门构成的基本 RS 触发器的功能可简化为表 7.1.2 所示的功能表。

表 7.1.2　基本 RS 触发器功能表

$\bar{R}$	$\bar{S}$	Q^{n+1}	功能
0	0	×	不定
0	1	0	置 0
1	0	1	置 1
1	1	Q^n	保持

7.1.2　同步触发器

在数字系统中，常常要求某些触发器按一定的节拍同步动作，以取得系统的协调。为此，由时钟信号 CP 控制的触发器(又称作钟控触发器)产生，此触发器的输出在 CP 信号有效时才根据输入信号改变状态，故称为同步触发器。

1. 同步 RS 触发器

(1) 电路组成。

同步 RS 触发器的电路组成如图 7.1.5 所示。图中，$\bar{R}_D$、$\bar{S}_D$ 是直接置 0 端、置 1 端，用来设置触发器的初始状态。

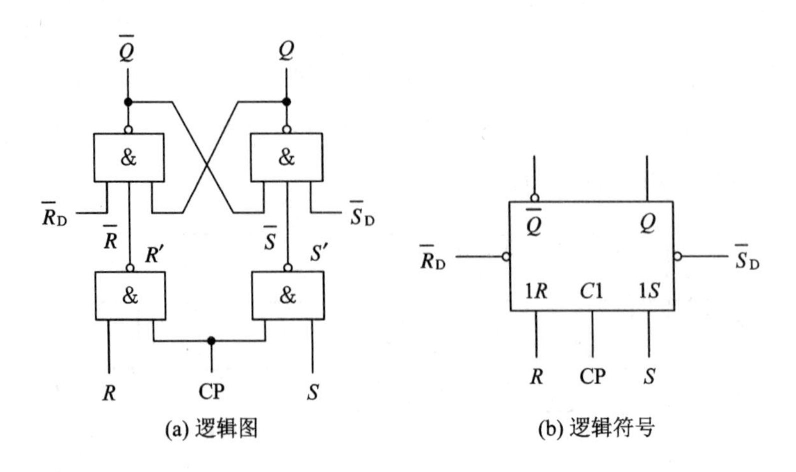

图 7.1.5　同步 RS 触发器

(2) 功能分析。

同步 RS 触发器的逻辑图和逻辑符号如图 7.1.5(a)、(b)所示，图中标有数字 1 的端子为一个触发器相关联信号引出的端子。

当 CP=0，Q 与 $\bar{Q}$ 保持不变。

当 CP=1，$R'=\overline{R\cdot \mathrm{CP}}=\bar{R}$，$S'=\overline{S\cdot \mathrm{CP}}=\bar{S}$，代入基本 RS 触发器的特征方程得

$$\begin{cases} Q^{n+1}=(S+\bar{R}Q^{n})\mathrm{CP} \\ R\cdot S=0(\text{约束条件}) \end{cases} \tag{7.1.2}$$

利用基本 RS 触发器的功能表可得同步 RS 触发器的功能表(如表 7.1.3 所示)，状态图如图 7.1.6 所示。

表 7.1.3　同步 RS 触发器功能表

CP	R	S	Q^{n+1}	功能
1	0	0	Q^n	保持
1	0	1	1	置 1
1	1	0	0	置 0
1	1	1	×	不定

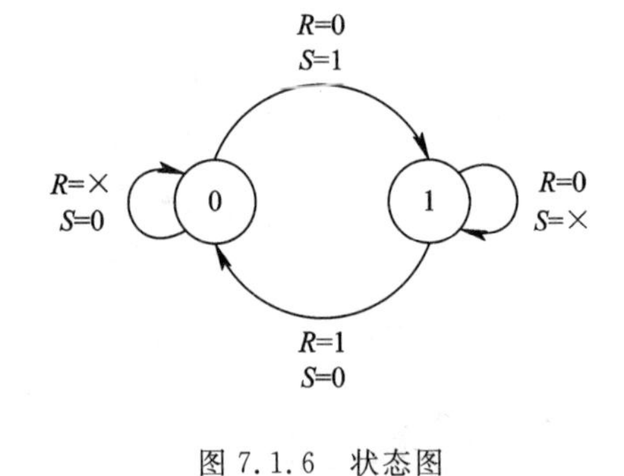

图 7.1.6　状态图

对于同步 RS 触发器，只有时钟信号 CP 为高电平时，触发器状态才能跟随 R、S 的状态发生改变。与基本 RS 触发器相比，同步 RS 触发器增加了时钟信号 CP 控制。

从以上内容可知，触发器的工作特点取决于它的电路结构，而它的逻辑功能取决于它的控制输入端。

2. 同步 JK 触发器

(1) 电路组成。

同步 JK 触发器的电路组成如图 7.1.7 所示。

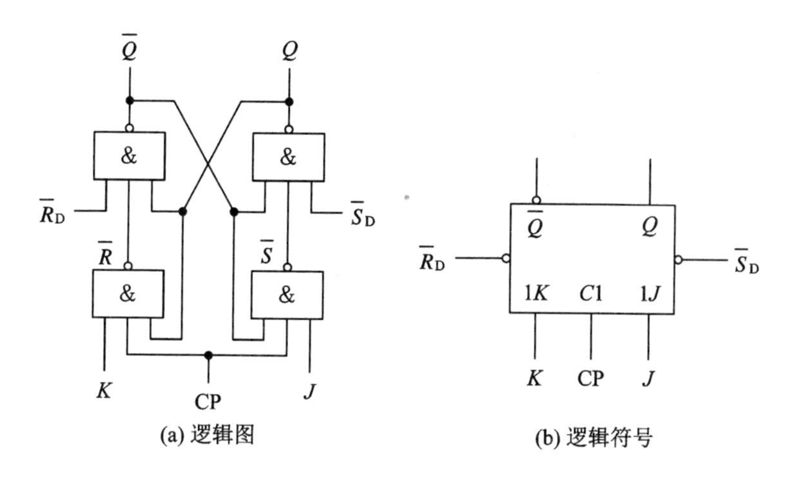

图 7.1.7　同步 JK 触发器

(2) 功能分析。

按图 7.1.7(a)中的逻辑电路，同步 JK 触发器的功能分析如下：

当 CP=0 时，不论 J、K 为任何信号，$Q^{n+1}=Q^n$，即触发器的状态都保持不变。

当 CP=1 时，将 $\bar{R}=\overline{K\cdot \mathrm{CP}\cdot Q^n}$ 和 $\bar{S}=\overline{J\cdot \mathrm{CP}\cdot \overline{Q^n}}=\overline{J\,\overline{Q^n}}$ 代入 $Q^{n+1}=S+\bar{R}Q^n$，可得

$$Q^{n+1}=(J\,\overline{Q^n}+\overline{KQ^n}\cdot Q^n)\mathrm{CP}=(J\,\overline{Q^n}+\bar{K}Q^n)\mathrm{CP} \tag{7.1.3}$$

在同步触发器功能表的基础上，得到了 JK 触发器的功能表，如表 7.1.4 所示，状态图如图 7.1.8 所示。

表 7.1.4　JK 触发器的功能表

CP	J	K	Q^{n+1}	功能
1	0	0	Q^n	保持
1	0	1	0	置 0
1	1	0	1	置 1
1	1	1	Q^n	翻转

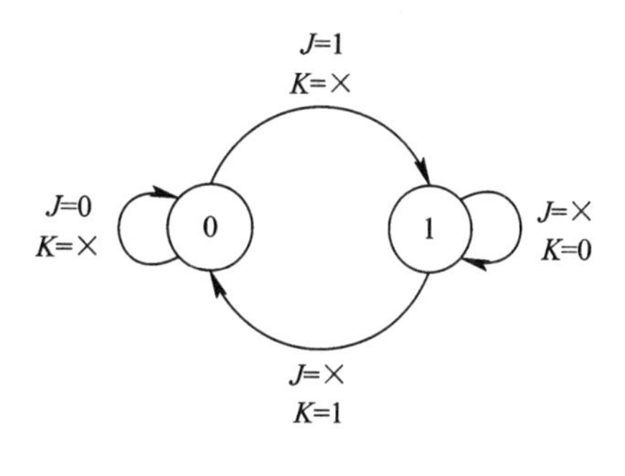

图 7.1.8　状态图

由表 7.1.4 可知：

① 当 $J=0$，$K=1$ 时，$Q^{n+1}=J\,\overline{Q^n}+\bar{K}Q^n$，置“0”。

② 当 $J=1$，$K=0$ 时，$Q^{n+1}=J\,\overline{Q^n}+\bar{K}Q^n$，置“1”。

③ 当 $J=0$，$K=0$ 时，$Q^{n+1}=Q^n$，保持不变。

④ 当 $J=1$，$K=1$ 时，$Q^{n+1}=\overline{Q^n}$，翻转(或称为计数)。

由于触发器状态翻转的次数与 CP 脉冲输入的个数相等，因此通常以翻转的次数记录 CP 脉冲输入的个数，即所谓的计数。$J=K=1$ 时的波形图如图 7.1.9 所示。

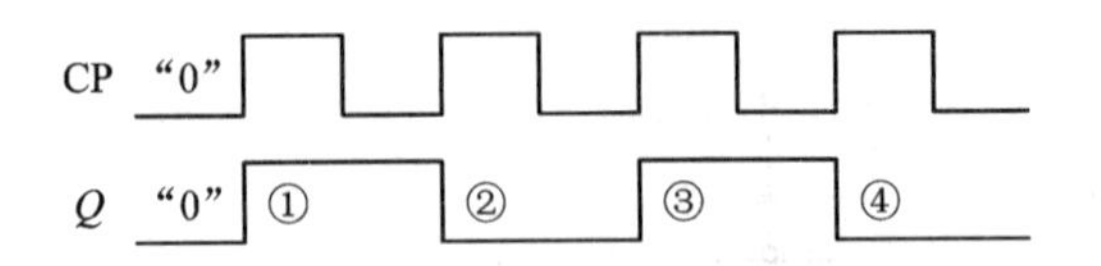

图 7.1.9　$J=K=1$ 时的波形图

3. 存在的问题

由于 CP 有效时间较长，出现了空翻现象，同步触发器的应用受到了限制。

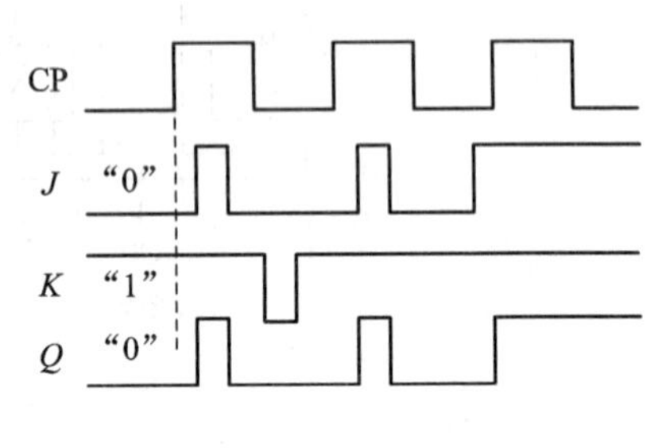

图 7.1.10　空翻波形图

空翻现象就是在 CP=1 期间，触发器的输出状态翻转两次或两次以上的现象，如图 7.1.10 中第 1 个、第 2 个 CP=1 期间 Q 状态变化的情况。因此，为了保证触发器可靠地工作，防止出现空翻现象，必须限制输入的触发信号在 CP=1 期间不发生变化，如图中第 3 个 CP=1 期间的情况。

7.1.3　边沿触发器

边沿触发器是指在时钟信号 CP 的上升沿或下降沿到来瞬间，触发器根据输入触发信号改变输出状态，而在时钟信号 CP 的其他时刻，触发器将保持输出状态不变，从而防止了空翻现象。

边沿触发器有 TTL 型和 CMOS 型，还分为正边沿（上升沿）触发器、负边沿（下降沿）触发器和正负边沿触发器。

1. 负边沿 JK 触发器

（1）电路组成。

负边沿 JK 触发器的逻辑电路和逻辑符号如图 7.1.11 所示。

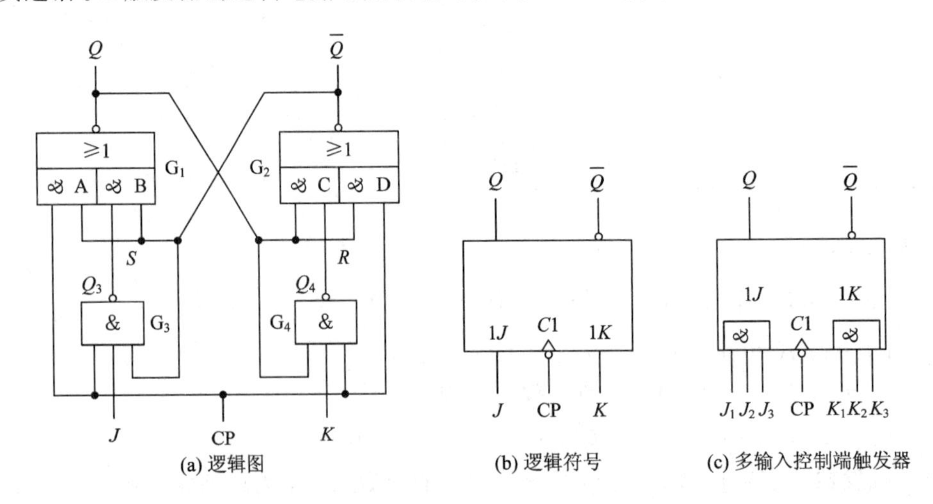

图 7.1.11　负边沿 JK 触发器

（2）功能分析。

这个电路包含一个由与或非门 G_1、G_2 组成的基本 RS 触发器和两个输入控制门 G_3、

G_4。在制造时，要保证与非门 G_3、G_4 的传输延迟时间比与或非门 G_1、G_2 构成的基本 RS 触发器的传输延迟时间要长，从而起到延时触发的作用。

设触发器的初始状态为 $Q=0$、$\bar{Q}=1$。当 CP=0 时，与或非门 G_1、G_2 中的 A、D 和与非门 G_3、G_4 同时被 CP 的低电平封锁，而由于 Q_3、Q_4 两端为高电平，门 B、C 是打开的，故基本 RS 触发器的状态可通过 B、C 得以保持。

CP 变为高电平以后，门 A、D 首先解除封锁，基本 RS 触发器通过 A、D 可以继续保持原状态不变。若此时输入为 $J=1$、$K=0$，则经过门 G_3、G_4 的传输延迟时间以后，$Q_3=0$、$Q_4=1$，门 B、C 均不导通，对基本 RS 触发器的状态没有影响。

当 CP 下降沿到达时，门 A、D 首先被封锁，但由于与非门 G_3、G_4 的传输延迟时间，Q_3、Q_4 的电平不会立即改变。因此，在一个很短的时间里，门 B、A 将各有一个输入端为低电平，使 $Q=1$，并经过门 C 使 $\bar{Q}=0$。假定 $\bar{Q}$ 的低电平能在 Q_3 的低电平消失以前返回到门 B，那么在 Q_3 变为高电平以后，触发器的 1 状态仍能保持下去。

经过 G_3、G_4 的传输延迟时间以后，Q_3 和 Q_4 都变成了高电平，但对基本 RS 触发器的状态并无影响。同时，由于 CP 的低电平将 G_3、G_4 封锁，因而此后 J、K 状态的变化对触发器的状态不再产生影响。

由于输出状态的变化发生在 CP 信号的下降沿，并按 $Q^{n+1}=(J\overline{Q^n}+\bar{K}Q^n)(\mathrm{CP}\downarrow)$ 的特征方程式进行状态转换，故称此触发器为负边沿触发器；在逻辑符号中用"∧"表示 CP 边沿触发，在输入端加上小圆圈表示 CP 下降沿动作。在 CP 上升沿动作时，不画这个小圆圈。

此触发器的状态表、状态图和同步 JK 触发器相同，只是逻辑符号和时序图不同，该触发器的逻辑符号如图 7.1.11(b)所示。逻辑符号图中的数字 1 为一组关联信号端子，而芯片管脚排列图中的数字 2 为另外一组关联信号端子。这种触发器功能强、性能好，与同步 JK 触发器比较，它克服了在 CP=1 期间不允许 J、K 变化的限制，因此应用极为广泛。

(3) 集成 JK 触发器。

74LS112 为双下降沿 JK 触发器，其管脚排列图及符号图如图 7.1.12 所示。

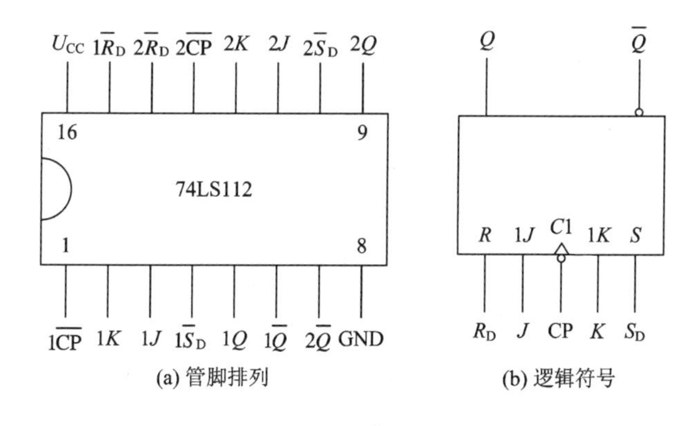

图 7.1.12　74LS112 管脚排列图

2. T 触发器和 T′触发器

(1) T 触发器。

将 JK 触发器的输入端 J 与 K 相连，引入一个新的输入信号，JK 触发器就变为 T 触

发器。在 CP 脉冲的作用下，根据输入信号 T 的取值，T 触发器具有保持和计数功能，其特征方程为

$$Q^{n+1}=(T\overline{Q^n}+\overline{T}Q^n)(\mathrm{CP}\downarrow)$$

T 触发器的逻辑符号如图 7.1.13 所示。

(2) T′触发器。

将 T 触发器的输入端置 $T=1$，就构成 T′触发器。在 CP 脉冲的作用下，T′触发器可实现计数功能。其特征方程式为

$$Q^{n+1}=\overline{Q^n}(\mathrm{CP}\downarrow)$$

T′触发器的逻辑符号如图 7.1.14 所示。

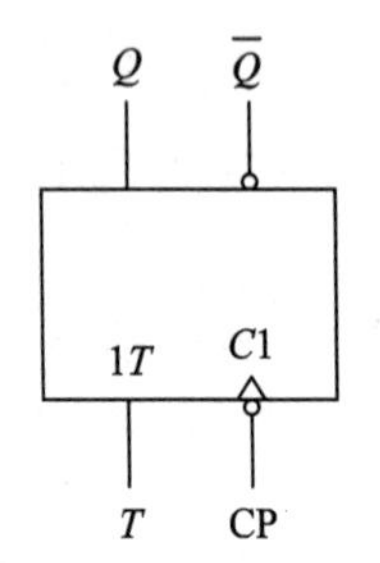

图 7.1.13　T 触发器逻辑符号

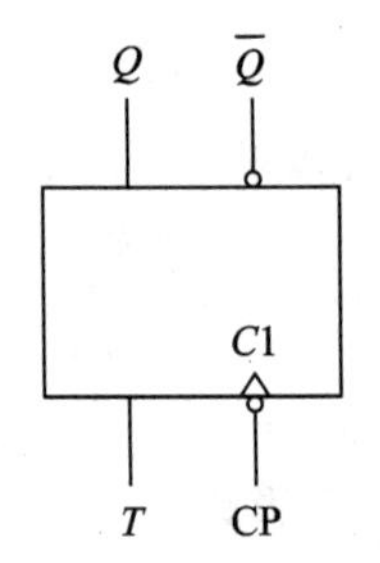

图 7.1.14　T′触发器逻辑符号

7.1.4　维持阻塞 D 触发器

维持阻塞触发器有 RS、JK、T、T′和 D 触发器，应用较多的是维持阻塞 D 触发器，简称维阻 D 触发器。D 触发器又称作 D 锁存器，是专门用来存放数据的。

1. 电路组成及逻辑符号

维阻 D 触发器的电路组成如图 7.1.15 所示。

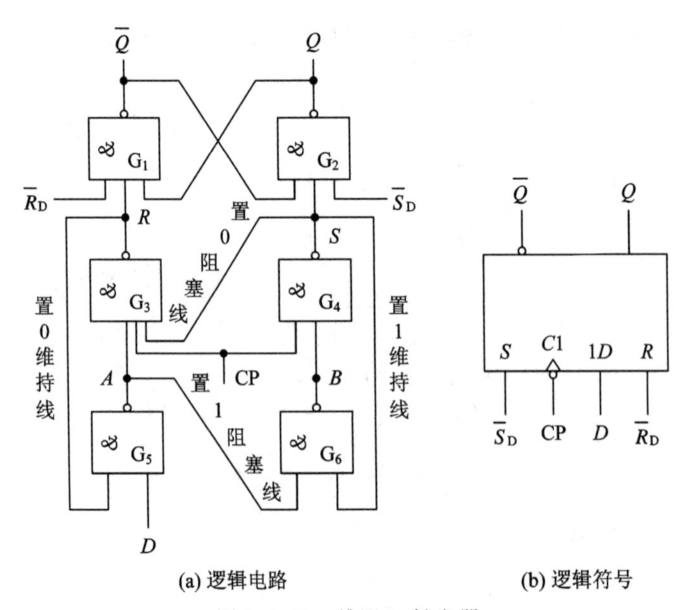

(a) 逻辑电路　　(b) 逻辑符号

图 7.1.15　维阻 D 触发器

2. 特征方程

维阻D触发器的特征方程式为

$$Q^{n+1}=D\cdot \mathrm{CP}\uparrow$$

CP脉冲上升沿完成触发翻转。

注意：输入信号 D 一定是CP脉冲上升沿到来之前的值，如果 D 与CP脉冲同时变化，D 变化的值将不能存入 Q 内。

3. 集成D触发器

74LS74为双上升沿D触发器，管脚排列如图7.1.16所示。其中，CP为时钟输入端；D 为数据输入端；Q 和 $\bar{Q}$ 为互补输出端；$\overline{R_D}$ 为直接复位端，低电平有效；$\overline{S_D}$ 为直接置位端，低电平有效；$\overline{R_D}$ 和 $\overline{S_D}$ 用来设置初始状态。

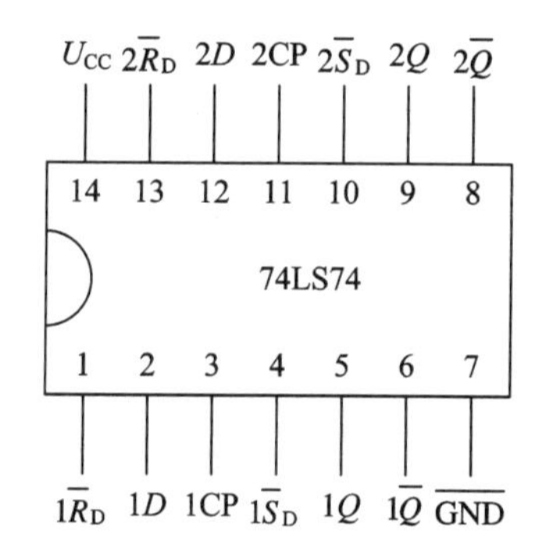

图7.1.16　74LS74管脚排列图

7.1.5　触发器的相互转换

JK触发器和D触发器是数字逻辑电路中使用最广泛的两种触发器。若需用其他功能的触发器，也可以用这两种触发器转换后得到。

转换方法：在进行触发器之间的转换时，总是将已有的触发器转换成待求的触发器。所谓已有的触发器，是指在市场上比较容易购买的触发器，即JK触发器和D触发器。待求的触发器可以是5种类型的触发器中的任意一种。

在转换时，可以按照以下几个步骤进行。

(1) 写出已有触发器和待求触发器的特征方程。

(2) 转换待求触发器的特征方程，使其形式与已有触发器特征方程的形式一致。

(3) 根据方程式，按照如果变量相同、系数相等，则方程一定相等的原则，比较已有触发器和待求触发器的特征方程，求出转换逻辑。

(4) 画电路图。

1. JK触发器转换为D、T触发器

JK触发器的特征方程：$Q^{n+1}=(J\,\overline{Q^n}+\bar{K}Q^n)\cdot(\mathrm{CP}\downarrow)$

D触发器的特征方程：$Q^{n+1}=D\cdot \mathrm{CP}\uparrow$

T触发器的特征方程：$Q^{n+1}=(T\,\overline{Q^n}+\bar{T}Q^n)\cdot(\mathrm{CP}\downarrow)$

JK 触发器转换为 D 触发器：$J\overline{Q^n}+\bar{K}Q^n=(D\overline{Q^n}+DQ^n)$(CP↓)，则 $D=J$，$D=\bar{K}$。

JK 触发器转换为 T 触发器：$J\overline{Q^n}+\bar{K}Q^n=(T\overline{Q^n}+\bar{T}Q^n)$(CP↓)，则 $T=J=K$。

JK 触发器转换为 D 触发器、T 触发器的电路如图 7.1.17 所示。

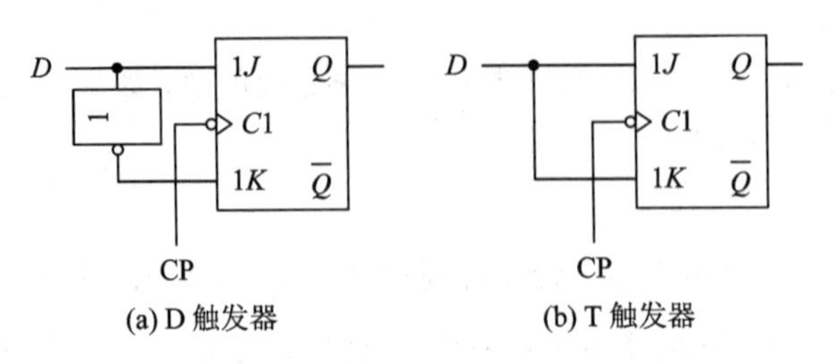

(a) D 触发器　　(b) T 触发器

图 7.1.17　JK 触发器转换为 D、T 触发器

2. D 触发器转换为 JK 触发器

D 触发器转换为 JK 触发器：$D=J\overline{Q^n}+\bar{K}Q^n=\overline{\overline{J\overline{Q^n}}\cdot\overline{\bar{K}Q^n}}$ · CP↑

D 触发器转换为 JK 触发器的电路如图 7.1.18 所示。

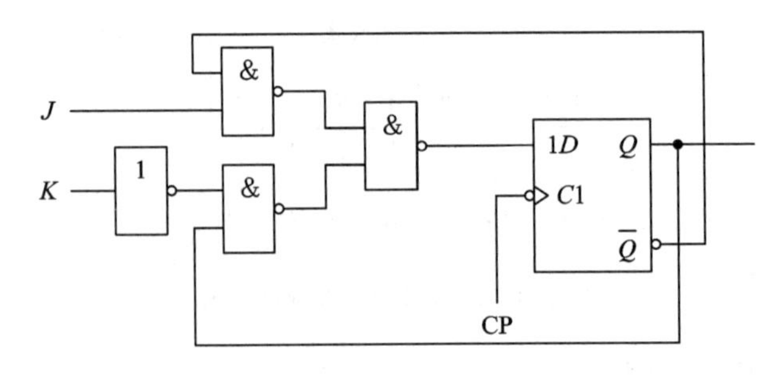

图 7.1.18　D 触发器转换为 JK 触发器

任务 2　时序逻辑电路

时序逻辑电路简称时序电路，是数字系统中一类非常重要的逻辑电路。常见的时序逻辑电路有计数器、寄存器和序列信号发生器等。

时序电路结构框图如图 7.2.1 所示。它由两部分组成：一部分是由逻辑门构成的组合

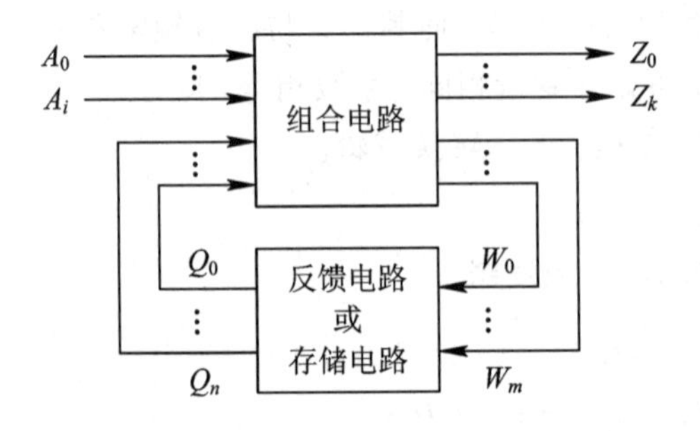

图 7.2.1　时序逻辑电路结构方框图

电路，另一部分是由触发器构成的、具有记忆功能的反馈电路或存储电路。图中，$A_0 \sim A_i$代表时序电路输入信号。$Z_0 \sim Z_k$代表时序电路输出信号，$W_0 \sim W_m$代表存储电路现时输入信号，$Q_0 \sim Q_n$代表存储电路现时输出信号，$A_0 \sim A_i$和$Q_0 \sim Q_n$共同决定时序电路输出状态$Z_0 \sim Z_k$。

按触发脉冲输入方式的不同，时序电路可分为同步时序电路和异步时序电路。同步时序电路是指电路中各触发器状态的变化受同一个时钟脉冲控制；异步时序电路是指电路中各触发器状态的变化不受同一个时钟脉冲控制。

7.2.1　时序逻辑电路的分析方法

1. 分析时序电路的步骤

分析时序电路的目的是确定已知电路的逻辑功能和工作特点，其具体步骤如下。

(1) 写相关方程式。

根据给定的逻辑电路图写出电路中各个触发器的时钟方程、驱动方程和输出方程。

① 时钟方程：时序电路中各个触发器 CP 脉冲之间的逻辑关系。

② 驱动方程：时序电路中各个触发器输入信号之间的逻辑关系。

③ 输出方程：时序电路的输出方程为 $Z=f(A, Q)$，若无输出，此方程可省略。

(2) 求各个触发器的状态方程。

将时钟方程和驱动方程代入相应触发器的特征方程式中，即可求出触发器的状态方程。

(3) 求出对应状态值。

① 列状态表：将电路输入信号和触发器原态的所有取值组合代入相应的状态方程，求得相应触发器的次态，并列表得出。

② 画状态图(反映时序电路状态转换规律及相应输入、输出信号取值情况的几何图形)。

③ 画时序图(反映输入、输出信号及各触发器状态的取值在时间上对应关系的波形图)。

(4) 归纳上述分析结果，确定时序电路的功能。

根据状态表、状态图和时序图进行分析归纳，确定电路的逻辑功能和工作特点。

2. 应用举例

【例 7.2.1】 分析图 7.2.2 所示的时序电路的逻辑功能。

解 (1) 写相关方程式。

时钟方程：

$$CP_0 = CP_1 = CP\downarrow$$

驱动方程：

$$J_0 = 1$$

$$K_0 = 1$$

$$J_1 = Q_0^n$$

$$K_1 = Q_0^n$$

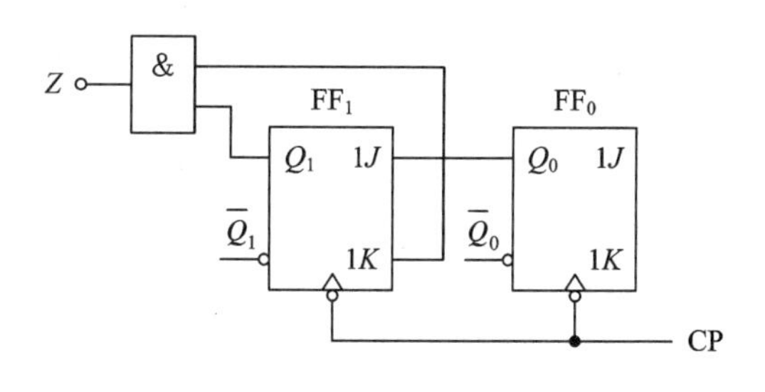

图 7.2.2　时序电路

输出方程：

$$Z = Q_1^n Q_0^n$$

(2) 求出各个触发器的状态方程。

JK 触发器特征方程为

$$Q^{n+1}=(J\,\overline{Q^n}+\bar{K}Q^n)(\mathrm{CP}\downarrow)$$

将对应的驱动方程分别代入特征方程，进行化简变换可得状态方程：

$$Q_0^{n+1}=1\cdot\overline{Q_0^n}+\bar{1}\cdot Q_0^n=\overline{Q_0^n}(\mathrm{CP}\downarrow)$$

$$Q_1^{n+1}=J_1\,\overline{Q_1^n}+\overline{K_1}Q_1^n=(Q_0^n\,\overline{Q_1^n}+\overline{Q_0^n}Q_1^n)(\mathrm{CP}\downarrow)$$

(3) 求出对应状态值。

① 列状态表：列出电路输入信号和触发器原态的所有取值组合，代入相应的状态方程，求得相应触发器的次态及输出，得到的状态表如表 7.2.1 所示。

表 7.2.1 状 态 表

CP	Q_1^n	Q_0^n	Q_1^{n+1}	Q_0^{n+1}	Z
↓	0	0	0	1	0
↓	0	1	1	0	0
↓	1	0	1	1	0
↓	1	1	0	0	1

② 画出状态图，状态图如图 7.2.3(a)所示；画出时序图，时序图如图 7.2.3(b)所示。

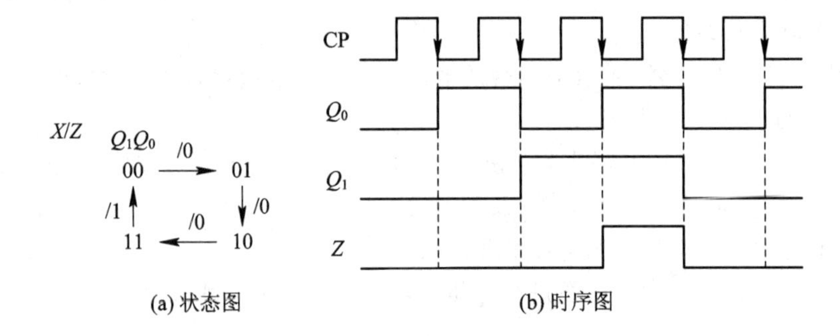

图 7.2.3 时序电路状态图及时序图

(4) 归纳上述分析结果，确定该时序电路的逻辑功能。

从时钟方程可知该电路是同步时序电路。

从图 7.2.3(a)所示的状态图可知，随着 CP 脉冲的递增，不论从电路输出的哪一个状态开始，触发器输出 Q_1Q_0 的变化都会进入同一个循环过程，而且循环过程中包括四个状态，状态之间是递增变化的。

当 $Q_1Q_0=11$ 时，输出 $Z=1$；当 Q_1Q_0 取其他值时，输出 $Z=0$；在 Q_1Q_0 变化一个循环过程中，$Z=1$ 只出现一次，故 Z 为进位输出信号。

综上所述，此电路是带进位输出的同步四进制加法计数器电路。

从图 7.2.3(b)所示时序图可知，Q_0 端输出矩形信号的周期是输入 CP 信号的周期的 2 倍，所以 Q_0 端输出信号的频率是输入 CP 信号频率的 1/2，对应 Q_1 端输出信号的频率是输入 CP 信号频率的 1/4，因此 N 进制计数器同时也是一个 N 分频器，所谓分频就是降低频率，N 分频器输出信号频率是其输入信号频率的 $1/N$。

7.2.2　同步计数器

计数器是用来实现电路输入 CP 脉冲个数累计功能的时序电路。在计数功能的基础上，计数器还可以实现计时、定时、分频和自动控制等功能，应用十分广泛。

计数器按照 CP 脉冲的输入方式可分为同步计数器和异步计数器。

计数器按照计数规律可分为加法计数器、减法计数器和可逆计数器。

计数器按照计数进制数可分为二进制计数器（$N=2^n$）和非二进制计数器（$N\neq 2^n$）。其中，N 代表计数器的进制数，n 代表计数器中触发器的个数。

1. 同步计数器

同步二进制计数器电路如图 7.2.4 所示。

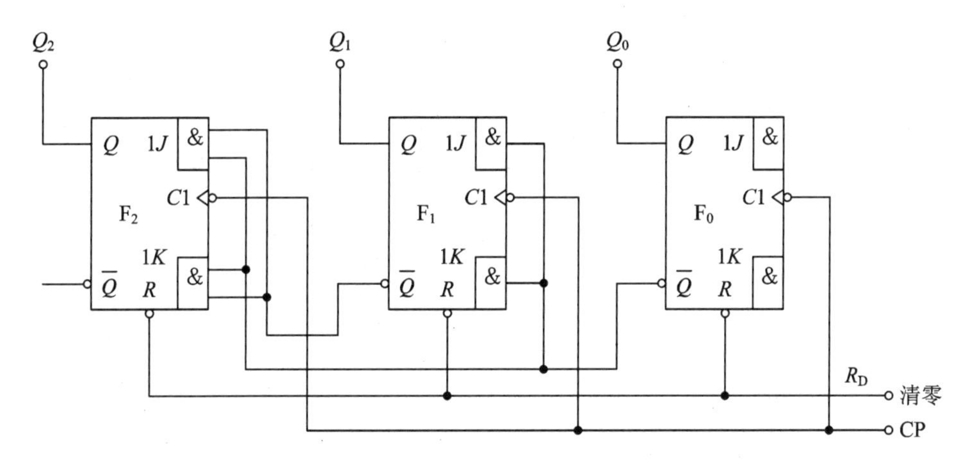

图 7.2.4　同步二进制计数器电路图

分析过程如下。

（1）写出相关方程式。

时钟方程：

$$CP_0=CP_1=CP_2=CP\downarrow$$

驱动方程：

$$J_0=1 \qquad K_0=1$$

$$J_1=\overline{Q_0^n} \qquad K_1=\overline{Q_0^n}$$

$$J_2=\overline{Q_0^n}\,\overline{Q_1^n} \qquad K_2=\overline{Q_0^n}\,\overline{Q_1^n}$$

（2）求各个触发器的状态方程。

JK 触发器特征方程为

$$Q^{n+1}=J\,\overline{Q^n}+\bar{K}Q^n(CP\downarrow)$$

将对应的驱动方程式分别代入 JK 触发器特征方程式，进行化简变换后可得状态方程：

$$Q_0^{n+1}=J_0\,\overline{Q_0^n}+\overline{K_0}Q_0^n=\overline{Q_0^n}(CP\downarrow)$$

$$Q_1^{n+1}=J_1\,\overline{Q_1^n}+\overline{K_1}Q_1^n=\overline{Q_0^n}\,\overline{Q_1^n}+\overline{\overline{Q_0^n}}Q_1^n=(\overline{Q_1^n}\,\overline{Q_0^n}+Q_1^nQ_0^n)(CP\downarrow)$$

$$Q_2^{n+1}=J_2\,\overline{Q_2^n}+\overline{K_2}Q_2^n=(\overline{Q_2^n}\,\overline{Q_1^n}\,\overline{Q_0^n}+Q_2^n\,\overline{\overline{Q_1^n}\,\overline{Q_0^n}})(CP\downarrow)$$

(3) 求出对应状态值。

列状态表，如表 7.2.2 所示。画状态图，如图 7.2.5(a)所示；画时序图，如图 7.2.5(b)所示。

表 7.2.2　同步计数器的状态表

Q_2^n	Q_1^n	Q_0^n	Q_2^{n+1}	Q_1^{n+1}	Q_0^{n+1}
0	0	0	1	1	1
1	1	1	1	1	0
1	1	0	1	0	1
1	0	1	1	0	0
1	0	0	0	1	1
0	1	1	0	1	0
0	1	0	0	0	1
0	0	1	0	0	0

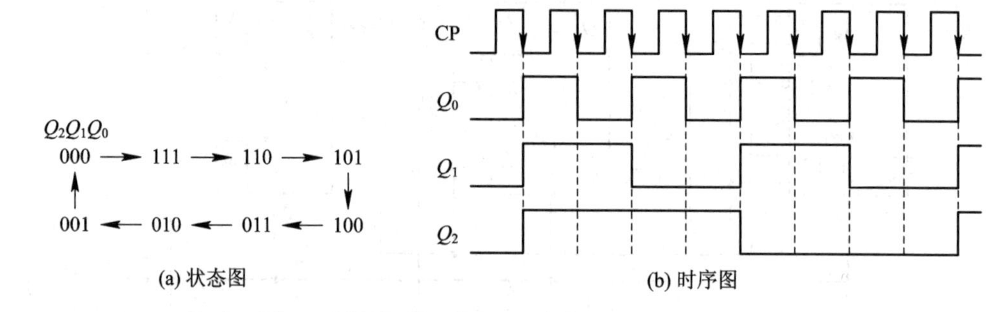

(a) 状态图　　(b) 时序图

图 7.2.5　同步二进制计数器状态图及时序图

(4) 归纳分析结果，确定该时序电路的逻辑功能。

从时钟方程可知该电路是同步时序电路。

从状态图可知，随着 CP 脉冲的递增，触发器输出 $Q_2Q_1Q_0$ 是递减的，且经过八个 CP 脉冲完成一个循环过程。

综上所述，此电路是同步三位二进制(或一位八进制)减法计数器。

2. 同步二进制计数器的连接规律和特点

同步二进制计数器一般由 JK 触发器和门电路构成，有 n 个 JK 触发器($F_0 \sim F_{n-1}$)可以构成 N 位同步二进制计数器，其具体的连接规律如表 7.2.3 所示。

表 7.2.3　同步二进制计数器的连接规律

	$CP_0 = CP_1 = \cdots = CP_{(n-1)} = CP\downarrow\ (CP\uparrow)$ (n 个触发器)
加法计数	$J_0 = K_0 = 1$ $J_i = K_i = Q_{(i-1)} \cdot Q_{(i-2)} \cdots Q_0 \quad ((n-1) \geqslant i \geqslant 1)$
减法计数	$J_0 = K_0 = 1$ $J_i = K_i = \overline{Q_{(i-1)}} \cdot \overline{Q_{(i-2)}} \cdots \overline{Q_0} \quad ((n-1) \geqslant i \geqslant 1)$

根据表 7.2.3 所示的连接规律可构成同步任意二进制计数器。

分析图 7.2.2、图 7.2.4 所示的电路，可得出相应结论：同步二进制计数器中不存在外部反馈，并且计数器进制数 N 和计数器中触发器个数 n 之间满足 $N=2^n$。因为同步计数器中的各个触发器均在输入 CP 脉冲的同一时刻触发，计数速度较快。

7.2.3 同步非二进制计数器

【例 7.2.2】 分析图 7.2.6 中同步非二进制计数器的逻辑功能。

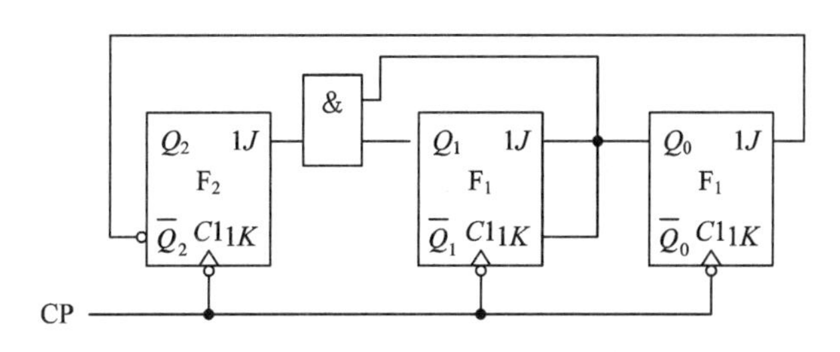

图 7.2.6 同步非二进制计数器电路图

解 (1) 写出方程式。

时钟方程为

$$CP_0=CP_1=CP_2=CP\downarrow$$

驱动方程为

$$J_0=\overline{Q_2^n} \qquad K_0=1$$
$$J_1=Q_0^n \qquad K_1=Q_0^n$$
$$J_2=Q_0^nQ_1^n \qquad K_2=1$$

(2) 求各个触发器的状态方程。

$$Q_0^{n+1}=J_0\,\overline{Q_0^n}+\overline{K_0}Q_0^n=\overline{Q_2^n}\cdot\overline{Q_0^n}(CP\downarrow)$$
$$Q_1^{n+1}=J_1\,\overline{Q_1^n}+\overline{K_1}Q_1^n=Q_0^n\,\overline{Q_1^n}+\overline{Q_0^n}Q_1^n(CP\downarrow)$$
$$Q_2^{n+1}=J_2\,\overline{Q_2^n}+\overline{K_2}Q_2^n=\overline{Q_2^n}Q_1^nQ_0^n(CP\downarrow)$$

(3) 求出对应状态值。

列状态表。列出电路输入信号和触发器原态的所有取值组合，代入相应的状态方程，求得相应触发器的次态及输出，得到状态表，如表 7.2.4 所示。

表 7.2.4 状 态 表

CP↓	Q_2^n	Q_1^n	Q_0^n	Q_2^{n+1}	Q_1^{n+1}	Q_0^{n+1}
↓	0	0	0	0	0	1
↓	0	0	1	0	1	0
↓	0	1	0	0	1	1
↓	0	1	1	1	0	0
↓	1	0	0	0	0	0
↓	1	0	1	0	1	0
↓	1	1	0	0	1	0
↓	1	1	1	0	0	0

状态图如图 7.2.7(a)所示，时序图如图 7.2.7(b)所示。

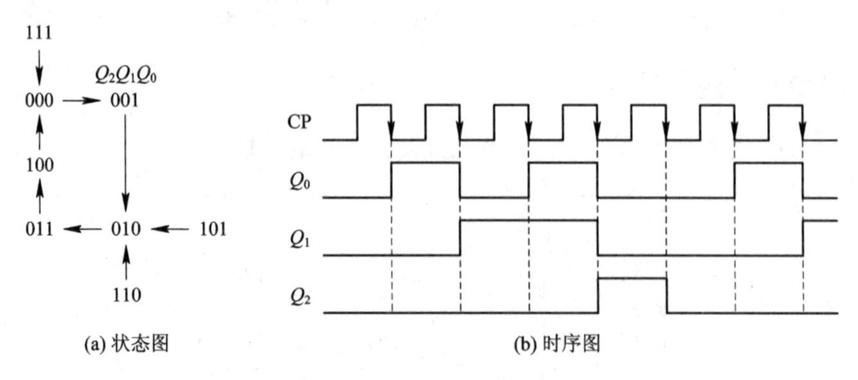

(a) 状态图　　(b) 时序图

图 7.2.7　同步非二进制计数器状态图及时序图

(4) 归纳分析结果，确定该时序电路的逻辑功能。

从时钟方程可知该电路是同步时序电路。

从表 7.2.4 的状态表可知，计数器输出 $Q_2Q_1Q_0$ 共有 8 种状态 000～111。

从图 7.2.7(a)的状态图可知，随着 CP 脉冲的递增，触发器输出 $Q_2Q_1Q_0$ 会进入一个有效循环过程，此循环过程包括了 5 个有效输出状态，其余 3 个输出状态为无效状态，所以要检查该电路能否自启动。检查的方法是：不论电路从哪一个状态开始工作，在 CP 脉冲作用下，触发器输出的状态都会进入有效循环圈内，此电路就能够自启动；反之，则此电路不能自启动。

综上所述，可知此电路是具有自启动功能的五进制加法计数器。

7.2.4　集成同步计数器

为了方便使用，集成计数器除了具有基本功能，还增加了清零功能、置数功能、进位输出等。其中要特别强调清零功能、置数功能(都有两种情况)。

异步清零：无论 CP 处于什么状态，只要清零端为有效电平，计数器就清零。

同步清零：只有清零端为有效电平，且必须要有 CP 脉冲触发沿到来，才能使计数器清零。

置数功能需置数控制信号端 LD(或$\overline{\mathrm{LD}}$)与并行数据输入端 D_3～D_0 相配合才能完成。

异步置数：无论 CP 处于什么状态，只要置数控制信号端为有效电平，计数器就置数。

同步置数：只有置数控制信号端为有效电平，且必须要有 CP 脉冲触发沿到来，才能使计数器置数。

异步清零功能：当异步清零信号端$\overline{\mathrm{CR}}=0$ 时，输出 $Q_3Q_2Q_1Q_0$ 全为零，亦称为复位功能。

当$\overline{\mathrm{CR}}=1$，预置控制信号端$\overline{\mathrm{LD}}=0$，并且 $\mathrm{CP}=\mathrm{CP}\uparrow$ 时，$Q_3Q_2Q_1Q_0=D_3D_2D_1D_0$，实现同步预置数功能。

当$\overline{\mathrm{CR}}=\overline{\mathrm{LD}}=1$ 且 $\mathrm{CT_P}\cdot\mathrm{CT_T}=0$ 时，输出 $Q_3Q_2Q_1Q_0$ 保持不变。

当$\overline{\mathrm{CR}}=\overline{\mathrm{LD}}=\mathrm{CT_P}=\mathrm{CT_T}=1$，且 $\mathrm{CP}=\mathrm{CP}\uparrow$ 时，计数器才开始进行加法计数，实现计数功能。

1. 集成同步计数器 74LS161

74LS161 是一种同步四位二进制加法集成计数器。其管脚的排列如图 7.2.8 所示，逻辑功能如表 7.2.5 所示。

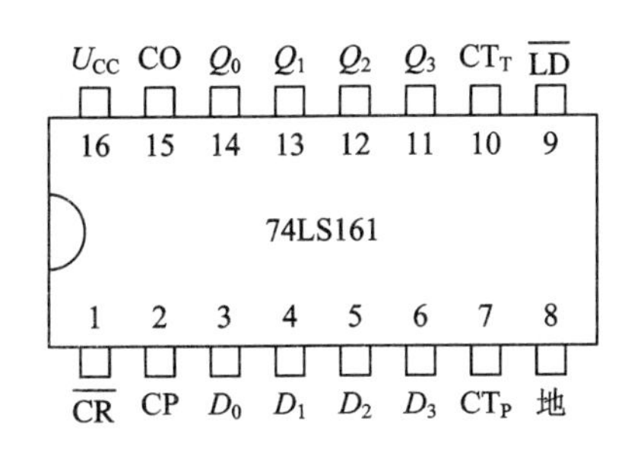

图 7.2.8　74LS161 管脚排列图

表 7.2.5　74LS161 逻辑功能表

$\overline{CR}$	$\overline{LD}$	CT_P	CT_T	CP	Q_3	Q_2	Q_1	Q_0
0	×	×	×	×	0	0	0	0
1	0	×	×	↑	D_3	D_2	D_1	D_0
1	1	0	×	×	保持			
1	1	×	0	×	保持			
1	1	1	1	↑	加法计数			

74LS161 芯片的部分引出端子说明如下。

$\overline{LD}$：置数控制信号端；

$\overline{CR}$：异步清零信号端(或复位端)；

CT_P、CT_T：计数、保持控制端；

CP：脉冲控制端；

D_3、D_2、D_1、D_0：并行数据输入端；

Q_3、Q_2、Q_1、Q_0：数据输出端；

CO：进位输出端。

2. 任意(N)进制计数器

以集成同步计数器 74LS161 为例，可采用不同方法构成任意(N)进制计数器。

1）直接清零法

直接清零法是指利用芯片的复位端$\overline{CR}$和与非门，将 N 所对应的输出二进制代码中等于“1”的输出端，通过与非门接到集成芯片的复位端$\overline{CR}$，使输出回零。

例如，用 74LS161 芯片构成十进制计数器，令$\overline{LD}=CT_P=CT_T=1$。因为 $N=10$，其对应的二进制代码为 1010，将输出端 Q_3 和 Q_1 通过与非门接至 74LS161 的复位端$\overline{CR}$，电路如图 7.2.9(a)所示，即利用直接清零法实现了十进制计数器电路的设计。

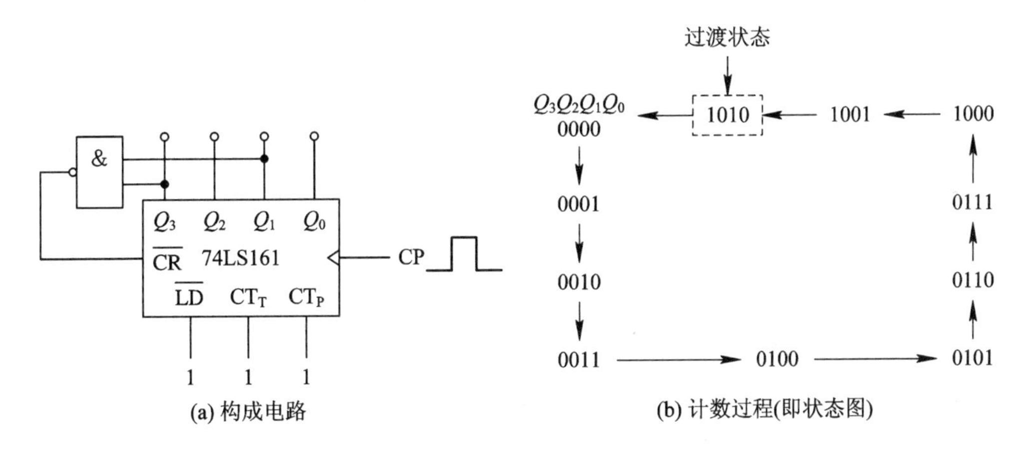

图 7.2.9　直接清零法构成十进制计数器

当$\overline{CR}=0$时，计数器输出$Q_3Q_2Q_1Q_0$复位清零。因$\overline{CR}=\overline{Q_3 \cdot Q_1}$，故$\overline{CR}$由0变为1，计数器开始对输入的CP脉冲进行加法计数。当第10个CP脉冲输入时，$Q_3Q_2Q_1Q_0=1010$，与非门输入Q_3和Q_1同时为1，则与非门的输出为0，即$\overline{CR}=0$，使计数器复位清零，与非门的输出又变为1，即$\overline{CR}=1$时，计数器又开始重新计数。

因为这种构成任意(N)进制计数器的方法简单易行，所以应用广泛，但是它存在两个问题：一是过渡状态，在图7.2.9所示的十进制计数器中输出1010就是过渡状态，其出现时间很短暂；二是可靠性问题，因为信号在通过门电路或触发器时会有时间延迟，所以计数器不能可靠地清零。

2）预置数法

预置数法与直接清零法基本相同，二者的主要区别在于：直接清零法利用的是芯片的复位端$\overline{CR}$，而预置数法利用的是芯片的置数控制信号端$\overline{LD}$和并行数据输入端D_3、D_2、D_1、D_0，因74LS161芯片的$\overline{LD}$是同步置数控制信号端，所以只能采用N—1值反馈法，其计数过程中不会出现过渡状态。

例如，图7.2.10(a)所示的七进制计数器电路，先令$\overline{CR}=CT_P=CT_T=1$，再令$D_3D_2D_1D_0=0000$(即预置数“0”)，以此为初态进行计数，从“0”到“6”共有7种状态，“6”对应的二进制代码为0110，将输出端Q_2、Q_1通过与非门接至74LS161的$\overline{LD}$，电路如图7.2.11(a)所示。若$\overline{LD}=0$，当CP脉冲上升沿(CP↑)到来时，计数器输出状态进行同步预置，使$Q_3Q_2Q_1Q_0=D_3D_2D_1D_0=0000$，随即$\overline{LD}=\overline{Q_2Q_1}=1$，计数器又开始随外部输入的CP脉冲重新计数，计数过程如图7.2.10(b)所示。

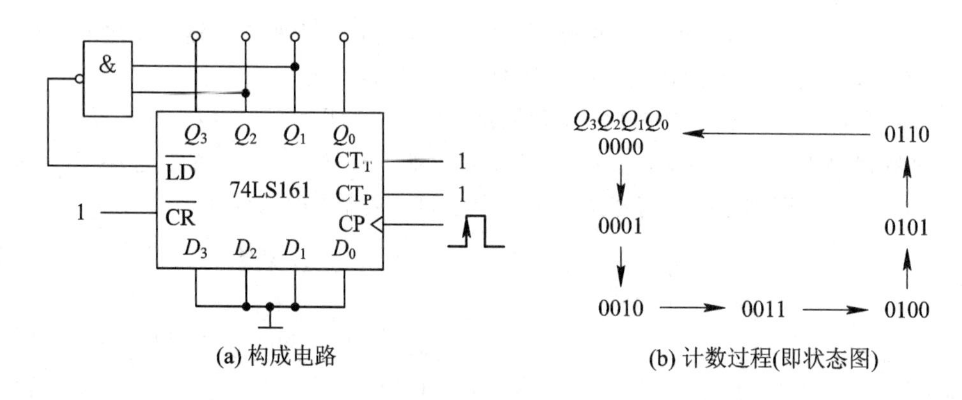

图7.2.10　预置数法构成七进制计数器(同步预置)

3）进位输出置最小数法

进位输出置最小数法是利用芯片的置数控制信号端$\overline{LD}$和进位输出端CO，将CO端输出经非门送到$\overline{LD}$端，令并行数据输入端$D_3D_2D_1D_0$输入的最小数$M=2^4-N$。

例如，九进制计数器$N=9$，对应的最小数$M=2^4-9=7$，$(7)_{10}=(0111)_2$，相应的$D_3D_2D_1D_0=0111$，并且令$\overline{CR}=CT_P=CT_T=1$，电路如图7.2.11(a)所示，对应状态图如图7.2.11(b)所示。从0111～1111共有9个有效状态，其计数过程中也不会出现过渡状

态，请读者思考其中的原因。

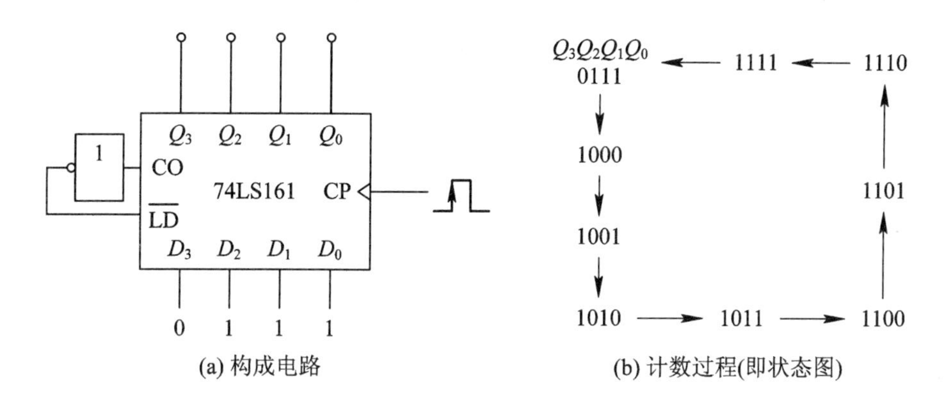

(a) 构成电路　　(b) 计数过程(即状态图)

图 7.2.11　进位输出置最小数法构成九进制计数器(同步预置)

4）级联法

一片 74LS161 可构成从二进制到十六进制之间任意进制的计数器；两片 74LS161 就可构成从十七进制到二百五十六进制之间任意进制的计数器。依此类推，可根据计数需要选取芯片数量。

当计数器容量需要采用两片或更多的同步集成计数器芯片时，可以使用级联法，具体方法是：先决定哪片芯片为高位，哪片芯片为低位，将低位芯片的进位输出端 CO 端和高位芯片的计数控制端 CT_T或 CT_P直接相连，外部计数脉冲同时从每片芯片的 CP 端输入，再根据要求选取上述三种实现任意进制的方法之一，完成对应电路。

例如，用 74LS161 芯片构成二十四进制计数器，因 $N=24$(大于十六进制)，故需要两片 74LS161。每片芯片的计数时钟输入端 CP 端均接同一个 CP 信号，利用芯片的计数控制端 CT_P、CT_T和进位输出端 CO，采用直接清零法实现二十四进制计数，即将低位芯片的 CO 与高位芯片的 CT_P相连，将 24÷16=1……8，把商作为高位输出，余数作为低位输出，对应产生的清零信号同时送到每块芯片的复位端$\overline{CR}$，即可完成二十四进制计数。对应电路图如图 7.2.12 所示。

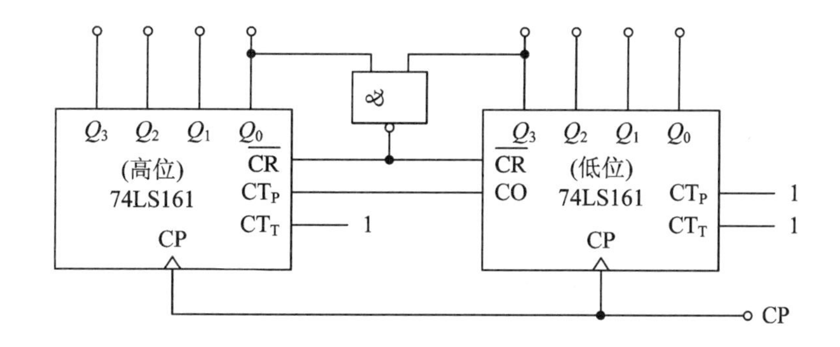

图 7.2.12　用 74LS161 芯片构成二十四进制计数器

7.2.5 集成异步计数器

常见的集成异步计数器芯片型号一般有74LS191、74LS196、74LS290、74LS293等，它们的功能和应用方法基本相同，但它们的管脚排列顺序不同，具体参数也存在差异。

1. 集成异步计数器芯片74LS290

74LS290的逻辑电路如图7.2.13所示。

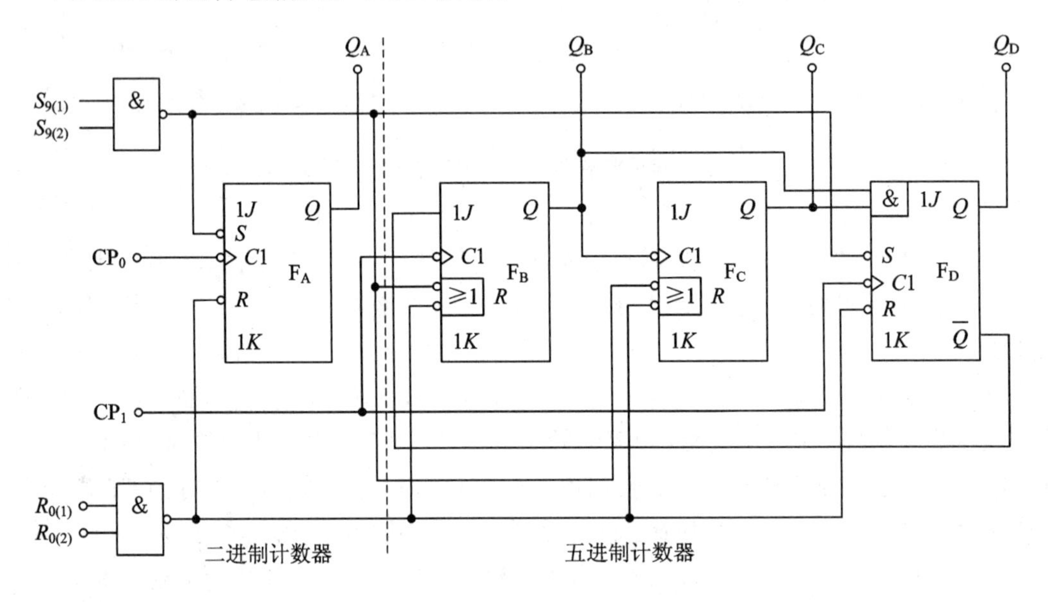

图7.2.13　集成计数器74LS290的逻辑电路图

分析74LS290的逻辑电路可知，此电路是异步时序电路，从结构上可分为二进制计数器和五进制计数器两部分。二进制计数器由触发器F_A组成，CP_0为二进制计数器计数脉冲输入端，Q_A为输出端。五进制计数器由触发器F_B、F_C、F_D组成，CP_1为五进制计数器计数脉冲输入端，Q_B、Q_C、Q_D为输出端。若将Q_A和CP_1相连，以CP_0为计数脉冲输入端，则构成8421 BCD码十进制计数器，“二-五-十进制型集成计数器”由此得名。

74LS290芯片的管脚排列如图7.2.14所示。其中，$S_{9(1)}$、$S_{9(2)}$称为置“9”端，$R_{0(1)}$、$R_{0(2)}$称为置“0”端；CP_0、CP_1称为计数时钟输入端，Q_D、Q_C、Q_B、Q_A为输出端。

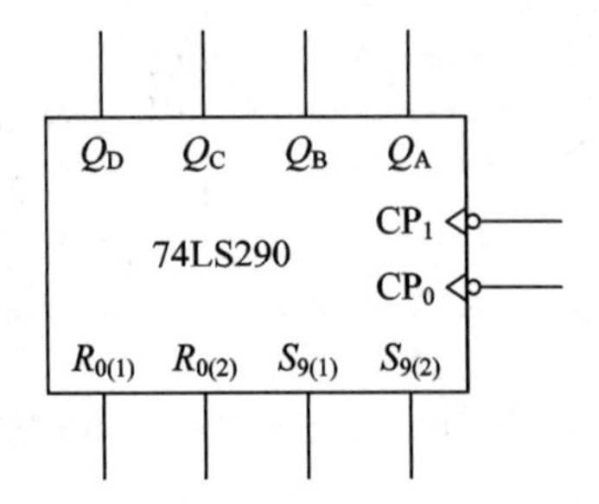

图7.2.14　74LS290芯片管脚排列示意图

74LS290 逻辑功能表如表 7.2.6 所示。

表 7.2.6　74LS290 逻辑功能表

$S_{9(1)}$	$S_{9(2)}$	$R_{0(1)}$	$R_{0(2)}$	CP_0	CP_1	Q_D	Q_C	Q_B	Q_A
1	1	×	×	×	×	1	0	0	1
0	×	1	1	×	×	0	0	0	0
×	0	1	1	×	×	0	0	0	0
$S_{9(1)} \cdot S_{9(2)}=0$ $R_{0(1)} \cdot R_{0(2)}=0$				CP↓	0	二进制			
				0	CP↓	五进制			
				CP↓	Q_A	8421 十进制			
				Q_D	CP↓	5421 十进制			

置“9”功能：当 $S_{9(1)}=S_{9(2)}=1$ 时，不论其他输入端状态如何，计数器输出端 $Q_DQ_CQ_BQ_A=1001$，而$(1001)_2=(9)_{10}$，故又称作异步置数功能。

置“0”功能：当 $S_{9(1)}$ 和 $S_{9(2)}$ 不全为 1，即 $S_{9(1)} \cdot S_{9(2)}=0$，并且 $R_{0(1)}=R_{0(2)}=1$ 时，不论其他输入端状态如何，计数器输出 $Q_DQ_CQ_BQ_A=0000$，故又称作异步清零功能或复位功能。

计数功能：当 $S_{9(1)}$ 和 $S_{9(2)}$ 不全为 1，并且 $R_{0(1)}$ 和 $R_{0(2)}$ 不全为 1，输入计数脉冲 CP 时，计数器开始计数。

2. 任意(N)进制计数器

1）构成十进制以内任意计数器

二进制计数器：CP 由 CP_0 端输入，Q_A 端输出，如图 7.2.15(a)所示。

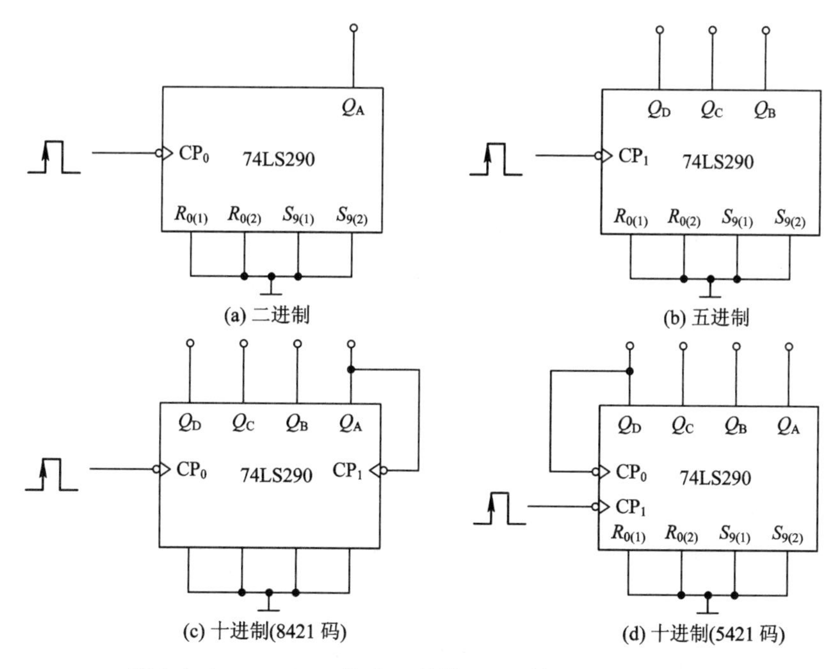

图 7.2.15　74LS290 构成二进制、五进制和十进制计数器

五进制计数器：CP 由 CP_1 端输入，Q_D、Q_C、Q_B 端输出，如图 7.2.15(b)所示。

十进制计数器(8421 码)：Q_A 和 CP_1 相连，以 CP_0 为计数脉冲输入端，Q_D、Q_C、Q_B、Q_A 端输出，如图 7.2.15(c)所示。

十进制计数器(5421 码)：Q_D 和 CP_0 相连，以 CP_1 为计数脉冲输入端，Q_D、Q_C、Q_B、Q_A 端输出，如图 7.2.15(d)所示。

利用一片 74LS290 集成计数器芯片可构成从二进制到十进制之间任意进制的计数器。74LS290 构成二进制、五进制和十进制计数器如图 7.2.15 所示。若构成十进制以内其他进制的计数器，则可以采用直接清零法，六进制计数器电路如图 7.2.16 所示。其他进制计数器请读者自行分析。

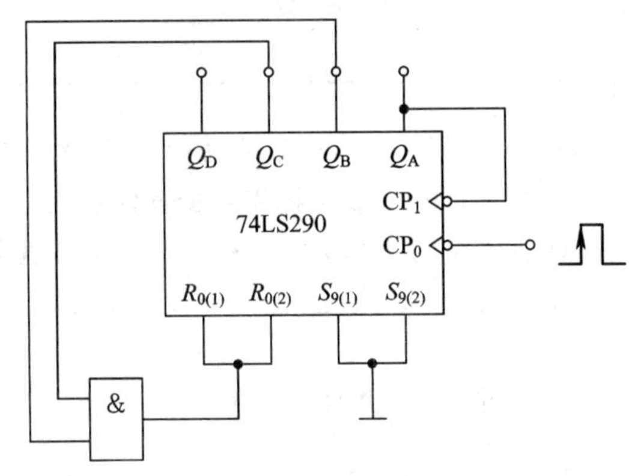

图 7.2.16　直接清零法 74LS290 构成的六进制计数器电路

直接清零法是利用芯片的置"0"端和与门，将 N 值所对应的二进制代码中等于"1"的输出反馈到置"0"端 $R_{0(1)}$ 和 $R_{0(2)}$，从而实现 N 进制计数，其计数过程中会出现过渡状态。

2) 构成多位任意进制计数器

构成计数器的进制数要与需要使用的芯片片数相适应。例如，用 74LS290 芯片构成二十四进制计数器，$N=24$，需要两片 74LS290，具体方法为：先将每片 74LS290 均连接成 8421 码十进制计数器，再决定哪片芯片计高位(十位)$(2)_{10}=(0010)_{8421}$，哪片芯片计低位(个位)$(4)_{10}=(0100)_{8421}$，将低位芯片的输出端 Q_D 和高位芯片输入端 CP_0 相连，采用直接清零法实现二十四进制计数。需要注意的是，其中与门的输出要同时送到每片芯片的置"0"端 $R_{0(1)}$、$R_{0(2)}$。该 8421 BCD 码二十四进制计数器电路如图 7.2.17 所示。

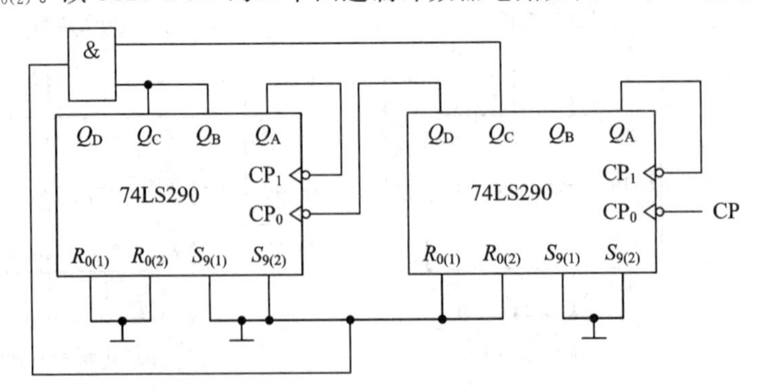

图 7.2.17　8421 BCD 码二十四进制计数器电路

3）利用 74LS138、74LS290 构成应用电路举例

若干个灯泡依次点亮，从而在视觉上产生灯光在流动的效果，这种灯叫作流水灯。这种效果可以用多种方法来实现。其中利用最小项输出 74LS138 芯片是最简便的，具体方法是：由 74LS290 实现八进制计数提供给 74LS138 芯片二进制变化的 0～7 数码，变化时间可以通过调节信号源的频率实现。其电路如图 7.2.18 所示。

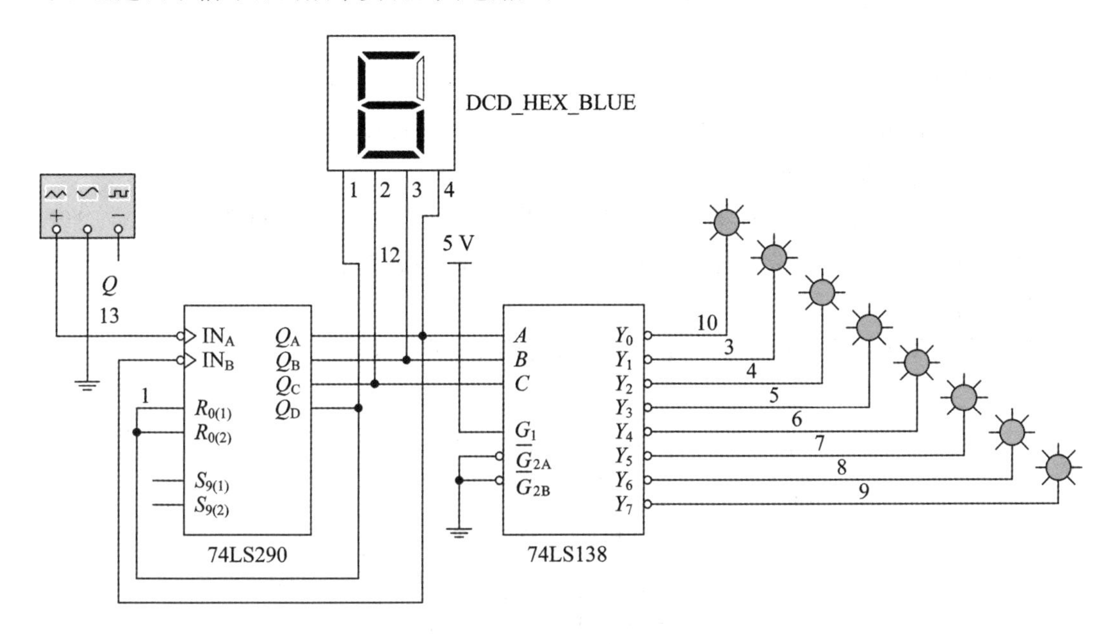

图 7.2.18　时间可调的流水灯电路

任务 3　寄　存　器

7.3.1　寄存器的定义及分类

1. 寄存器的定义

把二进制数据或代码暂时存储起来的操作叫作寄存。在生活中，人们常常会遇到寄存的问题，例如，旅游时把小件物品暂时寄存在车站的寄存处，到商场将包交给服务员暂时保管等，这些都属于寄存。

具有寄存功能的电路称为寄存器。寄存器是一种基本的时序电路，在各种数字系统中无处不在，数字系统都必须把需要的数据、代码先寄存起来，以备随时取用。寄存器的主要任务是暂时存储二进制数据或代码，一般不对存储内容进行处理，其逻辑功能比较简单。

2. 寄存器的分类

(1) 基本寄存器：数据或代码只能并行送入寄存器中，需要时也只能并行输出。存储单元用基本触发器、同步触发器、主从触发器及边沿触发器均可。

(2) 移位寄存器：存储在寄存器中的数据或代码，在移位脉冲的操作下，可以依次逐位左移或右移，而数据或代码既可以并行输入、并行输出，也可以串行输入、串行输出，还可以并行输入、串行输出，或串行输入、并行输出，使用十分灵活，用途十分广泛。但存储单元只能用主从触发器或边沿触发器。

7.3.2 寄存器应用举例

1. 基本寄存器

一个触发器可以存储 1 位二进制信号，寄存 n 位二进制数码需要 n 个触发器。这里以 4 边沿 D 触发器为例进行说明。

图 7.3.1 为 4 边沿 D 触发器组成的寄存器的电路图。$D_0 \sim D_3$ 是并行数码输入端。当控制时钟脉冲 CP 有效(上升沿来到)时，输入数据 $D_0 \sim D_3$ 直接存入 D 触发器，$Q_0 \sim Q_3$ 是并行数码输出端。

寄存器逻辑电路有结构简单、抗干扰能力很强等特点，其应用十分广泛。

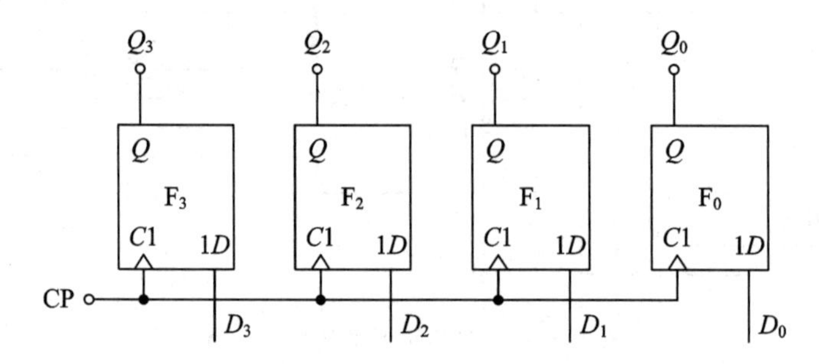

图 7.3.1 4 边沿 D 触发器组成的寄存器电路图

2. 移位寄存器

移位寄存器在不同的移位命令下，根据移位情况的不同，可分为单向移位寄存器和双向移位寄存器两大类。这里以单向移位寄存器为例进行说明。

图 7.3.2 为用边沿 D 触发器组成的 4 位右移移位寄存器的电路图。从电路结构上看，有两个基本特征：一是由相同存储单元组成，存储单元个数就是移位寄存器的位数；二是各个存储单元共用一个时钟信号——移位操作命令，电路工作是同步的，属于同步时序电路。

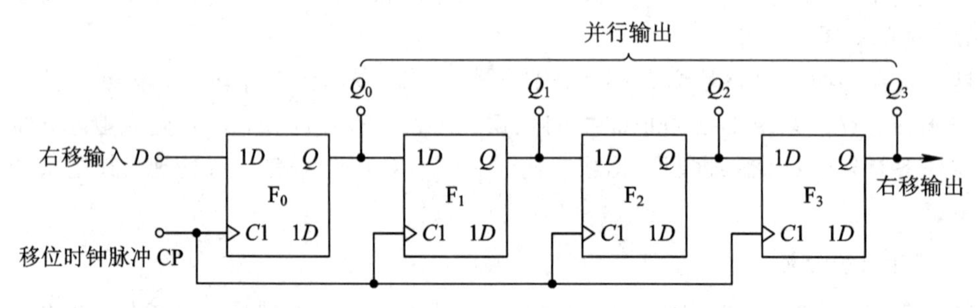

图 7.3.2 4 位右移移位寄存器的电路图

功能分析如下所述。

(1) 写出电路的对应关系。

时钟方程：

$$CP_0 = CP_1 = CP_2 = CP_3 = CP\uparrow$$

驱动方程：

$$D_0 = D \quad D_1 = Q_0^n \quad D_2 = Q_1^n \quad D_3 = Q_2^n$$

(2) D 触发器特征方程为

$$Q^{n+1} = D(CP\uparrow)$$

将对应的时钟方程、驱动方程分别代入 D 触发器的特征方程中，进行化简变换可得状态方程：

$$Q_0^{n+1} = D(CP\uparrow) \quad Q_1^{n+1} = Q_0^n(CP\uparrow)$$

$$Q_2^{n+1} = Q_1^n(CP\uparrow) \quad Q_3^{n+1} = Q_2^n(CP\uparrow)$$

(3) 假定电路初态为零，而此电路的输入数据 D 在第一、二、三、四个 CP 脉冲时依次为 1、0、1、1，根据状态方程可得到对应的电路输出 Q_3、Q_2、Q_1、Q_0 的变化情况，如表 7.3.1 所示。

表 7.3.1　4 位右移移位寄存器输出变化

CP	数据输入 D	右移移位寄存器输出			
		Q_3	Q_2	Q_1	Q_0
0	0	0	0	0	0
1	1	0	0	0	1
2	0	0	0	1	0
3	1	0	1	0	1
4	1	1	0	1	1

图 7.3.3 所示为用边沿 D 触发器组成的 4 位左移移位寄存器的电路图。其工作原理和右移移位寄存器相同，这里不再赘述。

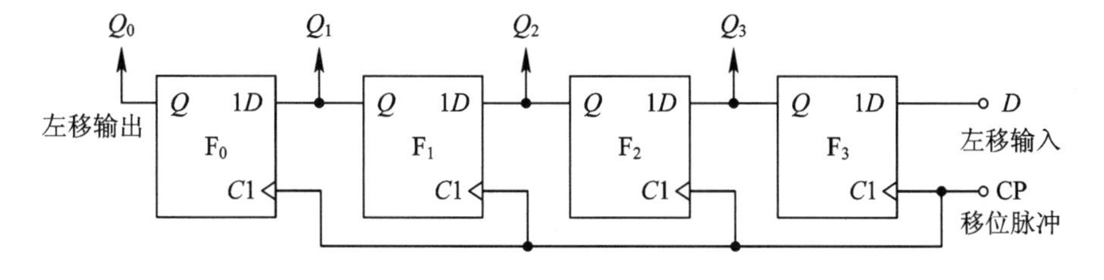

图 7.3.3　4 位左移移位寄存器的电路图

任务4 综合应用举例

7.4.1 简单交通灯电路设计及调测

本任务将综合运用数字逻辑的相关知识，通过一个简单的城市道路十字路口交通灯的设计实例，进一步提高我们解决实际问题的能力，提升综合应用知识的素质。

1. 设计要求

一个城市道路十字路口的交通灯如图7.4.1所示。当路1方向的车通行时，路2方向的车应是禁行的；当路2方向的车通行时，路1方向的车应是禁行的。

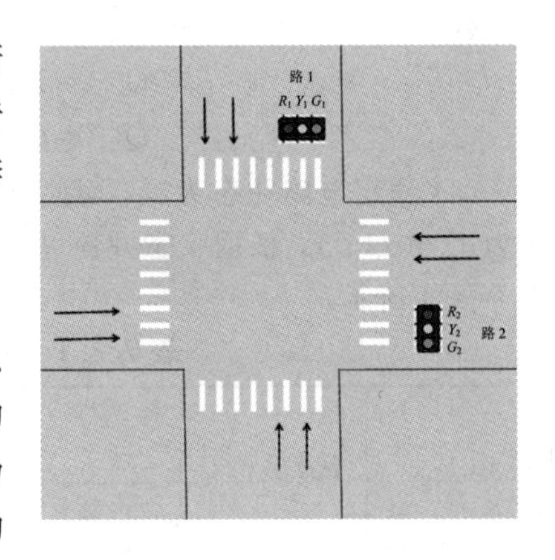

图7.4.1 十字路口交通灯控制示意图

2. 功能描述

如图7.4.1所示，十字路口东西方向路1的红、黄、绿灯分别用R_1、Y_1、G_1表示，南北方向路2的红、黄、绿灯分别用R_2、Y_2、G_2表示。当控制信号为“1”时，对应的灯亮；当控制信号为“0”时，对应的灯灭。

3. 电路设计

(1) 抽象归纳交通信号灯的4种状态。

根据生活常识，十字路口的交通信号灯共有4种状态，其对应路1、路2上的红、黄、绿三灯的亮灭状态，见表7.4.1。

表7.4.1 十字路口的交通信号灯的四种状态

路1方向			路2方向		
R_1	Y_1	G_1	R_2	Y_2	G_2
灭	灭	亮	亮	灭	灭
灭	亮	灭	亮	灭	灭
亮	灭	灭	灭	灭	亮
亮	灭	灭	灭	亮	灭

根据计数器的知识，4种状态可以用一个四进制计数器来描述，即用两个Q_2、Q_1（或者一片十六进制芯片）来实现，在表7.4.1的基础上，结合四进制计数器可得到表7.4.2。

表 7.4.2　简易十字路口的交通灯状态表

输　入		输　出					
		路 1 方向			路 2 方向		
Q_2	Q_1	R_1	Y_1	G_1	R_2	Y_2	G_2
0	0	0	0	1	1	0	0
0	1	0	1	0	1	0	0
1	0	1	0	0	0	0	1
1	1	1	0	0	0	1	0

结合表 7.4.2，根据所学的真值表写出表达式，此表中有 6 个输出，故可得

$$路 1：\begin{cases} R_1 = Q_2\bar{Q}_1 + Q_2Q_1 = Q_2 \\ Y_1 = \bar{Q}_2Q_1 \\ G_1 = \bar{Q}_2\bar{Q}_1 \end{cases}$$

$$路 2：\begin{cases} R_2 = \bar{Q}_2\bar{Q}_1 + \bar{Q}_2Q_1 = \bar{Q}_2 \\ Y_2 = Q_2Q_1 \\ G_2 = Q_2\bar{Q}_1 \end{cases}$$

(2) 根据这 6 个表达式，可以在仿真软件中画出电路图，如图 7.4.2 所示(Q_2Q_1 可用两个触发器来实现，也可以用一片 74HC161 来实现，为简化连线，图中用的是 74HC161)。图中 74HC161 用同一个时钟驱动，因此 4 种状态的时间间隔是相等的。

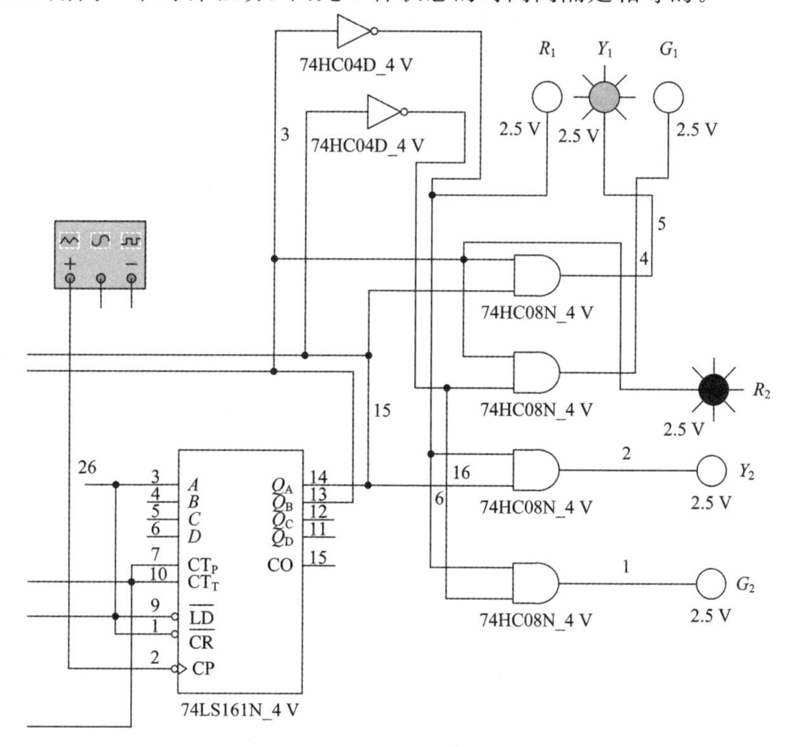

图 7.4.2　电路图(用仿真软件绘制)

(3) 整体交通灯设计思路及仿真调测方法。

在现实生活中，不同颜色的信号灯，其亮灯的时间是不一样的。假设路 1 的绿灯亮 20 s、黄灯亮 5 s，这时路 2 的红灯亮；假设路 2 的绿灯亮 20 s、黄灯亮 5 s，这时路 1 的红灯亮(灯亮的时间可以自己任意设定)。因此只需要另外设计不同时长的时钟来驱动图 7.4.2 中的 74HC161 的 2 引脚 CP 信号即可。

解决思路：

① 20 s 与 5 s 的亮灯时间可以通过计数器来得到，然后计数器芯片用一个秒信号的时钟来驱动此计数器。

② 20 s 与 5 s 两个时钟信号用四选一数据选择器的四路输入(20 s 与 5 s 信号间隔开)来进行切换，最后用数据选择器输出作为十字路口红黄绿的四种状态电路中的 74HC161 或者触发器的 CP 即可。

③ 整体交通灯的结构框图如图 7.4.3 所示。

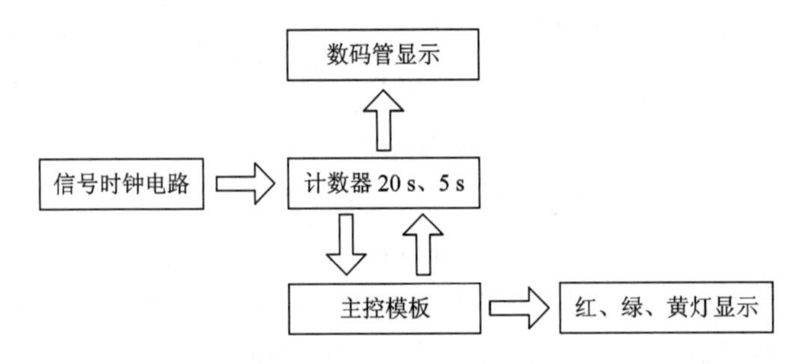

图 7.4.3　整体简易交通灯的结构框图

④ 电路如图 7.4.4 所示。为了降低难度，秒时钟信号用一个 50 Hz、5 V 的信号源来代替，也可以用 555 芯片加少量的外围电路产生秒时钟信号(若用实物电路搭建来实现此简易交通灯功能，则需要用到 555 芯片)。

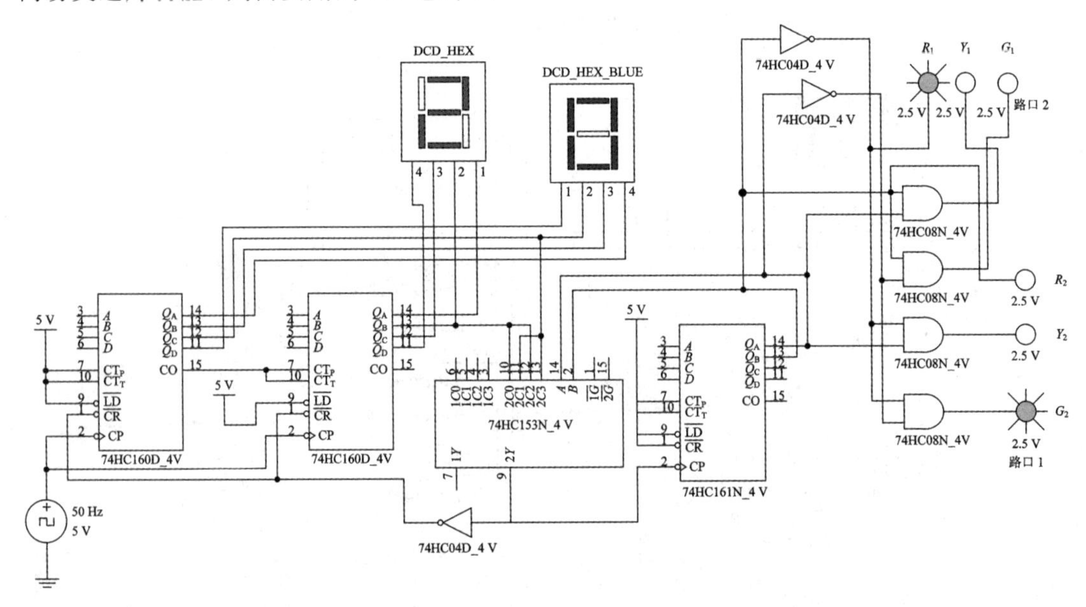

图 7.4.4　整体简易交通灯控制仿真电路

⑤ 电路绘图仿真及测试。利用软件绘制电路，并对连接成的整体电路进行调测。电路绘图应该遵循的基本原则是：首先电路是从简单到复杂的。简单的电路功能可以实现后，再将简单的电路接为一体，构成复杂电路；其次再搭建出一小块功能电路，调测使电路能正常工作后，把这些小块电路连接成一个整体；要对信号的流向做到心中有数，这样在调测电路时才能对出现的问题做到有的放矢。

7.4.2　四人抢答器电路设计

1. 设计要求

用JK触发器及少量元器件设计四人抢答器。四人抢答器的规则是：若某人先按下一个按键，则与其对应的发光二极管被点亮，表示此人抢答成功；若紧随其后的其他按键再被按下，则与其对应的发光二极管不亮。

2. 功能描述

可通过抢答器的电路来判断四人抢答的速度，在准备好抢答器后(触发器置为“0”态)开始抢答，四人中的任意一人先按下一个按键，则与其对应的指示灯被点亮，表示此人抢答成功，而紧随其后的其他按钮再被按下时，与其对应的指示灯则不亮。这时抢答器必须清除当前保存的状态后，才可以开始新一轮的抢答，所以需设置一个清除按钮。

3. 电路设计

利用JK触发器的$\overline{CR}$置“0”态，可以实现抢答器的清除功能。当触发器的$J=K=1$时，其CP下降沿导致JK触发器状态翻转，最先抢答的人的二极管被点亮，并且此状态将被保存。通过一个四输入的与逻辑实现四路抢答信号的互锁，4个JK触发器的状态被锁存；直至清除后，才可以开始新一轮的抢答。四人抢答器电路如图7.4.5所示。

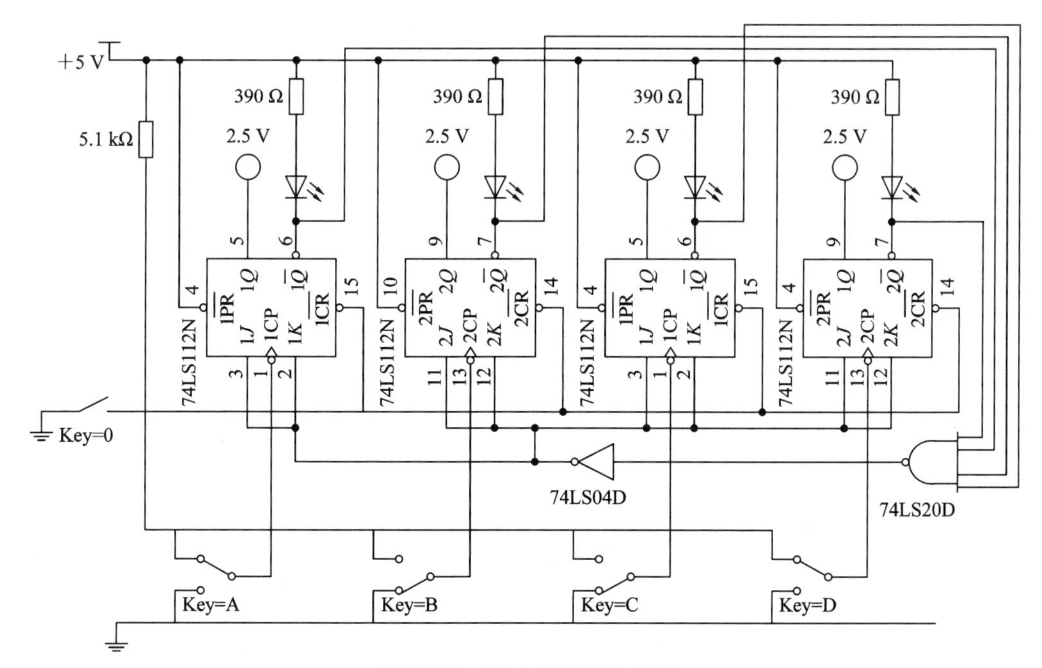

图7.4.5　四人抢答器电路图

4. 电路绘图仿真及测试

利用仿真软件绘制电路图，并将各电路连成一整体电路后再进行调测。绘制电路图时，先实现一个触发器的电路绘制，再接两个触发器，而后再接四个触发器，最后将各电路连成一个整体电路。在仿真软件上调试后，如果能实现抢答功能，就可以用实物搭接电路，并调测电路，完成抢答器电路测试。

模块小结

1. 触发器是数字系统中极为重要的基本逻辑单元。它有两种稳定状态，在外加触发信号的作用下，可以从一种稳定状态转换到另一种稳定状态。当外加信号消失后，触发器仍能维持其当前状态不变，因此，触发器具有记忆作用，每个触发器只能记忆(存储)一位二进制数码。

2. 集成触发器按功能可分为 RS、JK、D、T 和 T′等几种。其逻辑功能可用状态表(真值表)、特征方程、状态图、逻辑符号图和波形图(时序图)来描述。类型不同而功能相同的触发器，其状态表、状态图、特征方程均相同，只是逻辑符号图和时序图不同。

3. 触发器有高电平 CP＝1、低电平 CP＝0、上升沿 CP↑、下降沿 CP↓等四种触发方式。

4. 常用的 TTL 型的集成触发器有双 JK 负边沿触发器 74LS112、双 D 正边沿触发器 74LS74，CMOS 型的集成触发器有 CC4027 和 CC4013。

5. 在使用触发器时，必须注意电路的功能及其触发方式。同步触发器在 CP＝1 时触发翻转，属于电平触发，有空翻现象。为克服空翻现象，应使用 CP 脉冲边沿触发的触发器。功能不同的触发器之间可以相互转换。

6. 时序逻辑电路是数字系统中非常重要的逻辑电路，与组合逻辑电路既有联系又有区别，基本分析方法一般有四个步骤，常用的时序逻辑电路有计数器和寄存器。

7. 计数器按照 CP 脉冲的工作方式可分为同步计数器和异步计数器，它们各有优缺点，本节学习的重点是集成计数器的特点和功能应用。

8. 寄存器按功能可分为基本寄存器和移位寄存器，移位寄存器既能接收、存储数据，又可将数据按一定方式移位。

过关训练

7.1　填空题

(1) 触发器具有两种可能的状态：即(　　　　　)态和(　　　　　)态，在一定的条件下这两个状态可以相互(　　　　)；当触发脉冲过后，触发器状态仍维持不变，这就是(　　　　　)能力。

(2) JK 触发器的特征方程为(　　　　)，如果要使其输出为保持“1”，则 J 的输入为(　　　　)，K 的输入为(　　　　　)。

(3) 要构成五进制计数器，至少需要(　　　　)个触发器，其无效状态有(　　　　)个。

7.2　选择题

(1) 要使JK触发器的输出Q从1变成0，它的输入信号JK应为(　　)。

A. 00　　B. 01　　C. 10　　D. 无法确定

(2) 下列触发器中，有约束条件的是(　　)。

A. 同步JK触发器　　B. 同步D触发器

C. 同步RS触发器　　D. 维阻D触发器

(3) 要使JK触发器的输出Q从0变成1，它的输入信号JK应为(　　)。

A. 00　　B. 01　　C. 10　　D. 无法确定

(4) 三个触发能组成计数器的模最多为(　　)。

A. 4　　B. 6　　C. 7　　D. 8

7.3　简答题

(1) 什么是触发方式？电平触发、边沿触发的含义分别是什么？

(2) 什么是触发器的现态和次态？什么是触发器的特征方程？

(3) 直接置位端和直接复位端的作用是什么？如何使用？

(4) 下降沿触发的JK触发器输入波形题7.3(4)图所示，设触发器初态为0，画出相应输出波形。

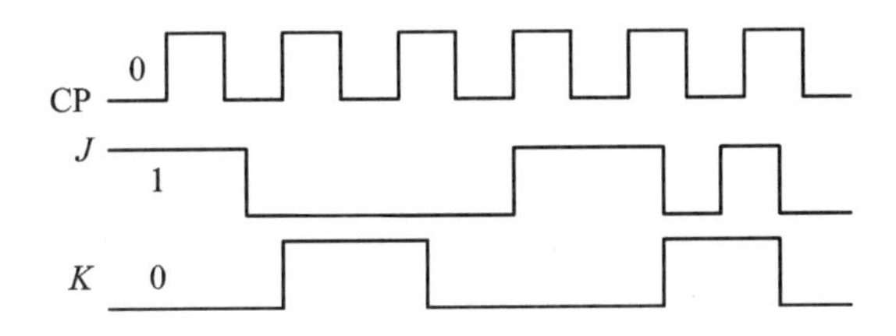

题7.3(4)图

(5) 维持阻塞D触发器接在题7.3(5)图(a)、(b)、(c)、(d)所示的位置，设触发器的初态为0。试根据题7.3(5)图(e)所示的CP波形，画出Q_a、Q_b、Q_c、Q_d的波形。

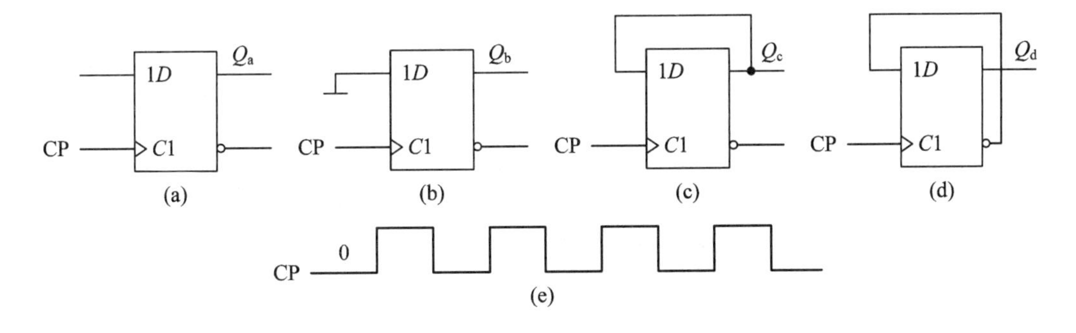

题7.3(5)图

(6) 分析题7.3(6)图中所示的时序电路。要求：写出电路的输出方程、驱动方程、状态方程；假设触发器的初态均为0，列出状态表并画出状态图和时序图；分析其逻辑功能并检查是否能自启动。

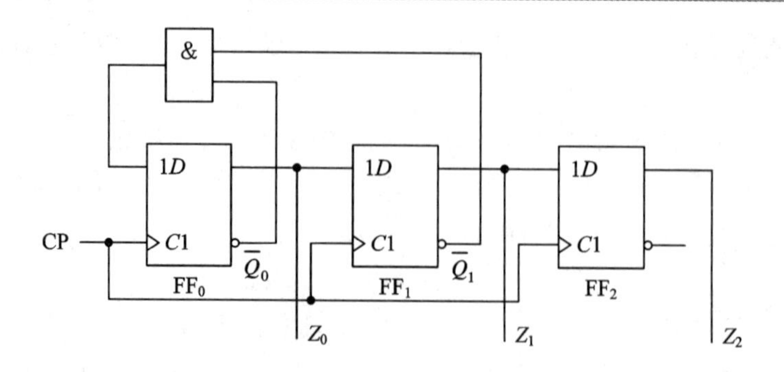

题 7.3(6)图

(7) 分析题 7.3(7)图中所示的时序电路的逻辑功能，假设电路初态为 000，如果在 CP 的前六个脉冲内，D 端依次输入数据 1、0、1、0、0、1，那么电路输出在此六个脉冲内是如何变化的？

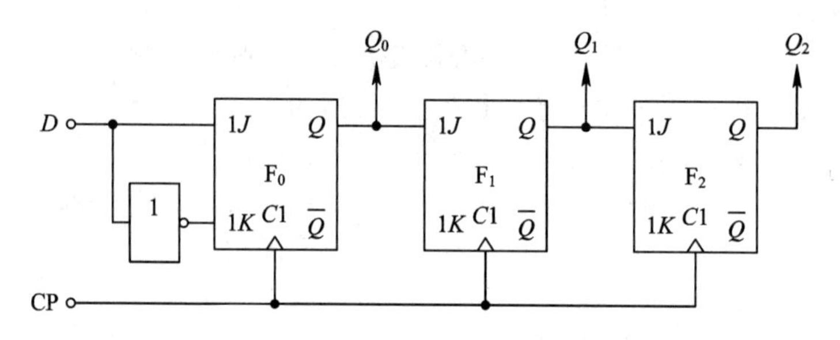

题 7.3(7)图

(8) 用 74LS161 的直接清零端设计一个十二进制加法计数器，要求步骤清晰。

(9) 采用直接清零法，将集成计数器 74LS161(74LS161 芯片的管脚排列如题 7.3(9)图所示)构成十三进制计数器，并画出逻辑电路图。

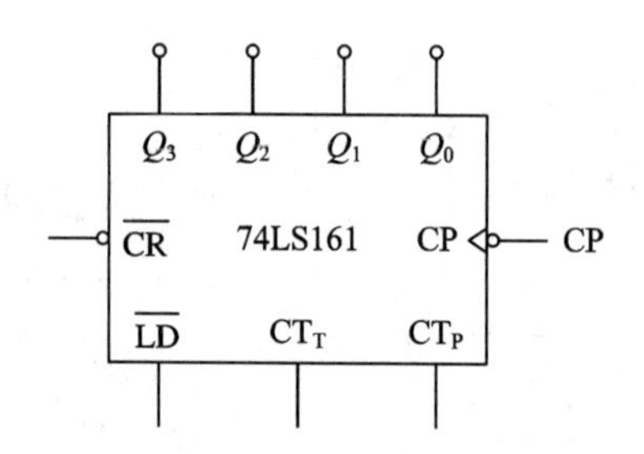

题 7.3(9)图

(10) 采用预置复位法，将集成计数器 74LS161(74LS161 芯片的管脚排列如题 7.3(9)图所示)构成七进制计数器，并画出逻辑电路图。

模块八

数/模转换器和模/数转换器

【问题引入】 在计算机控制系统与智能化仪表中，用数字方法处理模拟信号时，必须先将模拟量转换成数字量。这是因为在计算机控制系统和智能化仪表中，被测物理量(如温度、压力、流量、位移、速度等)都是模拟量，而这些数字系统只能接收数字量。所以，必须先把传感器(有时需要通过变换器)输出的物理量转化成数字量，然后再送到数字系统进行数据处理，以便实现控制或进行显示。同样，在数字通信和遥测技术中，发送端也要把模拟量转换成数字量的形式，以便发送出去。能够把模拟量转换为数字量的器件叫模拟-数字转换器(简称 A/D 转换器)。反过来，计算机控制系统处理后输出的数字量一般不能直接用以控制执行机构，还必须把数字量转换成模拟量；数字通信系统也需在接收端把数字量还原成模拟量。这些都必须由数字-模拟转换器(简称 D/A 转换器)来完成。

可见，A/D 转换器和 D/A 转换器是计算机应用于自动化生产过程的必要器件，也是智能仪表和数字通信系统中不可缺少的器件。

【主要内容】 本模块介绍数/模转换器和模/数转换器的典型实用电路。数/模转换器主要包括权电阻网络 D/A 转换器、倒 T 形电阻网络 D/A 转换器；模/数转换器包括并联比较型 A/D 转换器、反馈比较型 A/D 转换器、逐次渐进型 A/D 转换器和双积分比较 A/D 转换器；以及 A/D 和 D/A 的使用参数。

【学习目标】 掌握综合运用电路分析、数字电路知识，学习模数、数模转换的基本原理；运用数字电路与逻辑设计理论和相关电子技术，通过分析各类数模、模数转换器，学习转换工作过程；同时引导学生自己分析计算，学习数模转换的计算方法。通过本次课程的学习，培养数字电路设计和分析的能力。

任务 1 数/模(D/A)转换器

随着计算机技术的迅猛发展，从工业生产的过程控制、生物工程到企业管理、办公自动化、家用电器等各行各业，人类从事的许多工作几乎都要借助于数字计算机来完成。但是，数字计算机是一种数字系统，它只能接收、处理和输出数字信号，而数字系统输出的数字量也必须还原成相应的模拟量，才能实现对模拟系统的控制。

8.1.1 数/模转换器的基本概念

把数字信号转换为模拟信号的过程称为数-模转换，简称 D/A(Digital-Analog)转换，实现 D/A 转换的电路称为 D/A 转换器，或写为 DA(Digital-Analog)。

数-模转换是数字电子技术中非常重要的组成部分。D/A 转换器的输入信号为数字信号，输出信号为模拟信号。最简单的 D/A 转换器为权电阻网络 D/A 转换器。权电阻网络 D/A 转换器的电路如图 8.1.1 所示。

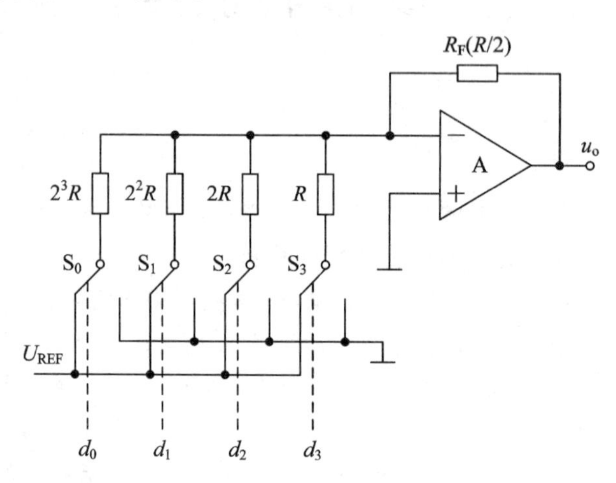

图 8.1.1 权电阻网络 D/A 转换器的电路图

8.1.2 权电阻网络 D/A 转换器

图 8.1.1 是一个四位权电阻网络 D/A 转换器，它由权电阻网络电子模拟开关和放大器组成。该电阻网络的电阻值是按四位二进制数的位权大小来取值的，低位最高(2^3R)，高位最低(2^0R)，从低位到高的电阻值位依次减半。S_0、S_1、S_2和 S_3为四个电子模拟开关，其状态分别受输入代码 d_0、d_1、d_2和 d_3的控制。输入代码 d_i为 1 时，开关 S_i连到 1 端，连接到参考电压 U_{REF}上，此时有一支路电流 I_i流向放大器的负极。权电阻网络 D/A 转换器电路实际上是一个输入信号受电子开关控制的反向比例加法器。根据反向比例加法器的输入信号和输出信号的关系式可得

$$i_{\Sigma}=\frac{U_{REF}}{2^3R}(2^3d_3+2^2d_2+2^1d_1+2^0d_0)=\frac{U_{REF}}{2^3R}(D_4)_{10} \tag{8.1.1}$$

其中，$(D_4)_{10}$表示 4 位二进制数的十进制数，利用式(8.1.1)可以很方便地确定 D/A 转换器的输出电压。

例如，电路的参考电压 $U_{REF}=8$ V，当输入的 4 位二进制数为 0110 时，电路的输出电压为

$$u_o=-\frac{U_{REF}}{2^3R}(2^3d_3+2^2d_2+2^1d_1+2^0d_0)\frac{R}{2}=-\frac{U_{REF}}{2^4}(D_4)_{10}=-\frac{8}{16}\times 6=-3\ \text{V} \tag{8.1.2}$$

权电阻网络 D/A 转换器的优点是电路简单，电阻的使用量少，转换原理容易掌握；缺

点是所用电阻的电阻值依次相差一半，当需要转换的位数越多时，其电阻的差别就越大，在集成制造工艺上就越难实现。例如，输入信号为 8 位的二进制数，权电阻网络中，电阻值最小为 R，电阻值最大为 2^7R，两者相差 127 倍。大阻值的电阻除工作不稳定外，还不利于电路的集成，而采用双级权电阻网络可以解决这个问题。双级权电阻网络 D/A 转换器的电路如图 8.1.2 所示。

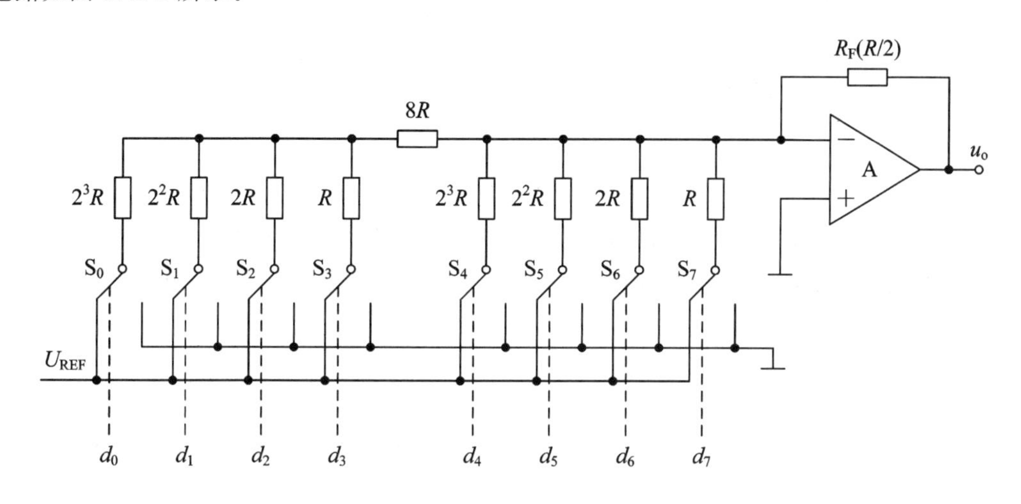

图 8.1.2　双级权电阻网络 D/A 转换器的电路

8.1.3　倒 T 形电阻网络 D/A 转换器

为了克服权电阻网络 D/A 转换器中电阻阻值相差过大的缺点，又研制出了如图 8.1.3 所示的倒 T 形电阻网络 D/A 转换器，由 R 和 $2R$ 两种阻值的电阻组成的倒 T 形电阻网络(或称为倒梯形电阻网络)为集成电路的设计和制作带来了很大方便。网络的输出端接到运算放大器的反相输入端。

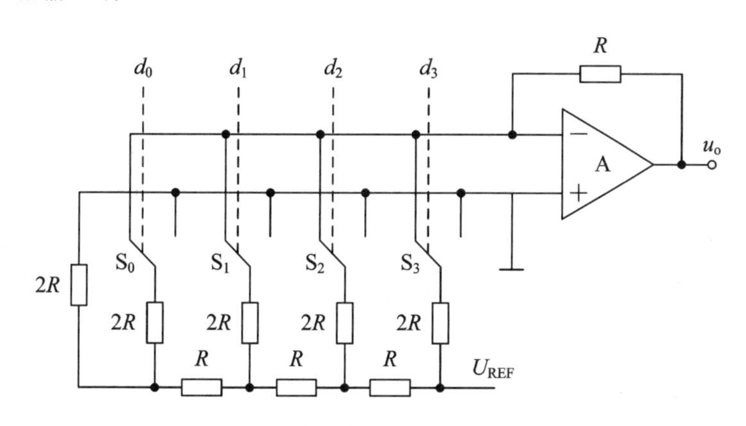

图 8.1.3　倒 T 形电阻网络 D/A 转换器

由图 8.1.3 可见，倒 T 形电阻网络 D/A 转换器的内部只有 R 和 $2R$ 两种阻值的电阻，这样有效地解决了权电阻网络 D/A 转换器电阻阻值相差很大的缺点。在图 8.1.3 中，因为运算放大器的 u_+ 输入端为“虚地”端，所以不管电子开关是否接地，与电子开关相连的电阻端总是接地。

由此可得计算电子开关控制的各支路电流大小的等效电路，如图 8.1.4 所示。

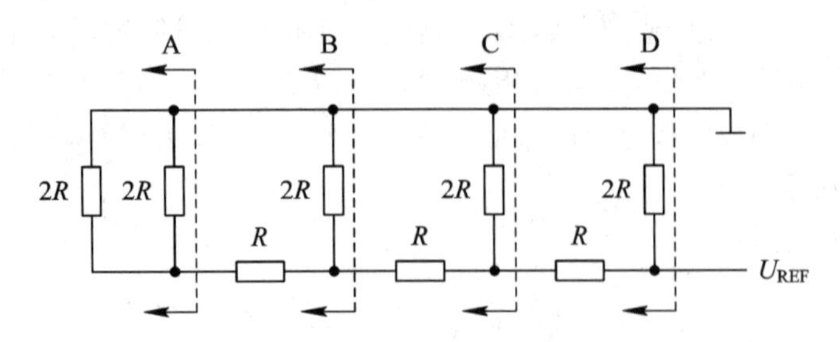

图 8.1.4　计算各支路电流的等效电路

由图可见，当输入数字信号的任何一位是 1 时，对应的开关便将电阻接到运算放大器的输入端，而当它是 0 时，将电阻接地。因此，不管输入信号是 1 还是 0，流过每个支路电阻的电流始终不变。当然，从参考电压输入端流进的总电流始终不变，它的大小为

$$I=\frac{U_{\mathrm{REF}}}{R} \tag{8.1.3}$$

因此输出电压可表示为

$$u_{\mathrm{o}}=-\frac{U_{\mathrm{REF}}}{2^4}(2^3d_3+2^2d_2+2^1d_1+2^0d_0)=-\frac{U_{\mathrm{REF}}}{2^4}(D_4)_{10} \tag{8.1.4}$$

由于倒 T 形电阻网络 D/A 转换器中各支路的电流直接流入了运算放大器的输入端，它们之间不存在传输时间差，因此提高了转换速度，并减小了动态过程中输出端可能出现的尖峰脉冲。同时，只要所有的模拟开关在状态转换时满足“先通后断”的条件(一般的模拟开关在工作时都符合这个条件)，那么即使在状态转换过程中流过各支路的电流也不会改变，因而不需要电流的建立时间，这也有助于提高电路的工作速度。

鉴于以上原因，倒 T 形电阻网络 D/A 转换器是目前使用的 D/A 转换器中速度较快的一种，也是用得较多的一种。

8.1.4　D/A 转换器的主要技术指标

1. 分辨率

分辨率是 D/A 转换器对微小输入量变化敏感程度的描述，通常用数字量的位数来表示，如 8 位、12 位等。一个分辨率为 n 位的转换器，能够分辨满量程的 2^{-n} 输入信号。例如，分辨率为 8 位的 D/A 转换器能给出满量程电压的 1/256(即 $1/2^8$)的分辨能力。

2. 精度

转换器的精度是指输出模拟电压的实际值与理想值之差。这种误差是由参考电压的波动、运算放大器的零点漂移、模拟开关的压降以及电阻阻值的偏差等因素引起的。

3. 建立时间

建立时间是指从输入数字信号开始，到输出电压或电流达到稳定值需要的时间。这一时间包括两部分：距运算放大器最远的那一位输入信号的传输时间；运算放大器到达稳定状态所需的时间。

任务2　模/数(A/D)转换器

8.2.1　概述

A/D转换器是模拟信号源与计算机或其他数字系统之间联系的桥梁，它的任务是将连续变化的模拟信号转换为数字信号，以便计算机或数字系统对信号进行处理、存储、控制和显示。在工业控制、数据采集及其他领域中，A/D转换器是不可缺少的重要组成部分。

8.2.2　分类及基本组成

按转换过程，A/D转换器可大致分为直接型A/D转换器和间接型A/D转换器。直接型A/D转换器能把输入的模拟电压直接转换为输出的数字代码，而不需要经过中间变量。常用的电路有并联比较型和反馈比较型两种。间接型A/D转换器是把待转换的输入模拟电压先转换为一个中间变量(如时间T或频率F)，然后再对中间变量进行量化编码，最后得出转换结果。

模拟信号的变化在时间和空间上均是连续的，而数字信号的变化在时间和空间上均是离散的，想要将连续的模拟信号转化成离散的数字信号必须经过采样、量化和编码3个步骤。

1. 采样

实现A/D转换的第一步是采样。对输入信号进行采样的方法有很多，常用的采样方法是利用采样脉冲信号驱动采样保持电路，实现对输入信号的采样。最简单的采样保持电路如图8.2.1所示。在该电路中，输入信号u_i为模拟信号，采样控制信号u_L为方波信号，输出信号u_o为采样信号。

当采样控制信号u_L为高电平时，场效应管VT导通，输入信号u_i经过R_1和VT后对电容C充电，电容两端的电压与输入信号的值呈正比关系，输出电压$u_o=-u_C=ku_i$。当采样控制信号u_L为低电平时，场效应管VT截止，输入信号u_i不能通过VT对电容C充电，电容两端的电压将保持采样结束时值一段时间，输出电压$u_o=-u_C$。模拟信号经采样后的采样信号的波形如图8.2.2所示。

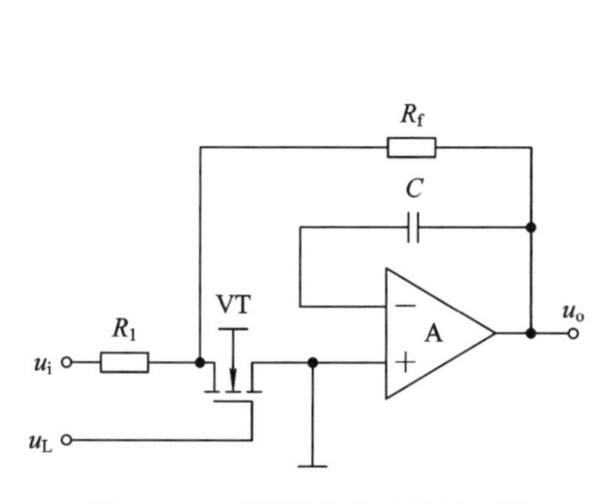

图8.2.1　采样保持电路的原理图

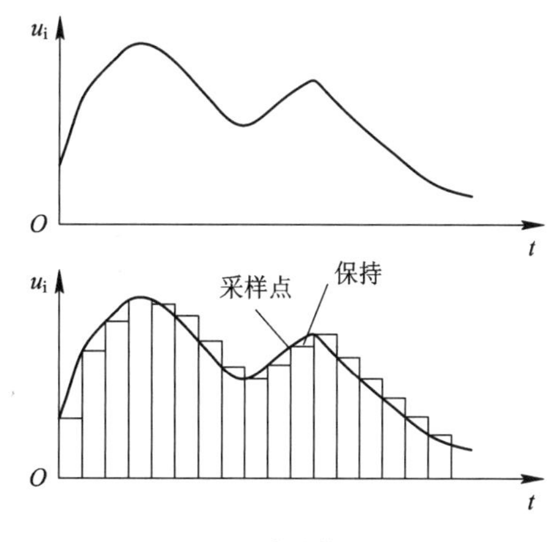

图8.2.2　采样信号的波形

由图 8.2.2 可见，原来在时间上连续的信号，经采样后变成在时间上离散的采样信号。为了保证能够从采样信号中还原出被采样的原信号，采样控制信号的频率 f_S 和输入信号的最高频率分量 f_{imax} 之间要满足的关系为

$$f_S \geqslant 2f_{imax} \tag{8.2.1}$$

式(8.2.1)称为采样定理或奈奎斯特定律。该定理是确定采样控制信号频率的重要依据。例如，人的耳朵能够听到的声音信号的最高频率为 20 kHz，在对模拟声音信号进行数字化处理时，根据采样定理可知，所用的采样频率必须大于等于 40 kHz，CD 信号的采样频率用 44.1 kHz 主要就是根据这个原理来确定的。采样信号在满足式(8.2.1)的条件下，可以用一个低通滤波器将采样信号还原成模拟信号。

2. 量化和编码

图 8.2.2 所示的采样信号虽然在时间上是离散的，但在空间上还是连续的，为了得到在时间和空间上都离散的数字信号，必须对图 8.2.2 所示的信号进行量化，将各时间段的采样信号量化成某一最小单位 Δ 的整数倍，然后再将量化后的信号表示成二进制数。将量化后的信号表示成二进制数的过程称为编码。量化的最小单位 Δ 取决于编码的二进制数位数，编码的二进制数位数越大，量化的最小单位 Δ 越小。量化可以采用取舍的方法，也可以采用四舍五入的方法，采用不同的量化方法，具有不同的量化误差。

例如，将 0～1 V 的模拟信号转化成 3 位的二进制数，因 3 位二进制数可以表示 8 种状态，所以量化的最小单位为 $\Delta=\frac{1}{8}$。采用取舍的方法进行量化的量化电平图如图 8.2.3(a)所示，采用四舍五入的方法进行量化的量化电平图如图 8.2.3(b)所示。

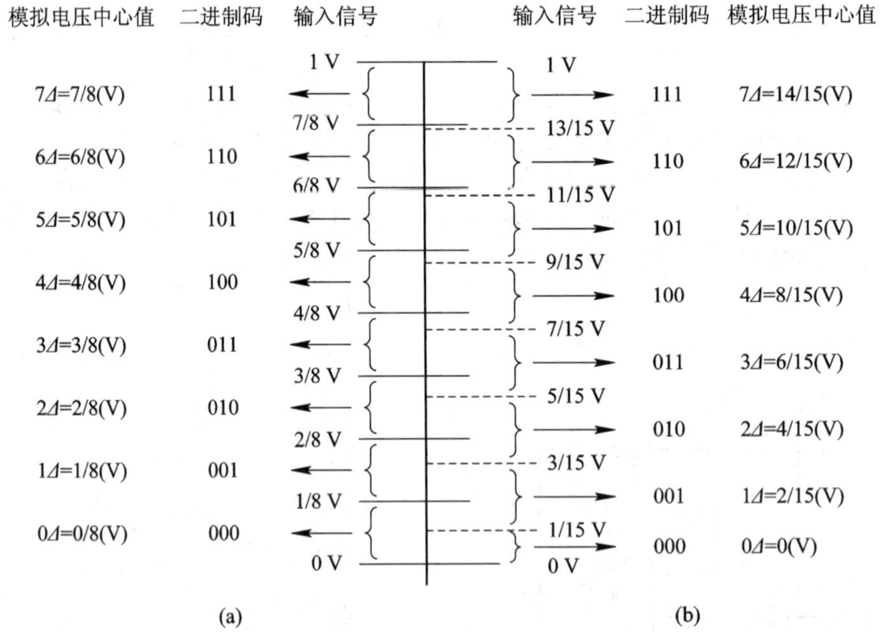

图 8.2.3 划分量化电平的两种方法

由图 8.2.3 可见，当采用图 8.2.3(a)所示的方法进行量化时，最大的量化误差为$\frac{1}{8}$V。当

采用图 8.2.3(b)所示的方法进行量化时，最大的量化误差仅为$\frac{1}{15}$V。因为图 8.2.3(b)所示的方法具有较小的量化误差，所以在 A/D 转换器中通常采用图 8.2.3(b)所示的量化方法。

8.2.3 并联比较型 A/D 转换器

并联比较型 A/D 转换器的电路组成如图 8.2.4 所示。并联比较型 A/D 转换器的电路由电压比较器、D 触发器和编码器 3 部分组成。

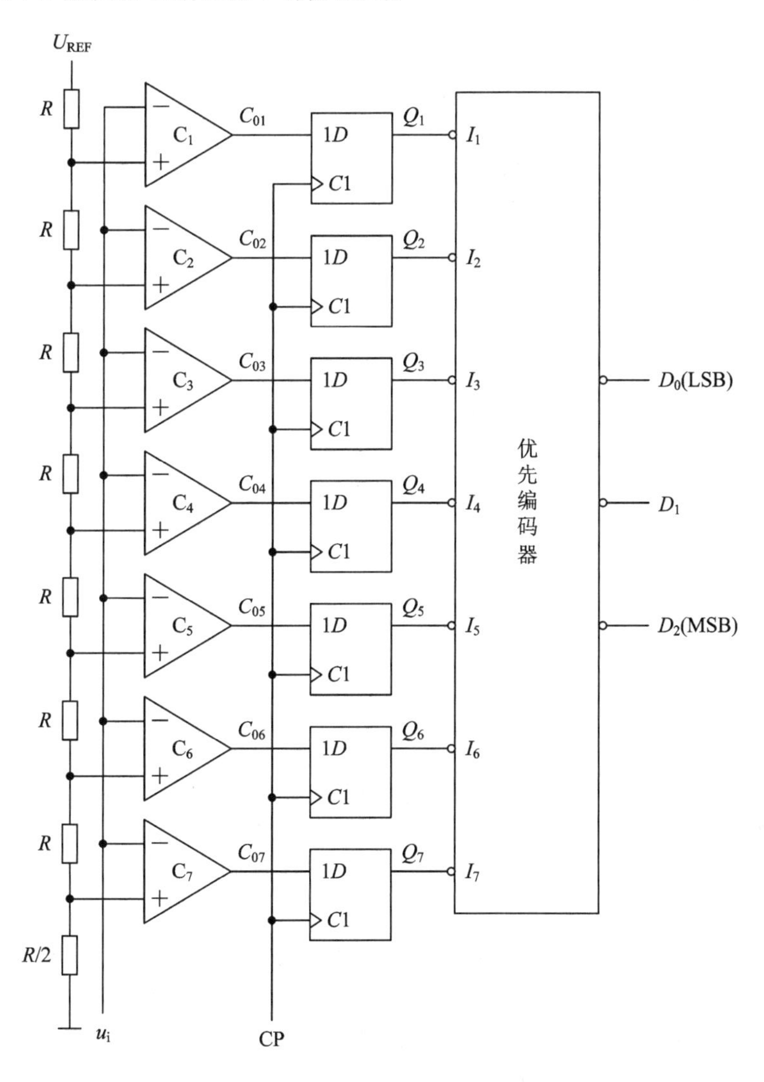

图 8.2.4 并联比较型 A/D 转换器

电路的工作原理是：电压比较器前面的 8 个电阻组成串联分压电路，为各电压比较器提供合适的参考电压，各电压比较器的参考电压就是该电压比较器输出的量化电压。根据串联分压公式可得，电路的最小量化单位为 $\Delta=\frac{2}{15}$，即采用图 8.2.3 所示的方法进行量化。

设 u_i变化范围是 $0\sim U_{REF}$，输出的 3 位数字量为 D_2、D_1、D_0，3 位并联比较型 A/D 转换器的输入、输出关系如表 8.2.1 所示。通过观察此表，可确定代码转换网络输出、输入之间的逻辑关系：

$$D_2 = Q_4$$

$$D_1 = Q_6 + \overline{Q_4}Q_2$$

$$D_0 = Q_7 + \overline{Q_6}Q_5 + \overline{Q_4}Q_3 + \overline{Q_2}Q_1$$

设输入电压 u_i的值在$\frac{5}{15}U_{REF}$到$\frac{7}{15}U_{REF}$之间时，电压比较器 C_1、C_2、C_3输出为高电平 1，C_4、C_5、C_6、C_7输出为低电平 0，这些输出信号被触发器 D 记忆。同理可得，输入电压为其他值时，触发器 D 所记忆数值的不同组态被编码器编码成不同的数字信号输出，编码器的真值表如表 8.2.1 所示。

表 8.2.1　并联比较型 A/D 转换器编码器的真值表

模拟量输入	比较器输出状态							数字输出		
	C_{07}	C_{06}	C_{05}	C_{04}	C_{03}	C_{02}	C_{01}	D_2	D_1	D_0
$0 \leqslant u_i < U_{REF}/15$	0	0	0	0	0	0	0	0	0	0
$U_{REF}/15 \leqslant u_i < 3U_{REF}/15$	0	0	0	0	0	0	1	0	0	1
$3U_{REF}/15 \leqslant u_i < 5U_{REF}/15$	0	0	0	0	0	1	1	0	1	0
$5U_{REF}/15 \leqslant u_i < 7U_{REF}/15$	0	0	0	0	1	1	1	0	1	1
$7U_{REF}/15 \leqslant u_i < 9U_{REF}/15$	0	0	0	1	1	1	1	1	0	0
$9U_{REF}/15 \leqslant u_i < 11U_{REF}/15$	0	0	1	1	1	1	1	1	0	1
$11U_{REF}/15 \leqslant u_i < 13U_{REF}/15$	0	1	1	1	1	1	1	1	1	0
$13U_{REF}/15 \leqslant u_i < U_{REF}$	1	1	1	1	1	1	1	1	1	1

并联比较型 A/D 转换器的优点是转换速度快，缺点是电路较复杂，需要用很多的电压比较器和触发器。在转换速度许可的条件下，可以采用反馈比较型 A/D 转换器。

8.2.4　逐次逼近型 A/D 转换器

逐次逼近型 A/D 转换器又称为逐次渐近型 A/D 转换器，是一种反馈比较型 A/D 转换器。逐次逼近型 A/D 转换器进行转换的过程类似于天平称物体重量的过程。

天平的一端放着被称的物体，另一端加砝码，各砝码的重量按二进制关系设置，一个比一个重量减半。称重时，把砝码从大到小依次放在天平上，与被称物体比较，如砝码不如物体重，则该砝码予以保留，反之去掉该砝码，多次试探，经天平比较加以取舍，直到天平基本平衡称出物体的重量为止。这样就以一系列二进制码的重量之和表示了被称物体的重量。例如设物体重 11 g，砝码的重量分别为 1 g、2 g、4 g 和 8 g。称重时，物体放在天平的一端，在另一端先将 8 g 的砝码放上，它比物体轻，该砝码予以保留(记为 1)，我们将被保留的砝码记为 1，不被保留的砝码记为 0。然后再将 4 g 的砝码放上，现在砝码总和比物体重了，该砝码不予保留(记为 0)，依次类推，我们得到的物体重量用二进制数表示为 1011。表 8.2.2 可表示整个称重过程。

表 8.2.2　逐次逼近法称重物体过程表

顺序	砝码/g	比较	砝码取舍
1	8	8<11	取(1)
2	4	12>11	舍(0)
3	2	10<11	取(1)
4	1	11=11	取(1)

利用上述天平称物体重量的原理可构成逐次逼近型 A/D 转换器。

逐次渐近型 A/D 转换器的方框图如图 8.2.5 所示。

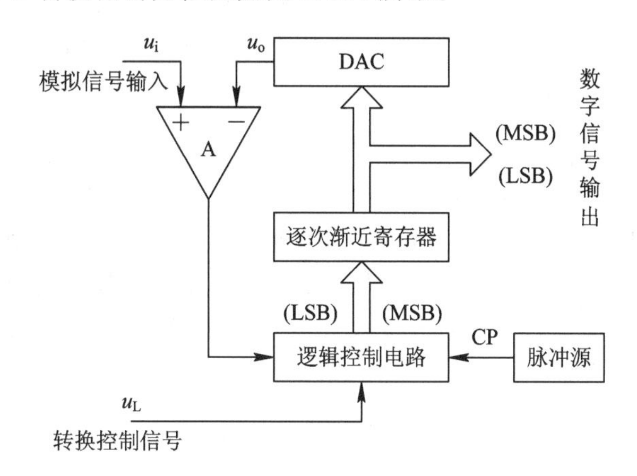

图 8.2.5　逐次逼近型 A/D 转换器方框图

由图 8.2.5 可见，逐次渐近型 A/D 转换器和反馈比较型 A/D 转换器组成结构的差别主要在逻辑控制电路上，该电路的作用是根据比较器输出电压的大小，确定逐次渐近寄存器所存储数字信号的值。

图 8.2.5 所示电路的工作原理是：转换开始时寄存器复位，加在 DAC 上的数字信号为数字量 0000 。在转换控制信号 u_L 为高电平时电路开始 A/D 转换的过程。转换开始时，脉冲源首先将寄存器最高位的二进制数置成 1，使寄存器的输出为 1000。数字量 1000 经 DAC 的变换后输出模拟信号 u_o，该信号与输入信号 u_i 同时输入电压比较器 A 进行比较。假设比较的结果为 $u_o<u_i$，电压比较器的输出信号为低电平 0，说明 1000 的数字太小了，最高位的 1 应保留，同时将次高位的 0 置成 1，逐次渐近寄存器的输出为 1100。

数字量 1100 再次经 DAC 的变换后输出模拟信号 u_o，该信号又与输入信号 u_i 同时输入电压比较器 A 进行比较。设比较的结果为 $u_o>u_i$，电压比较器的输出信号为高电平 1，说明 1100 的数字太大了，次高位的 1 不能保留，将次高位的 1 转换成 0 的同时，将下一位的 0 置成 1，逐次渐近寄存器的输出为 1010。周而复始地进行比较，直到最低位被置成 1，并经电压比较器判断置 1 正确与否后，转换的过程才结束。

电路采用逐次渐近的方法来选择 DAC 的输入数字量，可以在较短的时间内找出正确的结果，所以转换的速度较快。

8.2.5 A/D转换器的主要技术指标

1. 分辨率

分辨率是指A/D转换器输出数字量的最低位变化一个数码时，对应输入模拟量的变化量。通常以A/D转换器输出数字量的位数表示分辨率的高低，因为位数越多，量化单位就越小，对输入信号的分辨能力也就越高。例如，输入模拟电压满量程为10 V，若用8位A/D转换器转换时，其分辨率为$10\ \text{V}/2^8=39\ \text{mV}$，10位A/D转换器的分辨率为9.76 mV，而12位A/D转换器的分辨率为2.44 mV。

2. 转换误差

转换误差表示A/D转换器实际输出的数字量与理论输出的数字量之间的差别。通常以输出误差的最大值形式给出。转换误差也叫相对精度或相对误差。转换误差常用最低有效位的倍数表示。例如，某A/D转换器的相对精度为±(1/2)LSB，这说明理论上应输出的数字量与实际输出的数字量之间的误差不大于最低位为1的一半。

3. 转换速度

A/D转换器从接收到转换控制信号开始，到输出端得到稳定的数字量为止所需要的时间，即完成一次A/D转换所需的时间称为转换速度。采用不同的转换电路，其转换速度是不同的，并联比较型比逐次逼近型要快得多。低速A/D转换器的时间为1～30 ms，中速A/D转换器的时间在50 μs左右，高速A/D转换器的时间在50 ns左右，ADC809的转换时间在100 μs左右。

模块小结

1. 用数字电路来处理模拟信号的问题，必须先用A/D转换器将模拟信号转换成数字信号，数字信号经数字电路处理后，再通过D/A转换器将数字信号转换成模拟信号后输出。

2. A/D转换的过程分为采样、量化和编码。采样控制信号的频率与信号最高频率分量之间的关系要满足采样定理。

3. D/A转换器主要有权电阻网络D/A转换器和倒T形电阻网络D/A转换器两种类型。

4. A/D转换器有并联比较型A/D转换器、逐次逼近型A/D转换器等类型。

过关训练

8.1 选择题

(1) 8位D/A转换器当输入数字量只有最低位为1时，输出电压为0.02 V，若输入数字量只有最高位为1时，则输出电压为(　　)V。

A. 0.039　　B. 2.56　　C. 1.27　　D. 都不是

(2) D/A 转换器的主要参数有(　　)、转换精度和转换速度。

A. 分辨率　　B. 输入电阻　　C. 输出电阻　　D. 参考电压

(3) 如题 8.1(3)图所示，$R-2R$ 网络型 D/A 转换器的转换公式为(　　)。

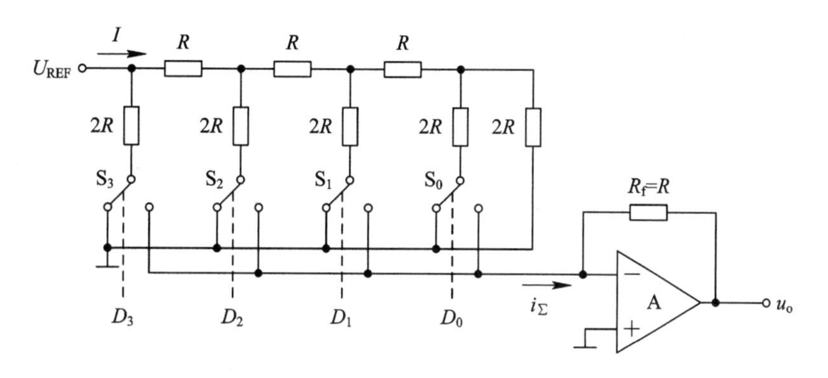

题 8.1(3)图

A. $u_o=-\frac{U_{REF}}{2^3}\sum_{i=0}^{3}D_i\times 2^i$　　B. $u_o=-\frac{2}{3}\frac{U_{REF}}{2^4}\sum_{i=0}^{3}D_i\times 2^i$

C. $u_o=-\frac{U_{REF}}{2^4}\sum_{i=0}^{3}D_i\times 2^i$　　D. $u_o=\frac{U_{REF}}{2^4}\sum_{i=0}^{3}D_i\times 2^i$

(4) 在 A/D 转换电路中，输出数字量与输入的模拟电压之间________关系。

A. 呈正比　　B. 呈反比　　C. 无

8.2　D/A 转换有哪几种基本类型，各自的特点是什么？

8.3　10 位倒 T 形电阻网络 D/A 转换器如题 8.3 图所示。试求输出电压的取值范围。若要求电路的输入数字量为 200 H 时输出电压 $u_o=5$ V，试问 U_{REF} 应取何值？

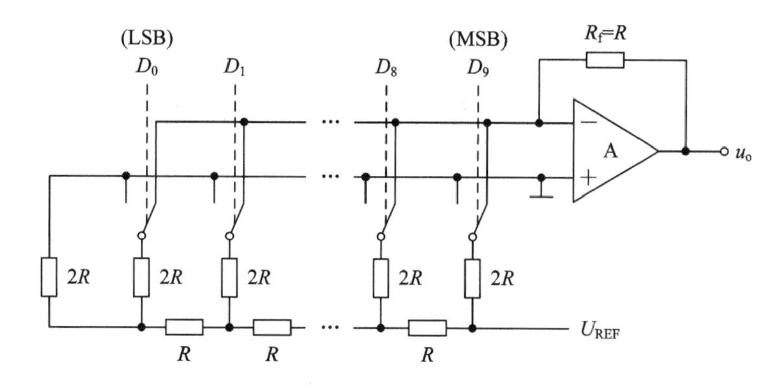

题 8.3 图

模块九

555 定时器

【问题引入】 在数字电路中，基本的工作信号是二进制的数字信号，数字信号的波形是高、低电平的脉冲信号，脉冲信号通常也被称为方波信号，产生方波信号的主要方法是整形和振荡。利用模拟电路所介绍的方波发生器可以产生方波信号；利用模拟电路中所介绍的滞回电压比较器对输入的周期信号进行整形也可以获得方波信号；利用数字电路的集成门电路也可以获得方波信号。

【主要内容】 本模块介绍555定时器电路组成、555定时器工作原理、555定时器功能表以及555定时器应用扩展。

【学习目标】 复习回顾“分立元件”的相关知识并设计波形变换和产生电路，加深学生对分立元件与集成电路的对比分析；在掌握555定时电路结构的基础上，实现其工作原理的分析；掌握555定时器功能表，并能够扩展其应用。

任务1 555 定时器定义及原理

9.1.1 555 定时器定义

555定时器是一种多用途的数字-模拟混合集成电路，利用它能极方便地构成单稳态触发器、施密特触发器和多谐振荡器。一般用双极性工艺制作的称为555定时器，用CMOS工艺制作的称为7555定时器。除单定时器外，还有对应的双定时器556/7556。555定时器的电源电压范围较宽，555定时器可在4.5～16 V工作，7555定时器可在3～18 V工作，输出驱动电流约为200 mA，因此其输出可与TTL、CMOS或者模拟电路电平兼容。由于使用灵活、方便，因此555定时器在波形的产生与变换、测量与控制、家用电器、电子玩具等许多领域中都得到了广泛应用。

9.1.2 555 定时器原理

555定时器的内部电路框图和外引脚排列图如图9.1.1所示。它的内部包括两个电压比较器、三个等值串联电阻、一个 RS 触发器、一个放电管 VT 及功率输出级。它提供了两个基准电压 $U_{CC}/3$ 和 $2U_{CC}/3$。

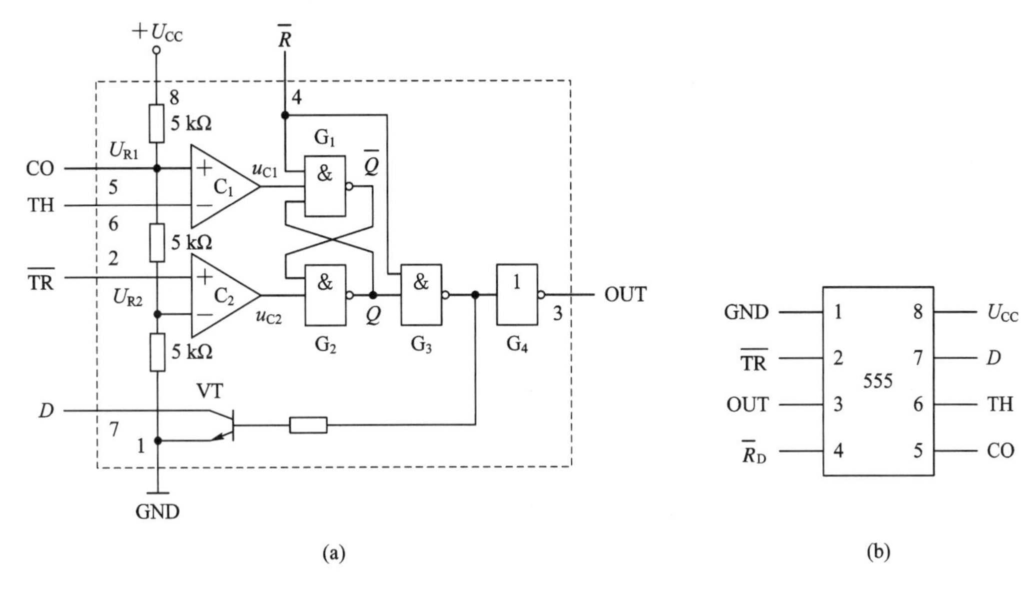

图 9.1.1　555 定时器的内部结构及符号

555 定时器的功能主要由两个电压比较器决定。两个电压比较器的输出电压控制 RS 触发器和放电管的状态。在电源与地之间加上电压，当 5 脚悬空时，电压比较器 C_1 的同相输入端的电压为 $2U_{CC}/3$，C_2 的反相输入端的电压为 $U_{CC}/3$。如果低触发端 $\overline{TR}$ 的电压小于 $U_{CC}/3$，那么比较器 C_2 的输出为 0，可将 RS 触发器置 1，使输出端 OUT=1。如果高触发端 TH 的电压大于 $2U_{CC}/3$，同时 $\overline{TR}$ 端的电压大于 $U_{CC}/3$，那么 C_1 的输出为 0，C_2 的输出为 1，可将 RS 触发器置 0，使输出为 0 电平。

555 定时器的各个引脚功能如下。

1 脚：外接电源负端 U_{SS} 或接地，一般情况下接地。

2 脚：低触发端。

3 脚：输出端 OUT。

4 脚：该引脚是直接清零端。当该端接低电平时，时基电路不工作，此时不论 TH 处于何电平，时基电路输出都为 0。该端不用时应接高电平。

5 脚：CO 为控制电压端。若此端外接电压，则可改变内部两个比较器的基准电压。当该端不用时，该端串入一只 0.01 μF 的电容并接地，以防引入干扰。

6 脚：高触发端 TH。

7 脚：放电端。该端与放电管的集电极相连，用作定时器时电容放电。

8 脚：外接电源 U_{CC}，双极型时基电路 U_{CC} 的范围为 4.5～16 V，CMOS 型时基电路 U_{CC} 的范围为 3～18 V，一般用 5 V。

在 1 脚接地，5 脚未外接电压，两个电压比较器 C_1、C_2 的基准电压分别为 $2U_{CC}/3$、$U_{CC}/3$ 的情况下，555 定时器的功能表如表 9.1.1 所示。

表 9.1.1　555 定时器的功能表

清零端	高触发端 TH	低触发端 $\overline{TR}$	Q	放电管 VT	功能
0	×	×	0	导通	直接清零
1	$>\frac{2}{3}U_{CC}$	$>\frac{1}{3}U_{CC}$	0	导通	置 0
1	$<\frac{2}{3}U_{CC}$	$<\frac{1}{3}U_{CC}$	1	截止	置 1
1	$<\frac{2}{3}U_{CC}$	$>\frac{1}{3}U_{CC}$	Q	不变	保持

任务 2　555 定时器应用

9.2.1　555 定时器单稳态触发器

图 9.2.1 所示的触发器是由 555 定时器和外接定时元件 R、C 构成的单稳态触发器。VD 为钳位二极管，稳态时，555 定时器电路的输入端处于电源电平，内部放电开关管 VT 导通，输出端 u_o 输出低电平。当有一个外部负脉冲触发信号加到 u_i 端，并使 2 端电位瞬时低于 $U_{CC}/3$，低电平比较器 C_2 动作，单稳态电路即开始一个稳态过程，电容 C 开始充电，u_C 按指数规律增长。当 u_C 充电到 $2U_{CC}/3$ 时，高电平比较器动作，比较器 C_1 翻转，输出 u_o 从高电平返回低电平，放电管 VT 重新导通，电容 C 上的电荷很快经放电管放电，暂态结束，恢复稳定，为下个触发脉冲的来到做好准备。波形图见图 9.2.2。

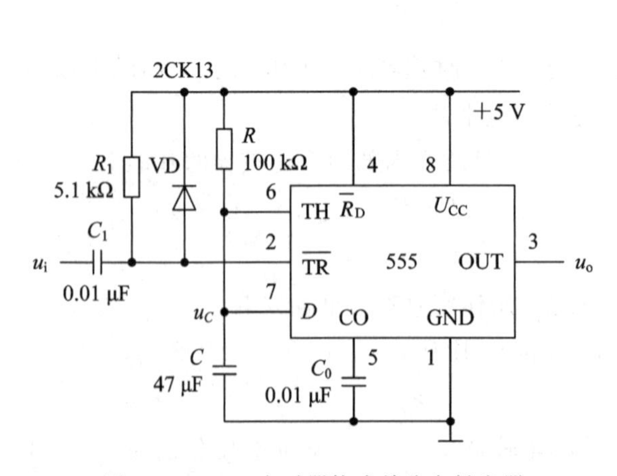

图 9.2.1　555 定时器构成单稳态触发器

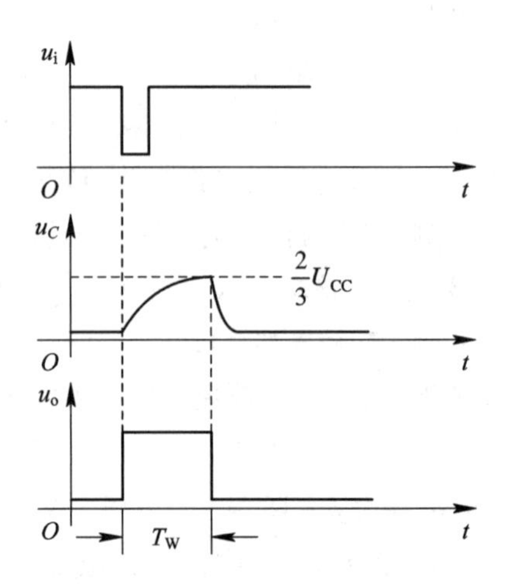

图 9.2.2　单稳态触发器波形图

暂稳态的持续时间 T_W(即为延时时间)取决于外接定时元件 R、C 的大小，可表示为

$$T_W = 1.1RC$$

通过改变 R、C 的大小，延时时间可在几微秒和几十分钟之间变化。当这种单稳态电路作为计时器时，可直接驱动小型继电器，并可采用复位端接地的方法来终止暂态，重新计时。此外需用一个续流二极管与继电器线圈并接，以防继电器线圈反电势损坏内部功率管。

9.2.2　555 定时器构成施密特触发器

555 定时器构成施密特触发器的电路如图 9.2.3 所示，只要将脚 2 和脚 6 连在一起作为信号输入端，就可以得到施密特触发器。图 9.2.4 为 u_s、u_i 和 u_o 的波形图。

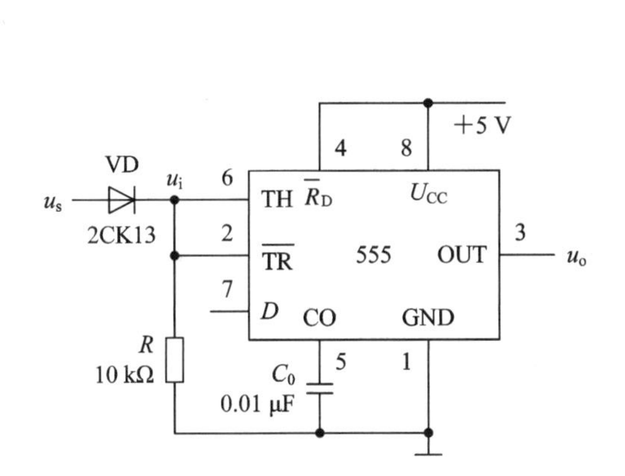

图 9.2.3　555 定时器构成施密特触发器

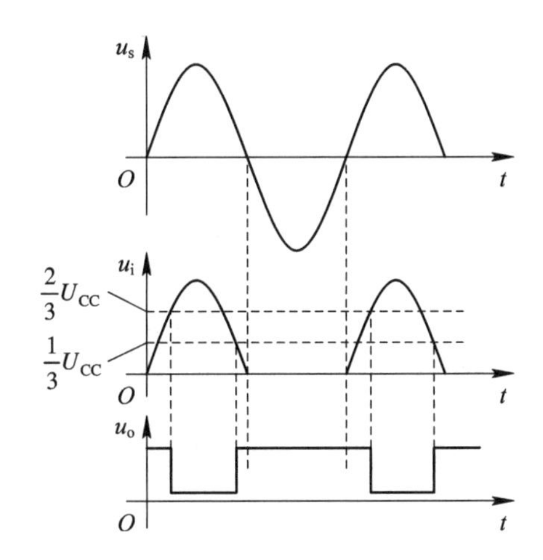

图 9.2.4　555 定时器构成施密特触发器的波形图

设被整形变换的电压 u_s 的波形为正弦波，其正半波通过二极管 VD 同时加到 555 定时器的 2 脚和 6 脚，得到的 u_i 为半波整流波形。当 u_i 上升到 $2U_{CC}/3$ 时，u_o 从高电平转换为低电平；当 u_i 下降到 $U_{CC}/3$ 时，u_o 又从低电平转换为高电平。

回差电压可表示为

$$\Delta u = \frac{2}{3}U_{CC} - \frac{1}{3}U_{CC} = \frac{1}{3}U_{CC}$$

9.2.3　555 定时器构成多谐振荡器

图 9.2.5 是由 555 定时器和外接元件 R_1、R_2、C 构成的多谐振荡器的电路，脚 2 与脚 6 直接相连。电路没有稳态，仅存在两个暂稳态，电路亦不需要外接触发信号，利用电源通过 R_1、R_2 向 C 充电，以及 C 通过 R_2 向放电端 D_C 放电，使电路产生振荡。电容 C 在 $2U_{CC}/3$ 和 $U_{CC}/3$ 之间充电和放电，从而在输出端得到一系列的矩形波，对应的波形如图 9.2.6 所示。

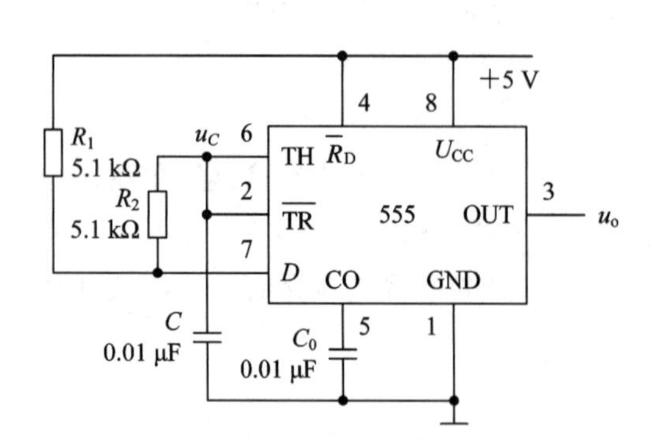

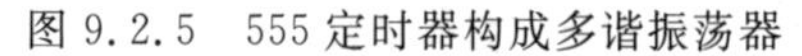
图 9.2.5　555 定时器构成多谐振荡器

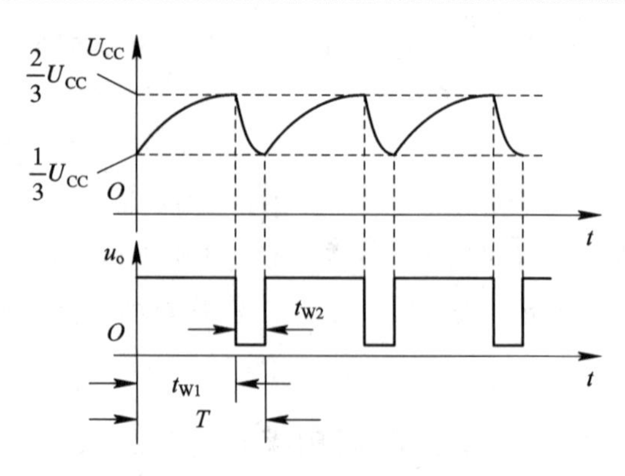

图 9.2.6　多谐振荡器的波形图

输出信号的时间参数可表达为

$$T=t_{W1}+t_{W2}$$

$$t_{W1}=0.7(R_1+R_2)C$$

$$t_{W2}=0.7R_2C$$

其中，t_{W1}为 u_C由 $U_{CC}/3$ 上升到 $2U_{CC}/3$ 所需的时间，t_{W2}为电容 C 放电所需的时间。

555 定时器构成多谐振荡器的电路要求 R_1与 R_2均应不小于 1 kΩ，但两者之和应不大于 3.3 MΩ。

外部元件的稳定性决定了多谐振荡器的稳定性，555 定时器配以少量的元件即可获得较高精度的振荡频率和较强的功率输出能力。因此，这种形式的多谐振荡器应用很广。

9.2.4　555 定时器构成占空比可调的多谐振荡器

电路如图 9.2.7，该电路比图 9.2.5 中的电路增加了一个电位器和两个引导二极管。VD_1、VD_2用来决定电容充、放电时电流流经电阻的途径(充电时 VD_1导通，VD_2截止；放电时 VD_2导通，VD_1截止)。

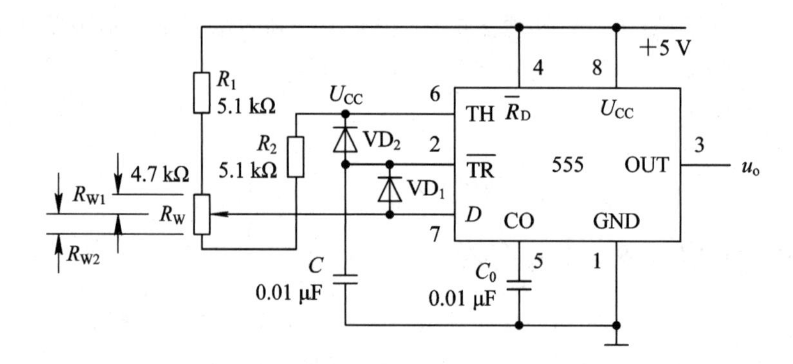

图 9.2.7　555 定时器构成占空比可调的多谐振荡器

占空比

$$q=\frac{t_{W1}}{t_{W1}+t_{W2}}\approx\frac{0.7(R_1+R_{W1})C}{0.7(R_1+R_2+R_{W2})C}$$

可见，若取 $R_{W1}=R_{W2}$，电路即可输出占空比为 50%的方波信号。

9.2.5　555 定时器在现实生活中的应用实例

图 9.2.8 所示电路的工作原理是：220 V 的交流电经 C_5 降压后，通过 VD_1、VD_2、VD_z 和 C_4 组成的整流滤波电路后形成 10 V 的直流供电电压。白天，光照使光敏三极管 VT_2 导通，当 VT_3 的基极为高电平时，VT_3 也能导通。555 定时器的第 4 脚接地为低电平，555 定时器被强制复位，输出也被强制固定在低电平 0 的状态下，此时可控硅 VD_T 截止且不导电，楼道路灯不亮。在夜晚或光照不足的阴天，光敏三极管 VT_2 因光照不足而截止，三极管 VT_3 的基极因没有偏置电压也截止，555 定时器的第 4 脚变成高电平，由 555 定时器构成的单稳态电路进入待命工作的状态。当楼道上有声音信号时，麦克风(MIC)将声音信号转换成三极管 VT_1 的输入信号，该信号经三极管 VT_1 倒相后，在三极管 VT_1 的集电极输出一个负脉冲触发信号，该信号输入单稳态电路的输入端(555 定时器的第 2 脚)。单稳态电路在负脉冲信号的触发下，进入暂稳态，输出高电平电压，可控硅 VD_T 导通，点亮楼道的路灯。楼道路灯点亮的时间取决于单稳态电路的延迟时间，改变电路中 R_4 和 C_3 的值，即可改变楼道路灯亮所持续的时间。

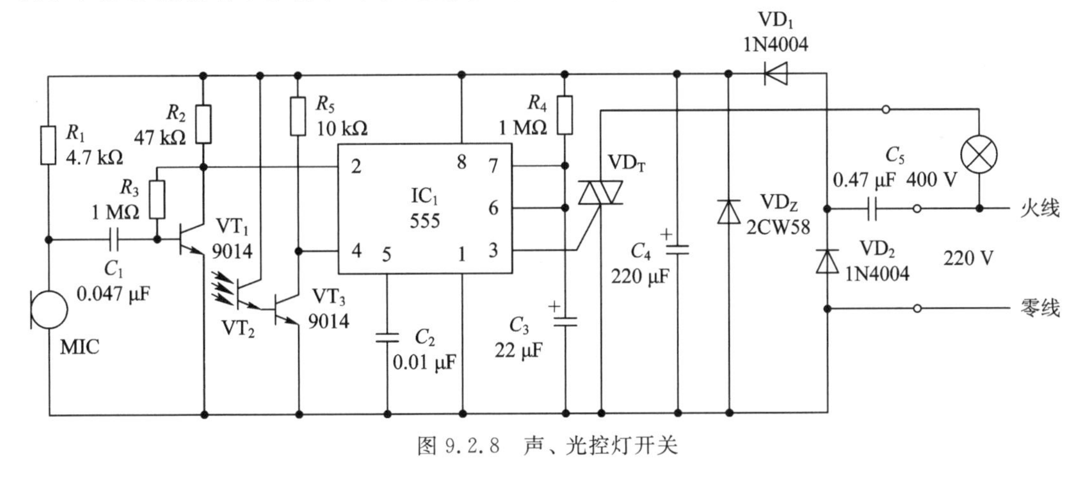

图 9.2.8　声、光控灯开关

模块小结

1. 555 定时器有 8 个引脚，555 定时器由两个电压比较器、一个触发器及一个放电管组成。

2. 555 定时器可和其他元器件(如电阻、电容等)组成单稳态触发器、施密特触发器、多谐振荡器及占空比可调的多谐振荡器等。

过关训练

9.1　选择题。

1. 555 定时电路的复位端 $\bar{R}_D$ 不用时，应当(　　)。

A. 接高电平　　B. 接低电平

C. 通过 0.01 μF 的电容接地　　D. 通过小于 500 Ω 的电阻接地

2. 555 定时器不能用来构成(　　)。

A. 多谐振荡器　　B. 单稳态触发器　　C. 施密特触发器　　D. JK 触发器

3. 多谐振荡器可产生(　　)。

A. 正弦波　　B. 矩形脉冲　　C. 三角波　　D. 锯齿波

4. 555 定时器构成的多谐振荡器属于(　　)电路。

A. 单稳　　B. 双稳　　C. 无稳

5. 555 定时器的电源电压为 U_{CC}，构成施密特触发器时，其回差电压为(　　)。

A. U_{CC}　　B. $\frac{1}{2}U_{CC}$　　C. $\frac{2}{3}U_{CC}$　　D. $\frac{1}{3}U_{CC}$

6. 在 555 定时器构成的施密特触发器电路中，若正向阈值电压为 10 V，负向阈值电压为 5 V，则当输入电压为 7 V 时，输出电压为(　　)。

A. 高电平　　B. 低电平　　C. 不确定

7. 在 555 定时器构成的多谐振荡器电路中，如果电容充电时间常数大于放电时间常数，那么输出波形的占空比(　　)。

A. 大于 50%　　B. 小于 50%　　C. 不确定

模块十

电子技术仿真软件简介

【问题引入】 “纸上得来终觉浅，绝知此事要躬行”。理论知识需要通过实践操作来加深理解，使用仿真软件绘制电路图并进行电路调测，可训练动手能力与实践能力。

【主要内容】 本模块主要介绍：Multisim 8 的使用方法；如何在软件上找出对应元器件及电路的连接；仿真调测；结果模拟。

【学习目标】 掌握 Multisim 8 的使用方法，并能使用它绘制电路图以及对电路出现的故障进行排查。

本模块首先介绍了 Multisim 8 软件的操作界面，重点介绍了菜单栏的功能以及元器件库的分类；再以计数器的电路仿真分析为例，阐述在 Multisim 8 的集成环境中创建和分析电路的一般步骤。

任务 1　Multisim 8 简介

10.1.1　Multisim 8 的基本元素

Multisim 8 的操作界面如图 10.1.1 所示，按功能分为菜单栏、工具栏、状态栏等。其中，菜单栏包括主菜单；工具栏包括系统工具栏、观察工具栏、图形注释工具栏、主工具栏、仿真运行开关、元器件库工具栏、仪器工具栏；状态栏包括运行状态条；工作信息窗口包括电路窗口、设计工具窗。

(1) 主菜单：详见 10.1.2 节。

(2) 系统工具栏：与 Office 软件类似，它包含了所有对目标文件的建立、保存等操作的功能按钮。

(3) 观察工具栏：它包含了对主工作窗(即电路窗口)内的视图进行放大、缩小等操作的功能按钮。

(4) 图形注释工具栏：与 Office 软件类似，它提供了在编辑文件时插入图形、文字的工具，可以在所有文件编辑窗口中使用，并具有宋体汉字输入功能。

(5) 主工具栏：它包含了所有对目标文件进行测试、仿真等操作的功能按钮。

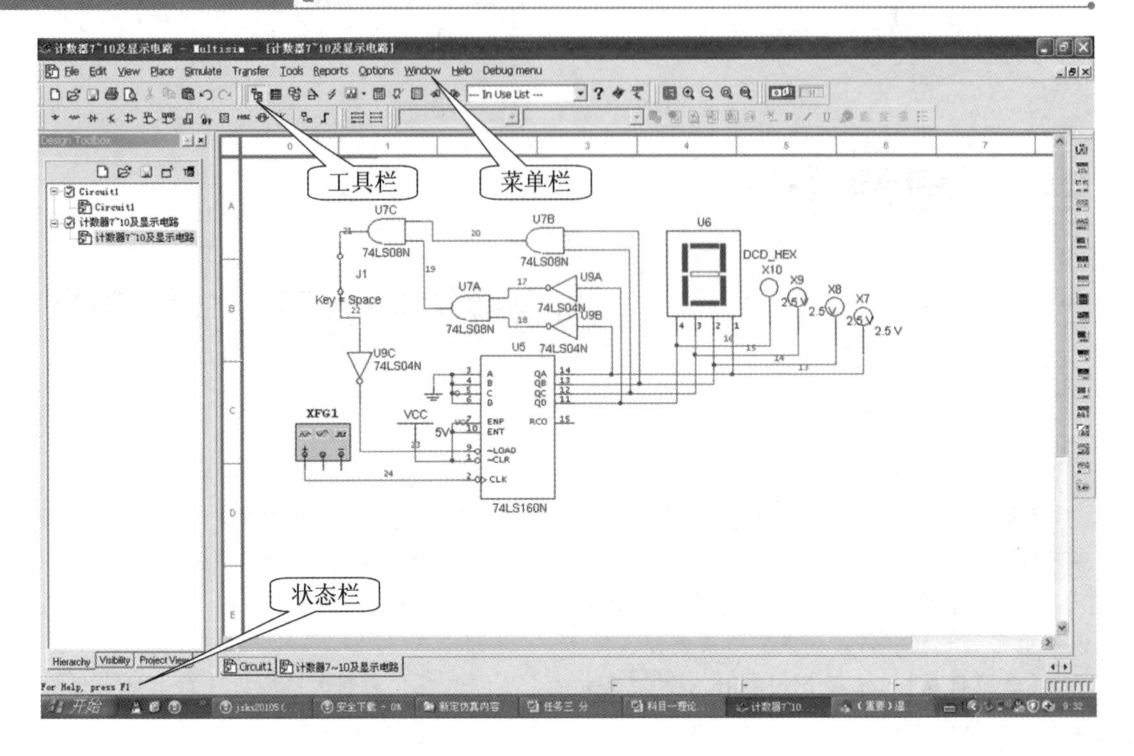

图 10.1.1　Multisim 8 的操作界面

(6) 仿真运行开关：它是由仿真运行/停止和暂停按钮组成的。

(7) 元器件库工具栏：它包括所有元器件分类库的打开按钮，具体说明见 10.1.5 节。

(8) 仪器工具栏：它集中了各种虚拟仪器，可以向电路窗口中添加图标按钮，具体说明见 10.1.4 节。

(9) 电路窗口：它是软件的主工作窗口。读者可以在该窗口中进行元器件放置、电路连接、电路调试等工作。

(10) 设计工具窗：这是一个展现目标文件整体结构和显示参数信息的工作窗。它由相互切换的 3 个视窗(Project View、Hierarchy、Visibility)组成。

10.1.2　Multisim 8 主菜单

与所有 Windows 应用程序类似，主菜单包含了 Multisim 8 的所有功能指令，即在工作界面上任意一个功能按钮所提供的功能，都可以在主菜单的分级菜单中找到。

1. File(文件)菜单

File 菜单可以对文件进行存取、输入、输出等操作，如图 10.1.2(a)所示(注：菜单右侧为英文释义)。

2. Edit(编辑)菜单

Edit 菜单可以对文件内容进行增加、删除和修改等操作，如图 10.1.2(b)所示。其中，Order 是指当前 Layer(图层)的置前与置后，此处是用 Layer 来表示的，用以设置加载电路图中的图形、注释等不同类型内容的显示顺序；Title Block Position 意为图纸的标题栏；通过 Font 操作，可以改变图形文件内所有可修改文字的字形。

(a) File 菜单

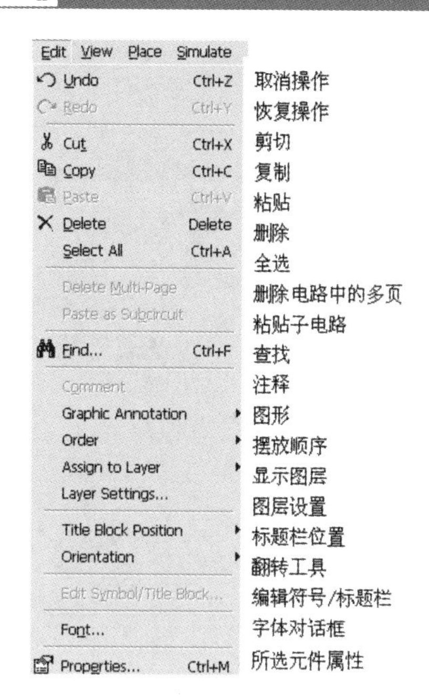

(b) Edit 菜单

图 10.1.2　File 菜单和 Edit 菜单

3. View(视图)菜单

View 菜单如图 10.1.3 所示。其中，Toolbars 子菜单包含该软件的所有分类工具栏，可以通过菜单操作，在主界面上显示或隐藏任何一个工具栏。

图 10.1.3　View 菜单

4. Simulate(仿真)菜单

Simulate 菜单如图 10.1.4 所示。其中，Instruments 子菜单采用仪器工具栏的菜单形式；Analyses 子菜单包括了 18 种标准仿真方法。

图 10.1.4　Simulate 菜单

5. Tools(工具)菜单

Tools 菜单如图 10.1.5 所示。其中，Database 子菜单包括打开库管理器、添加元器件库、库元器件转换和合并元器件库 4 个命令。

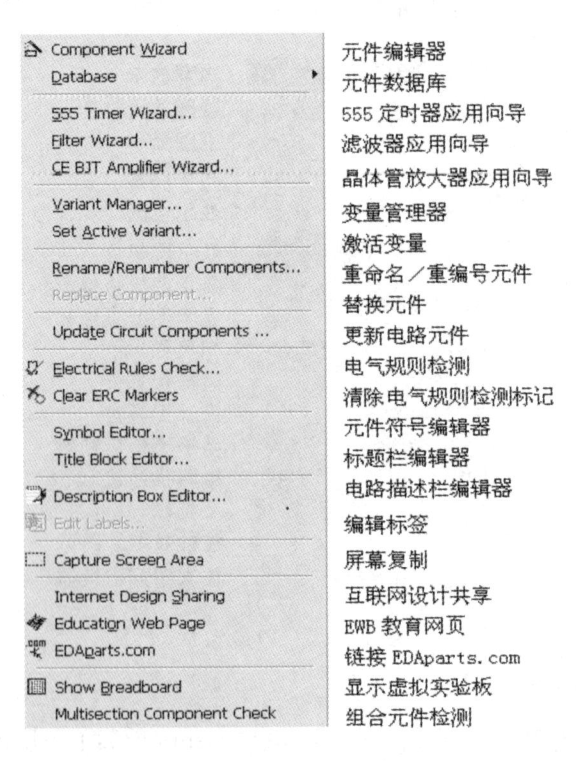

图 10.1.5　Tools 菜单

Transfer(传送)菜单、Place(放置)菜单、Options(配置)菜单、Reports(报表)菜单、Window(窗口)菜单、Help(帮助)菜单如图 10.1.6～图 10.1.11 所示。

菜单项	说明
Transfer to Ultiboard	转换到 Ultiboard
Transfer to other PCB Layout	转换到其他 PCB 制版
Forward Annotate to Ultiboard	将 Multisim 数据传给 Ultiboard
Backannotate from Ultiboard	从 Ultiboard 传入数据
Highlight Selection in Ultiboard	加亮版图选择区
Export Netlist	输出网格表

图 10.1.6　Transfer 菜单

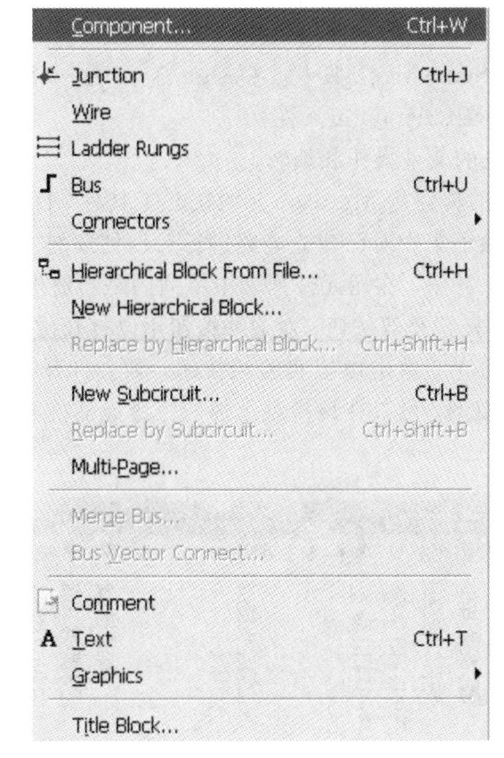

元器件
电路结点
电路连线
梯形母线
总线
连接器
打开电路分层模块
新建电路分层模块
替换电路分层模型
新建子电路
替换子电路
多页设置
合并总线
总线矢量连接
注释
文本
绘图
图纸标题栏

图 10.1.7　Place 菜单

菜单项	说明
Global Preferences...	软件参数选择
Sheet Properties...	电路文件界面属性设置
Global Restrictions...	软件功能限制
Circuit Restrictions...	电路文件功能限制
Simplified Version	简化版本
Customize User Interface...	定制用户界面

图 10.1.8　Options 菜单

菜单项	说明
Bill of Materials	材料清单
Component Detail Report	元件细节报表
Netlist Report	网络表报表
Cross Reference Report	元件交叉参照表
Schematic Statistics	简要统计报表
Spare Gates Report	未用元件门统计报表

图 10.1.9　Reports 菜单

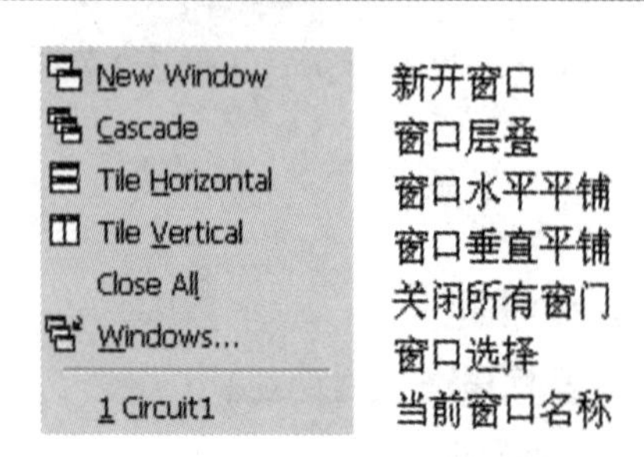

图 10.1.10　Window 菜单

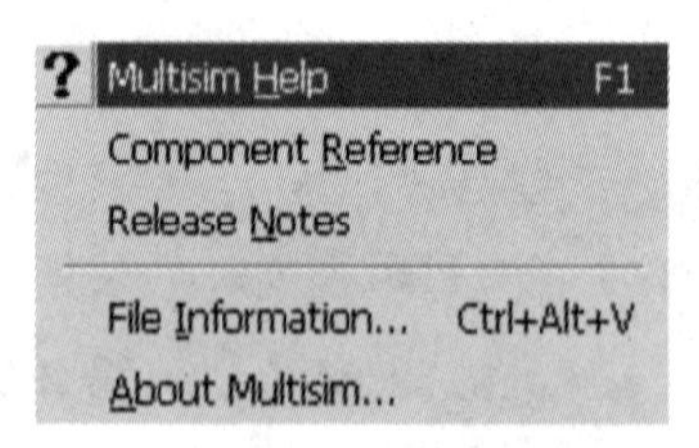

图 10.1.11　Help 菜单

10.1.3　Multisim 8 主工具栏

Multisim 8 提供了多种工具栏，并以层次化的模式加以管理，用户可以通过 View 菜单中的选项方便地打开或关闭顶层的工具栏，再通过顶层工具栏中的按钮来管理和控制下层的工具栏。通过工具栏，用户可以方便直接地使用软件的各项功能。

Multisim 8 的顶层工具栏有 Standard 工具栏、Design 工具栏、Master 工具栏、Instruments 工具栏、Zoom 工具栏、Simulation 工具栏。

(1) Standard 工具栏包含了常见的文件操作和编辑。

(2) 作为设计工具栏的 Design 工具栏是 Multisim 8 的核心工具栏，Design 工具栏的结构如图 10.1.12 所示。该工具栏除了集中对已建立电路进行后期处理的主要工具，还包括修改和维护元器件库所需的工具。其中，在用元件列表中罗列的是当前电路窗口内在用电路所含元器件的名称；记录、分析按钮是双按钮，左边的按钮用以打开仿真图形记录器，右边的按钮用来弹出仿真算法选择菜单；单击虚拟实验板按钮，则会打开一个工作窗口，窗口内显示出一块三维电子实验板模型，可以在该模型上插装三维元器件和导线模型，用以模拟电子线路插板调试的过程。

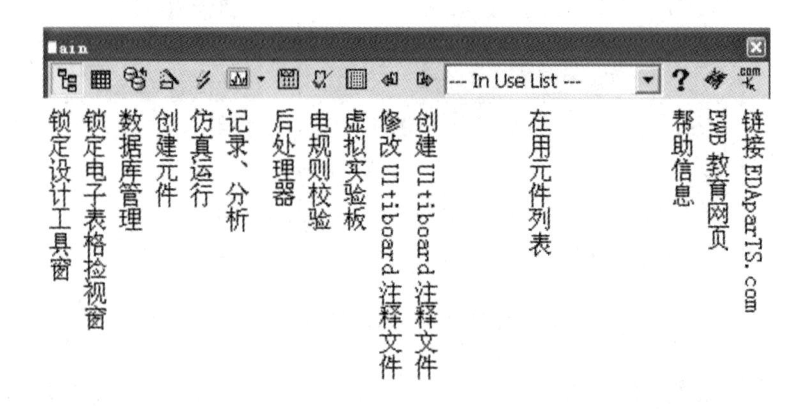

图 10.1.12　Design 工具栏

(3) Master 工具栏有 14 个按钮，每一个按钮都对应一类元器件，其分类方式和 Multisim 8 元器件数据库中的分类方式相对应，通过 Master 工具栏上的 14 个按钮的图标就可以大致清楚该类元器件的类型。具体的内容可以从 Multisim 8 的在线文档中获取。

(4) Instruments 工具栏集中了所有虚拟仪器仪表，用户可以通过按钮选择自己需要的仪器对电路进行观测。

(5) 用户可以通过 Zoom 工具栏调整所编辑电路的视图大小。

(6) Simulation 工具栏可以控制电路仿真的开始、结束和暂停。

10.1.4　Multisim 8 仪器工具栏

对电路进行仿真运行时，通过对运行结果的分析判断设计是否正确合理，是 EDA 软件的一项主要功能。仪器工具栏列出了 Multisim 8 的所有测试仪器。单击所需仪器的工具栏按钮，即可将该仪器添加到电路窗口中，并在电路窗口中使用该仪器。Multisim 8 在仪器仪表栏下提供了 19 个常用仪器仪表，依次为数字万用表、函数信号发生器、功率表、双踪示波器、四踪示波器、伯德图仪、数字频率计、字信号发生器、逻辑分析仪、逻辑转换仪、伏安特性分析仪、失真仪、频谱分析仪、端口网络分析仪、Agilent 信号发生器、Agilent 万用表、Agilent 示波器、Tektronix 示波器和测量探针，如图 10.1.13 所示。

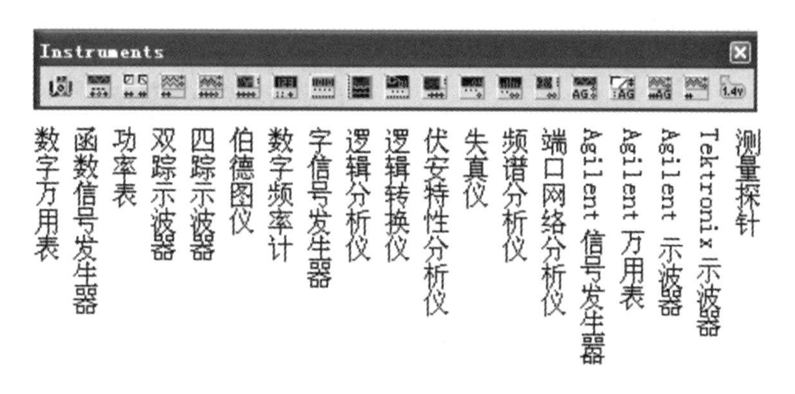

图 10.1.13　仪器工具栏

10.1.5　Multisim 8 元器件库工具栏

元器件库工具栏如图 10.1.14 所示。单击工具栏中任意一个分组库的按钮，均会弹出一个多窗口的元器件库操作界面，如图 10.1.15 所示。在元器件库数据库(Database)窗口下，元器件库被分为主数据库(Master Database)、公共数据库(Corporate Database)和用户数据库(User Database)3 类。点开后的元器件库均可按工具栏上的分组方式分为 14 组，显示于分组(Group)窗口下。每一个元器件组又分为若干元器件系列，显示于系列(Family)窗口内。元器件(Component)窗口显示的内容，是在 Family 窗口内被选中的系列元器件名称列表。

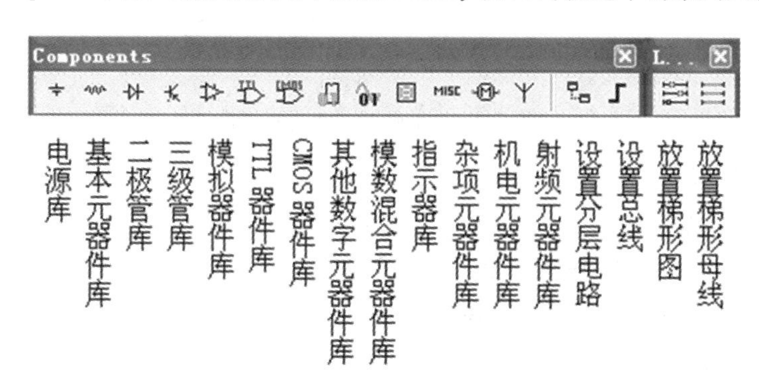

图 10.1.14　元器件库工具栏

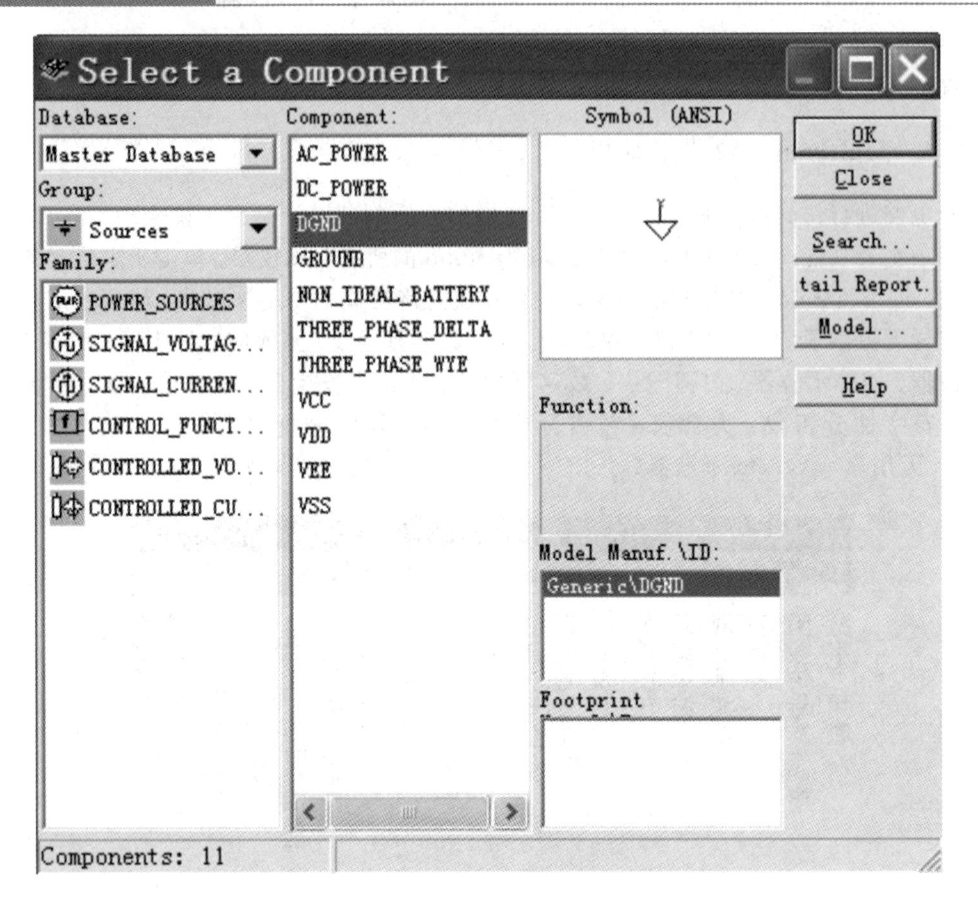

图 10.1.15　元器件库操作界面

1. 电源库(Sources)

电源库的 Family 窗口内的元器件如图 10.1.16 所示。电源库中的元器件按电源的用途可分为工作电源、信号电源和受控电源 3 类。

POWER_SOURCES	电源
SIGNAL_VOLTAGE_SOURCES	信号电压源
SIGNAL_CURRENT_SOURCES	信号电流源
CONTROL_FUNCTION_BLOCKS	控制函数功能块
CONTROLLED_VOLTAGE_SOURCES	受控电压源
CONTROLLED_CURRENT_SOURCES	受控电流源

图 10.1.16　电源库中的元器件列表

2. 基本元器件库(Basic)

基本元器件库的 Family 窗口内的元器件如图 10.1.17 所示。其中，3D_VIRTUAL 中的元器件图形使用的是实际封装外形，如果全部用该器件编辑原理图，那么在原理图完成后，可以直接打开虚拟实验板进行模拟调试。

3. 二极管库(Diodes)

二极管库的 Family 窗口内的元器件如图 10.1.18 所示。

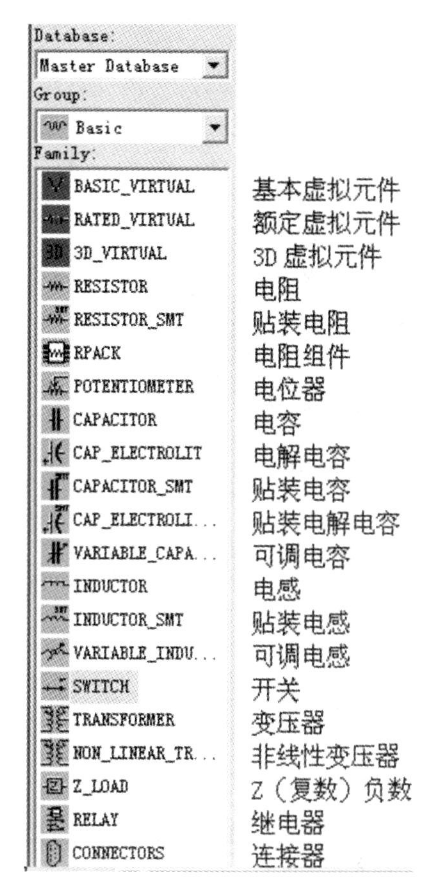

图 10.1.17　基本元器件库中的元器件列表

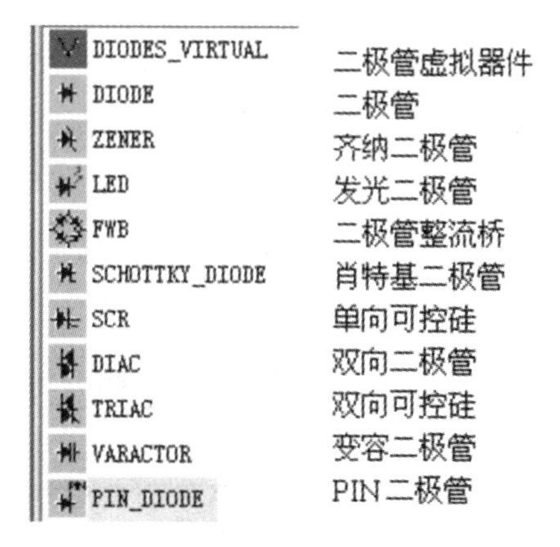

图 10.1.18　二极管库中的元器件列表

4. 模拟器件库(Analog)

模拟器件库的 Family 窗口内的元器件如图 10.1.19 所示。

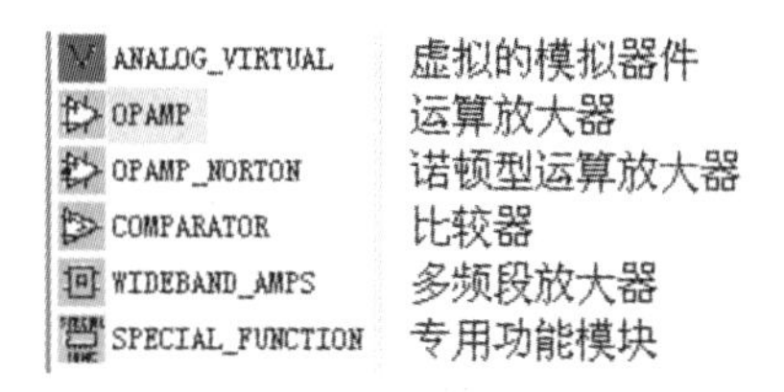

图 10.1.19　模拟器件库中的元器件列表

5. TTL 器件库(TTL)

TTL 器件库的 Family 窗口内的元器件如图 10.1.20 所示。

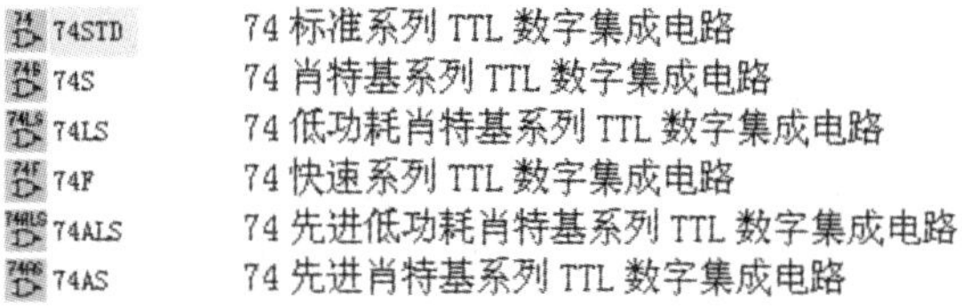

74STD	74 标准系列 TTL 数字集成电路
74S	74 肖特基系列 TTL 数字集成电路
74LS	74 低功耗肖特基系列 TTL 数字集成电路
74F	74 快速系列 TTL 数字集成电路
74ALS	74 先进低功耗肖特基系列 TTL 数字集成电路
74AS	74 先进肖特基系列 TTL 数字集成电路

图 10.1.20　TTL 器件库中的元器件列表

6. CMOS 器件库(CMOS)

CMOS 器件库的 Family 窗口内的元器件如图 10.1.21 所示。

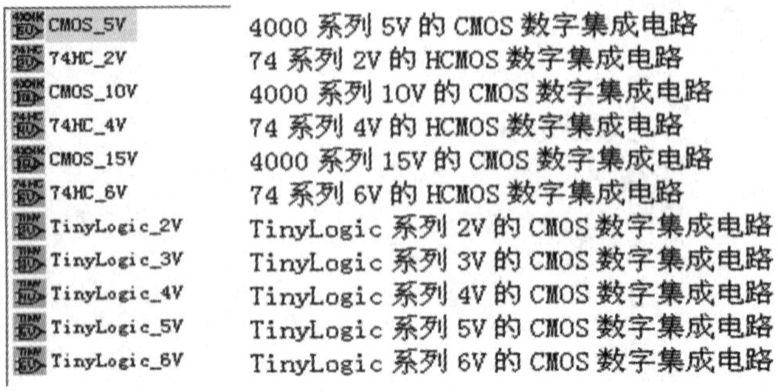

CMOS_5V 4000 系列 5V 的 CMOS 数字集成电路
74HC_2V 74 系列 2V 的 HCMOS 数字集成电路
CMOS_10V 4000 系列 10V 的 CMOS 数字集成电路
74HC_4V 74 系列 4V 的 HCMOS 数字集成电路
CMOS_15V 4000 系列 15V 的 CMOS 数字集成电路
74HC_6V 74 系列 6V 的 HCMOS 数字集成电路
TinyLogic_2V TinyLogic 系列 2V 的 CMOS 数字集成电路
TinyLogic_3V TinyLogic 系列 3V 的 CMOS 数字集成电路
TinyLogic_4V TinyLogic 系列 4V 的 CMOS 数字集成电路
TinyLogic_5V TinyLogic 系列 5V 的 CMOS 数字集成电路
TinyLogic_6V TinyLogic 系列 6V 的 CMOS 数字集成电路

图 10.1.21 CMOS 器件库中的元器件列表

7. 其他数字元器件库(Mics Digital)

其他数字元器件库的 Family 窗口内的元器件如图 10.1.22 所示。

8. 模数混合元器件库(Mixed)

模数混合元器件库的 Family 窗口内的元器件如图 10.1.23 所示。

Family:
TIL 数字逻辑器件
DSP 数字信号处理器件
FPGA 现场可编程门阵列
PLD 可编程逻辑器件
CPLD 复杂可编程逻辑器件
MICROCONTROLLERS 微控制器
MICROPROCESSORS 微处理器
VHDL VHDL 可编程逻辑器件
VERILOG_HDL VERILOG 可编程逻辑器件
MEMORY 存储器
LINE_DRIVER 线路驱动器
LINE_RECEIVER 线路接收器
LINE_TRANSCEIVER 线路收发器

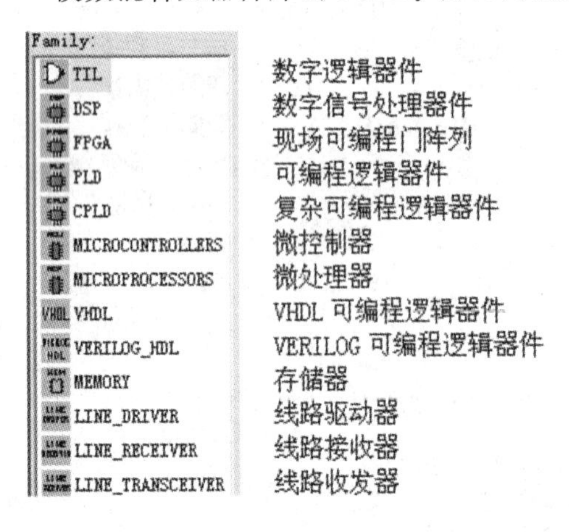

图 10.1.22 其他数字元器件库中的元器件列表

Database:
Master Database
Group:
Mixed
Family:
MIXED_VIRTUAL 混合虚拟器件
TIMER 555 定时器
ADC_DAC 模拟/数字或数字/模拟转换器
ANALOG_SWITCH 模拟开关器件
MULTIVIBRATORS 多频振荡器

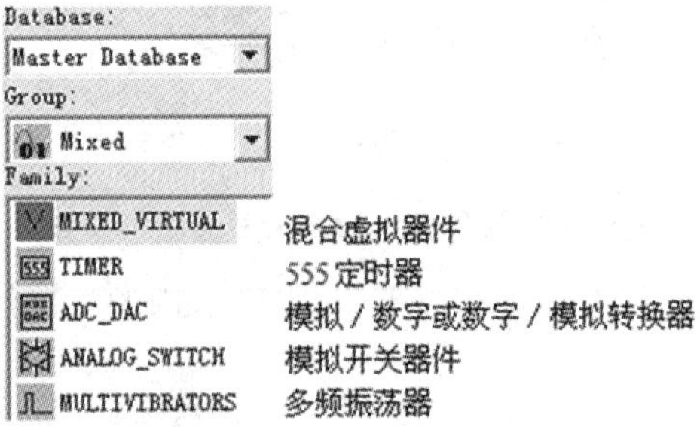

图 10.1.23 模数混合元器件库中的元器件列表

9. 指示器库(Indicators)

指示器库的 Family 窗口内的元器件如图 10.1.24 所示。

Group:
Indicators
Family:
VOLTMETER 电压表头
AMMETER 电流表头
PROBE 探针
BUZZER 蜂鸣器
LAMP 白炽灯
VIRTUAL_LAMP 虚拟白炽灯
HEX_DISPLAY 十六进制的多段数码显示器
BARGRAPH 条柱显示器

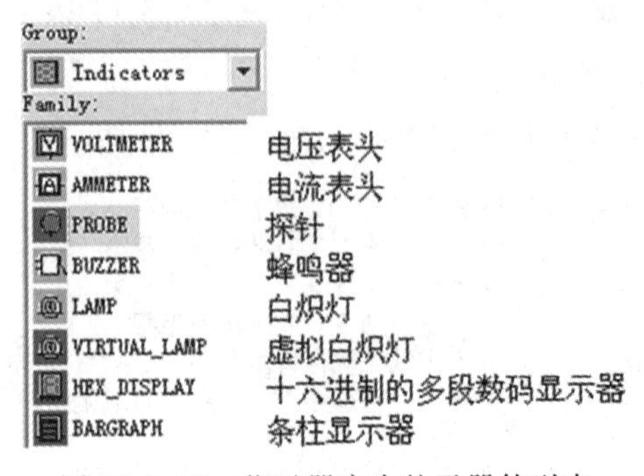

图 10.1.24 指示器库中的元器件列表

10. 杂项元器件库(Misc)

杂项元器件库的 Family 窗口内的元器件如图 10.1.25 所示。

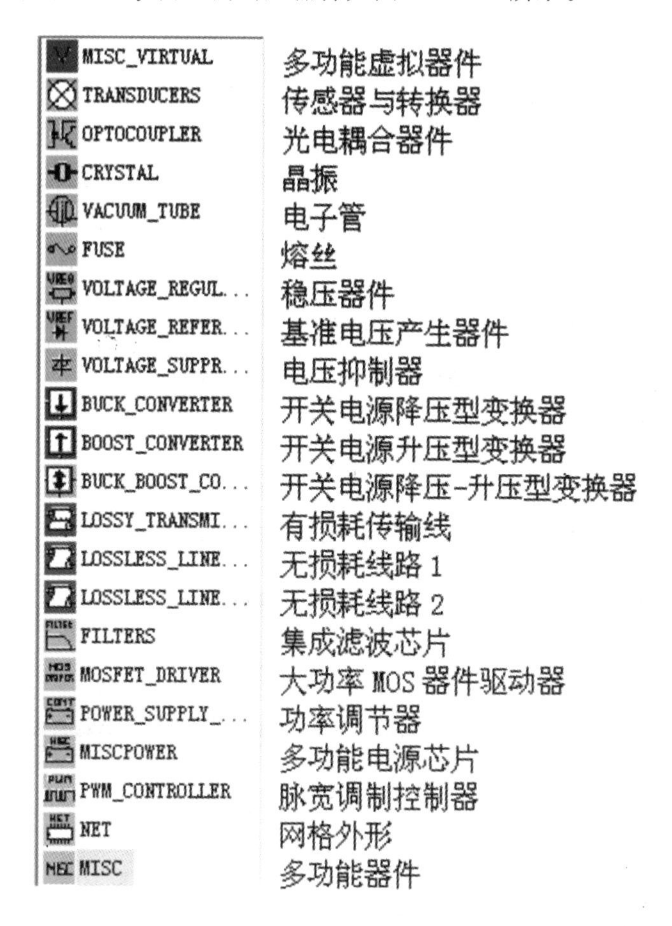

图 10.1.25　杂项元器件库中的元器件列表

11. 机电元器件库(Electro Mechanical)

机电元器件库的 Family 窗口内的元器件如图 10.1.26 所示。

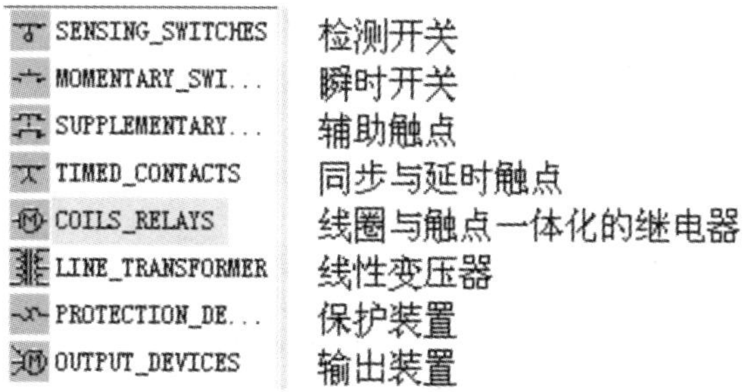

SENSING_SWITCHES 检测开关
MOMENTARY_SWI... 瞬时开关
SUPPLEMENTARY... 辅助触点
TIMED_CONTACTS 同步与延时触点
COILS_RELAYS 线圈与触点一体化的继电器
LINE_TRANSFORMER 线性变压器
PROTECTION_DE... 保护装置
OUTPUT_DEVICES 输出装置

图 10.1.26　机电元器件库中的元器件列表

12. 射频元器件库(RF)

射频元器件库的 Family 窗口内的元器件如图 10.1.27 所示。

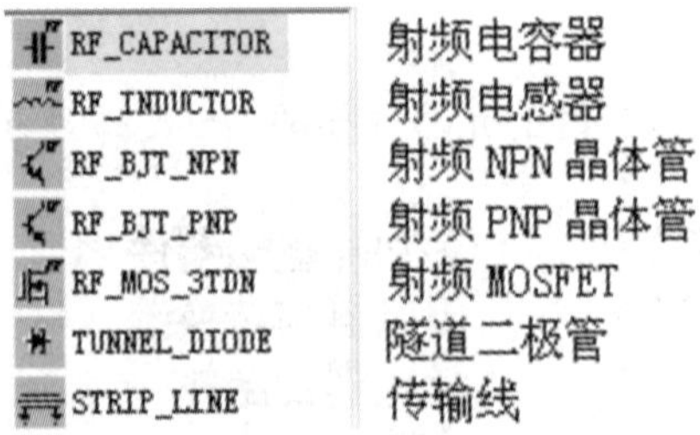

RF_CAPACITOR	射频电容器
RF_INDUCTOR	射频电感器
RF_BJT_NPN	射频 NPN 晶体管
RF_BJT_PNP	射频 PNP 晶体管
RF_MOS_3TDN	射频 MOSFET
TUNNEL_DIODE	隧道二极管
STRIP_LINE	传输线

图 10.1.27 射频元器件库中的元器件列表

13. 晶体管库(Transistors)

晶体管库的 Family 窗口内的元器件如图 10.1.28 所示。

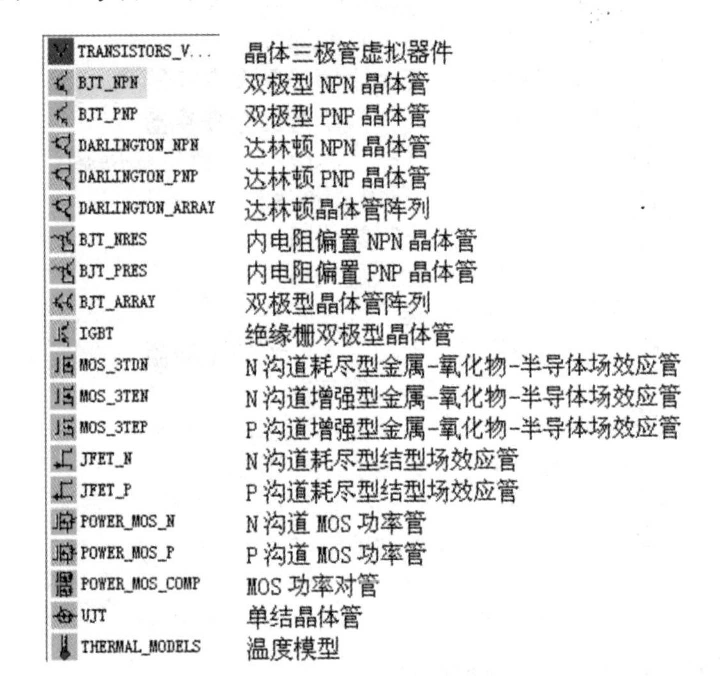

图 10.1.28 晶体管库中的元器件列表

14. 梯形图库(Ladder Diagrams)

梯形图库的 Family 窗口内的元器件如图 10.1.29 所示。

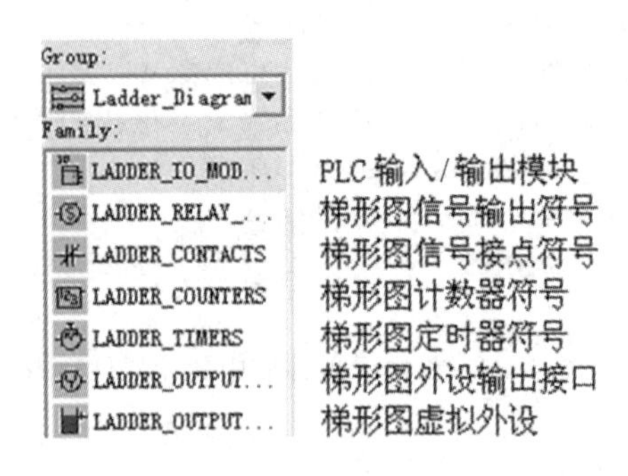

图 10.1.29 梯形图库中的元器件列表

10.1.6 Multisim 8 创建仿真电路

运行 Multisim 8 时，系统会自动打开一个名为“Circuit1”的空白电路文件；单击系统工具栏中的“新建文件”按钮，也可以新建名为“Circuit1”的空白电路文件。

1. 在电路窗口内放置元器件

选择主菜单中的“Place”菜单下的“Component”命令，或者单击元器件库工具栏中的任意一个按钮，均会弹出一个名为“Select a Component”的窗口，如图 10.1.30 所示。在“Database”的下拉列表中选择“Master Database”选项，在“Group”下拉列表中选择“Sources”选项，在“Component”的列表框中选择“V_{CC}”后，单击“OK”按钮，窗口关闭，出现 V_{CC} 的活动图标，将此图标移至电路图中合适的位置，单击“确认”，即可完成放置操作。

与以上过程相似，打开不同的元器件库，即可进行各种所需元器件的取放操作。

如果元器件的摆放方向不合适，可右击该元器件图标，在弹出的快捷菜单中选择“Flip Horizontal”“Flip Vertical”“90 Clockwise”或“90 CounterCW”命令，对元器件进行水平翻转、垂直翻转、顺时针 90°旋转、逆时针 90°旋转操作，直至所有的元器件均按要求摆放，元器件放置工作完成。

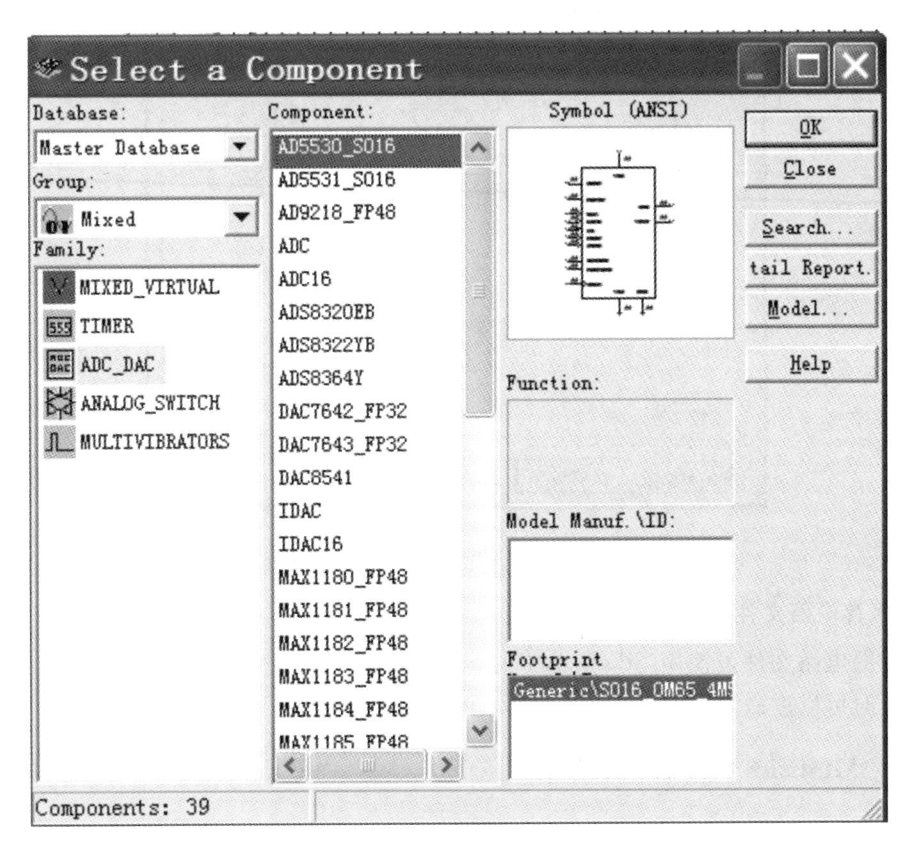

图 10.1.30 Select a Component 窗口

2. 元器件连线

将元器件放置在电路编辑窗口后，使用鼠标就可以方便地将各元器件连接起来。通常用鼠标单击连线的起点并拖动鼠标至连线的终点，即可完成连线。

注意：在 Multisim 8 中，连线的起点和终点不能悬空。

3. 设置元器件参数

连线完成后，还需要设置元器件的参数。若电路使用的元器件规格在元器件库中已有，则可直接使用默认参数；若没有，则须对元器件参数重新进行设置。

例如，电路中使用的直流电源 V_1 的默认电压是 12 V，通过以下操作可将电压设为 5 V。首先，右击该元器件(或双击该元器件图标)，弹出快捷菜单，选择"Properties"命令，弹出"POWER_SOURCES"对话框，如图 10.1.31 所示。然后，打开"Value"选项卡，将"Voltage"文本框中的数字改为"5"。最后，单击"确定"按钮，即可完成设置。

按照以上步骤，可对其他元器件的参数进行设置。

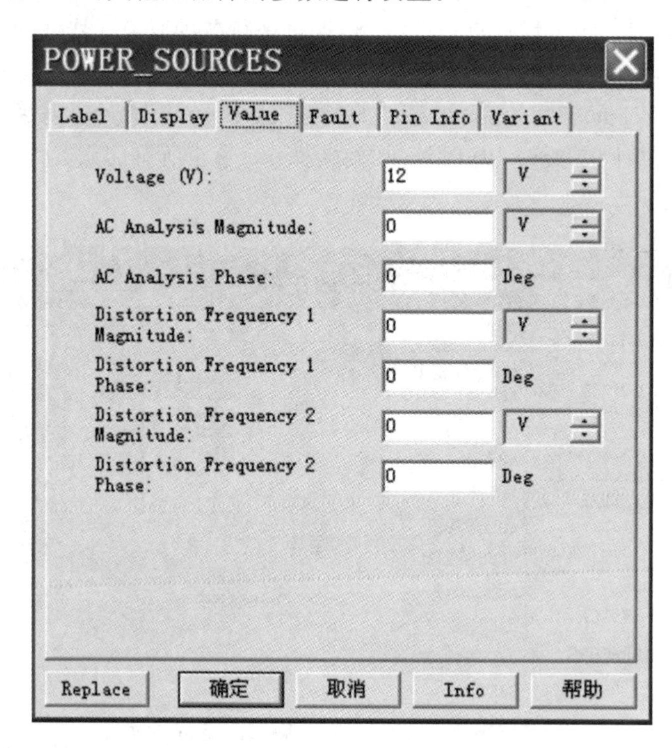

图 10.1.31　POWER_SOURCES 对话框

4. 保存电路文件

打开的电路文件可使用 File 菜单中的 Save as(另存文件)命令进行保存，使用该命令保存文件时可以重命名该文件。应注意要及时保存电路文件。

10.1.7　Multisim 8 仪器仪表的使用

1. 数字万用表(Multimeter)

Multisim 8 提供的数字万用表的外观及其设置如图 10.1.32 所示。数字万用表可以测电流 I、电压 U、电阻 R 和分贝值(dB)，可用于对直流或交流信号的测量。数字万用表有正极和负极两个引线端。

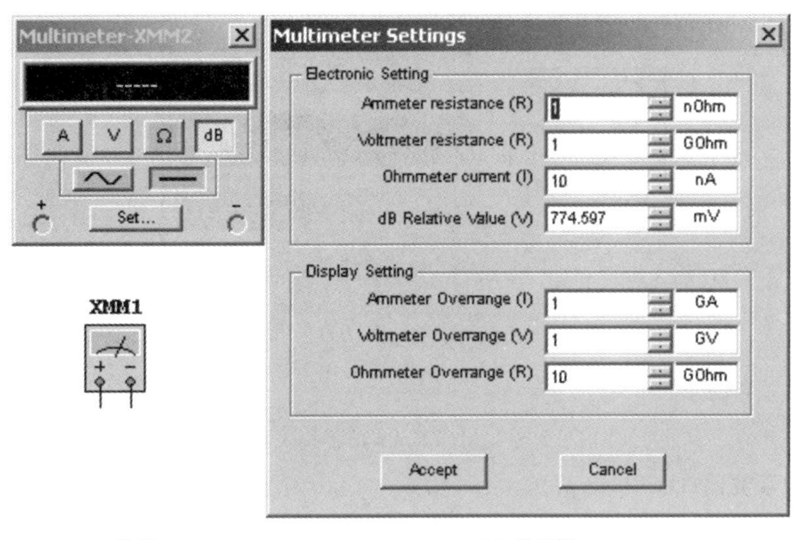

(a) 外观　　　　(b) 设置栏

图 10.1.32　Multisim 8 的数字万用表及其设置栏

2. 函数信号发生器(Function Generator)

Multisim 8 软件提供的函数信号发生器可以产生正弦波、三角波和矩形波，如图 10.1.33 所示，信号频率可在 1 Hz 到 999 MHz 的范围内调整。信号的幅值以及占空比等参数也可以根据需要进行调节。函数信号发生器有三个引线端口：负极、正极和公共端。

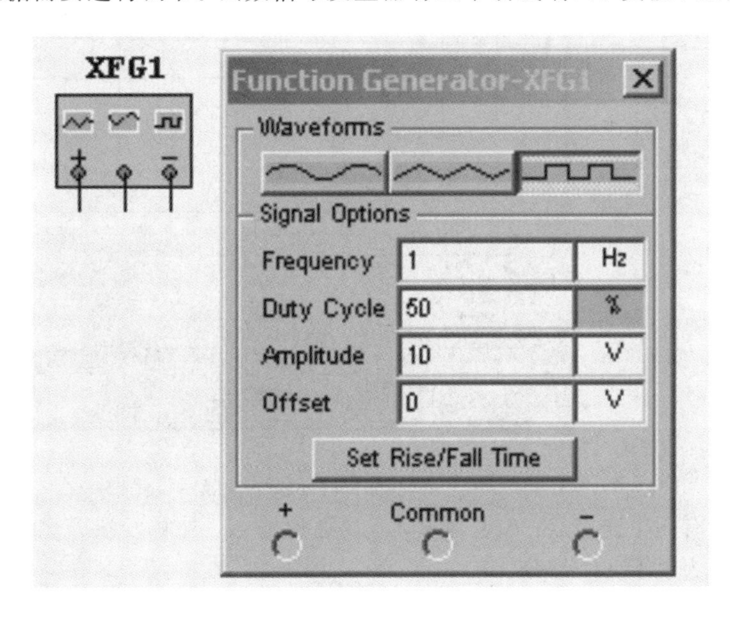

图 10.1.33　Multisim 8 的函数信号发生器及设置栏

3. 功率表(Wattmeter)

功率表又称为瓦特表，Multisim 8 软件提供的功率表如图 10.1.34 所示。功率表可用来测量电路的交流或直流功率，它有四个引线端，分别为电压正极和负极、电流正极和负极。

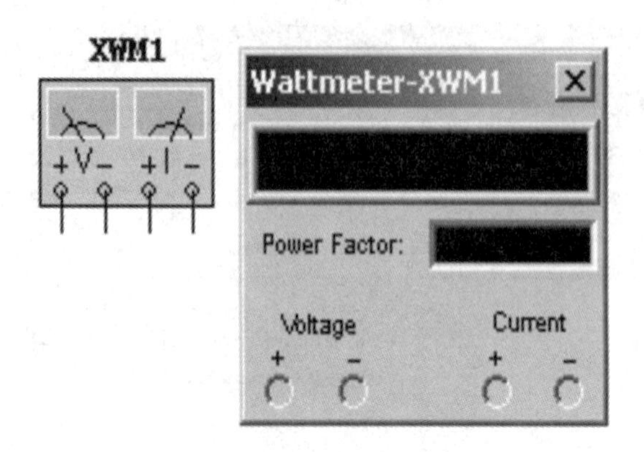

图 10.1.34　Multisim 8 的瓦特表及设置栏

4. 双踪示波器(Oscilloscope)

Multisim 8 提供的双踪示波器，如图 10.1.35 所示。该示波器可以观察一路或两路信号波形的形状，分析被测周期信号的幅值和频率，时间基准可在秒直至纳秒范围内进行调节。

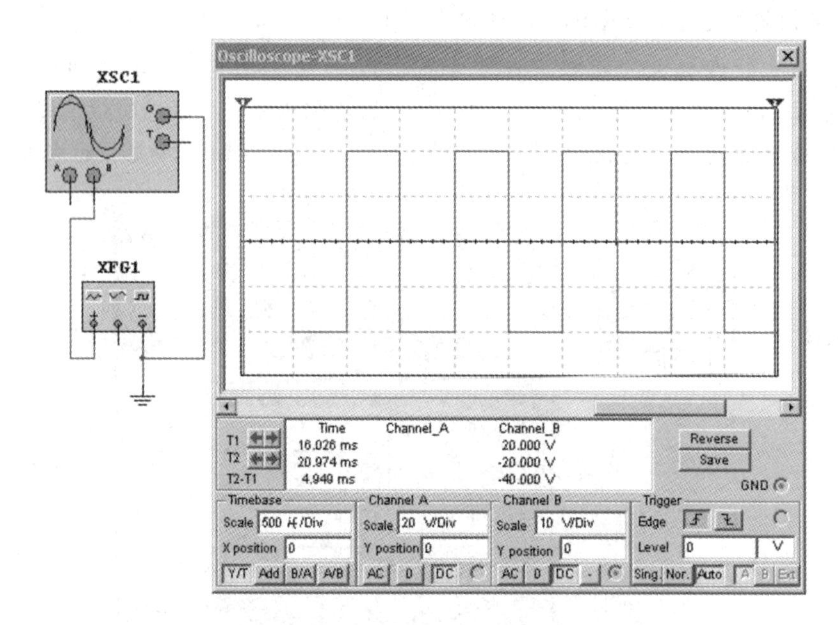

图 10.1.35　Multisim 8 的双踪示波器及显示设置栏

示波器图标有四个连接点：A 通道输入、B 通道输入、外触发端 T 和接地端 G。示波器的控制面板分为以下四个部分。

1) Timebase(时间基准)

Scale(量程)：设置显示波形时的 X 轴时间基准。

X position(X 轴位置)：设置 X 轴的起始位置。

Timebase 的显示方式设置有四种：Y/T 方式指的是 X 轴显示时间，Y 轴显示电压值；Add 方式指的是 X 轴显示时间，Y 轴显示 A 通道和 B 通道电压之和；A/B 或 B/A 方式指的是 X 轴和 Y 轴都显示电压值。

2）Channel A（通道 A）

Scale（量程）：通道 A 的 Y 轴电压刻度设置。

Y position（Y 轴位置）：设置 Y 轴的起始点位置，起始点为 0 表明 Y 轴和 X 轴重合，起始点为正值表明 Y 轴原点位置向上移，否则向下移。

3）Channel B（通道 B）

通道 B 的 Y 轴量程、起始点、耦合方式等内容的设置与通道 A 相同。

4）Trigger（触发）

Trigger 的触发耦合方式为 AC（交流耦合）、0（0 耦合）或 DC（直流耦合）。交流耦合只显示交流分量；直流耦合显示直流和交流之和；0 耦合在 Y 轴设置的原点处显示一条直线。

5. 伯德图仪（Bode Plotter）

利用伯德图仪可以方便地测量和显示电路的频率响应，伯德图仪适合分析滤波电路或电路的频率特性，特别易于观察截止频率。图 10.1.36 为一阶 RC 滤波电路测试图，一路是电路输入信号，另一路是电路输出信号。

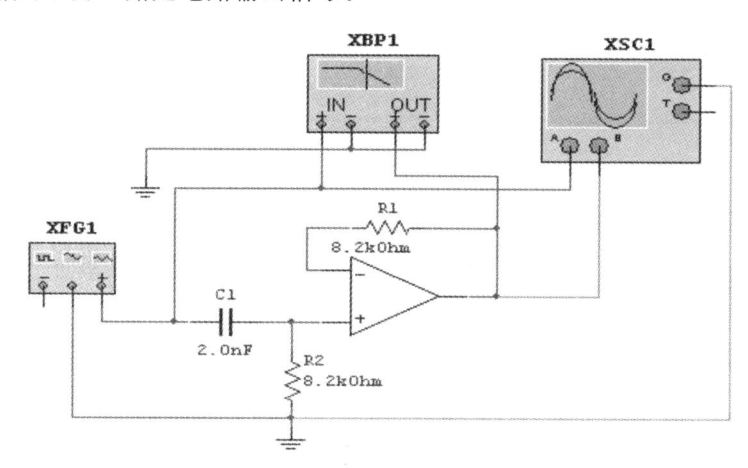

图 10.1.36　一阶 RC 滤波电路测试图

伯德图仪控制面板分为 Magnitude（幅值）或 Phase（相位）的选择、Horizontal（横轴）设置、Vertical（纵轴）设置、显示方式的其他控制信号。面板中的“F”指的是终值，“I”指的是初值。在伯德图仪的面板上，可以直接设置横轴和纵轴的坐标及其参数，如图 10.1.37 所示。

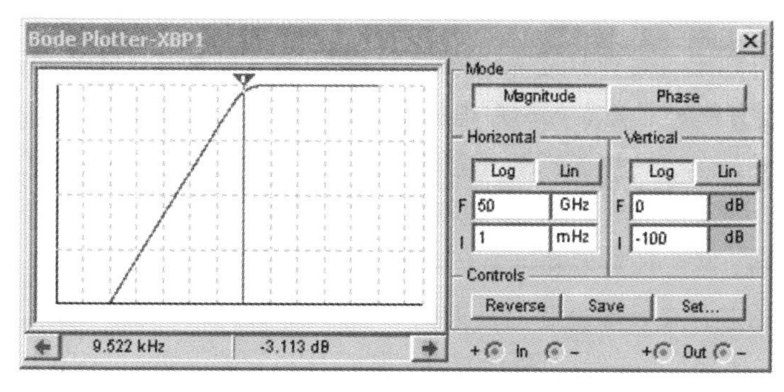

图 10.1.37　伯德图仪设置窗口

6. 逻辑转换仪(Logic Converter)

Multisim 8 提供了一种虚拟仪器——逻辑转换仪。实际应用中并没有这种仪器，逻辑转换仪可以在逻辑电路、真值表和逻辑表达式之间进行转换，它有 8 路信号输入端，1 路信号输出端，如图 10.1.38 所示。

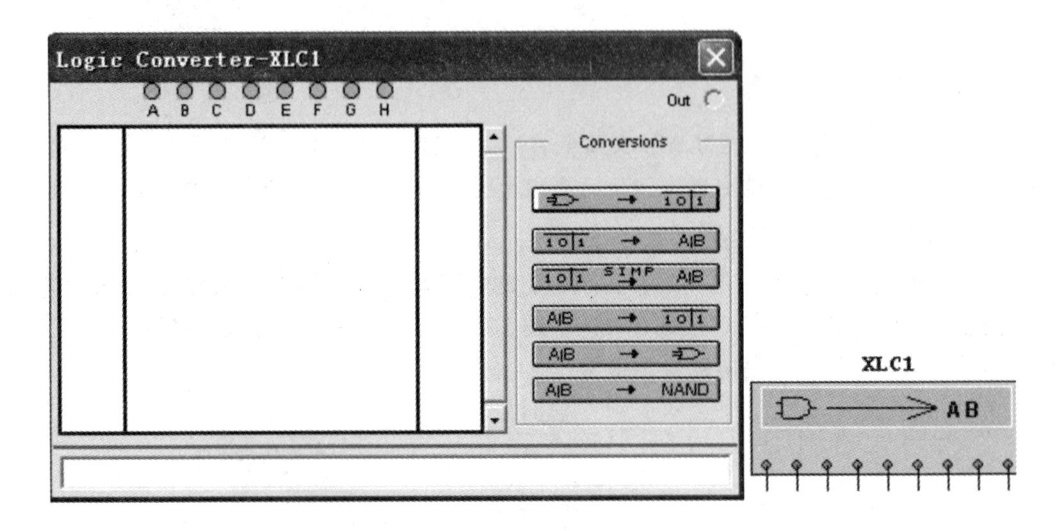

图 10.1.38　Multisim 8 的逻辑转换仪及显示设置栏

逻辑转换仪的 6 种转换功能依次是：逻辑电路转换为真值表、真值表转换为逻辑表达式、真值表转换为最简逻辑表达式、逻辑表达式转换为真值表、逻辑表达式转换为逻辑电路、逻辑表达式转换为与非门电路。

注：Multisim 8 中用“′”代替“—”，表示反变量。例如：$\overline{A}$ 在软件中用 A' 表示。

任务 2　计数器及其仿真

10.2.1　概述

1. 计数器

计数器不仅可用于对时钟脉冲的计数，还可用于分频、定时、产生节拍脉冲和脉冲序列等，因此计数器是一种较重要的时序电路。

计数是一种最简单、最基本的逻辑运算。计数器的种类繁多，如按计数器中触发器翻转的次序分类，计数器可分为同步计数器和异步计数器；按计数数字的增减分类，计数器可分为加法计数器、减法计数器和可逆计数器等。

常见的计数器芯片在计数进制上只集成了应用较广的几种类型，如十进制、十六进制等。74LS161 是集成四位二进制加法计数器，其符号和管脚分布如图 10.2.1 所示，功能表如表 10.2.1 所示。

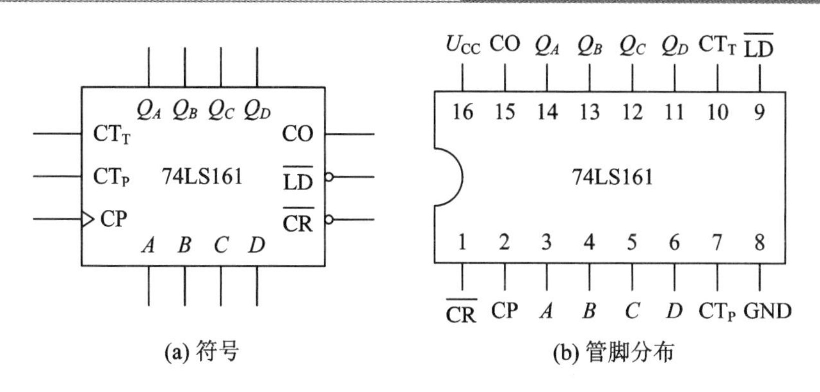

图 10.2.1 74LS161 符号及管脚分布

表 10.2.1 74LS161 功能表

$\overline{CR}$	$\overline{LD}$	CT_P CT_T	CP	A B C D	Q_A Q_B Q_C Q_D
0	×	× ×	×	× × × ×	0 0 0 0
1	0	× ×	↑	A B C D	A B C D
1	1	0 ×	×	× × × ×	保持
1	1	× 0	×	× × × ×	保持
1	1	1 1	↑	× × × ×	计数

从表 10.2.1 可以看出，74LS161 在$\overline{CR}$为低电平时实现异步复位(清零$\overline{CR}$)功能，即复位不需要时钟信号。在复位端高电平条件下，预置端$\overline{LD}$为低电平时实现同步预置功能，即需要有效时钟信号才能使输出状态 $Q_AQ_BQ_CQ_D$ 等于并行输入预置数 $ABCD$。在复位和预置端都为无效电平时，两计数使能端输入使能信号，$CT_T \cdot CT_P=1$，74LS161 实现模 16 加法计数功能，$Q_A^{n+1}Q_B^{n+1}Q_C^{n+1}Q_D^{n+1}=Q_A^nQ_B^nQ_C^nQ_D^n+1$；两计数使能端输入禁止信号，$CT_T \cdot CT_P=0$，集成计数器实现状态保持功能，$Q_A^{n+1}Q_B^{n+1}Q_C^{n+1}Q_D^{n+1}=Q_A^nQ_B^nQ_C^nQ_D^n$。在 $Q_A^nQ_B^nQ_C^nQ_D^n=1111$ 时，进位输出端 CO=1。

2. 设计时序逻辑电路的方法

在数字集成电路中有许多型号不同的计数器产品，可以用这些数字集成电路来实现所需要的计数功能和时序逻辑功能。在设计时序逻辑电路时有两种方法，一种为反馈清零法，另一种为反馈置数法。

1) 反馈清零法

反馈清零法是利用反馈电路产生一个复位信号给集成计数器，使计数器各输出端为零(清零)。反馈电路一般是组合逻辑电路，计数器输出的部分或全部可作为其输入，在计数器一定的输出状态下即时产生复位信号，使计数电路同步或异步复位。反馈清零法的逻辑框图如图 10.2.2 所示。

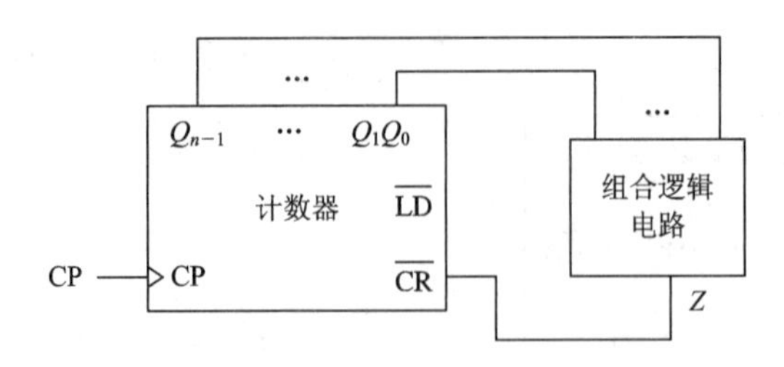

图 10.2.2 反馈清零法逻辑框图

2）反馈置数法

反馈置数法将反馈逻辑电路产生的信号送到计数电路的置位端，在满足条件时，计数电路输出状态为给定的二进制码。反馈置数法的逻辑框图如图 10.2.3 所示。

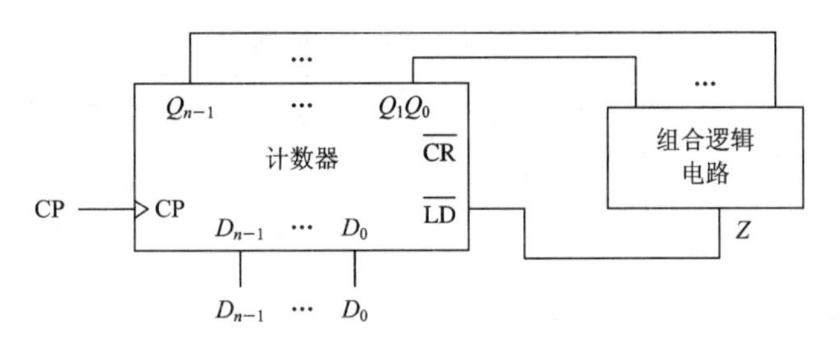

图 10.2.3 反馈置数法逻辑框图

在时序逻辑电路设计中，以上两种方法有时可以并用。

10.2.2 仿真内容及步骤

1. 74LS161 逻辑功能测试

74LS161 是中规模集成同步四位二进制加法计数器，它具有异步清零和同步预置数的功能。使用 74LS161 通过反馈清零法或反馈置数法可以实现任意进制计数器的设计。其引脚分布图如图 10.2.1 所示。

先对 74LS161 的基本功能进行测试，并将计数器的工作状态填入表 10.2.2 中。

(1) 异步清零：当 $\overline{CR}=0$ 时，$Q_A=Q_B=Q_C=Q_D=0$。

(2) 同步预置：当$\overline{LD}=0$ 时，在时钟脉冲 CP 上升沿作用下，$Q_A=A$，$Q_B=B$，$Q_C=C$，$Q_D=D$。

(3) 锁存：当使能端 $CT_P \cdot CT_T=0$ 时，计数器禁止计数，为锁存状态。

(4) 计数：当使能端 $CT_P=CT_T=1$ 时，为计数状态。

表 10.2.2 74LS161 计数器的逻辑功能表

时钟 CP	异步清零$\overline{CR}$	同步置数$\overline{LD}$	CT_P	CT_T	工作状态
×	0	×	×	×	
↑	1	0	×	×	
×	1	1	0	1	
×	1	1	×	0	
↑	1	1	1	1	

2. 74LS161 计数器的应用

(1) 接成异步清零型。设计一个七进制电路并用数码显示验证计数功能，记录数码显示情况。

(2) 接成同步预置型。设计一个九进制电路并用数码显示验证计数功能，记录数码显示情况。

(3) 用 74LS161 计数器和门电路设计一个十进制计数器(预置数为 0)，电路如图 10.2.4 所示。十进制计数器电路(预置数为 6)，如图 10.2.5 所示。

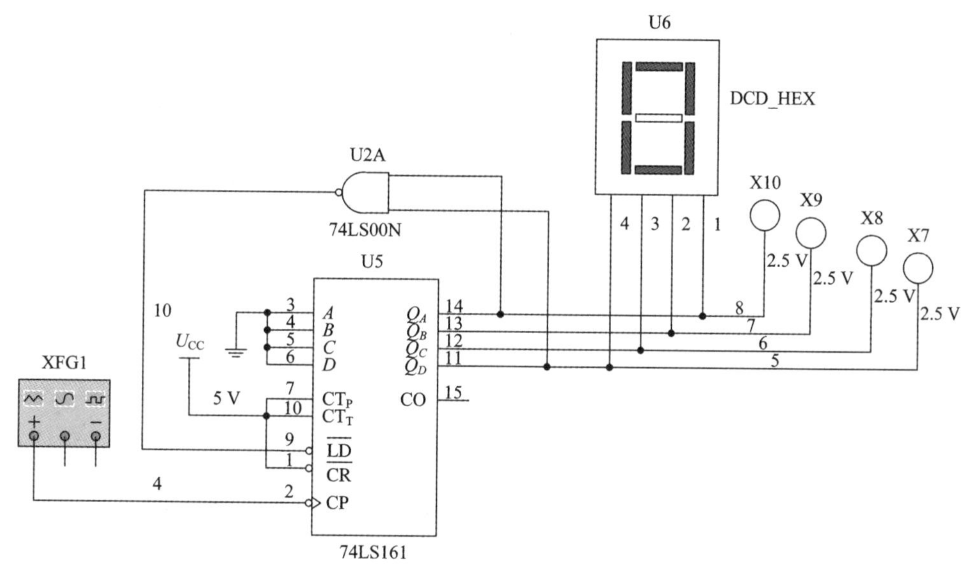

图 10.2.4　74LS161 计数器实现十进制计数器(预置数为 0)

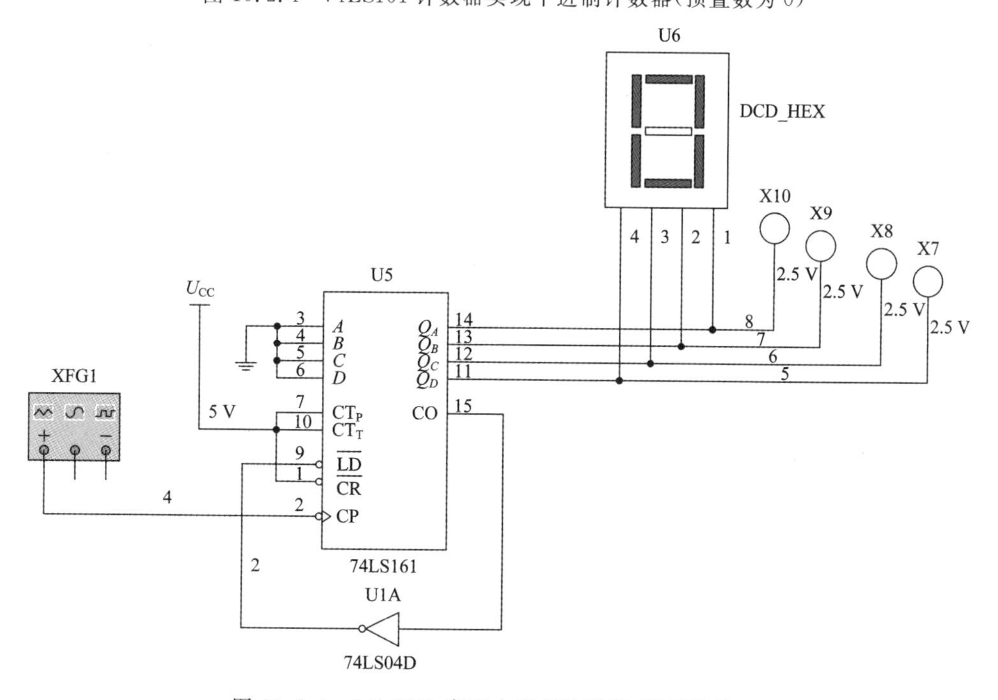

图 10.2.5　74LS161 实现十进制计数器(预置数为 6)

(4) 图 10.2.6 是用集成同步十进制计数器 74LS160 和门电路设计的一个计数器电路，要求计数能通过一个开关转换七进制与十进制计数器。仿真验证电路功能，并用“逻辑电平测试”中的发光二极管观察 CP 脉冲、Q_0、Q_1、Q_2 状态的变化过程，把波形记录下来。标准秒脉冲由信号发生器的 1 Hz 信号代替。

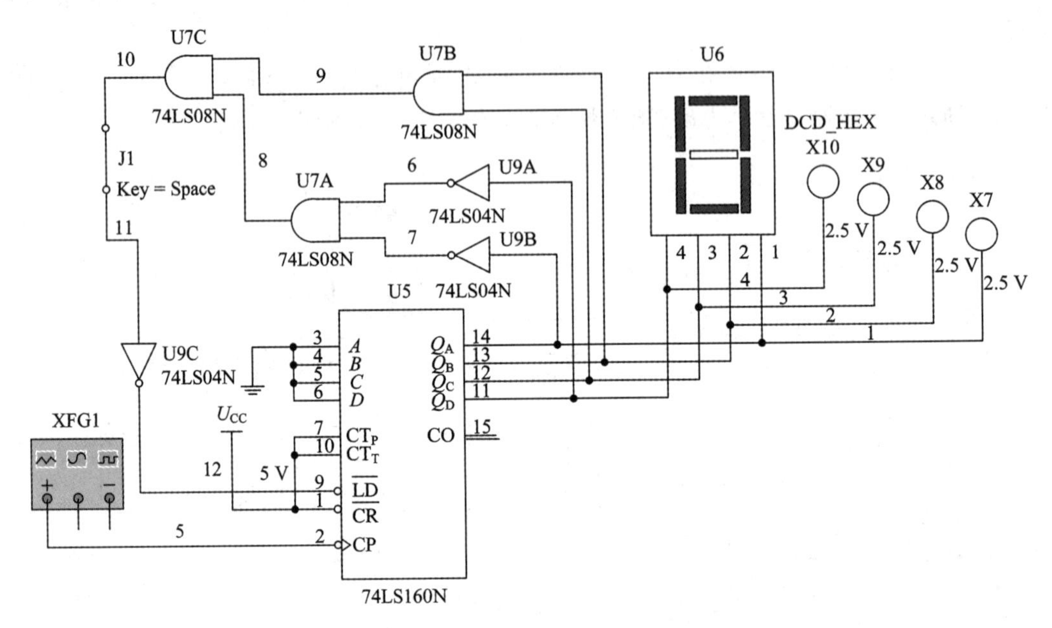

图 10.2.6　74LS160 实现七-十进制计数器转换及显示电路原理图

模块小结

1. 介绍 Multisim 8 仿真软件及其使用。
2. 利用 Multisim 8 提供的虚拟电子器件和仪器、仪表搭建、仿真和调试电路。

过关训练

1. 熟悉 Multisim 8 的使用，调用相应元件并绘制一个共射放大电路，仿真并使用示波器测试出放大之后的波形。

2. 根据已有知识，利用 Multisim 8 绘制一个七进制计数器的电路并进行仿真。

模块十一

电子技术实验

【问题引入】 理论需要通过实践来加深理解。电子技术中常用的仪器仪表有哪些？怎样正确使用双踪示波器观察信号波形和读取波形参数？电路如何连接？如何进行电路的调测？怎么使用电烙铁进行元器件的焊接和拆焊？怎样检验焊接质量？在解决这些问题的过程中，我们的能力也能在实践中得到提升。

【主要内容】 本模块介绍了：双踪示波器、函数信号发生器、交流毫伏表等常用电子仪器的使用方法；电路的连接方法；电路一般现象的判断；手工焊接技术的基本知识；怎样在印制电路板上进行元器件的焊接和拆焊。

【学习目标】 掌握双踪示波器、函数信号发生器、交流毫伏表等常用电子仪器仪表的使用方法；会使用双踪示波器观察信号波形和读取波形参数；熟悉电路的连接方法；掌握基本的电路调测方法，电路的现象判断及排障；熟悉手工焊接技术的基本知识；掌握手工电烙铁焊接技术的操作技能。

任务 1　常用电子仪器的使用

11.1.1　实验目的

（1）掌握常用的电子仪器——双踪示波器、函数信号发生器、交流毫伏表的使用方法。

（2）掌握用双踪示波器观察信号波形和读取波形参数的方法。

（3）理解正弦波、方波等信号波形参数的含义。

（4）理解两波形间的相位差含义。

11.1.2　实验原理

在电子技术实验中，经常使用的电子仪器有示波器、函数信号发生器、交流毫伏表、直流稳压电源及频率计等。它们和万用表一起使用，可以完成对电路的静态和动态工作情况的测试。

实验中要对各种电子仪器进行综合使用，可按照信号流向，以连线简捷、调节顺手、观察与读数方便等原则进行合理布局，各仪器与被测实验装置之间的布局与连接如图

11.1.1所示。接线时应注意，为防止外界干扰，各仪器的公共接地端(⊥)应连接在一起，称为共地。信号源和交流毫伏表的引线通常用屏蔽线或专用电缆线，示波器接线使用专用电缆线，直流电源的接线用普通导线。

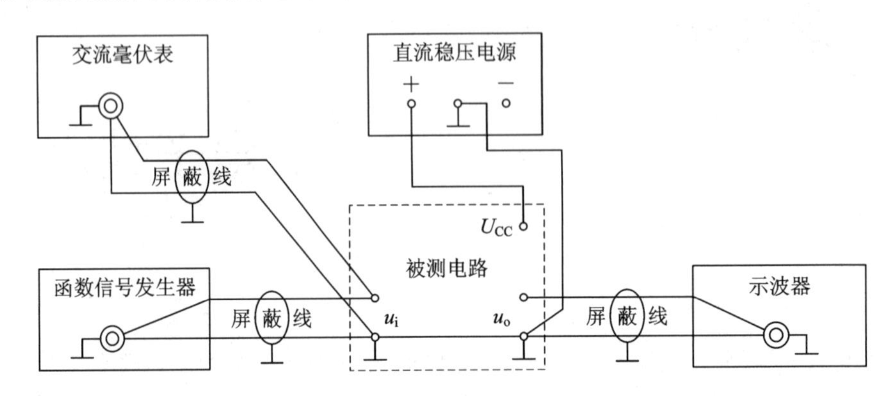

图 11.1.1　电路中常用电子仪器布局图

1. 示波器

示波器是一种用途很广的电子测量仪器，它既能直接显示电信号的波形，又能对电信号的各种参数进行测量。现着重指出以下特点。

(1) 寻找扫描光迹。将示波器Y轴显示方式开关置于“CH1”或“CH2”，输入耦合方式开关置于“GND”，开机预热后，若在显示屏上不出现光点和扫描基线，可按下列操作去找到扫描线：① 适当调节亮度旋钮。② 将触发方式开关置于“自动”。③ 适当调节垂直(↑↓)、水平(⇆)“位移”旋钮，使扫描光迹位于屏幕中央。(若示波器设有“寻迹”按键，可按下“寻迹”按键判断光迹偏移基线的方向)

(2) 双踪示波器一般有五种显示方式，即“CH1”“CH2”“CH1＋CH2”三种单踪显示方式和交替、断续两种双踪显示方式。交替显示一般在输入信号频率较高时使用。断续显示一般在输入信号频率较低时使用。

(3) 为了显示稳定的被测信号波形，“触发源选择”开关一般选为“内”触发，使扫描触发信号取自示波器内部的Y通道。

(4) 触发方式开关通常先置于“自动”，调出波形后，若显示的波形不稳定，可置触发方式开关于“常态”，通过调节“触发电平”旋钮找到合适的触发电压，使被测试的波形稳定地显示在示波器屏幕上。

(5) 适当调节“扫描速度”粗调旋钮量程挡及“Y轴灵敏度”粗调旋钮量程挡，使屏幕上显示1～2个周期的被测信号波形，以方便读取波形参数。

(6) 测试幅度时，应首先将“Y轴灵敏度”微调旋钮置于“校正”位置，即顺时针旋到底，且听到关的声音。测试周期时，应首先将“扫描速度”微调旋钮置于“校正”位置，即顺时针旋到底，且听到关的声音。还要注意“扫描扩展”按键开关的位置，通常扫描速度无须扩展时，不要按下“扫描扩展”按键。

(7) 信号幅度(峰峰值$U_{p\text{-}p}$)的实测值为被测波形在屏幕坐标刻度上Y轴方向所占的大

格数(div 或 cm)与“Y 轴灵敏度”旋钮量程值(V/div)的乘积。

(8) 信号周期(T)的实测值为被测波形一个周期在屏幕坐标刻度上 X 轴方向所占的大格数(div 或 cm)与“扫描速度”旋钮量程值(t/div)的乘积。

2. 函数信号发生器

函数信号发生器可按需要输出正弦波、方波、三角波三种信号波形。输出电压最大可达 20 V。通过输出衰减开关和输出幅度调节旋钮，可使输出电压在毫伏级到伏特级的范围内连续调节。函数信号发生器的输出信号频率可以通过频率分挡开关进行调节。

函数信号发生器作为信号源，它的输出端不允许短路。

3. 交流毫伏表

交流毫伏表只能在其工作频率范围之内测量正弦交流电压的有效值。为了防止过载而损坏，测量前一般先把量程旋钮置于量程较大挡位上，然后在测量中根据测量值的大小逐挡调节到合适的量程挡位。

11.1.3　实验设备与器件

实验需要以下设备与器件。

(1) 双踪示波器。

(2) 函数信号发生器。

(3) 交流毫伏表。

11.1.4　实验内容

1. 用示波器机内校正信号对示波器进行自检

(1) 扫描基线调节。

将示波器的 Y 轴显示方式开关置于“单踪”显示(CH1 或 CH2)，输入耦合方式开关置于“GND”，触发方式开关置于“自动”。开启电源开关后，调节“辉度”“聚焦”“辅助聚焦”等旋钮，使荧光屏上显示一条细且亮度适中的扫描基线。然后调节“X 轴位移”(⇆)和“Y 轴位移”(↑↓)旋钮，使扫描线位于屏幕中央，并且能上下左右移动自如。

(2) 测试“校正信号”波形的幅度、频率。

示波器产生的方波作为“校正信号”，在示波器面板左下方方波输出接口旁标明了方波的幅度(1 V)与频率(1 kHz)标准值。

用专用电缆线将示波器面板左下方的方波输出接口接到选定的 Y 通道(CH1 或 CH2)输入接口；将 Y 轴输入耦合方式开关置于“AC”，触发源选择开关置于“CH1”或“CH2”，触发方式开关置于“自动”。调节“扫描速度”粗调旋钮量程挡(t/div)和“Y 轴灵敏度”粗调旋钮量程挡(V/div)，使示波器屏幕上显示 2 个周期的稳定方波波形，将被测方波移至屏幕的中心位置。

① 测试“校正信号”幅度。将“Y 轴灵敏度”微调旋钮顺时针旋到底，置于“校正”位置，“Y 轴灵敏度”粗调旋钮置于适当量程挡(V/div)，在屏幕上读取方波信号幅度 U_{p-p}，记入表 11.1.1 中。

表 11.1.1 “校正信号”波形的幅度、频率、上升沿和下降沿时间记录表

	标准值	实测值
幅度 U_{p-p}/V		
频率 f/kHz		
上升沿时间 t_r/μs		
下降沿时间 t_f/μs		
注意：1 s(秒)＝10^3 ms(毫秒)＝10^6 μs(微秒)		

U_{p-p}＝(被测波形在 Y 轴上占有的大格数)×(“Y 轴灵敏度”旋钮的量程值)

② 测试“校正信号”频率。将“扫描速度”微调旋钮顺时针旋到底，置于“校正”位置，“扫描速度”粗调旋钮置于适当量程挡(t/div)，在屏幕上读取方波信号周期 T，并计算频率 f($f=1/T$)，记入表 11.1.1 中。

T＝(被测波形 1 个周期在 X 轴上占有的大格数)×(“扫描速度”旋钮的量程值)

③ 测试“校正信号”的上升沿时间和下降沿时间。调节“Y 轴灵敏度” 粗调旋钮，并移动波形，使方波波形在 Y 轴方向正好占据在中心轴上，且上、下对称，便于阅读。通过调节“扫描速度”粗调旋钮逐级提高扫描速度，使波形在 X 轴方向扩展(按下“扫描扩展”按键开关将波形再扩展 10 倍)，并同时调节触发电平旋钮，从屏幕上读取上升沿时间 t_r 和下降沿时间 t_f，记入表 11.1.1 中。

t_r＝(上升沿时间 t_r 在 X 轴上占有的大格数)×(“扫描速度”旋钮的量程值)

t_f＝(下降沿时间 t_f 在 X 轴上占有的大格数)×(“扫描速度”旋钮的量程值)

2. 用示波器和交流毫伏表测量正弦波信号参数

调节函数信号发生器的相关旋钮，使输出频率分别为 100 Hz、1 kHz、10 kHz、100 kHz，有效值均为 1 V(交流毫伏表的测量值)的正弦波信号。

改变示波器“扫描速度”粗调旋钮及“Y 轴灵敏度”粗调旋钮等开关的位置，测试函数信号发生器输出正弦波电压的周期 T 及峰峰值 U_{p-p}，计算频率 f 及有效值 U，$U=(1/2\sqrt{2})\times U_{p-p}$，并将数据记入表 11.1.2 中。

表 11.1.2 函数信号发生器输出正弦波电压的周期 T、峰峰值 U_{p-p}、频率 f 及有效值 U 记录表

正弦波电压频率	示波器测量值		正弦波电压毫伏表读数/V	示波器测量值	
	周期 T/ms	频率 f/Hz		峰峰值 U_{p-p}/V	有效值 U/V
100 Hz					
1 kHz					
10 kHz					
100 kHz					

3. 用双踪示波器测试两波形间的相位差

(1) 观察双踪示波器“交替”与“断续”两种显示方式的特点。

CH1、CH2 均不加输入信号，将输入耦合方式开关置于“GND”，扫描速度粗调旋钮置于较低挡位（如 0.5 s/div）和较高挡位（如 5 μs/div），把 Y 轴显示方式开关置于“DUAL”位置，使两个通道同时显示，分别放开和按下“ALT/CHOP”按键进行“交替”和“断续”显示，观察两条扫描基线的显示特点，并进行记录。

(2) 用双踪示波器的双踪显示方式测试两波形间的相位差。

① 按图 11.1.2 所示的方法连接实验电路，将函数信号发生器的输出电压调至频率为 1 kHz、幅值为 2 V 的正弦波，经 RC 移相网络获得频率相同但相位不同的两路信号 u_i 和 u_R，分别加到双踪示波器的 CH1 和 CH2 输入端。

为便于稳定波形，比较两波形的相位差，应使内触发信号取自被设定作为测量基准的一路信号。

② 放开“ALT/CHOP”按键置于“交替”位置上，将 CH1 和 CH2 输入耦合方式开关置于接地“⊥”位置，调节 CH1、CH2 的(↑↓)移位旋钮，使两条扫描基线重合。

③ 将 CH1、CH2 输入耦合方式开关置于“AC”位置，调节触发电平旋钮、扫描速度粗调旋钮及 CH1、CH2 的“Y 轴灵敏度”粗调旋钮位置，使在荧屏上显示出易于观察的两个相位不同的正弦波形 u_i 及 u_R，如图 11.1.3 所示。根据两波形在水平方向差距的大格数 X，及 1 个信号周期在水平方向所占的大格数 X_T，则可求得两波形间的相位差 θ：

$$\theta=\frac{X(\text{div})}{X_T(\text{div})}\times 360^\circ$$

式中：X_T——1 个信号周期在 X 轴方向所占的大格数；

X——两波形在 X 轴方向差距的大格数。

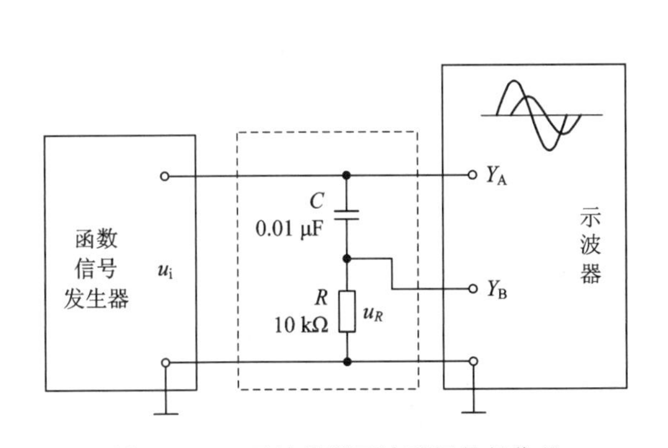

图 11.1.2　示波器测两波形间的相位差

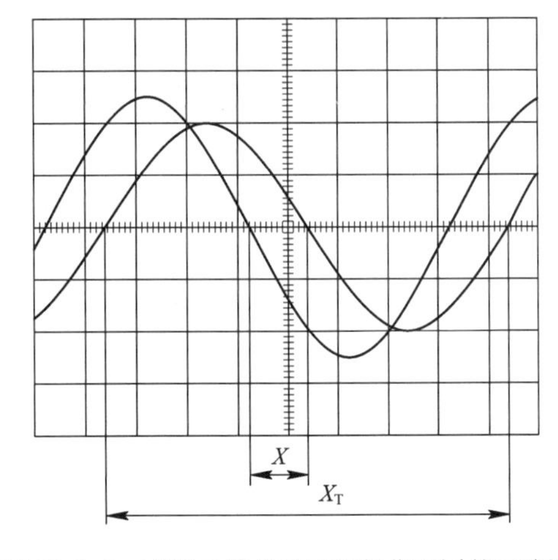

图 11.1.3　双踪示波器显示两相位不同的正弦波

将两波形间相位差的测量值和计算值记录于表 11.1.3。

表 11.1.3　两波形间相位差的测量值和计算值记录表

1 个周期格数	两波形 X 轴差距格数	相　位　差	
		实测值	计算值
$X_T=$	$X=$	$\theta=$	$\theta=$

注意：为了读数和计算方便，可适当调节扫描速度粗调旋钮位置，使波形 1 个周期在 X 轴方向占整数格。

11.1.5 实验总结

（1）整理实验数据，并进行分析，编写实验报告。

（2）问题讨论。

① 如何操作示波器有关旋钮，以便从示波器显示屏上观察到稳定、清晰的波形？

② 函数信号发生器有哪几种输出波形？它的输出端能否短接，若用屏蔽线作为输出引线，则屏蔽层一端应该接在哪个接线柱上？

任务 2 分压式偏置放大电路测试

11.2.1 实验目的

（1）学会放大器静态工作点的调试方法，分析静态工作点对放大器性能的影响。

（2）掌握放大器电压放大倍数及最大不失真输出电压的测试方法。

（3）理解放大器的三种工作状态，即截止、放大、饱和时的信号状态。

11.2.2 实验原理

图 11.2.1 为电阻分压式偏置单管放大器实验电路图。它的偏置电路是采用 R_{B1} 和 R_{B2} 组成的分压电路，并在发射极中接有电阻 R_E，以稳定放大器的静态工作点。当在放大器的输入端加入输入信号 u_i 后，在放大器的输出端便可得到一个与 u_i 相位相反，且幅值被放大了的输出信号 u_o，从而实现了电压放大。

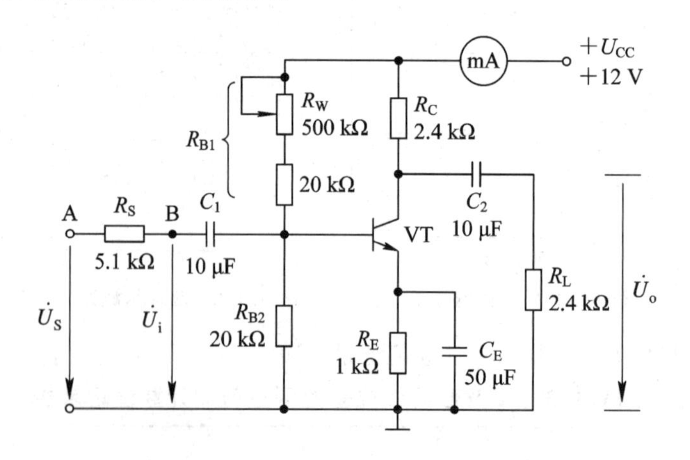

图 11.2.1 分压式偏置单管放大器实验电路

在图 11.2.1 的电路中，当流过偏置电阻 R_{B1} 和 R_{B2} 的电流远大于晶体管 VT 的基极电流 I_B 时（一般 5～10 倍），则它的静态工作点可用下面的公式估算：

$$U_B \approx \frac{R_{B1}}{R_{B1}+R_{B2}}U_{CC}$$

$$I_E \approx \frac{U_B - U_{BE}}{R_E} \approx I_C$$

$$U_{CE} = U_{CC} - I_C(R_C + R_E)$$

电压放大倍数为

$$A_V = -\beta \frac{R_C /\!/ R_L}{r_{be}}$$

输入电阻为

$$R_i = R_{B1} /\!/ R_{B2} /\!/ r_{be}$$

输出电阻为

$$R_o \approx R_C$$

由于电子器件性能的分散性比较大，因此在设计和制作晶体管放大电路时离不开测量和调试技术。在设计前应测量所用元器件的参数，为电路设计提供必要的依据。在完成设计和装配以后，还必须测量和调试放大器的静态工作点和各项性能指标。一个优质的放大器，必定是理论设计与实验调整相结合的产物。因此，除了学习放大器的理论知识和设计方法，还必须掌握必要的测量和调试技术。

放大器的测量和调试一般包括：放大器静态工作点的测量与调试，消除干扰与自激振荡及放大器各项动态参数的测量与调试等。

1. 放大器静态工作点的测量与调试

1）静态工作点的测量

测量放大器的静态工作点应在输入信号 $u_i=0$ 的情况下进行，即将放大器输入端与地端短接，然后选用量程合适的直流毫安表和直流电压表，分别测量晶体管的集电极电流 I_C 以及各电极对地的电位 U_B、U_C 和 U_E。一般实验中，为了避免断开集电极，可以采用测量电压 U_E 或 U_C，然后计算出 I_C 的方法。例如，只要测出 U_E，即可用 $I_C \approx I_E = \frac{U_E}{R_E}$ 算出 I_C（也可根据 $I_C = \frac{U_{CC}-U_C}{R_C}$，由 U_C 确定 I_C），同时也能算出 $U_{BE}=U_B-U_E$，$U_{CE}=U_C-U_E$。

为了减小误差，提高测量精度，应选用内阻较高的直流电压表。

2）静态工作点的调试

放大器静态工作点的调试是指对管子集电极电流 I_C（或 U_{CE}）的调整与测试。

静态工作点的位置是否合适，对放大器的性能和输出波形都有很大影响。若工作点的位置偏高，则放大器在加入交流信号以后易产生饱和失真，此时 u_o 的负半周将被削底，如图 11.2.2(a)所示；若工作点的位置偏低，则易产生截止失真，即 u_o 的正半周被缩顶（一般截止失真不如饱和失真明显），如图 11.2.2(b)所示。这些情况都不符合不失真放大的要求。所以在选定工作点以后还必须进行动态调试，即在放大器的输

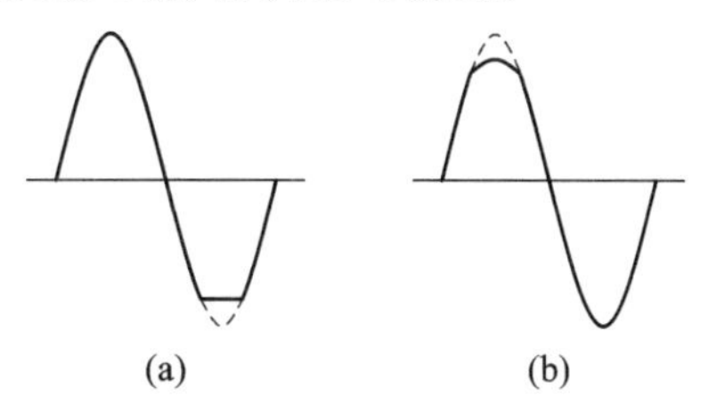

图 11.2.2　静态工作点对 u_o 波形失真的影响

入端加入一定的输入电压 u_i，检查输出电压 u_o的大小和波形是否满足要求。若不满足，则应调节静态工作点的位置。

改变 U_{CC}、R_C、R_B(R_{B1}、R_{B2})等电路参数都会引起静态工作点的变化，如图 11.2.3 所示。通常多采用调节偏置电阻 R_{B1}的方法来改变静态工作点，如减小 R_{B1}，可使静态工作点提高等。

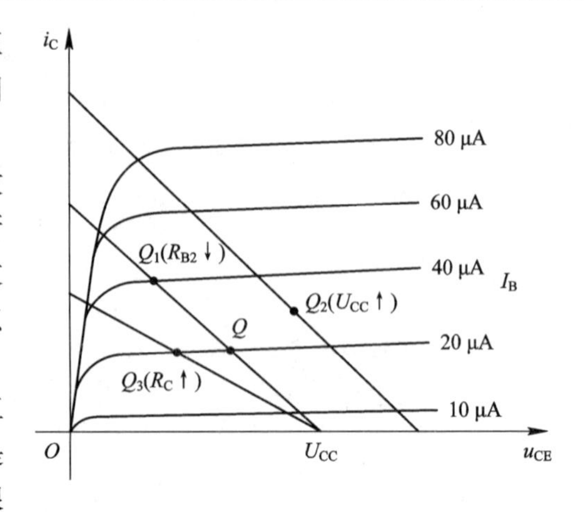

图 11.2.3　电路参数对静态工作点的影响

最后还要说明的是，上面所说的静态工作点“偏高”或“偏低”不是绝对的，它应该是相对信号的幅度而言的，如输入信号幅度很小，即使工作点较高或较低也不一定会出现失真。所以确切地说，产生波形失真是信号幅度与静态工作点的设置配合不当所致。例如，若需要满足较大信号幅度的要求，则静态工作点最好尽量靠近交流负载线的中点。

2. 放大器动态指标测试

放大器动态指标包括电压放大倍数、最大不失真输出电压(最大动态范围)等。

1) 电压放大倍数 A_V的测量

调整放大器到合适的静态工作点，然后加入输入电压 u_i，在输出电压 u_o不失真的情况下，用双踪示波器测出 u_i和 u_o的峰峰值 U_{iPP}和 U_{OPP}，则

$$A_V=\frac{U_{OPP}}{U_{iPP}}$$

2) 最大不失真输出电压 U_{OPP}的测量(最大动态范围)

为了得到最大动态范围，应将静态工作点调至交流负载线的中点。为此在放大器正常工作的情况下，逐步增大输入信号的幅度，并同时调节 R_W(改变静态工作点)，用示波器观察 u_o，当输出波形同时出现削底和缩顶现象(如图 11.2.4)时，说明静态工作点已在交流负载线的中点。然后反复调整输入信号，使波形输出幅度最大，且无明显失真时，用示波器直接读出 U_{OPP}。

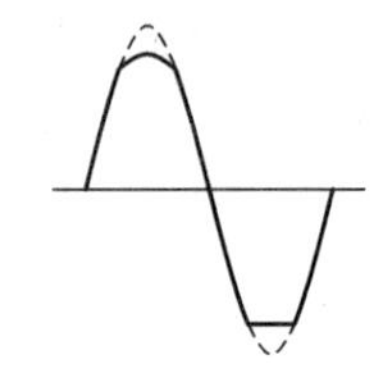
图 11.2.4　静态工作点正常，输入信号太大引起的失真

11.2.3　实验设备与器件

实验需要以下设备与器件：① +12 V 直流电源；② 函数信号发生器；③ 双踪示波器；④ 直流电压表；⑤ 直流毫安表；⑥ 万用电表；⑦ 晶体三极管 3DG6×1(β=50～100)或9011×1；⑧ 电阻器、电容器若干只。

11.2.4　实验内容

实验电路如图 11.2.5 所示，各电子仪器可按仪器仪表中的方式连接。为防止干扰，各仪器的公共接地端(⊥)应连接在一起，同时函数信号发生器、示波器的引线应采用专用的电缆线或屏蔽线。如果使用的是屏蔽线，那么屏蔽线的外包金属网应接在公共接地端上。

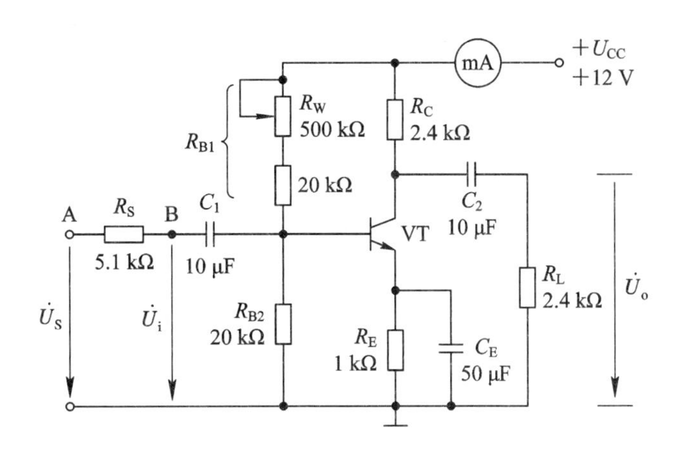

图 11.2.5　分压式偏置单管放大器实验电路

1. 调试静态工作点

先将直流电压源的输出电压调节旋钮逆时针旋至零位，然后调节电压源的输出电压为 12 V。用导线把电压源的正负输出端连接到放大器电路板上的 $U_{CC}=\pm 12$ V 端与接地端(⊥)之间。调节可变电阻 R_W，使 $I_C=2.0$ mA(即 $U_E=2.0$ V)，用直流电压表测量 U_B、U_E、U_C 及用万用电表测量 R_{B1} 值。最后将数据记入表 11.2.1 中。

表 11.2.1　调试静态工作点　　　　$I_C=2$ mA

测量值				计算值		
U_B/V	U_E/V	U_C/V	R_{B1}/kΩ	U_{BE}/V	U_{CE}/V	I_C/mA

2. 测量电压放大倍数

先将函数信号发生器的输出电压调节旋钮逆时针旋至零位，用导线将函数信号发生器的输出端和双踪示波器的 CH1 通道输入端，连接到放大器电路板上 B 端与接地端(⊥)之间，然后调节函数信号发生器的输出电压旋钮，使放大器输入电压 $U_{iPP}\approx 100$ mV(示波器 CH1 通道测量值)，即在放大器输入端加入频率为 1 kHz 的正弦信号 u_i。

用导线将双踪示波器的 CH2 通道输入端连接到放大器电路的输出端，观察放大器输出电压 u_o 的波形，在波形不失真的条件下用示波器测量下述三种情况下的 U_{OPP} 值(示波器 CH2 通道测量值)，并用双踪示波器观察 u_o 和 u_i 的相位关系，记入表 11.2.2 中。

表 11.2.2　测量电压放大倍数　$I_C=2.0$ mA　$U_{iPP}=30$ mV

R_C/kΩ	R_L/kΩ	U_{OPP}/V	A_V	观察记录一组 u_o 和 u_i 波形
2.4	∞			u_i O t　　u_o O t
1.2	∞			
2.4	2.4			

3. 观察静态工作点对电压放大倍数的影响

置 $R_C=2.4\ k\Omega$，$R_L=\infty$，调节可变电阻 R_W，用示波器监视输出电压 u_o 的波形，在波形不失真的条件下，测量数组 I_C 和 U_{OPP} 值，记入表 11.2.3 中。

表 11.2.3 静态工作点对 A_V 的影响 $R_C=2.4\ k\Omega$ $R_L=\infty$ $U_{iPP}=30\ mV$

I_C/mA	1	1.5	2.0	2.5	3
U_{OPP}/V					
A_V					

注意：测量 I_C 时，要先将信号源输出旋钮旋至零(即使 $U_{iPP}=0$)，测完 I_C 后，再调节信号源输出旋钮，使 $U_{iPP}=30\ mV$。

4. 观察静态工作点对输出波形失真的影响

置 $R_C=2.4\ k\Omega$，$R_L=\infty$，先将信号源输出旋钮调至零(使 $U_{iPP}=0$)，调节可变电阻 R_W，使 $I_C=2.0\ mA$，测出 U_{CE} 值，再逐步加大输入信号 u_i，使输出电压 u_o 足够大但不失真。然后保持输入信号 U_{iPP} 不变，分别增大和减小可变电阻 R_W，使波形出现失真，绘出 u_o 的波形，并测出失真情况下的 I_C 和 U_{CE} 值，记入表 11.2.4 中。

表 11.2.4 $R_C=2.4\ k\Omega$ $R_L=\infty$

I_C/mA	U_{CE}/V	u_o 波形	失真情况	管子工作状态
1.5		u_o O t		
2.0		u_o O t		
2.5		u_o O t		

注意：每次测 I_C 和 U_{CE} 值时都要将信号源的输出旋钮旋至零，测完 I_C 和 U_{CE} 后，再调节信号源输出旋钮，保持输入信号 U_{iPP} 不变。

5. 测量最大不失真输出电压

设置 $R_C=2.4\ k\Omega$，$R_L=\infty$，按照实验原理所述方法，同时调节输入信号的幅度 U_{iPP} 和可变电阻 R_W，用示波器测量最大不失真输出电压 U_{OPPm} 值，将数值记入表 11.2.5 中。

表 11.2.5 $R_C=2.4\ k\Omega$ $R_L=\infty$

I_C/mA	U_{iPPm}/mV	U_{OPPm}/V

11.2.5　实验总结

（1）整理及分析实验数据，编写实验报告。

（2）将实测的静态工作点、电压放大倍数之值与理论计算值进行比较(取一组数据进行比较)，分析产生误差的原因。

（3）总结 R_C、R_L 及静态工作点对放大器电压放大倍数的影响。

（4）讨论静态工作点变化对放大器输出波形的影响。

任务 3　TTL 集电极开路门与三态输出门的应用

11.3.1　实验目的

（1）掌握 TTL 集电极开路门和三态输出门的工作原理。

（2）掌握 TTL 集电极开路门和三态输出门的应用。

11.3.2　实验原理

数字系统中有时需要把两个或两个以上集成逻辑门的输出端直接并接在一起，从而完成一定的逻辑功能。对于普通的 TTL 门电路，由于输出级采用了推拉式输出电路，无论输出是高电平还是低电平，输出阻抗都很低。因此，通常不允许将它们的输出端并接在一起使用。

集电极开路门和三态输出门是两种特殊的 TTL 门电路，它们允许把输出端直接并接在一起使用。

1. TTL 集电极开路门(OC 门)

本实验所用 OC 与非门集成块的型号为 74LS03，74LS03 集成块含有四个 OC 与非门，OC 与非门内部逻辑结构及 74LS03 集成块引脚排列如图 11.3.1 所示。OC 与非门的输出管 VT_3 是悬空的，工作时，输出端必须通过一只外接电阻 R_L 和电源 E_C 连接，以保证输出电平符合电路要求。

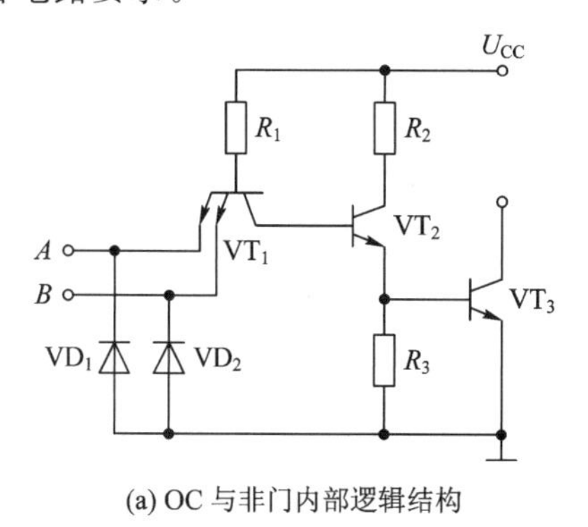

(a) OC 与非门内部逻辑结构

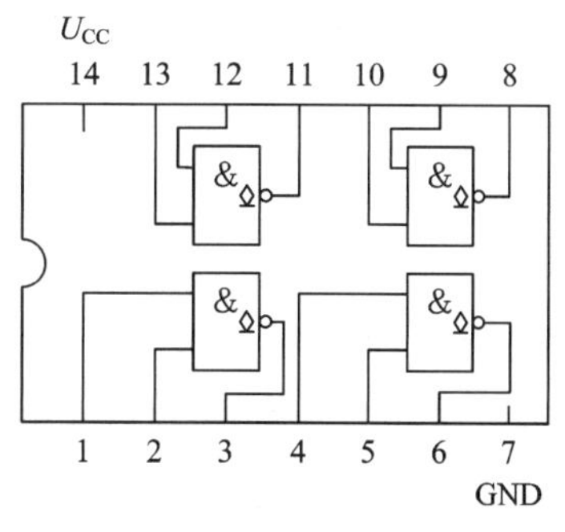

(b) 74LS03 集成块引脚排列

图 11.3.1　74LS03 集成块的内部逻辑结构及引脚排列

OC门的应用主要有下述三个方面。

(1) 利用电路的“线与”特性可以很方便地完成某些特定的逻辑功能。如图11.3.2所示，将两个OC与非门的输出端直接并接在一起，则它们的输出可表示为

$$F=F_A\cdot F_B=\overline{A_1A_2}\cdot\overline{B_1B_2}$$
$$=\overline{A_1A_2+B_1B_2}$$

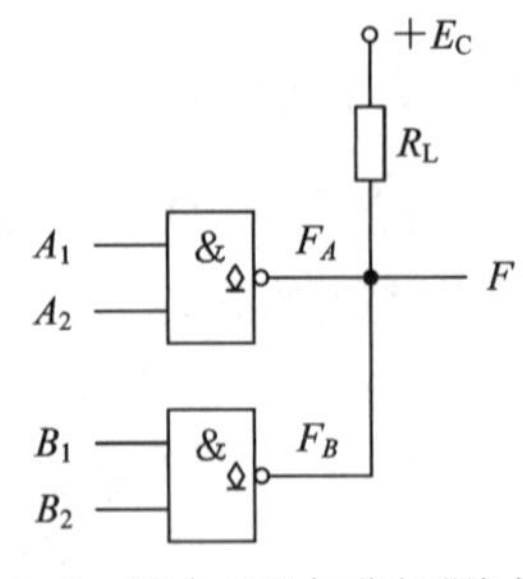

图11.3.2 两个OC与非门“线与”电路

即把两个(或两个以上)OC与非门“线与”可完成“与或非”的逻辑功能。

(2) 实现多路信息采集，使两路以上的信息共用一个传输通道(总线)。

(3) 实现逻辑电平的转换，以推动荧光数码管、继电器、MOS器件等多种数字集成电路。

2. TTL三态输出门(3S门)

TTL三态输出门是一种特殊的门电路，它与普通的TTL门电路结构不同。它的输出端除了通常的高电平、低电平两种状态(这两种状态均为低阻状态)，还有第三种输出状态，即高阻状态。处于高阻状态时，电路与负载之间相当于开路。三态输出门按逻辑功能及控制方式来分有各种不同类型，本实验所用的三态输出门集成块的型号是74LS125，全称为三态输出四总线缓冲器，它含有四个三态输出门。如图11.3.3(a)所示是三态输出门的逻辑符号，其输入端为A，输出端为Y，控制端(又称为禁止端或使能端)为$\bar{E}$，当$\bar{E}=0$时为正常工作状态，实现$Y=A$的逻辑功能；当$\bar{E}=1$时为禁止状态，输出Y呈现高阻状态。这种需要在控制端加低电平电路才能正常工作的方式称为低电平使能。74LS125三态输出门的引脚排列图如图11.3.3(b)所示。

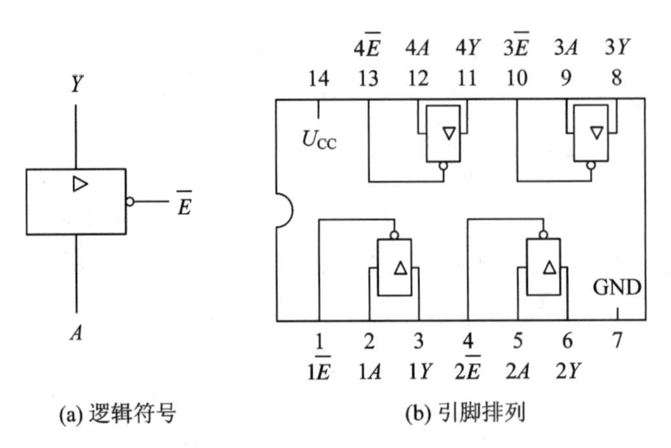

(a) 逻辑符号 (b) 引脚排列

图11.3.3 74LS125三态输出门的逻辑符号及引脚排列

三态输出门电路的主要用途之一是实现总线传输，即用一个传输通道(称为总线)，以选通方式传送多路信息。如图11.3.4所示，电路中把若干个三态TTL电路输出端直接连接在一起构成三态输出门总线。使用时，要求只有需要传输信息的三态输出门的控制端处于使能态($\bar{E}=0$)，其余各门皆处于禁止状态($\bar{E}=1$)。由于三态门输出电路结构与普通TTL电路相同，若同时有两个或两个以上三态输出门的控制端处于使能态，则将出现与普通TTL门“线与”运用时同样的问题，因而是绝对不允许的。

表11.3.1为74LS125三态输出门的功能表。

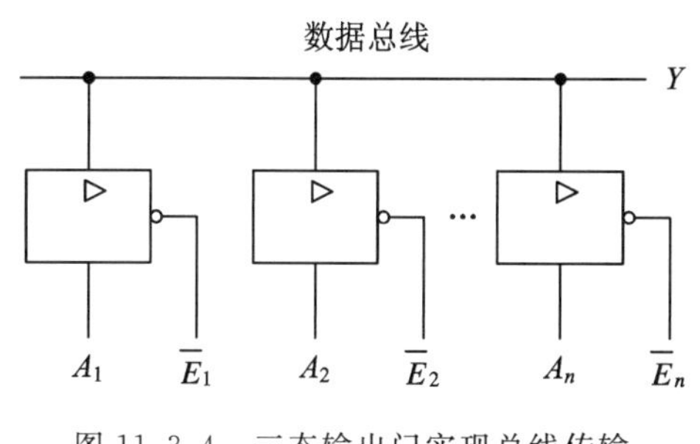

图 11.3.4　三态输出门实现总线传输

表 11.3.1　功能表

输　入		输出
$\overline{E}$	A	Y
0	0	0
	1	1
1	0	高阻态
	1	

11.3.3　实验设备与器件

实验所需用到的设备与器件有：(1) ＋5V 直流电源；(2) 逻辑电平输出器；(3) 逻辑电平显示器；(4) 三态逻辑笔；(5) 集成块 74LS03、74LS125；(6) 1 kΩ 电阻。

11.3.4　实验内容

1. 验证 74LS03 集电极开路门的线与功能

在合适的位置选取一个 14P 插座，按定位标记插好 74LS03 集成块。按图 11.3.5(b)所示的电路图，并结合图 11.3.5(a)连接电路。图 11.3.5(b)中，$U_{CC}=+5$ V，$R_L=1$ kΩ。

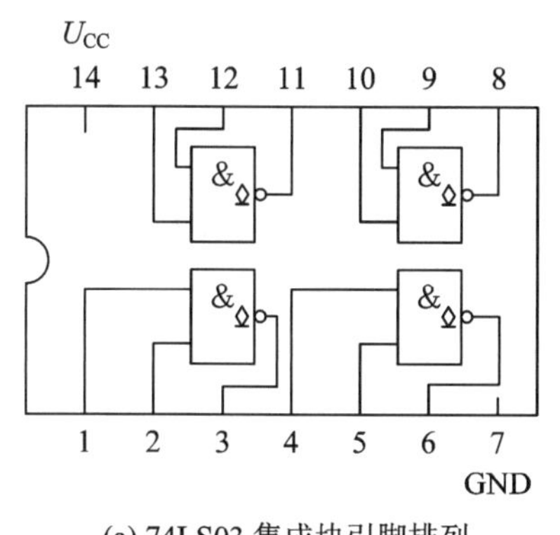

(a) 74LS03 集成块引脚排列

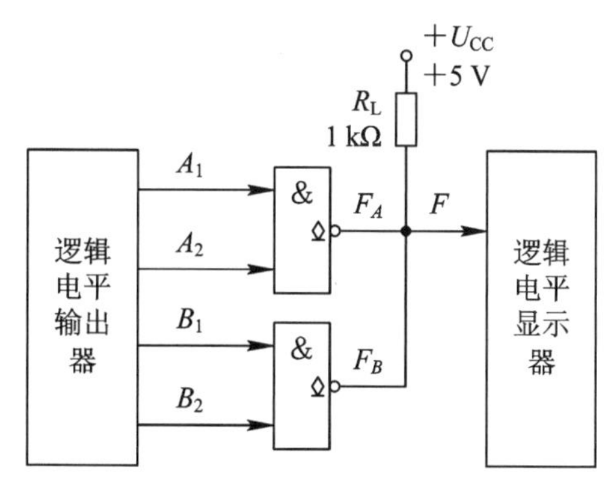

(b) 两个OC与非门“线与”电路

图 11.3.5　验证 74LS03 集电极开路门的线与功能

将 74LS03 集成块的四个输入端 1(A_1)、2(A_2)、4(B_1)、5(B_2)分别用四条插头线连接到四个逻辑电平输出插口。当逻辑电平开关扳向上时，输出高电平“1”；当逻辑电平开关扳向下时，输出低电平“0”。

将 74LS03 集成块的两个输出端 3(F_A)和 6(F_B)用两条插头线并联后，再连接到逻辑电平显示器的一个显示插口。若 LED 亮，则表示输出 F 为高电平“1”；若 LED 不亮，则表示输出 F 为低电平“0”。

按表 11.3.2 的真值表输入不同的电平组合，观察并记录对应的输出值 F。将 A_1、A_2、B_1 和 B_2 分别代入 $F=\overline{A_1A_2}\cdot\overline{B_1B_2}$ 计算，验证理论值是否与测量值相同。

表 11.3.2 “线”与电路的验证

输入				输出	输入				输出
A_1	A_2	B_1	B_2	F	A_1	A_2	B_1	B_2	F
0	0	0	0		1	0	0	0	
0	0	0	1		1	0	0	1	
0	0	1	0		1	0	1	0	
0	0	1	1		1	0	1	1	
0	1	0	0		1	1	0	0	
0	1	0	1		1	1	0	1	
0	1	1	0		1	1	1	0	
0	1	1	1		1	1	1	1	

2. 验证 74LS125 三态输出门的逻辑功能

在 14P 插座上插入 74LS125 集成块，按图 11.3.6(b)所示的引脚排列，并结合图 11.3.6(a)连接电路。

在 74LS125 集成块中任选一个三态输出门，将三态输出门的输入端 A、控制端 $\overline{E}$ 分别用两条插头线连接到两个逻辑电平输出插口，输出端 Y 用插头线连接到三态逻辑笔的输入插口。若三态逻辑笔上的红灯亮，则表示输出 Y 为高电平“1”(H)；若黄灯亮，则表示输出 Y 为高阻(R)；若绿灯亮，则表示输出 Y 为低电平“0”(L)。

按表 11.3.3 在输入端 A、控制端 $\overline{E}$ 输入不同电平值，测量对应的输出电平 Y，并验证是否与 74LS125 的功能表(表 11.3.1)中的 Y 相同。

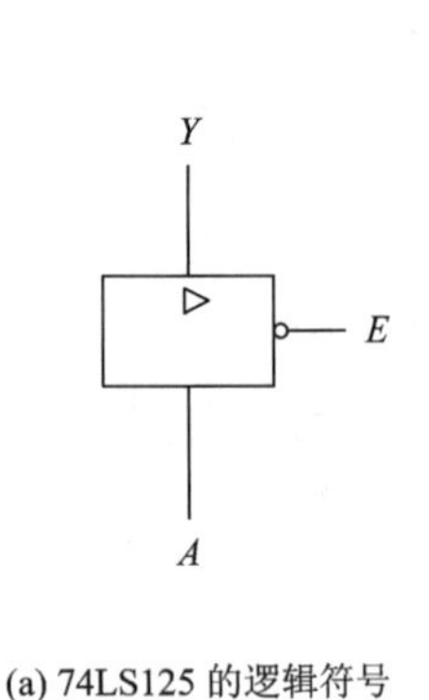

(a) 74LS125 的逻辑符号

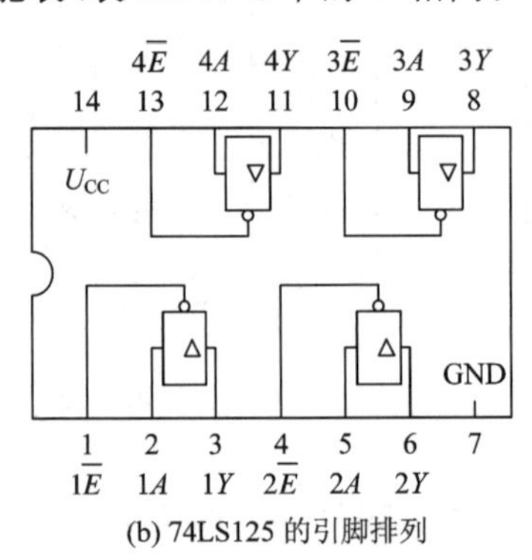

(b) 74LS125 的引脚排列

图 11.3.6 验证 74LS125 三态输出门的逻辑功能

表 11.3.3 功能表

输入		输出
$\overline{E}$	A	Y
0	0	
	1	
1	0	
	1	

3. 验证三态输出门的总线传输功能

根据图 11.3.7(图中 $n=4$)，并结合表 11.3.4 连接电路，将 74LS125 集成块中四个三态输出门的四个输入端 A 和四个控制端 $\overline{E}$ 分别用八条插头线连接到八个逻辑电平输出插口，四个三态输出门的输出端用四条插头线并联后，连接到三态逻辑笔的输入插口。

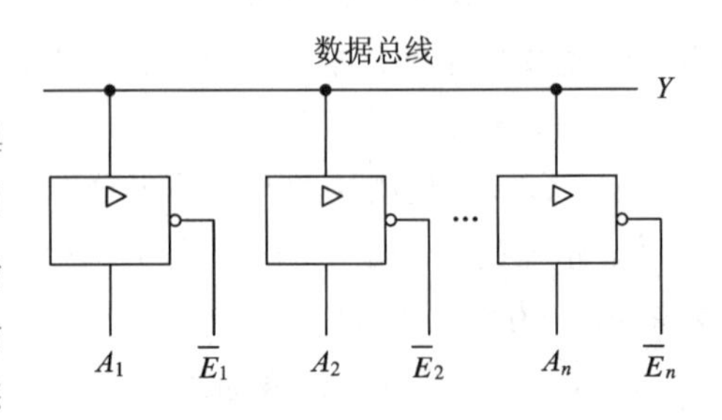

图 11.3.7 验证三态输出门实现总线传输

按表 11.3.4 输入对应电平(表中“×”可为“1”或“0”)，测量对应总线输出电平 Y，验证测量值是否与理论值相同。

表 11.3.4　三态门连接为总线传输图的测试表

A_4	$\bar{E}_4$	A_3	$\bar{E}_3$	A_2	$\bar{E}_2$	A_1	$\bar{E}_1$	Y
×	1	×	1	×	1	0	0	
×	1	×	1	×	1	1	0	
×	1	×	1	0	0	×	1	
×	1	×	1	1	0	×	1	
×	1	0	0	×	1	×	1	
×	1	1	0	×	1	×	1	
0	0	×	1	×	1	×	1	
1	0	×	1	×	1	×	1	
×	1	×	1	×	1	×	1	

注意：$\bar{E}_1$、$\bar{E}_2$、$\bar{E}_3$、$\bar{E}_4$不能有两个或两个以上输入电平同时为 0。

11.3.5　实验总结

(1) 整理并分析实验数据，编写实验报告。

(2) 分析各实验结果的原因。

任务 4　组合逻辑电路的设计与测试

11.4.1　实验目的

掌握组合逻辑电路的设计与测试方法。

11.4.2　实验原理

1. 组合逻辑电路设计流程

使用中、小规模集成电路设计的组合逻辑电路是最常见的逻辑电路。设计组合逻辑电路的步骤如图 11.4.1 所示。

根据设计任务的要求建立输入、输出变量，并列出真值表。然后用逻辑代数或卡诺图化简法求出简化的逻辑表达式，并按实际选用逻辑门的类型修改逻辑表达式。根据最简逻辑表达式，画出逻辑电路图，用所需型号的集成块构成组合逻辑电路。最后，用实验来验证设计的正确性。

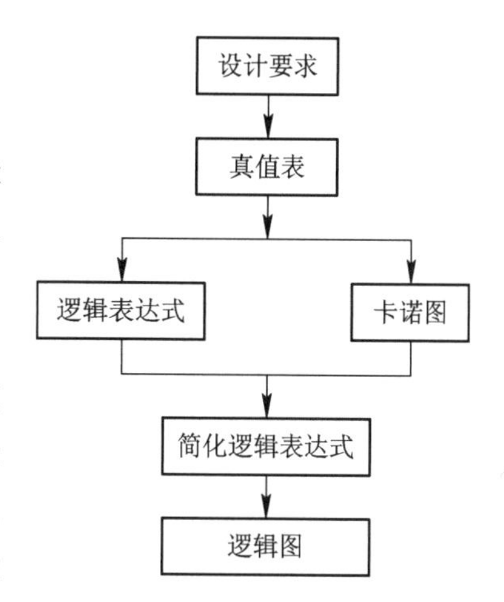

图 11.4.1　组合逻辑电路设计流程图

2. 半加器

设 A、B 为加数和被加数，S 为本位的和，C 本位为向高位的进位。半加器的真值表如表 11.4.1 所示。

由真值表可写出逻辑表达式，即

$$S=\bar{A}B+A\bar{B}=A\oplus B$$

$$C=AB$$

半加器的逻辑图和符号如图 11.4.2 所示。

表 11.4.1　半加器真值表

输入		输出	
A	B	C	S
0	0	0	0
0	1	0	1
1	0	0	1
1	1	1	0

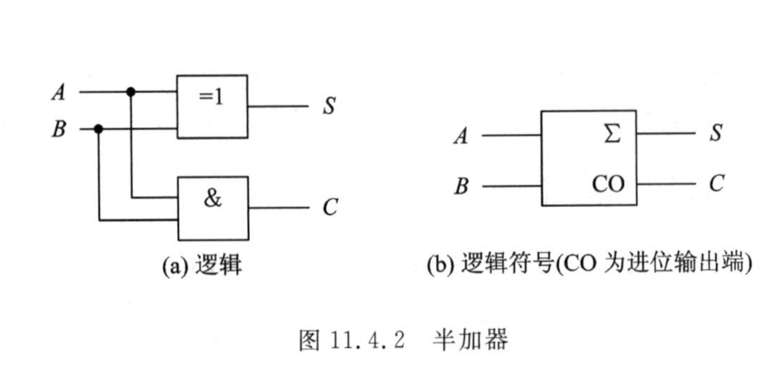

图 11.4.2　半加器

3. 全加器

A、B 为加数、被加数，C_i 为低位向本位的进位，S_n 为本位的和，C_{i+1} 为本位向相邻高位的进位。全加器的真值表如表 11.4.2。

表 11.4.2　全加器真值表

输入			输出	
A	B	C_i	C_{i+1}	S_n
0	0	0	0	0
0	0	1	0	1
0	1	0	0	1
0	1	1	1	0
1	0	0	0	1
1	0	1	1	0
1	1	0	1	0
1	1	1	1	1

由真值表可写出逻辑表达式，即

$$S_n=\overline{A}\overline{B}C_i+\overline{A}B\overline{C_i}+A\overline{B}\,\overline{C_i}+ABC_i=(A\oplus B)\overline{C_i}+\overline{A\oplus B}C_i=A\oplus B\oplus C_i$$

$$C_{i+1}=\overline{A}BC_i+A\overline{B}C_i+AB\overline{C_i}+ABC_i=(A\oplus B)\cdot C_i+AB$$

图 11.4.3(a)是全加器的逻辑图，11.4.3(b)为全加器的逻辑符号。特别指出的是，同一逻辑功能的逻辑图因为表达式的不同而不同，但逻辑符号是唯一的。

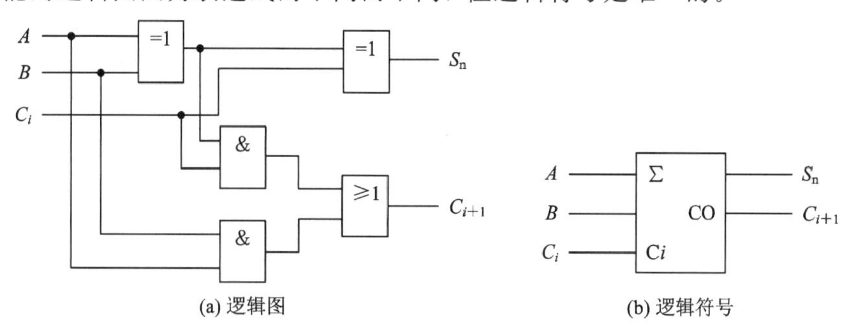

图 11.4.3　全加器

11.4.3　实验设备与器件

实验所需要用到的设备与器件如下。

（1）+5 V 直流电源；

（2）直流数字电压表；

（3）逻辑电平输出器；

（4）逻辑电平显示器；

（5）需要用到的集成块型号及引脚排列图如图 11.4.4 所示。

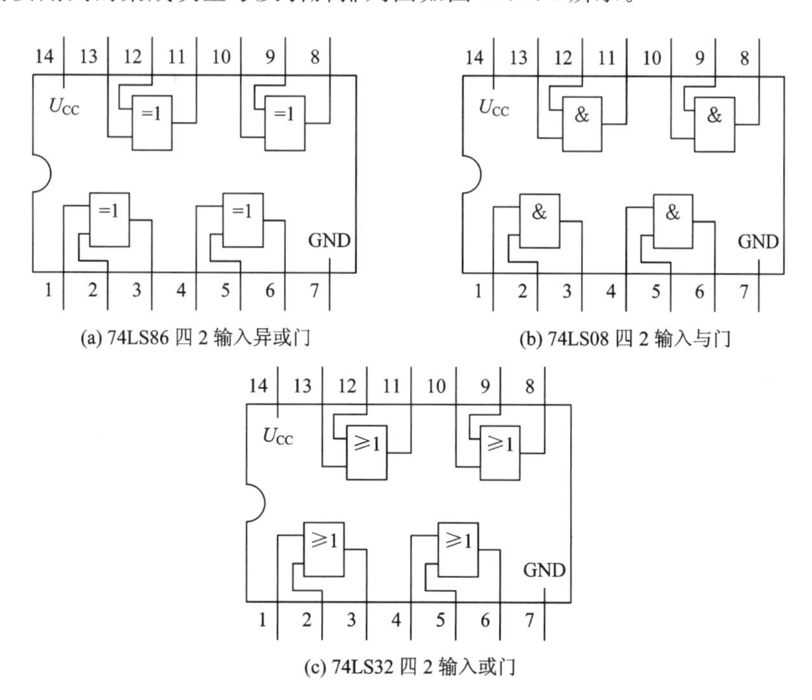

图 11.4.4　集成块的引脚

11.4.4 实验内容

(1) 设计一个半加器的电路，要求用异或门、与门组成，并验证其逻辑功能。(提示：可选用集成块74LS86中的任意一个异或门、74LS08中的任意一个与门共同组成半加器的电路。)

(2) 设计一个一位全加器的电路，要求用异或门、与门、或门组成，并验证其逻辑功能。(提示：可选用集成块74LS86中的任意两个异或门、74LS08中的任意两个与门、74LS32中的任意一个或门共同组成全加器的电路。)

11.4.5 实验总结

列写实验任务的设计过程，画出设计的电路图，编写实验报告。

任务5 数据选择器及其应用

11.5.1 实验目的

(1) 掌握中规模集成数据选择器的逻辑功能及使用方法。

(2) 学习用数据选择器构成组合逻辑电路的方法。

11.5.2 实验原理

数据选择器称为“多路开关”。数据选择器在地址码(或叫选择控制)电位的控制下，从几个输入数据中选择一个并将其送到一个公共的输出端。数据选择器的功能类似一个多掷开关，如图11.5.1所示。图中有四路数据 $D_0 \sim D_3$，通过选择控制信号 A_1、A_0(地址码)，从四路数据中选中某一路数据送至输出端 Q。

数据选择器是目前逻辑设计中应用十分广泛的逻辑部件，它有二选一、四选一、八选一、十六选一等类别。

数据选择器的电路结构一般由与或门阵列组成，也有用传输门开关和门电路混合而成的。

1. 八选一数据选择器74LS151

74LS151集成块为互补输出的八选一数据选择器，其引脚排列如图11.5.2所示。

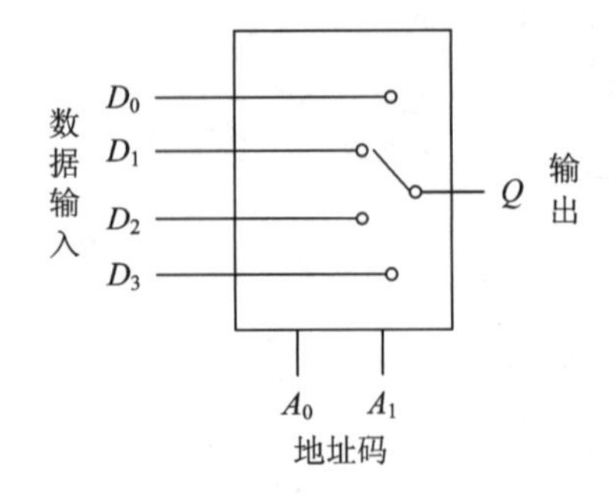

图11.5.1 四选一数据选择器示意图

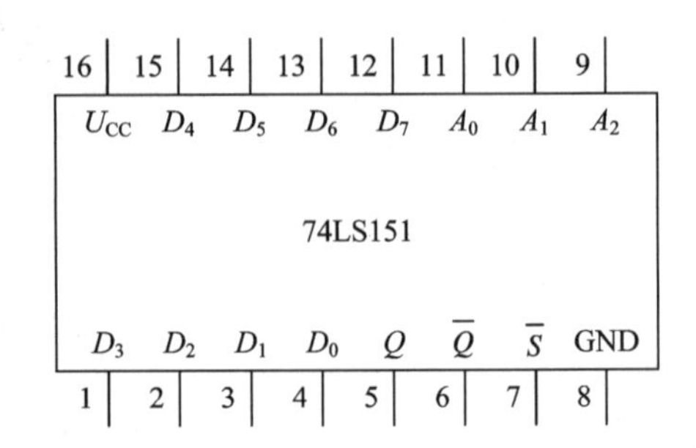

图11.5.2 74LS151引脚排列

74LS151 集成块的选择控制端(地址端)为 $A_2 \sim A_0$，按二进制译码，从 8 个输入数据 $D_0 \sim D_7$ 中选择一个需要的数据送到输出端 Q，$\bar{S}$ 为使能端，低电平有效。

(1) 当使能端 $\bar{S}=1$ 时，不论 $A_2 \sim A_0$ 的状态如何，多路开关均无输出($Q=0$，$\bar{Q}=1$)，多路开关被禁止。

(2) 当使能端 $\bar{S}=0$ 时，多路开关正常工作，根据地址码 $A_2 \sim A_0$ 的状态，选择 $D_0 \sim D_7$ 中某一个通道的数据输送到输出端 Q。

若 $A_2A_1A_0=000$，则选择 D_0 数据输送到输出端，即 $Q=D_0$。

若 $A_2A_1A_0=001$，则选择 D_1 数据输送到输出端，即 $Q=D_1$，其余类推。

74LS151 集成块的功能如表 11.5.1 所示。

表 11.5.1　74LS151 功能表

输　入				输　出	
$\bar{S}$	A_2	A_1	A_0	Q	$\bar{Q}$
1	×	×	×	0	1
0	0	0	0	D_0	$\bar{D}_0$
0	0	0	1	D_1	$\bar{D}_1$
0	0	1	0	D_2	$\bar{D}_2$
0	0	1	1	D_3	$\bar{D}_3$
0	1	0	0	D_4	$\bar{D}_4$
0	1	0	1	D_5	$\bar{D}_5$
0	1	1	0	D_6	$\bar{D}_6$
0	1	1	1	D_7	$\bar{D}_7$

2. 双四选一数据选择器 74LS153

双四选一数据选择器是指在一块集成芯片上有两个四选一数据选择器。其引脚排列如图 11.5.3 所示，功能如表 11.5.2 所示。

$1\bar{S}$、$2\bar{S}$ 为两个独立的使能端；A_1、A_0 为公用的地址输入端；$1D_0 \sim 1D_3$ 和 $2D_0 \sim 2D_3$ 分别为两个四选一数据选择器的数据输入端；1Q、2Q 为两个输出端。

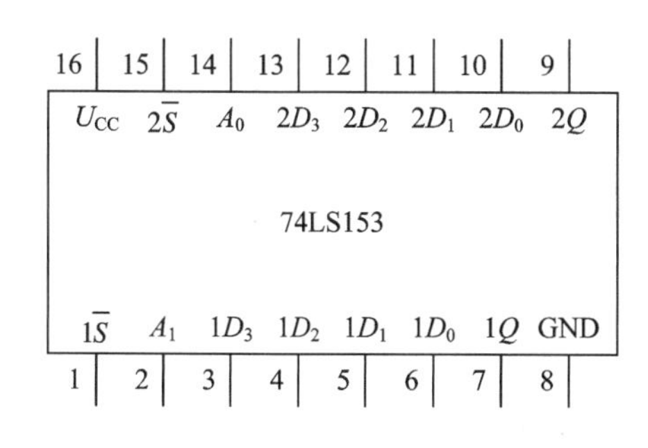

图 11.5.3　74LS153 引脚排列

表 11.5.2　74LS153 功能表

输　入			输出
$\bar{S}$	A_1	A_0	Q
1	×	×	0
0	0	0	D_0
0	0	1	D_1
0	1	0	D_2
0	1	1	D_3

(1) 当使能端 $1\bar{S}(2\bar{S})=1$ 时，多路开关被禁止，无输出，$Q=0$。

(2) 当使能端 $1\bar{S}(2\bar{S})=0$ 时，多路开关正常工作，根据地址码 A_1、A_0 的状态，将相应的数据 $D_0 \sim D_3$ 输送到输出端 Q。

若 $A_1A_0=00$　则选择 D_0 数据输送到输出端，即 $Q=D_0$。

若 $A_1A_0=01$　则选择 D_1 数据输送到输出端，即 $Q=D_1$，其余类推。

数据选择器的用途很多，例如用于多通道传输、数码比较、并行码变串行码，以及实现逻辑函数等。

3. 数据选择器的应用——实现逻辑函数

【例 11.5.1】 用八选一数据选择器 74LS151 实现函数 $F=A\bar{B}+\bar{A}C+B\bar{C}$。

解　采用八选一数据选择器 74LS151 可实现任意三输入变量的组合逻辑函数。函数 F 的功能表如表 11.5.3 所示。

将函数 F 的功能表与八选一数据选择器的功能表相比较，可知：

(1) 将输入变量 C、B、A 作为八选一数据选择器的地址码 A_2、A_1、A_0。

(2) 使八选一数据选择器的各数据输入 $D_0 \sim D_7$ 分别与函数 F 的输出值一一相对应。

即：$A_2A_1A_0=CBA$，　$D_0=D_7=0$，　$D_1=D_2=D_3=D_4=D_5=D_6=1$

则八选一数据选择器的输出 Q 便实现了函数 $F=A\bar{B}+\bar{A}C+B\bar{C}$。

74LS151 接线图如图 11.5.4 所示。

结论：采用具有 n 个地址端的数据选择器实现 n 变量的逻辑函数时，应将函数的输入变量加到数据选择器的地址端(A)，然后选择器的数据输入端(D)按次序以函数 F 的输出值来赋值。

表 11.5.3　功能表

输入			输出
C	B	A	F
0	0	0	0
0	0	1	1
0	1	0	1
0	1	1	1
1	0	0	1
1	0	1	1
1	1	0	1
1	1	1	0

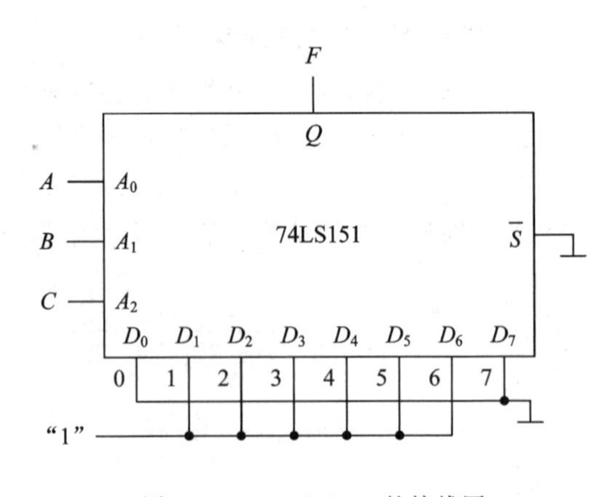

图 11.5.4　74LS151 的接线图

【例 11.5.2】 用八选一数据选择器 74LS151 实现函数 $F=A\bar{B}+\bar{A}B$。

解　(1) 函数 F 的功能表如表 11.5.4 所示。

(2) 将 A、B 加到地址端 A_1、A_0，而 A_2 接地。由表 11.5.4 可见，将 D_1、D_2 接“1”，D_0、D_3 接地，其余数据输入端 $D_4 \sim D_7$ 都接地，则八选一数据选择器的输出 Q 便实现了函数 $F=A\bar{B}+B\bar{A}$。其接线图如图 11.5.5 所示。

表 11.5.4　功能表

B	A	F
0	0	0
0	1	1
1	0	1
1	1	0

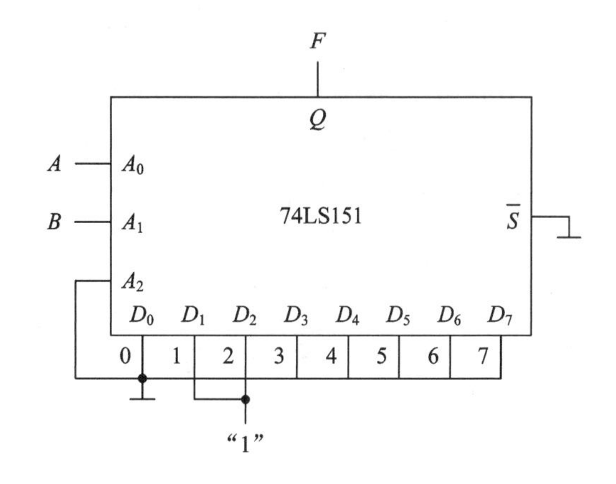

图 11.5.5　用八选一数据选择器实现 $F=A\bar{B}+\bar{A}B$

结论：当函数输入变量数小于数据选择器的地址端(A)时，应将不用的地址端及不用的数据输入端(D)都接地。

11.5.3　实验设备与器件

实验所需的设备与器件如下。

(1) +5 V 直流电源；

(2) 逻辑电平输出器；

(3) 逻辑电平显示器；

(4) 集成块 74LS151、74LS153；

(5) 集成块六非门 74LS04 的引脚排列图如图 11.5.6 所示。

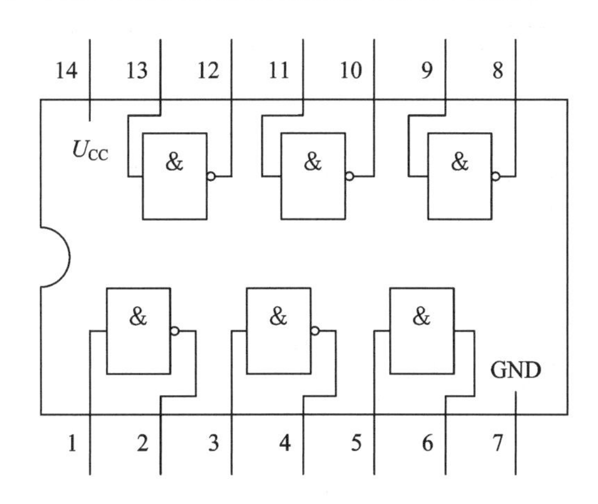

图 11.5.6　六非门 74LS04 引脚排列

11.5.4 实验内容

1. 测试数据选择器 74LS151 的逻辑功能

按图 11.5.7 接线，将数据选择器 74LS151 的地址端 A_2、A_1、A_0，数据输入端 D_0～D_7，使能端 $\bar{S}$ 分别用 12 根插头线接逻辑电平输出器的 12 个插口，74LS151 的输出端 Q 用插头线接逻辑电平显示器的任意一个插口。然后，按表 11.5.5 逐项进行测试，记录测试结果，并验证是否与 74LS151 的功能表(见表 11.5.1)相符合。

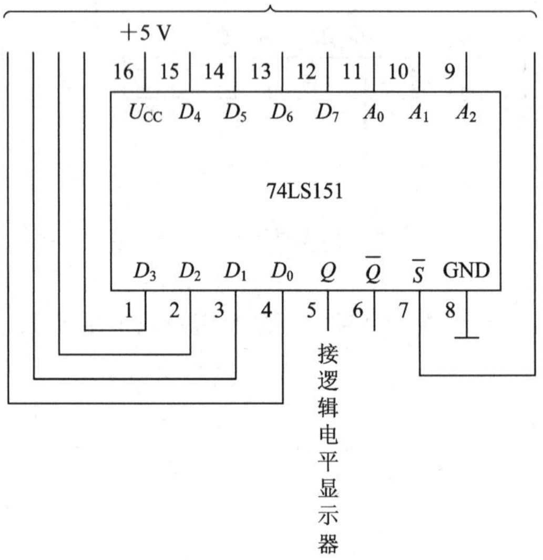

图 11.5.7　74LS151 逻辑功能测试

表 11.5.5　74LS151 逻辑功能测试表

输入				输出	
$\bar{S}$	A_0	A_1	A_2	Q	$\bar{Q}$
1	×	×	×		
0	0	0	0		
0	0	0	1		
0	0	1	0		
0	0	1	1		
0	1	0	0		
0	1	0	1		
0	1	1	0		
0	1	1	1		

2. 测试双四选一数据选择器 74LS153 的逻辑功能

在 74LS153 集成块(如图 11.5.8 所示)中任选一个四选一数据选择器，仿照实验内容 1 进行接线，按表 11.5.6 逐项进行测试，记录测试结果，并验证是否与 74LS153 的功能表(见表 11.5.2)相符合。

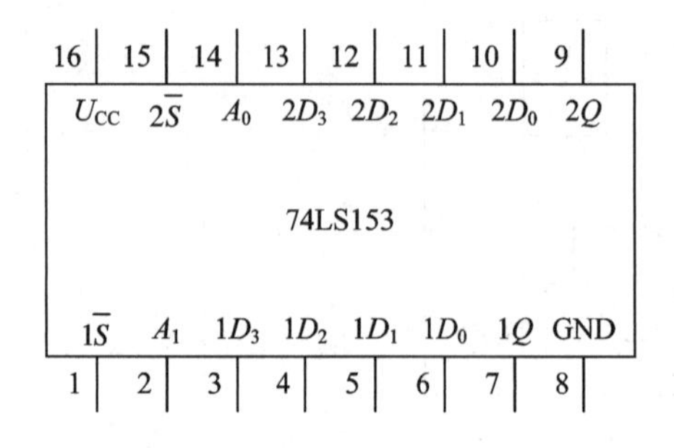

图 11.5.8　74LS151 逻辑功能测试

表 11.5.6　74LS153 逻辑功能测试表

输入			输出
$\bar{S}$	A_1	A_0	Q
1	×	×	
0	0	0	
0	0	1	
0	1	0	
0	1	1	

3. 用双四选一数据选择器 74LS153 和六非门 74LS04 实现全加器

（1）写出设计过程；

（2）画出接线图；

（3）验证逻辑功能。

4. 用八选一数据选择器 74LS151 实现逻辑函数 $F=\bar{A}BC+A\bar{B}C+AB\bar{C}+ABC$

（1）写出设计过程；

（2）画出接线图；

（3）验证逻辑功能。

11.5.5　实验总结

（1）整理并分析实验数据，编写实验报告。

（2）分析各实验结果的原因。

任务 6　计数器及其应用

11.6.1　实验目的

（1）学习用集成触发器构成计数器的方法；

（2）掌握中规模集成计数器的使用及功能测试方法；

（3）运用集成计数器构成 $1/N$ 分频器。

11.6.2　实验原理

计数器是一个用以实现计数功能的时序部件，它不仅可用来计脉冲数，还常用于数字系统的定时、分频和执行数字运算，以及实现其他特定的逻辑功能。

计数器的种类很多。按构成计数器中的各触发器是否使用一个时钟脉冲源，计数器分为同步计数器和异步计数器。根据计数进制的不同，计数器分为二进制计数器、十进制计数器和任意进制计数器。根据计数的增减趋势的不同，计数器又分为加法计数器、减法计数器和可逆计数器。另外，还有可预置数和可编程序功能计数器等。无论是 TTL 集成电路还是 CMOS 集成电路，都有品种较齐全的中规模集成计数器。使用者只要借助于器件手册提供的功能表和工作波形图以及引出端的排列，就能正确地运用这些器件。

1. 用 D 触发器构成异步二进制加/减计数器

图 11.6.1 是用四只 D 触发器构成的四位二进制异步加法计数器，它的连接特点是将每只 D 触发器接成 T′触发器，再将低位触发器的 $\bar{Q}$ 端与高一位的 CP 端相连。

若将图 11.6.1 稍加改动，即将低位触发器的 Q 端与高一位的 CP 端相连，则可构成一个四位二进制减法计数器。

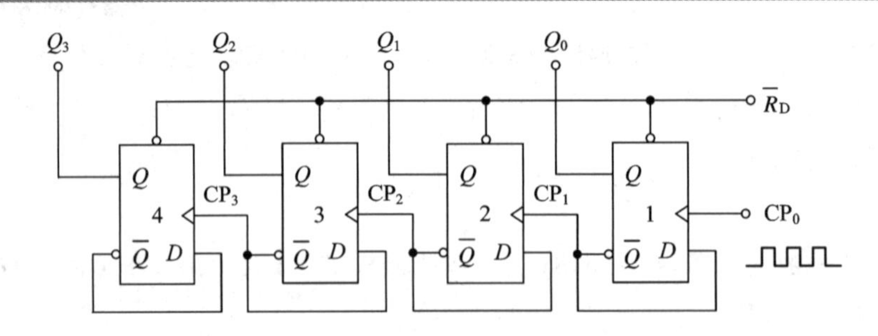

图 11.6.1 四位二进制异步加法计数器

2. 中规模十进制计数器

74LS192(同 CC40192，二者可互换使用)是同步十进制可逆计数器，具有双时钟输入、清除和置数等功能，其引脚排列及逻辑符号如图 11.6.2 所示。

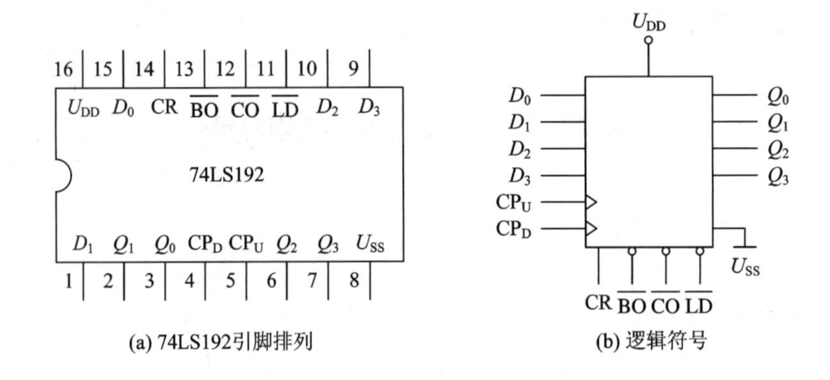

图 11.6.2 74LS192 引脚排列及逻辑符号

其中，CR 为清除端，$\overline{LD}$为置数端，CP_U为加计数端，CP_D为减计数端，D_0、D_1、D_2、D_3为数据输入端，Q_0、Q_1、Q_2、Q_3为数据输出端，$\overline{CO}$为非同步进位输出端，$\overline{BO}$为非同步借位输出端。

74LS192 的功能表如表 11.6.1 所示。

表 11.6.1 74LS192 的功能表

输入								输出			
CR	$\overline{LD}$	CP_U	CP_D	D_3	D_2	D_1	D_0	Q_3	Q_2	Q_1	Q_0
1	×	×	×	×	×	×	×	0	0	0	0
0	0	×	×	D	C	b	a	d	c	b	a
0	1	↑	1	×	×	×	×	加计数			
0	1	1	↑	×	×	×	×	减计数			

74LS192 的逻辑功能说明如下：

(1) 当清除端 CR 为高电平“1”时，计数器直接清零；CR 置低电平时，则执行其他功能。

(2) 当 CR 为低电平，置数端$\overline{LD}$也为低电平时，数据直接从置数端 D_0、D_1、D_2、D_3 置入计数器。

(3) 当 CR 为低电平，$\overline{LD}$为高电平时，执行计数功能。执行加计数时，减计数端 CP_D 接高电平，计数脉冲由加计数端 CP_U 输入，在计数脉冲上升沿进行 8421 码十进制加法计数；执行减计数时，加计数端 CP_U 接高电平，计数脉冲由减计数端 CP_D 输入。

3. 计数器的级联使用

一个十进制计数器只能表示 0～9 十个数，为了扩大计数器范围，常用多个十进制计数器级联使用。

同步计数器往往设有进位(或借位)输出端，故可选用其进位(或借位)输出信号驱动下一级计数器。

表 11.6.2 为 8421 码十进制加、减计数器的状态转换表。

表 11.6.2 8421 码十进制加、减计数器的状态转换表

加法计数 →

输入脉冲数		0	1	2	3	4	5	6	7	8	9
输出	Q_3	0	0	0	0	0	0	0	0	1	1
	Q_2	0	0	0	0	1	1	1	1	0	0
	Q_1	0	0	1	1	0	0	1	1	0	0
	Q_0	0	1	0	1	0	1	0	1	0	1

← 减法计数

图 11.6.3 所示的电路示意图是利用两片 74LS192 中第一片的进位输出$\overline{CO}$控制第二片高一位的 CP_U 端构成的加数级联电路。

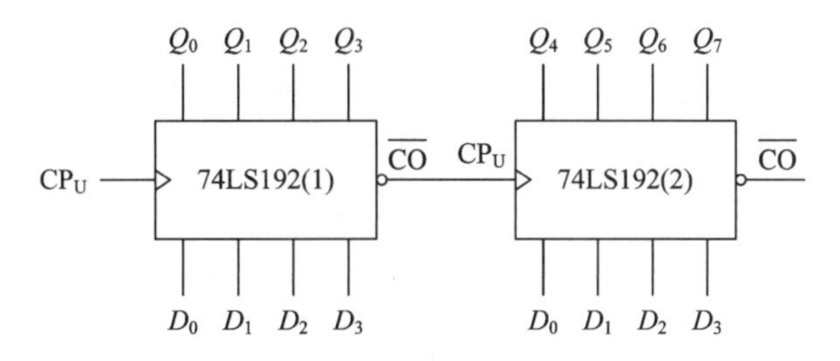

图 11.6.3 74LS192 级联电路

4. 实现任意进制计数

1) 用复位法获得任意进制计数器

假定已有 N 进制计数器，而需要得到一个 M 进制计数器时，若 $M<N$，则用复位法使计数器计数到 M 时置“0”，即获得 M 进制计数器。图 11.6.4 为一个由 74LS192 十进制计数器接成的六进制计数器。

2) 利用预置功能获得 M 进制计数器

图 11.6.5 为用三片 74LS192 组成的 421 进制计数器。

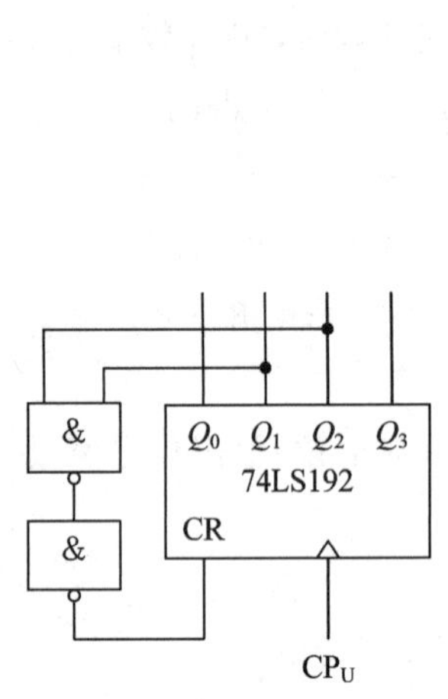

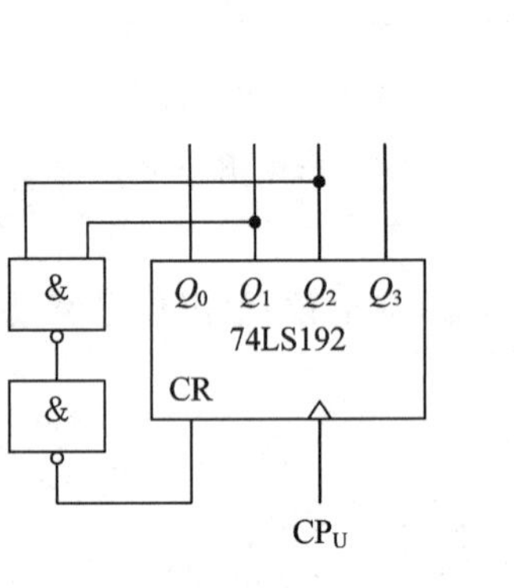

图 11.6.4　六进制计数器

图 11.6.5　421 进制计数器

外加的由与非门构成的锁存器可以解决器件计数速度的离散性问题，保证在反馈置“0”信号作用下计数器可靠置“0”。

图 11.6.6 是一个特殊十二进制的计数器电路方案。在数字钟里，对时位的计数序列是 1、2……11、12，该计数是十二进制的，且无 0 数。当计数到 13 时，通过与非门产生一个复位信号，使 74LS192(2)的时十位直接置成 0000，而 74LS192(1)的时个位直接置成 0001，从而实现了 1～12 计数。

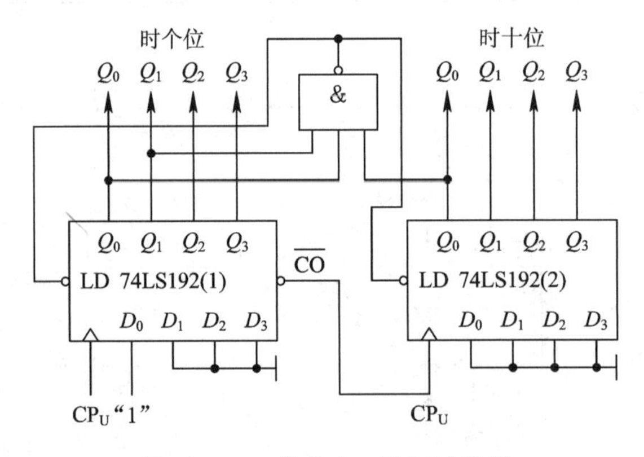

图 11.6.6　特殊十二进制计数器

11.6.3　实验设备与器件

实验所需的设备与器件如下。

(1) +5 V 直流电源；

(2) 双踪示波器；

(3) 连续脉冲源；

(4) 单次脉冲源；

(5) 逻辑电平输出器；

(6) 逻辑电平显示器；

(7) 译码显示器；

(8) 集成块：74LS74×2、74LS192×3、74LS00 和 74LS20。

11.6.4　实验内容

(1) 用 74LS74 D 触发器构成四位二进制异步加法计数器。

① 按图 11.6.1 进行接线，将 $\bar{R}_D$接至逻辑电平输出器的输出插口，将低位 CP_0端接至单次脉冲源，输出端 Q_3、Q_2、Q_1、Q_0分别用 4 条插头线接至逻辑电平显示器的 4 个输入插口，各 $\bar{S}_D$接至逻辑电平输出器的高电平“1”。

② 清零后，逐个送入单次脉冲，观察并列表记录 Q_3～Q_0的状态。

③ 将单次脉冲改为 1 Hz 的连续脉冲，观察 Q_3～Q_0的状态。

④ 将 1 Hz 的连续脉冲改为 1 kHz，用双踪示波器观察 CP、Q_3、Q_2、Q_1、Q_0端的波形，并进行描绘。

⑤ 将图 11.6.1 电路中的低位触发器的 $\bar{Q}$ 端与高一位的 CP 端相连，构成减法计数器，按步骤②、③、④进行实验，观察并列表记录 Q_3～Q_0的状态。

(2) 测试 74LS192 同步十进制可逆计数器的逻辑功能。

如图 11.6.7 所示，将 74LS192 的清除端 CR、置数端$\overline{LD}$，以及数据输入端 D_3、D_2、D_1、D_0分别用 6 条插头线接至逻辑电平输出器的 6 个输出插口；74LS192 的输出端 Q_3、Q_2、Q_1、Q_0分别用 4 条插头线接至逻辑电平显示器的 4 个输入插口；$\overline{CO}$和$\overline{BO}$分别用两条插头线接至逻辑电平显示器的两个输入插口。

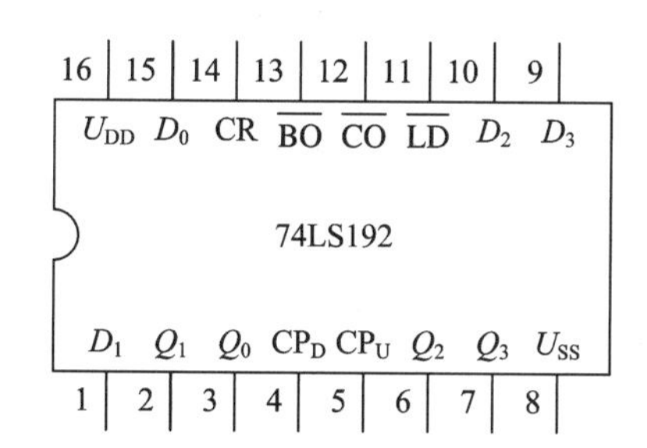

图 11.6.7　测试 74LS192 的逻辑功能

按表 11.6.3 逐项测试并判断 74LS192 集成块的功能是否正常。

表 11.6.3　74LS192 的功能表

输　入								输　出			
CR	$\overline{LD}$	CP_U	CP_D	D_3	D_2	D_1	D_0	Q_3	Q_2	Q_1	Q_0
1	×	×	×	×	×	×	×	0	0	0	0
0	0	×	×	d	C	b	a	d	C	B	a
0	1	↑	1	×	×	×	×	加计数			
0	1	1	↑	×	×	×	×	减计数			

① 清除。令 CR=1，其他输入为任意态，这时输出端 $Q_3Q_2Q_1Q_0$=0000，译码数字显示为 0。清除功能完成后，置 CR=0。

② 置数。令 CR=0，CP_U、CP_D输入为任意态，数据输入端 D_3、D_2、D_1、D_0输入任意一组二进制数，令$\overline{LD}$=0，观察计数译码显示的输出，预置功能是否完成，此后置$\overline{LD}$=1。

③ 加计数。令 CR=0，$\overline{LD}=CP_D$=1，CP_U接单次脉冲源。清零后送入 10 个单次脉冲，观察译码数字显示是否按 8421 码十进制状态转换表进行；输出状态变化是否发生在 CP_U 的上升沿。

④ 减计数。令 CR=0，$\overline{LD}=CP_U$=1，CP_D接单次脉冲源，参照加计数步骤进行实验。

(3) 用两片 74LS192 组成两位十进制加法计数器。

如图 11.6.8 所示，令 CR=0，$\overline{LD}=CP_D$=1，第一片 74LS192 的 CP_U输入 1 Hz 连续脉冲，两片 74LS192 的输出端 Q_0、Q_1、Q_2、Q_3、Q_4、Q_5、Q_6、Q_7分别接至译码显示器的两个译码显示相应输入插口 A、B、C、D，进行由 00 到 99 累加计数，将测试结果记录于自拟表中。

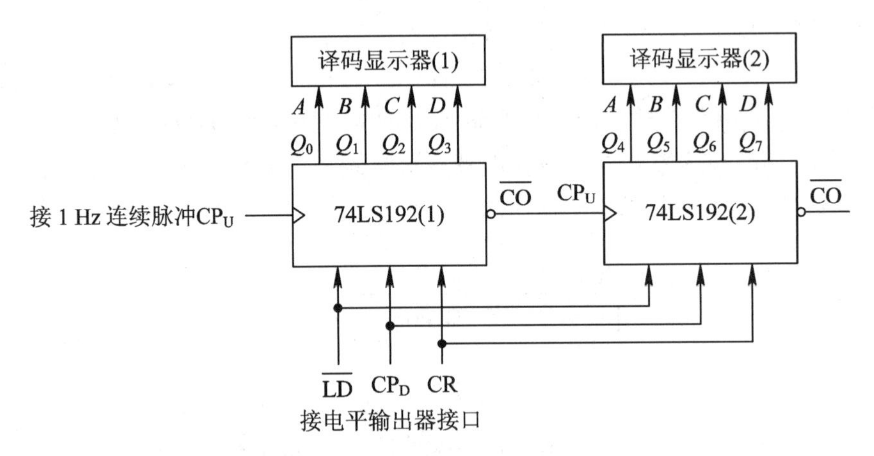

图 11.6.8 两片 74LS192 组成加法计数器

(4) 将两位十进制加法计数器改为两位十进制减法计数器。

令 CR=0，$\overline{LD}=CP_U$=1，画出电路图，并仿照实验内容(3)的方法，实现由 99 到 00 递减计数，将测试结果记录于自拟表中。

(5) 按图 11.6.4 所示的电路进行实验，将测试结果记录于自拟表中。

(6) 按图 11.6.5 所示的电路或图 11.6.6 所示的电路进行实验，将测试结果记录于自拟表中。

11.6.5 实验总结

整理实验数据，对实验结果进行分析，编写实验报告。

任务7　手工焊接技术训练

11.7.1　实验目的

(1) 掌握手工电烙铁焊接技术的操作技能。

(2) 熟悉手工焊接技术的基本知识。

11.7.2　实验原理

焊接是电子产品装配、调试、维修的重要工艺。焊接质量的好坏直接影响电子电路及电子产品的工作性能。良好的焊接可以使电路具有良好的稳定性、可靠性；不良的焊接会导致元器件损坏，给测试带来很大困难，有时还会留下隐患，使电路不能正常工作。

焊料和焊剂的性质、成分、作用、原理及选用知识是电子工艺技术中的重要内容之一，对电子产品的焊接质量具有决定性的影响。

1. 焊料与焊剂

1) 焊料

能熔化两种或两种以上的金属，使之成为一个整体的易熔金属或合金叫作焊料。焊料的种类很多，焊接不同的金属使用不同的焊料。焊料按其成分可分为锡铅焊料、银焊料、铜焊料等。在一般的电子产品装配中，通常使用锡铅焊料，俗称“焊锡”。

锡(Sn)是一种质软、熔点低的金属，其熔点为232℃。纯锡价贵、质脆、机械性能差。在常温下，锡的抗氧化性强；金属锡在高于132℃时呈银白色，低于13.2℃时呈灰色，低于−40℃时会变成粉末。铅(Pb)是一种浅青色的软金属，熔点为327℃，其机械性能差，可塑性好，有较高的抗氧化性和抗腐蚀性。铅属于对人体有害的重金属，在人体中积蓄能引起铅中毒。当铅和锡以不同的比例熔成合金(锡铅合金)以后，熔点和其他物理性能都会发生变化。

锡铅焊料成分与温度的关系如图11.7.1所示。

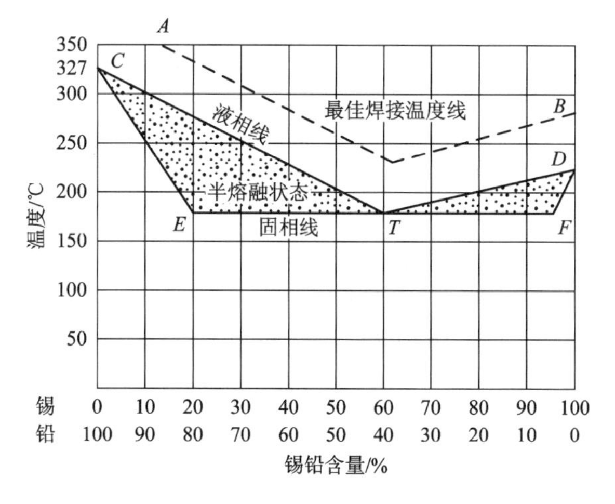

图11.7.1　锡铅焊料成分与温度的关系状态图

其中，横坐标代表含量的百分比，纵坐标代表温度。C 点表示纯铅的熔点为 327℃；D 点表示纯锡的熔点为 232℃；CTD 线称为液相线，温度高于这条线时合金处于液态；$CETFD$ 线称为固相线，温度低于这条线时合金处于固态；在两个三角区内合金为半熔融状态。

例如，锡、铅各占 50%的合金，熔点为 212℃，凝固点为 182℃。在 182～212℃时，铅占 80%的合金在 190℃变成半液体；再升温到 275℃时，才变成完全的液体。从状态图中可以看出，存在一点，在 183℃时合金由固体直接变成液体，没有半液体状态，我们称这个点为“共晶点”。按照这个共晶点配制的合金，称为“共晶合金”。我们把锡铅合金焊料中锡占 63%、铅占 37%的焊锡称为“共晶焊锡”，它是比较理想的焊料，是我们常使用的焊锡。共晶焊锡有如下优良特点。

(1) 熔点低。铅的熔点为 327℃，锡的熔点为 232℃，而“共晶焊锡”的熔点只有 183℃。焊接温度低，可防止损害元器件。

(2) 无半液态。由于熔点和凝固点一致而无半液体状态，因此可使焊点快速凝固从而避免虚焊。这一点对自动焊接有着重要意义。

(3) 表面张力低。表面张力低，焊料的流动性就强，对被焊物有很好的润湿作用，有利于提高焊点质量。

(4) 抗氧化能力强，机械性能好。锡和铅合在一起后，其化学稳定性大大提高了。共晶焊锡的拉伸强度、折断力、硬度都较大，并且结晶细密，所以强度高。

在电子产品装配中，使用的焊锡多为“共晶焊锡”。由于铅有毒，一些国家已开始对无铅焊料进行研究，以实现焊料无铅化。如果用无铅焊料替代锡铅焊料，它应在物理性能、焊接工艺性能、接头的力学性能等方面与锡铅焊料接近，而且成本不能过高，工艺的可操作性要强。目前，无铅焊料虽然仍处于积极开发、积累数据的阶段，但使用无铅焊料替代锡铅焊料是发展方向。

2) 焊剂

焊剂又称为助焊剂，是指焊接时用于去除被焊金属表面氧化层及杂质的物质。电子设备的金属表面同空气接触后都会生成一层氧化膜，温度越高氧化得越厉害。这层氧化膜妨碍了液态焊锡对金属的浸润作用，犹如玻璃沾上油就能使其不受水的浸润一样。助焊剂就是用于清除金属表面氧化膜，保证焊锡润湿和流动性的一种化学制剂，它仅起到清除氧化膜的作用，不可能除掉焊件上的所有污物。

助焊剂的种类很多，一般可分为无机助焊剂、有机助焊剂、松香基助焊剂。其中松香基助焊剂是使用最多的一种助焊剂。

松香基助焊剂包括松香焊剂、活化香剂、氢化松香等，在电子产品中普遍使用的是松香焊剂。将松树和杉树等针叶树的树脂进行水蒸气蒸馏，去掉松节油后剩下的不挥发物质就是松香。松香的助焊能力和电气绝缘性能好，且不吸潮、无毒、不腐蚀、价格低，因而被广泛采用。最后在制好的印制板上涂上松香水(松香+酒精，比例一般为 1∶3)，这样不但具有助焊能力，还可防止铜的氧化，有利于焊接。应该注意：松香反复加热后会炭化(发黑)而失效，因此发黑的松香不起助焊作用。

氢化松香是一种新型助焊剂，比松香焊剂具有更多的优点，更能满足电子产品超高密度、小型化、可靠性高的要求。

2. 手工焊接工具

手工焊接工具常用电烙铁，它的作用是加热焊接部位、熔化焊料，从而使焊料和被焊金属连接起来。

电烙铁一般分为四大类：电热丝电烙铁、控温电烙铁、带吸球或吸杆的电烙铁、热风枪等。

外热式电烙铁是指烙铁芯包在烙铁头的外部。它由烙铁头、烙铁芯、木柄、电源引线和插头等组成。其中烙铁芯是电烙铁的关键部分，它的结构是电热丝平行地绕制在一根空心瓷管上，中间用云母片绝缘并引出两根导线与 220 V 交流电源连接。外热式电烙铁一般有 20 W、25 W、30 W、50 w、75 W、100 W、150 W、300 W 等多种规格。功率越大，烙铁头的温度越高。一般用 35 W 外热式电烙铁焊接印制电路板。

内热式电烙铁是指烙铁芯装在烙铁头的内部，从烙铁头内部向外传导热。它由烙铁芯、烙铁头、连接杆、手柄等几部分组成。烙铁芯由镍铬电阻丝缠绕在瓷管上制成。内热式电烙铁的热传导效率比外热式电烙铁高，20 W 的内热式电烙铁的实际发热功率与 25～40 W 的外热式电烙铁相当。内热式电烙铁的特点是体积小、发热快、重量轻、耗电低等。内热式电烙铁有 20 W、30 W、50 W 等规格，主要用来焊接印制电路板。

恒温式电烙铁是在普通电烙铁头上安装强磁体传感器制成的。其工作原理是，接通电源后，烙铁头的温度上升，当达到设定的温度时，传感器里的磁铁达到居里点而磁性消失，从而使磁芯触点断开，这时停止向烙铁芯供电；当温度低于居里点时磁铁恢复磁性，与永久磁铁吸合，触点接通，继续向电烙铁供电。如此反复，自动控温。

带吸球或吸杆的电烙铁又叫作吸锡电烙铁，它是将普通电烙铁与活塞式吸锡器合为一体的拆焊工具。它的使用方法是接通电源 3～5 s 后，把活塞按下并卡住，将锡头对准欲拆元器件，待锡熔化后按下按钮，活塞上升，焊锡被吸入吸管。用毕，推动活塞三四次，清除吸管内残留的焊锡，以便下次使用。

热风枪又称为贴片电子元器件拆焊台，它专门用于表面贴片安装电子元器件(特别是多引脚的 SMD 集成电路)的焊接和拆卸。热风枪由控制电路、空气压缩泵和热风喷头等组成。其中，控制电路是整个热风枪的温度、风力控制中心；空气压缩泵是热风枪的心脏，负责热风枪的风力供应；热风喷头是将空气压缩泵送来的压缩空气加热到可以使 BGA 芯片上焊锡熔化的部件，其头部还装有可以检测温度的传感器，把温度信号转变为电信号后送回电源控制电路板，各种喷嘴用于装拆不同的表面贴片元器件。

3. 手工焊接技术

一个良好焊点的产生，除了焊接材料具有可焊性、焊接工具(即电烙铁)功率合适、采用正确的操作方法，最重要的是操作者的技能。只有经过相当长时间的焊接练习，才能掌握焊接技术。有些人会认为用电烙铁焊接非常容易，没有什么技术含量，这是非常错误的。只有通过反复的焊接实践，不断用心领会，不断总结经验，才能掌握较高的焊接技能。

焊接有钎焊和接触焊等，其中手工钎焊，又称为烙铁焊，是目前广泛采用的一种焊接技术。

1）焊接的定义

焊接是指在固定母材之间，熔入比母材金属熔点低的焊料，依靠毛细管作用，使焊料进入母材之中，并发生化学变化，从而使母材与焊料结合为一体。

2）电烙铁的使用常识

（1）电烙铁的握法。通常用右手握住电烙铁，握法有反握、正握和笔握三种。反握法对被焊件压力较大，适用于较大功率的电烙铁(大于 75 W)；正握法适用于弯烙铁头的操作或直烙铁头在大型机架上的焊接；笔握法适用于小功率电烙铁焊接印制电路板上的元器件的场景。

（2）电烙铁的使用方法。

① 烙铁头的整修：久置不用的电烙铁或新电烙铁启用时，需要整修铜制的烙铁头(采用多层合金新工艺制造的长寿命烙铁头，不需要且不允许对其整修)。用锉刀将烙铁头的两边锉成小于 45°角，前面沿锉成 15°角。然后接上电源，当烙铁头温度升至能熔锡时，将少量松香沾在烙铁头上，等松香冒烟后再涂上一层焊锡。电烙铁长时间使用后铜烙铁头的刃面及其周围就会产生一层氧化层，这样便产生“吃锡”困难的现象，此时可锉去氧化层，重新镀上焊锡。

② 烙铁头长度的调整：焊接集成电路与晶体管时，烙铁头的温度不能太高，且时间不能过长，此时便可将烙铁头插在烙铁芯上的长度进行适当地调整，进而控制烙铁头的温度。

③ 烙铁头有直头和弯头两种，当采用笔握法时，直烙铁头的电烙铁使用起来比较灵活，适合在元器件较多的电路中进行焊接。弯烙铁头的电烙铁用正握法比较合适，多用于线路板垂直桌面情况下的焊接。

④ 更换烙铁芯时要注意引线不要接错，因为有的电烙铁有三个接线柱，而其中一个是接地的，另外两个是接烙铁芯两根引线的(这两个接线柱通过电源线，直接与 220 V 交流电源相接)。如果将 220 V 交流电源线错接到接地线的接线柱上，那么电烙铁外壳就会带电，被焊件也会带电，这样就会发生触电事故。

3）对焊接点的质量要求

（1）焊接可靠，具有良好的导电性。

（2）焊点要有足够的机械强度。

（3）焊点表面要光滑、清洁美观。

其中，最关键的是要有良好的导电性，必须防止假焊或虚焊。假焊会使电路完全不通；虚焊使得焊点成为有很大接触电阻的连接状态。温度、湿度等外部工作环境的变化以及振动等因素的影响，会导致电路工作时好时坏，且没有规律。

4）手工焊接的操作要领

（1）焊前准备。

① 准备好焊锡丝、焊剂(松香)和焊接工具。

② 元器件引线和导线端头的表面处理。

a. 一般可用砂布磨擦或用小刀轻轻刮去元器件引线和导线端头焊接部位表面的氧化物、锈斑、油污、灰尘等杂质，直到露出纯金属表面。对清洁处理后的焊接部位应立即沾上少量的焊剂(如松香，能清除金属氧化物及污物)，然后用电烙铁在焊接部位预涂覆上一层很薄的锡层，避免其表面重新氧化，提高元器件和导线的可焊性。

b. 半导体器件镀锡时，可用镊子夹持引线上端，以利于散热。烙铁放在焊点上的时间不能过长，以免过热而损坏元器件。

c. 如果厂家在出厂前对元器件的引线已镀锡，那么注意不能把原有锡层去掉，可直接将元器件焊在印制电路板上。

③ 元器件插装以及导线与接线端子进行连接的准备。

(2) 焊剂的用量要适当。

使用焊剂时，必须根据被焊件的面积大小和表面状态选择适量的焊剂。焊剂的用量过小，会影响焊接质量；焊剂的用量过多，焊剂残渣将会腐蚀元器件或使电路板绝缘性能变差。

(3) 掌握好焊接的温度和时间。

在焊接时，为使被焊件达到适当的温度，使固体焊锡迅速熔化，产生浸润，就要有足够的热量和温度。若温度过低，则焊锡流动性差，很容易凝固，从而形成虚焊；若温度过高，则会使焊锡流淌，焊点不易存锡，焊剂分解速度加快，从而使金属表面加速氧化，并导致印制电路板上的焊盘(铜箔)脱落。尤其在使用天然松香作助焊剂时，锡钎焊温度过高，很容易氧化脱羧而产生炭化，造成虚焊或假焊。

锡钎焊的时间视被焊件的形状、大小不同而有差别，但总的原则是视被焊件是否完全被焊料浸润(焊料的扩散范围达到要求后)的情况而定。通常情况下，烙铁头与焊点接触的时间是以使焊点光亮、圆滑为宜。若焊点不光亮且形成粗糙面，则说明温度不够，时间过短，此时需增加焊接温度，只要将烙铁头继续放在焊点上多停留些时间即可。

焊接时间不能太长也不能太短。焊接时间过长，容易损坏元器件和造成印制电路板上的铜箔翘起；而焊接时间太短，焊锡则不能充分熔化，从而造成焊点不光滑不牢固，还可能产生虚焊或假焊。一般来说，最恰当的时间必须在 1.5～4 s 内完成。

(4) 焊料的施加方法。

焊料的施加方法视焊点的大小及被焊件的多少而定。

当将引线焊接于接线柱上时，首先将烙铁头放在接线端子和引线上，当被焊件经过加热达到一定温度后，先给图 11.7.2 中 1 点加少量焊料。这样可加快烙铁头与被焊件的热传导，使几个被焊件温度达到一致。当几个被焊件温度都达到使焊料熔化的温度时，应立即将焊锡丝加到图 11.7.2 中的 2 点，即距电烙铁加热部位最远的地方，直到焊料浸润整个焊点时便可撤去焊锡丝。

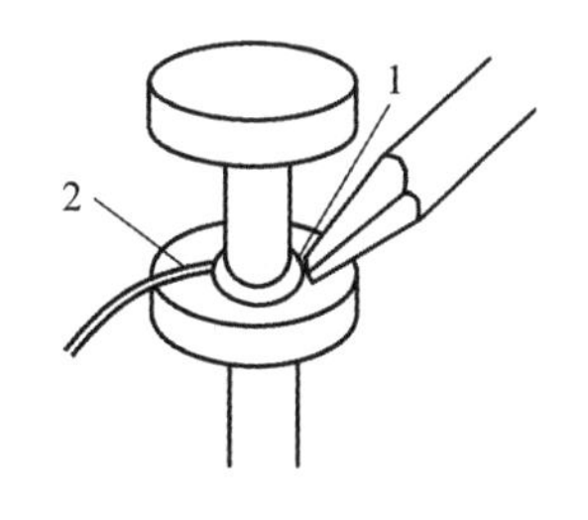

图 11.7.2　焊接施加方法

如焊点较小，可用烙铁头沾取适量焊锡，再沾取松香后，直接放到焊点上，待焊点着锡一并浸润后便可将电烙铁撤走。撤离电烙铁时，要向上提拉，以使焊点光亮、饱满。这种方法多用于焊接元器件与维修时使用。使用上述方法时，要注意及时将沾取焊锡的电烙铁放在焊点上，若时间过长，则焊剂会分解，焊锡会被氧化，使焊点质量低劣。

另外也可将烙铁头与焊锡丝同时放在被焊件上，在焊锡浸润焊点后，将电烙铁自下而上提拉移开。

(5) 焊接时被焊件要扶稳。

在焊接过程中，特别是在焊锡凝固过程中，不能晃动被焊件引线，否则会造成虚焊。

(6) 焊点的重焊。

当焊点一次焊接不成功或上锡量不足时，便要重新焊接。重新焊接时，需待上次焊锡一起熔化并熔为一体时，才能把电烙铁移开。

(7) 焊接时烙铁头与引线、印制电路板焊盘(铜箔)之间要有正确的接触位置。

图 11.7.3(a)、(b)为不正确的接触。图 11.7.3(a)中烙铁头与引线接触而与铜箔不接触。图 11.7.3(b)中烙铁头与铜箔接触而与引线不接触。这两种情况将造成热传导不均衡，影响焊接质量。图 11.7.3(c)中烙铁头与引线、铜箔同时接触，是正确的焊接加热法。

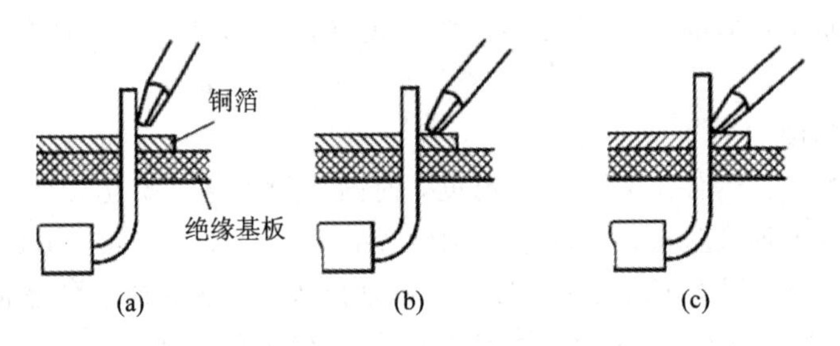

图 11.7.3　烙铁头焊接时的位置

(8) 焊接结束时，要掌握好烙铁头最佳撤离的方向。

电烙铁除具有加热作用外，还能够控制焊锡量。烙铁头宜以 45°方向撤离，此时的焊点光亮、圆滑，仅带走少量焊锡；若烙铁头垂直向上撤离，则容易造成焊点拉尖；若烙铁头以水平方向撤离，则焊点被带走大量焊锡；若烙铁头沿焊点向下撤离，则会带走大部分焊锡。掌握烙铁头最佳撤离方向，就能控制焊锡留存量，使每个焊点符合要求，这也是手工焊接的技巧之一。

(9) 焊接后的处理。

焊接结束后，应将焊点周围的焊剂清洗干净，并检查电路有无漏焊、错焊及虚焊等现象，可用镊子将每个元器件拉一拉，看有无松动现象。

5) 印制电路板的手工焊接工艺

(1) 焊前准备。

首先要熟悉所焊印制电路板的装配图，并按图样配料，检查元器件的型号、规格及数量是否符合图样要求，并做好装配前元器件引线成型等准备工作。

(2) 焊接顺序。

元器件装焊顺序依次为电阻器、电容器、二极管、晶体管、集成电路和大功率管，其他元器件为先小后大。

(3) 对元器件焊接的要求。

① 电阻器焊接要求将电阻器按图准确装入规定的位置。要求标记向上，字向一致。装完同一种规格后再装另一种规格，尽量使电阻器的高低一致。焊完后将露在印制电路板表面的多余引脚齐根剪去。

② 电容器焊接要求将电容器按图装入规定的位置，并注意极性电容器的"＋"与"－"极不能接错，电容器上的标记方向要易看可见。先装玻璃釉电容器、有机介质电容器和瓷介电容器，最后装电解电容器。

③ 二极管焊接要注意以下几点：注意阳极、阴极不能装错；型号标记要易看可见；焊

接立式二极管时，对最短引线的焊接时间不能超过 2 s。

④ 晶体管焊接要求注意 e、b、c 三引线位置插接正确；焊接时间尽可能短；焊接时用镊子夹住引线脚，以利于散热。焊接大功率晶体管时，若需加装散热片，则应将接触面平整、打磨光滑后再紧固。若要求加垫绝缘薄膜时，则切勿忘记加薄膜。管脚与电路板上需连接时，要用塑料导线。

⑤ 集成电路焊接要求首先按图样检查型号、引脚位置是否符合标准。焊接时先焊边沿的两只引脚，以使其定位，然后再从左到右、自上而下逐个焊接。焊接时，烙铁头一次沾锡量以能焊 2～3 只引脚为宜，烙铁头先接触印制电路板上的铜箔，待焊锡进入集成电路引脚底部时，烙铁头再接触引脚，接触时间不宜超过 3 s，且要使焊锡均匀地包住引脚。焊后要检查是否有漏焊、碰焊短接、虚焊之处，并清理焊点处的焊锡。

6）焊接件的拆卸常识

电子设备由于调试和维修，常需要把少数元器件拆焊换掉。拆焊时应注意避免损坏印制板和元器件。通常可逐个熔化焊点，逐个拆下元器件引线。例如，电阻的两个引脚焊点可分两次拆下，这种拆法称为分点拆焊法。也可以同时集中加热几个引线焊点，这种方法称为集中拆焊法。

拆焊时多余的焊锡应清除掉，通常用吸锡器配合普通电烙铁就能很方便地吸去多余的焊锡。使用时右手手握电烙铁，左手手握吸锡器，只要把烙铁头靠上焊点，等焊锡熔化后按一下吸锡器的活塞按钮，即可把熔化后的焊锡吸入储锡盒内。

4. 焊接质量的检验

一个良好的焊点，应是明亮、平滑、焊料适量并呈裙状拉开的，焊锡与焊盘结合处的轮廓隐约可见，并且无裂纹、针孔、拉尖等现象。焊接质量的检验主要以外观检查为主，首先要查看焊料的润湿情况和焊点的几何形状，然后从焊点的亮度、光泽等方面进行检查。下面介绍几种焊接缺陷及产生原因。

(1) 假焊与虚焊。

假焊是指焊接点内部没有真正焊接在一起，也就是说焊锡与被焊件表面被氧化层或助焊剂的未挥发物及污物隔离。虚焊是指被焊接的金属没有形成金属合金，只是简单地依附在被焊金属表面上。虚焊的焊点虽能暂时导通，但随着时间的推移，最后会变为不导通，造成电路故障。假焊的被焊件与焊点没有导通。假焊与虚焊本身没有严格界线，它们的主要现象就是焊锡与被焊件的金属表面没有真正形成金属合金，表现为接触不牢或互不接触，所以也可统称为虚焊。

造成虚焊的原因：当焊盘、元器件引线脚有氧化层和油污以及焊接过程中热量不足时，助焊剂未能充分挥发，而在被焊件表面和导线间形成一层松香薄膜时，焊锡就不会在焊盘、元器件引线脚上形成焊锡薄层，即焊锡浸润不良，以致可焊性差，产生虚焊。

为保证焊接质量，不产生虚焊，对浸润能力差的焊盘和元器件引线脚应进行预涂覆焊锡或浸锡处理。

(2) 拉尖。拉尖的原因是焊锡过量，焊接时间过长，使焊锡黏性增加，且电烙铁离开焊点时角度不对等。焊锡拉尖若超过允许的长度，则将会造成绝缘距离变小。修复办法是重焊。

(3) 桥接。桥接是指焊接时印制电路板上铜箔间的焊锡不应连接处的意外连接现象。其产生的原因是焊锡过多或焊接技术不良，桥接会造成电路之间短路。对焊锡造成的桥接短路现象可用烙铁去锡。

(4) 空洞。空洞是指由于焊锡未全部填满印制电路板的插孔而出现的现象，使用中元器件易脱落，会造成电路断路。造成空洞的原因是印制电路板的插孔周围焊盘氧化、脏污、预处理不良，焊锡不足等。

(5) 堆焊。堆焊的焊点外形轮廓不清，如同丸子状，看不出元器件引线的形状。造成原因是元器件引线或焊盘氧化而不能使焊锡浸润，焊点加热不充分，焊锡过多等。堆焊容易造成相邻焊点短路。

(6) 其他缺陷。

如导线损伤，铜箔翘起、剥离等，造成原因是焊点过热、多次焊接、焊盘受力等。

从以上焊接缺陷产生原因的分析可知，提高焊接质量要从以下两方面着手。

(1) 掌握好焊接温度和焊接时间，使用适量的焊锡和助焊剂，认真地焊好每一个焊点。

(2) 要保证被焊件表面的可焊性，必要时采取涂覆锡、浸锡措施。

11.7.3 实验设备、器件及材料

实验需要以下设备、器件及材料。

(1) 内热式电烙铁；(2) 吸锡器；(3) 镊子；(4) 剪刀；(5) 剥线夹；(6) 砂布；(7) 焊锡丝；(8) 松香；(9) 印制电路板；(10) 元器件。

11.7.4 实验内容

印制电路板上元器件的焊接是整机焊接的主要内容之一。经预焊后的元器件焊接在印制板上前必须进行引线的成形与插装。良好的引线成形工艺不仅可以避免因焊接时(尤其是自动化焊接时)受到热冲击而损坏元器件及印制板，还可以起到防震、防变形、提高整机可靠性的作用。

1. 轴向引线元器件的成形与插装

轴向引线元器件是指从元器件两侧一字形伸出的元器件，常见的有电阻、二极管等。为了插装到印制板上，两侧的引线必须向同一方向打弯。

轴向引线元器件在成形时，弯头距引线根部至少应有 1.5 mm 长，这样可以提高元器件与焊点之间的热阻，防止元器件在焊接时受热损坏。由于元器件引线的根部容易折断，为防止引线根部受力，可以用镊子夹住引线根部进行成形。弯头应成圆角，圆角的半径应大于引线直径的两倍。成形时应将元器件上标有型号与数值的一面朝外，以便以后的检查与维修。

2. 径向引线元器件的成形与插装

径向引线元器件的引出线在元器件的同侧。注意引线不能勉强打弯，否则会使元器件的封装树脂脱落或造成引线的折断。

3. 手工焊接训练

手工焊接操作步骤如下。

1）焊接准备

(1) 将被焊件、电烙铁、焊锡丝及烙铁架等准备好，放到便于操作之处。电烙铁接上电源，加热到能熔锡后把烙铁头放在蘸水海绵上轻轻擦拭，除去氧化物残渣，然后把少量焊锡及松香加到清洁的烙铁头上。

(2) 用电烙铁对被焊件预涂覆锡(若元器件的引线原已镀锡，注意不能把原有锡层去掉，可直接将元器件焊在印制电路板上)。

2）加热被焊件并熔化焊锡

把烙铁头放置在被焊件的焊点上，使焊点升温。烙铁头上带少量焊锡，可使烙铁头的热量较快地传到焊点上。待焊点加热到一定温度后，把焊锡丝触到焊接处，熔化适量的焊锡。

注意：焊锡丝应从烙铁头的对侧对称地加入，而不是直接加在烙铁头上。

3）移开焊锡丝和电烙铁

当焊锡丝适量熔化后，迅速移开焊锡丝。当焊点上的焊锡流散接近饱满，松香尚未完全挥发时，迅速移开电烙铁。

移开电烙铁的时机、方向和速度决定焊接质量。正确的方法是先慢后快，烙铁头沿 45°角方向移动，并在将要离开焊点时快速往回一带，然后迅速离开焊点。

按照上述的焊接步骤及实验原理中焊接操作要领，把若干只电阻等元器件在印制电路板上进行焊接训练。

为节省材料，元器件可供多次训练使用，焊接后可不剪去元器件在焊盘上多余的引线。

4. 手工拆焊训练

在印制电路板上进行电阻等元器件的拆焊训练，训练步骤如下。

(1) 左手拿吸锡器或镊子，右手拿电烙铁。

(2) 用电烙铁加热待拆焊点，等焊锡熔化后按一下吸锡器的活塞按钮，即可把熔化后的焊锡吸入储锡盒内。若无吸锡器，当焊锡熔化后可用镊子夹住元器件引脚往外拉，用电烙铁带走焊点上多余的焊锡。

(3) 清洁焊盘(铜箔)。

注意：① 拆焊动作要迅速，以防损坏元器件或印制电路板上的焊盘。

② 为节省焊锡，拆焊下来的焊锡应收集起来，可供焊接训练反复使用。

11.7.5　实验总结

(1) 简述手工焊接的要领。

(2) 如何提高焊接质量?

附　　录

附录1　常用逻辑符号新旧对照表

名称	国标符号	曾用符号	国外流行符号
与门	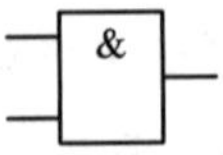 &	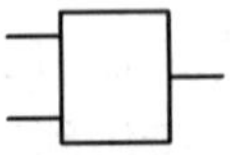	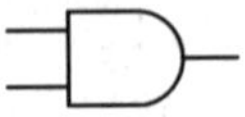
或门	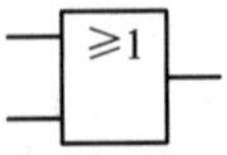 ≥1	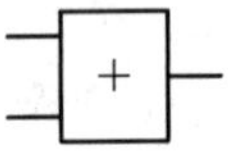 +	
非门	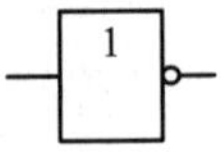 1	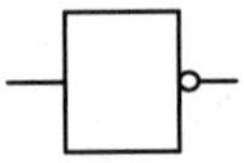	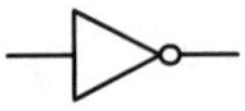
与非门	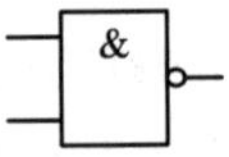 &	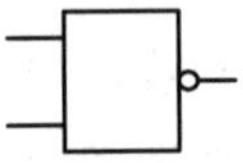	
或非门	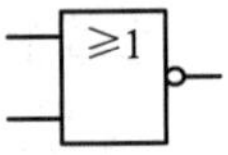 ≥1	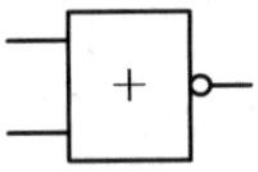 +	
异或门	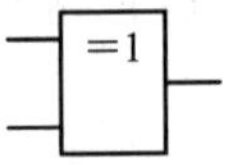 =1	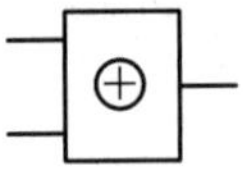 ⊕	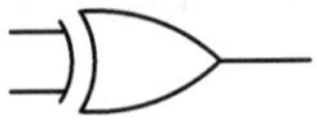
同或门	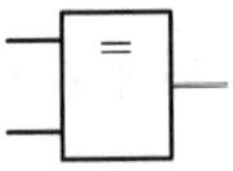 =	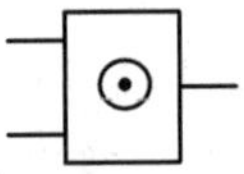 ⊙	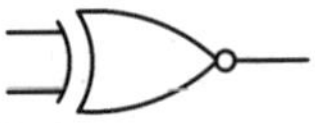
与或非门	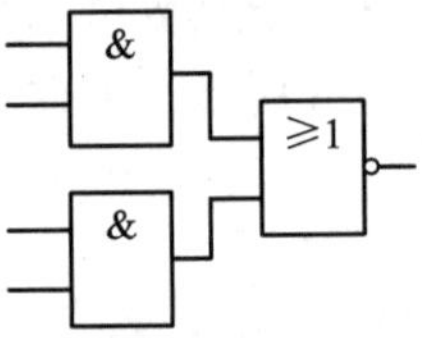 & & ≥1	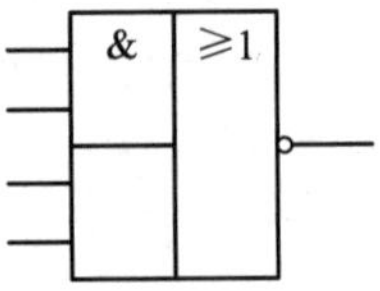 & ≥1	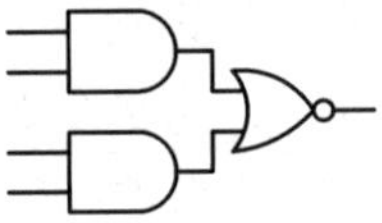
集电极开路的与非门	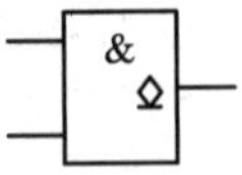 &	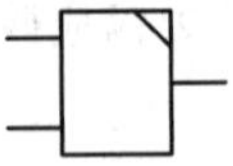	
三态输出的非门	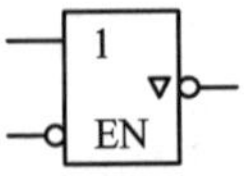 1 EN	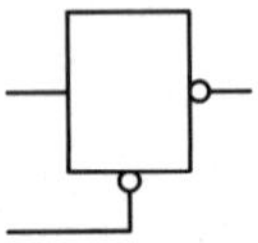	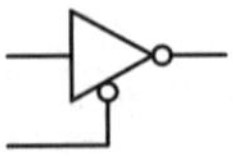
二输入的D触发器	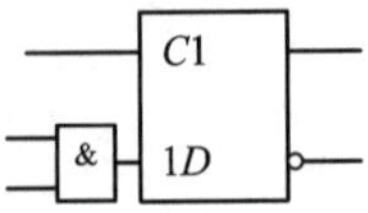 C1 & 1D	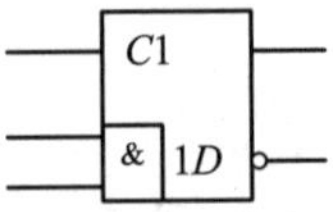 C1 & 1D	

续表

名　称	国标符号	曾用符号	国外流行符号
传输门	TG	TG	
双向模拟开关	SW	SW	
半加器	Σ CO	HA	HA
全加器	Σ CI CO	FA	FA
基本RS触发器	S R	S Q R $\overline{Q}$	S Q R $\overline{Q}$
同步 RS 触发器	$1S$ Q $C1$ $1R$ $\overline{Q}$	S Q CP R $\overline{Q}$	S Q CK R $\overline{Q}$
边沿(上升沿) D 触发器	S_d $1D$ $C1$ R_d	D Q CP $\overline{Q}$	D S_D Q CK R_D $\overline{Q}$
边沿(下降沿) JK 触发器	S_d $1J$ $C1$ $1K$ R_d	J Q CP K $\overline{Q}$	J S_D Q CK K R_D $\overline{Q}$
脉冲触发(主从) JK 触发器	S_d $1J$ $C1$ $1K$ R_d		J S_D Q CK K R_D $\overline{Q}$
带施密特触发 特性的与门	&		
电阻器			
电位器			

附录2　电阻的标称阻值和颜色编码

1. 电阻器的容许误差和标称阻值

电阻器的标称阻值是产品标注的“名义”阻值。标称阻值的规定与电阻的误差等级直接相关。电阻器常见的容许误差有±20%、±10%、±5%三个误差等级，分别对应E6、E12、E24系列，它们分别表示对应的系列有6个、12个和24个标称值。高精度的电阻器则有E48、E96和E192等三个标称值系列，分别对应±2%、±1%、±0.5%三个误差等级，高于±0.5%的也使用E192误差等级。E48系列有48个标称值，精度越高，标称值的数目越多。电阻器标称值系列如附表2.1.1所示。表中未给出E96和E192系列。

附表2.1.1　标称阻值

标称值系列	容许误差	标称阻值系列
E6	±20%	10 15 22 33 47 68
E12	±10%	10 12 15 18 22 27 33 39 47 56 68 82
E24	±5%	10 11 12 13 15 16 18 20 22 24 27 30 33 36 39 43 47 51 56 62 68 75 82 91
E48	±2%	100 105 110 115 121 127 133 140 147 154 162 169 178 187 196 205 215 226 237 249 261 274 287 301 308 316 332 348 365 402 422 442 464 487 511 536 562 590 619 649 681 715 750 787 825 866 909 953

一般固定式电阻器产品都按标称阻值生产。它们的阻值应符合上表所列数值或上表所列数值乘以10^n，其中n取值为−2、−1、0、1、2、3、9，单位为Ω。

2. 电阻器的颜色编码

体积很小的电阻器经常采用色环法表示阻值和误差，不同颜色的色环代表不同的数字，通过色环的颜色我们可以读出电阻阻值的大小和容许误差。由于E6、E12和E24系列标称值的有效数字只有两位，而E48、E96和E192等高精度系列的标称值有3位有效数字，因此色环电阻有4色环和5色环两种标注方式，如附图2.2.1所示。两者的区别在于4色环用前2位表示电阻的有效数字，而5色环电阻用前3位表示该电阻的有效数字，两者的倒数第2位表示倍率，最后1位表示了该电阻的误差。色环表示的含义见附表2.2.1。

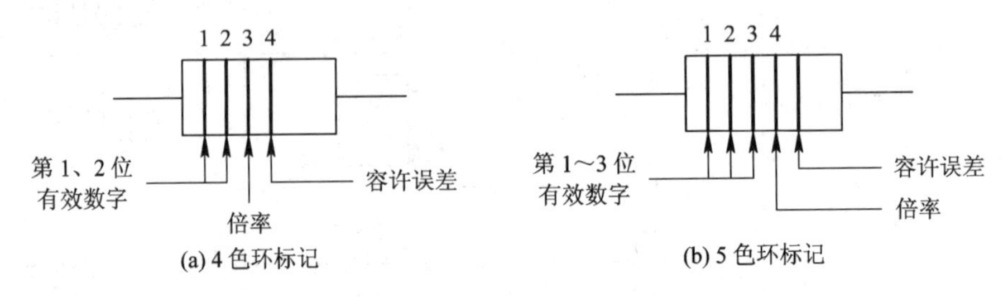

附图2.2.1　电阻的色环标记

附表 2.2.1　色环颜色的规定

颜色	黑	棕	红	橙	黄	绿	蓝	紫	灰	白	金	银	无
对应数字	0	1	2	3	4	5	6	7	8	9			
倍率	10^{0}	10^{1}	10^{2}	10^{3}	10^{4}	10^{5}	10^{6}	10^{7}	10^{8}	10^{9}	10^{-1}	10^{-2}	
容许误差/%		±1	±2			±0.5	±0.25	±0.1			±5	±10	±20

在某些不好区分的情况下，可以对比两个起始端的色彩，因为计算的起始部分即第 1 色彩不会是金、银、黑 3 种颜色。如果靠近边缘的是这 3 种色彩，那么需要倒过来计算。例如，某电阻器的 5 道色环依次为“棕、绿、黄、橙、金”，则其阻值为 154 000 Ω，误差为 ±5%。

参考文献

[1] 康华光. 电子技术基础[M]. 6 版. 北京：高等教育出版社，2013.
[2] 欧红玉，吴泳. 通信电子技术[M]. 北京：人民邮电出版社，2014.
[3] 胡斌. 电子技术学习与突破[M]. 北京：人民邮电出版社，2006.
[4] 程一玮. 电子工艺技术入门[M]. 北京：化学工业出版社，2007.
[5] 张新德，李刚，等. 通用元器件初学初用技术手册[M]. 北京：机械工业出版社，2005.
[6] 童诗白，华成英. 模拟电子技术基础[M]. 北京：高等教育出版社，2001.
[7] 程勇. 电工电子技术[M]. 北京：人民邮电出版社，2010.
[8] 龚运新，李亚辉. 电子 EDA 实用技术[M]. 北京：清华大学出版社，2012.
[9] 司淑梅. 电子技术基础[M]. 上海：复旦大学出版社，2009.
[10] 阎石. 数字电子技术基础[M]. 6 版. 北京：高等教育出版社，2016.
[11] 刘宝琴，罗嵘，王德生. 数字电路与系统[M]. 2 版. 北京：清华大学出版社，2007.
[12] 侯伯亨，刘凯，顾新. VHDL 硬件描述语言与数字逻辑电路设计[M]. 3 版. 西安：西安电子科技大学出版社，2009.
[13] 铃木宪次(日). 无线电收音机及无线电路的设计与制作[M]. 王庆，刘涓涓译. 北京：科学出版社，2006.